高等学校教材

化学实验（中）

第二版

河北师范大学、 衡水学院、 邢台学院、 石家庄学院合编
申金山　于海涛　王秀玲　主编

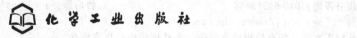

化学工业出版社
·北京·

《化学实验（中）》在介绍有机化学实验基本常识、化学文献简介、有机化学实验基础操作与技术的基础上，选择了48个实验项目，内容涵盖有机物的理化性质与鉴定、物质的提纯与鉴定、有机化合物结构的测定、基础有机合成、多步骤综合性有机合成等。本书注重基本技能训练的同时，强化了专业技能训练，有利于培养学生的实验能力。

本书可作为高等师范院校及理工类院校化学类专业本科生的教材，也可供相关人员参考使用。

图书在版编目（CIP）数据

化学实验（中）/申金山，于海涛，王秀玲主编．—2版．北京：化学工业出版社，2016.6（2023.8重印）
高等学校教材
ISBN 978-7-122-26839-6

Ⅰ.①化…　Ⅱ.①申…②于…③王…　Ⅲ.①化学实验-高等学校-教材　Ⅳ.①O6-3

中国版本图书馆CIP数据核字（2016）第081927号

责任编辑：宋林青　　文字编辑：刘志茹
责任校对：吴　静　　装帧设计：王晓宇

出版发行：化学工业出版社（北京市东城区青年湖南街13号　邮政编码100011）
印　　装：北京科印技术咨询服务有限公司数码印刷分部
787mm×1092mm　1/16　印张15¾　字数395千字　2023年8月北京第2版第3次印刷

购书咨询：010-64518888　　售后服务：010-64518899
网　　址：http://www.cip.com.cn
凡购买本书，如有缺损质量问题，本社销售中心负责调换。

定　　价：32.00元

前言

《化学实验》(上、中、下)系列教材基于“高等学校基础课实验教学示范中心建设标准”和“厚基础、宽专业、大综合”教育理念的要求，在第一版基础上经充实、重组，重新编写而成。本套教材具有以下特点:

(1)层次化与整体性统一。教材将化学实验作为一门独立课程设置，其实验内容与教学进度独立于理论课，通过实验室常识、基本操作技术、实验项目等内容的分层次设计，构建一个成熟的、系统完整的实验教学新体系。

(2)经典性与时代性统一。教材在精选化学学科中一些经典实验内容的同时，选择一些成熟的、有代表性的现代教学科研成果，一方面加强学生实验技术与技能的训练；另一方面强化学生研究和创新能力的培养。

(3)知识性与实用性的统一。教材既涉及化学实验基础知识和操作训练，又涉及无机物制备、有机物合成、工业品质量检测、环境分析、天然产物提取等应用性内容。

(4)专业性与师范性的统一。体现师范院校的教师教育及化学学科专业性的特点，在注重化学学科的专业知识、专业技能训练的同时，强化专业知识和技能与其他相关学科知识与技能的联系，强化从专业学习到专业施教的过渡。

本套教材可供高等师范院校及理工科化学专业使用，由河北师范大学、衡水学院、邢台学院、石家庄学院和沧州师范学院共同编写。参加中册编写的有冯玉玲、申金山、于海涛、王秀玲、郑学忠、史兰香、邢广恩。全书最后由申金山通读、定稿。

由于编者水平所限，本书难免有不足之处，敬请读者批评指正。

编　者

2016 年 6 月

第一版前言

根据教育部《高等学校基础课实验教学示范中心建设标准》和“厚基础、宽专业、大综合”教育理念的要求，我们经过大量的调查分析和反复讨论，并借鉴其他高校在化学实验教学改革方面的经验和教训，根据原有高师的无机化学、有机化学、分析化学、物理化学等几大实验的内在规律和联系，经过去粗取精、去旧取新，进行重组、交叉、融会、整合，形成一个包括基础实验、综合实验和研究设计实验三个层次的实验教学体系。

化学基础实验包括基础性的单元操作练习、基本操作训练和一些小型综合性实验以及多步合成实验。通过基础实验使学生掌握基本操作技术、熟悉实验仪器、学会实验方法，为综合实验准备条件、打好基础。综合实验的主要内容是将各分支学科重要知识有机结合在一起，使学生通过综合实验，不仅可以锻炼综合实验技能，而且可以受到科学研究的初步训练，培养科学思维能力。研究设计实验，按照设计实验题目，由教师指导学生自己查阅文献资料，设计实验方案，分析实验结果，得出最后结论。还可将科研成果吸收到教学中来，让学生尽早了解学科发展前沿，培养学生创造性思维和独立开展化学实验的能力。

本套教材由上、中、下三册组成，教学目标可以归纳为四个方面：使学生养成良好的实验室工作习惯和素养，掌握化学实验的基本操作技术和技能；验证和深化相应化学理论课程的内容；掌握基本的合成与制备、测量与表征方法；培养学生具备独立进行实验研究工作的初步能力。将本科生化学实验教学从一般的知识技能传输和验证性实验层次，提升到有目的地培养创新能力和实践能力的高度。

本教材具有以下特点：

（1）层次化与整体性统一。化学实验作为一门独立课程设置，其实验内容与教学进度独立于理论课，通过实验内容的分层次设计，构建一个系统、完整的实验教学新体系。

（2）经典性与现代性统一。教材精选了以往教学中的一些经典实验内容，选择了一些成熟的、有代表性的现代教学科研成果，一方面加强学生实验技术与技能的训练，另一方面强化学生研究和创造能力的培养。

（3）知识性与实用性的统一。教材既涉及化学实验基础知识和操作训练，又涉及无机物制备、有机物合成、工业品质量检测、环境分析、天然产物提取等应用性内容。

（4）学科特点与师范性的统一。体现师范院校的教师教育及化学学科实践性的特点，注重学生创新精神和创新能力的培养。

本教材供高等师范院校及理工科化学专业使用。

本教材由河北师范大学、石家庄学院、保定学院、邢台学院和衡水学院教材编写组编写。参加中册编写的有冯玉玲、贾密英、李春梅、申金山、史兰香、王立平、王秀玲、魏永巨、许明远、邢广恩、张慧姣、赵建录。刘翠格为本书的编写提供了宝贵的意见。全书最后由申金山通读、定稿。

由于编者水平所限，本书难免会有不足之处，希望读者批评指正。

编者

2009 年 2 月

目录

第1章 有机化学实验基本知识

有机化学实验是实验化学的重要组成部分，它以有机化合物和有机反应为对象，以有机化学理论为基础，通过实验印证并深入理解有机化学的理论；使学生系统地掌握有机化学实验的基本方法和操作技能，正确选择目标物的合成、分离与提纯路线和鉴定方法；准确地控制反应条件，熟练地绘制仪器装置图，规范地撰写实验报告；培养学生理论联系实际、严谨求实的科学作风；培养学生的科研能力和创新意识。

1.1 有机化学实验室安全知识

有机化学实验室是一个具有潜在危险性的教学场所，因为实验所用的药品大多是易燃、易爆、有毒、有害的，教学过程中学生的任何不规范操作都有可能导致事故的发生。因此，实验者必须严格遵守操作规程，加强安全防范意识，掌握从事有机化学实验所需的技能，才能避免危险和伤害的发生，安全地得到科学的训练。这就要求每个学生在进入实验室之前，必须学习和熟悉有机化学实验室的安全守则和规章制度。

1.1.1 化学药品的危险性

实验所用的一些化学药品常用易燃、易爆、强氧化性、腐蚀性、毒性、致癌物质等简单的名词标注其危险性。图 1-1 给出了一些常见的危险性标志。

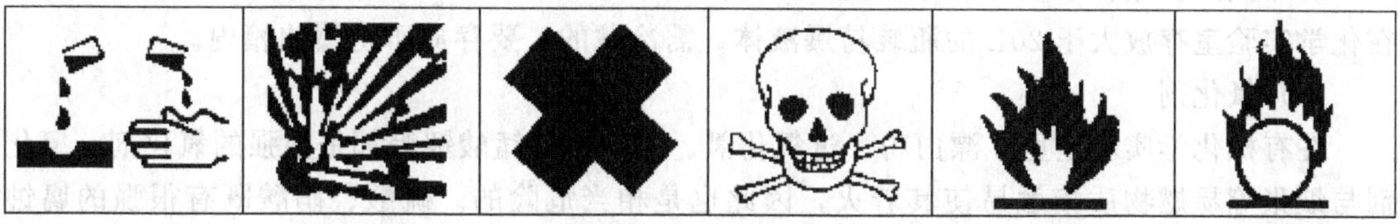

腐蚀的　　易炸的　　有毒、有害的　　剧毒的　　易燃、高度易燃的　　有氧化性的

图 1-1　实验室常见危险性标志

(1) 易燃试剂

易燃试剂是指在空气中与氧气或与强氧化剂接触容易燃烧的试剂，分为易燃液体试剂、易燃固体试剂和易自燃试剂三类。

易燃液体试剂除了容易燃烧外，其蒸气还具有不同程度的麻醉作用和毒害作用，而且有些易燃液体试剂的蒸气与空气混合达到一定比例时，一旦遇到火花、火焰或发热物体表面会引起爆炸。常用的易燃液体试剂见表 1-1。

表 1-1 常用的易燃液体试剂

易燃液体试剂	易燃固体试剂	易自燃试剂
乙二胺、乙腈、乙酸乙酯、乙酸丁酯、乙酸异戊酯、乙醚、二甲苯、二硫化碳、二氯乙烯、无水乙醇、甲苯、甲酸乙酯、甲醇、丙烯腈、丙酮、正丁醇、正戊醇、异丙醇、异戊醇、吡啶、苯、苯乙烯、叔丁醇、溴丙烯	乙醇钠、红磷、二硝基苯、硝化棉、二硝基苯酚、2,5-二硝基苯酚、五硫化磷、α-萘酚、间二硝基苯、β-萘酚、萘、萘胺、镁带、苯磺酰肼、硫黄、对二氯苯、2,4-二硝基苯肼、三硫化四磷、2,4-二硝基苯酚、联苯、2,6-二硝基苯酚、多聚甲醛、硝基萘、铝粉、5-聚甲醛、硝化纤维、硫化钾、镁粉、硝基苯酚	三乙基铝、三乙基锑、黄磷、三甲基硼、三丁基铝、三乙基铋、三异丁基铝、三乙基磷、丁硼烷、三甲基磷、三乙基硼

使用易燃液体试剂时，应避免明火，要用水浴加热，并严防其溢洒、挥发于室内。储存这类试剂时，要选择阴凉、低温、防晒、通风的库房，同时应隔离火、热、电源等，不能与易爆、氧化性试剂以及酸类物质共同存放。

易燃固体试剂燃点较低，受高热或较强的撞击摩擦或与氧化剂、强酸接触都容易引起剧烈且连续的燃烧甚至爆炸。燃烧的同时放出有毒气体，其粉尘与空气混合，也能形成爆炸性混合物。此类试剂宜储存于阴凉、干燥、通风的库房内，防止日光直射，隔绝火、热、电源等，与氧化剂、酸类、爆炸性试剂分开存放。常用的固体易燃试剂见表 1-1。

易自燃试剂不需要外界明火，其自身有缓慢的氧化作用，在一定温度下与空气接触后，能发生猛烈的氧化作用而燃烧。当环境温度升高或因其自身氧化产生的热量积累达到其燃点时，即可自引燃烧。此类试剂遇氧化剂也能立即燃烧，例如黄磷、硝酸纤维素等能与空气发生剧烈氧化而燃烧。金属烃基化合物，如三乙基铝不但能自燃，遇水会因剧烈分解而燃烧爆炸。含有油脂的试剂在通风不良的情况下也会发生自燃。这类试剂在储存中要注意通风散热，隔绝火、热、电源等，严禁与酚类、氧化剂接触。使用和运输中不得撞击、倾倒、摩擦。

(2) 易爆试剂

一些试剂能与水或其他物质发生爆炸性的反应，因而具有爆炸性的危险。如金属钠和水剧烈反应，金属钾与水发生爆炸性的反应。有些化合物具有爆炸的危险性和它们自身的结构有关。这些化合物分子中通常含有多个氧原子或氮原子，因而能够发生分子内氧化还原反应，或产生像氮气这样的稳定分子。在干燥的状态下，这些化合物对撞击震动较敏感，具有爆炸性的危险。例如多硝基化合物、苦味酸、炔银等炔金属、叠氮化合物、重氮化合物、过氧化物、过氯酸盐等。

易爆试剂应储存于顶部带有通风口的铁柜（壁厚大于 1mm）中，并不停地排气。严禁在化学实验室存放大于 20L 的瓶装易爆液体。需冷藏的，要存放于防爆冰箱内。

(3) 氧化剂

在有机化学实验室里，漂白粉、过氧化氢、过酸、高锰酸钾等都是很强的氧化剂。氧化剂与纸张等易燃物质接触易使其着火，因此也是相当危险的。硫酸、硝酸既有很强的腐蚀性，也有很强的氧化性。

(4) 腐蚀性试剂

这类试剂多数自身不易燃烧，具有强烈的腐蚀性。在腐蚀过程中产生大量的热或腐蚀性的有毒气体，引起人体机能障碍、溃疡、坏死等。有些腐蚀性试剂如发烟硝酸、发烟硫酸、过氧酸等，不仅具有强烈的腐蚀性，而且具有很强的氧化性，一旦与刨花、木屑等易燃物接触，可立即引起燃烧。腐蚀性试剂应储存于阴凉、干燥、通风、35℃以下的房间内，需与氧化剂、易燃、爆炸性试剂隔离存放。酸性与碱性的腐蚀性试剂，有机与无机腐蚀性试剂应分开储存。在储藏或搬运时应避免撞击或震动，还要注意防潮、避光、防冻、防热等。处理或使用腐蚀性试剂时，一定要戴上防护手套，一旦溅到皮肤上，应立即用大量的水冲洗干净。

无机酸中的硫酸、盐酸、氢溴酸、磷酸、氢氟酸、氟硅酸、高氯酸和硝酸，有机酸中的羧酸、磺酸都是具有腐蚀性的。苯酚也是相当危险的，能导致皮肤灼伤，它的有毒蒸气能够被皮肤吸收。无机碱中的氢氧化钠、氢氧化钾这样的强碱，硫酸钠、硫酸钾这样的弱碱都具有腐蚀性，有机碱中的胺、羟胺、吡啶等也都具有腐蚀性。

液溴是非常危险的药品，它能导致皮肤、眼睛的灼伤，因此一定要在通风橱中使用。此外，由于它的密度较大，当用滴管转移时，即使不挤乳胶头，都可能因其重力而滴下来，因此，使用时要特别小心。

氯化亚砜、酰氯、无水氯化铝以及其他一些试剂，因能与水反应放出氯化氢气体，也具有腐蚀性，并会对呼吸系统产生严重的刺激。

(5) 有害和有毒试剂

有害和有毒的区别仅仅是程度而已，可以说大多数有机化合物都是有害的，那些危害程度很高的试剂被认为是有毒的试剂。有毒、有害的试剂必须在通风橱里使用，例如，苯、溴、硫酸二甲酯、氯仿、己烷、碘甲烷、汞盐、甲醇、硝基苯、苯酚、氰化钾、氰化钠等。中毒有急性中毒与慢性中毒之分，急性中毒一般很快就被察觉，例如受浓氨水刺激而感到窒息，需迅速采取相应的措施。而慢性中毒一般不易察觉，长时间处于这种环境中会导致对身体长期伤害的积累，更需要格外小心，尽量避免长期接触，且一定要在通风橱里使用。

使用通风橱时，尽量将通风橱前面的活动玻璃拉得低一些，这样便会有强劲的气流带走有毒的蒸气或烟雾。总之，如果实验中确实需用一些剧毒药品，一定要事先认真阅读并理解指导老师的讲解以及实验室安全知识，并要知道一旦发生危险应该如何处置。

(6) 致癌物质

健康的人体细胞长期受某些药品的作用会产生肿瘤。然而，从受药品作用到在人体中产生肿瘤可能需要几年、几十年的时间，因此它们的危害并不是立即发生的。在处理这类药品时，要格外仔细、小心。

被认为是致癌物质的化合物或衍生物包括：碘甲烷、过氧化物、硫酸二甲酯、甲醛、己烷、苯、芳香胺、苯肼、多环芳烃（蒽、菲等）、硝基化合物、偶氮化合物、重铬酸盐、硫脲、盐酸氨基脲、氯乙烯以及多卤代烃如四氯化碳、氯仿等。

(7) 刺激性和催泪试剂

许多有机化合物对眼睛、皮肤和呼吸道有相当的刺激性。应当尽量避免与这些试剂或其蒸气接触。下列物质应在通风橱中使用：芳香醛和脂肪族醛，α-卤代羰基化合物，异硫氰酸酯，氯化亚砜以及羧酸的酰氯、卤化苄等。

许多有机化合物，除了具有刺激性外，还具有相当强的味道或不愉快的气味，通常是具有恶臭味。例如：吡啶、苯乙酸、硫酸二甲酯、正丁酸以及许多含硫化合物。这些化合物都应在通风橱中使用。

1.1.2 药品使用安全规则

① 不论做性质实验还是合成实验，都必须严格按所规定的药品剂量进行实验，不得随意改动，以免影响实验效果，甚至导致实验事故的发生。

② 用滴管（或移液管）吸取液体药品时，滴管一定要洁净，以免污染药品。

③ 固体药品应用洁净、干燥的药匙取用，用后应将药匙擦拭干净。专匙专用。

④ 量取药品时，如若过量，其过量部分可供他人使用，不可随意丢弃，更不可倒入原

试剂瓶中，以免污染药品。

⑤ 取完药品后应立即盖好瓶盖，放回原处。

⑥ 公用药品必须在指定地点使用，不可挪为己用。

⑦ 实验过程中，未经指导教师允许不得擅自量取药品重做实验。

⑧ 使用有毒、强腐蚀性等药品时，必须严格按有关规定操作。

1.1.3 有机化学药品的处理

有机化学药品因其毒性、腐蚀性、易燃易爆而十分危险。在有机化学实验室里最危险的是火，许多有机化合物在遇到明火时就会燃烧甚至爆炸，特别像酒精、乙醚等低沸点溶剂。一场严重的溶剂火灾会在几秒内使实验室的温度升高到100℃以上，这是极其危险的。

有条件的有机化学实验室里最好不使用明火。要加热反应混合物或溶剂，最好使用水浴、油浴、电热套等。如在有机实验室中需用酒精灯加热，操作时一定要防止火灾的发生，在点燃酒精灯之前，一定要检查周围有没有易燃的液体敞口放置。同样，在转移、倾倒易燃液体时，也要检查周围有没有明火。有机溶剂的蒸气压一般比空气大，因此千万不要随意将液体，特别是易燃溶剂倒入下水道或排水沟。

为防止吸入有机化合物的蒸气，有机实验室里应该安装可靠的通风设备。使用一些特别有毒的药品，或进行易放出挥发性气体或毒性蒸气的反应时，必须在通风橱内完成。

应该避免药品与皮肤接触，一些腐蚀性的酸液和药品很容易通过皮肤进入体内。在进行实验室常规性工作时，最好戴上橡胶、塑料手套，可以减少药品与皮肤接触的危险。当使用一些腐蚀性或有毒性的药品时，一定要戴上厚一点的橡胶、塑料手套。

1.1.4 危险废弃物的处理

一般实验室都有明文规定处理化学药品废弃物的具体程序和步骤，必须严格遵守这些规定。

(1) 固体废弃物

有机化学实验室里的固体废弃物常分为：干燥的固体试剂、色谱分离用的吸附剂、用过的滤纸片、测定熔点的废玻璃管和一些碎玻璃等。除非这些固体是有毒性的或极易回收的，一般都是放入指定的盛放没有危险的废弃物的容器里。毒性废弃物应放入有特别标志的容器里。一些特殊的有毒化学试剂在丢弃前应经过适当处理，以减小其毒性。

(2) 水溶性废弃物

无毒的、中性的、无味道的一些水溶性物质可以直接倒入水槽流入下水道。强酸性或强碱性物质在丢弃之前应被中和，并且用大量水冲洗干净。任何能与稀酸或稀碱反应的物质，都不能随便倒入下水道。

(3) 有机溶剂

在有机化学实验室，有机溶剂的处理一直是一个主要的问题。它们通常是不溶于水的，有很高的易燃性。废弃的有机溶剂不能倒入下水道，应倒入贴有合适标签的容器，集中起来，由专门的处理公司处理。

1.1.5 事故的预防、处理和急救

实验室里，一旦发生事故，一定要知道怎么做，这一点很重要。无论发生什么事故，一定要反应果断，并立即告诉实验指导老师。如果自己不能离开或者正处理事故，也要让其他人报告实验指导老师，然后再由指导老师组织安排必要的措施。

（1）烫伤、灼伤、割伤的预防与处理，触电的处理，实验室消防以及实验室急救药箱等内容参见本套教材上册 2.2.4 节和 2.2.5 节。

（2）爆炸

为防止爆炸事故的发生，通常应注意以下几点。

① 常压操作时，安装仪器的全套装置必须与大气相通，切勿在密闭系统内进行加热或反应。在反应过程中应随时注意检查仪器装置的各部分有无堵塞现象。

② 减压蒸馏时，不得使用机械强度差的仪器（如锥形瓶、平底烧瓶、薄壁试管等）。实验中应随时注意体系压力的变化。

③ 易燃有机溶剂（特别是低沸点易燃溶剂）在室温下即具有较大的蒸气压。空气中易燃有机溶剂的蒸气达到某一极限时，遇明火即会发生燃烧爆炸。因此，实验室内应保持空气畅通，量取易燃溶剂时应远离火源，最好在通风橱中进行。某些常用易燃溶剂蒸气爆炸极限如表 1-2 所示。

表 1-2　常用易燃溶剂蒸气爆炸极限

名称	沸点/℃	闪点/℃	爆炸极限/%(体积分数)
甲醇	64.65	11	6.72～36.50
乙醇	78.3	12	3.28～18.95
乙醚	34.6	−45	1.85～36.5
丙酮	56.5	−17.5	2.55～12.80
苯	80.1	−11	1.41～7.10

④ 某些易燃、易爆气体在空气中达到某一极限时，遇到明火即会发生爆炸燃烧，因此在使用时不但要保持良好的通风，严禁明火，而且还应防止一切火花的产生，如因敲击、鞋钉摩擦、静电摩擦、电器开关等产生的火花。某些易燃气体的爆炸极限如表 1-3 所示。

表 1-3　某些易燃气体的爆炸极限

气体	爆炸极限/%(体积分数)	气体	爆炸极限/%(体积分数)
氢气	4.10～24.20	甲烷	4.5～13.1
一氧化碳	12.50～24.20	乙炔	2.50～80.00
氨	15.50～27.00	丙烷	2.37～9.50

⑤ 有些类型的有机化合物（如干燥的重氮盐、叠氮化物、硝酸酯、多硝基化合物等）具有爆炸性，使用时必须严守操作规程；有些有机物（如乙醚）久置后可能生成易爆炸的过氧化物，需经特殊处理后方可使用。

⑥ 存放药品时应将氧化剂（如浓硝酸、氯酸钾、过氧化物等）与有机药品分开存放，以免发生爆炸或燃烧。

1.2　实验预习、实验记录和实验报告

1.2.1　实验预习与实验记录

有机化学实验是一门理论联系实际的综合性课程，也是培养学生独立工作的重要环节，因此，要达到实验的预期效果，必须在实验前认真预习好有关实验内容，做好实验前的准备工作。实验预习与记录的要求详见本套教材上册 1.2 化学实验的学习方法。

1.2.2 实验报告

实验报告是对实验的概括和总结。因此，做完实验后，除了整理归纳实验数据（包括写出产物的状态、产量、产率和实际测得的物性，如熔程、沸程等）、回答指定的思考题外，还必须根据实验的具体情况就产品的质量、产量及实验过程中出现的问题进行分析，以总结经验教训，进而对实验提出改进意见，这是把感性认识上升为理性认识的不可缺少的必要环节。

1.2.3 实验产率的计算

实验的产率是指实际产量与理论产量的百分比值。即

$$产率=\frac{实际产量}{理论产量}\times 100\%$$

理论产量的计算是根据反应方程式，以相对用量最少的原料为基准，按其全部转化为产物来计算的。例如：

用12.2g苯甲酸、35mL乙醇和4mL浓硫酸一起回流，得到12g苯甲酸乙酯，计算其产率：

$$C_6H_5COOH + C_2H_5OH \xrightarrow[\triangle]{H_2SO_4} C_6H_5COOC_2H_5 + H_2O$$

122	46	150	18
12.2g(0.1mol)	35mL×0.7893=27.6g(0.6mol)		

根据反应式，按加料量可知乙醇是过量的，故应以苯甲酸为基准计算理论产量，即0.1mol苯甲酸理论上应生成0.1mol苯甲酸乙酯，即：0.1×150=15g，故

$$产率=12/15\times 100\%=80\%$$

在有机化学实验中，产率通常不可能达到100%，其原因如下。

① 可逆反应：有机化学反应在一定条件下建立了平衡，反应物不可能完全转化成产物。

② 有机反应往往比较复杂，副反应多，因此在发生主反应的同时，一部分原料消耗在副反应中。

③ 分离提纯过程中不可避免的机械损失。

为了提高产率，通常采用增加某种原料用量的办法。至于使哪种原料过量，则视其价格、反应完成后是否容易除去或回收、是否有利于减少副反应等情况而定。

1.2.4 实验报告范例

实验二　溴乙烷的制备

一、实验目的

1. 了解以醇为原料制备饱和一卤代烃的实验原理和方法。
2. 掌握低沸点化合物蒸馏的基本操作。
3. 熟练掌握分液漏斗的使用方法和常压蒸馏操作。

二、实验原理

通过乙醇、溴化钠和硫酸作用制备溴乙烷为S_N2反应，因溴乙烷的沸点很低(38.4℃)，在制备时可采用不断地从反应体系中蒸出生成的溴乙烷的方法，使反应向生成物方向移动。

在该制备实验中，硫酸的存在是反应的重要条件，过量的硫酸有利于加速反应，但硫酸浓度太大又会诱发一系列的副反应。

主反应：

$$NaBr+H_2SO_4(浓)\longrightarrow HBr+NaHSO_4 \quad (1)$$

$$CH_3CH_2OH+HBr \rightleftharpoons CH_3CH_2Br+H_2O \quad (2)$$

副反应：

$$2C_2H_5OH \xrightarrow[\triangle]{H_2SO_4} C_2H_5OC_2H_5 + H_2O$$

$$C_2H_5OH \xrightarrow[\triangle]{H_2SO_4} CH_2{=\!=}CH_2 + H_2O$$

$$H_2SO_4 + 2HBr \rightleftharpoons SO_2 + 2H_2O + Br_2$$

三、实验步骤流程

C_2H_5OH，NaBr，H_2SO_4，H_2O

→ 残留物：H_2SO_4，$NaHSO_4$

→ 馏出物：C_2H_5Br，$C_2H_5OC_2H_5$，C_2H_5OH，H_2O，HBr

　→ 水层(上)：H_2O，HBr

　→ 油层(下)：C_2H_5Br，$C_2H_5OC_2H_5$，C_2H_5OH

　　浓硫酸洗，分离

　　→ 硫酸层(下)：H_2SO_4，$C_2H_5OC_2H_5$，C_2H_5OH

　　→ 油层(上)：C_2H_5Br，H_2SO_4(微量)

　　　蒸馏(水浴)

　　　→ C_2H_5Br(37～40℃)

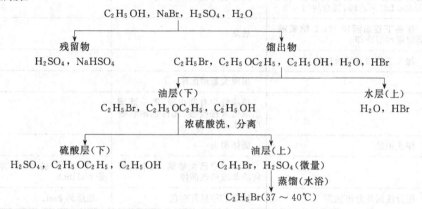

四、药品用量、规格及主要仪器

药品：乙醇（95%）　7.9g　10mL　0.165mol

溴化钠（无水）　13g　　0.126mol

浓硫酸（d=1.84）　　19mL　0.34mol

饱和硫酸氢钠溶液

主要仪器：圆底烧瓶（100mL、50mL 各一个）；75°弯管；直形冷凝管；接引管；三角烧瓶；分液漏斗；烧杯等。

主要原料及主、副产物的物理常数：

名称	相对分子质量	相对密度	熔点/℃	沸点/℃	折射率	溶解度/g·100g 溶剂$^{-1}$		
						水	乙醇	乙醚
乙醇	46	0.79	−117.3	78.4	1.3611	∞	∞	∞
溴化钠	103					79.5（0℃）	微溶	—
硫酸	98	1.84	10.38	340		∞	0	0
溴乙烷	109	1.46	−118.6	38.4	1.4239	1.06（0℃）	∞	∞
硫酸氢钠	120		58.5			50（0℃）	—	—
乙醚	74	0.71	−116	34.6	1.3526	100（100℃）		
乙烯	28		−169	−103.7		7.5（20℃）	∞	∞

五、仪器装置图

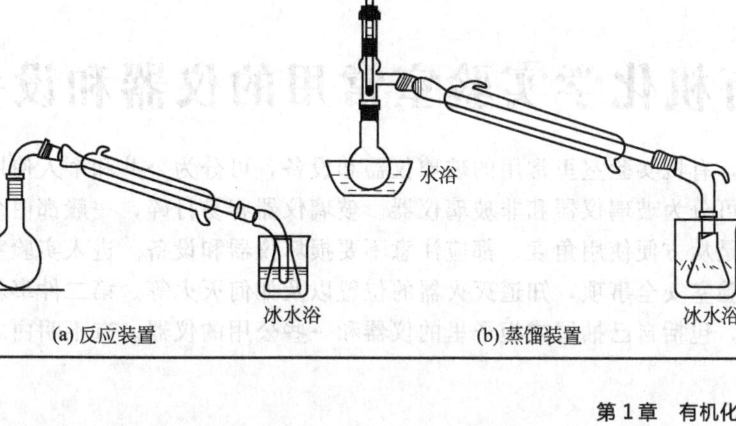

(a) 反应装置　　(b) 蒸馏装置

六、实验记录

时间	步骤	现象	备注
8:30	安装反应装置[图(a)]		接收器中盛 20mL 水,用冰水冷却
8:45	在烧瓶中加入 13g 溴化钠,然后加入 9mL 水,振荡使其溶解,再加入 10mL95%乙醇,混合均匀	固体成碎粒状,未全溶	
8:55	振荡下逐渐滴加 19mL 浓硫酸,同时用水浴冷却	放热	
9:00	加入三粒沸石开始加热		
9:10		出现大量细泡沫	
9:20		冷凝管中有馏出液,第一滴馏出液进入接收器,乳白色油状物沉入水底	
10:15	停止加热	固体消失	
10:25		馏出液中已无油滴,瓶中残留物冷却成白色晶体	用试管盛少量水试验,是 $NaHSO_4$
10:30	用分液漏斗分出油层	油层(下)呈乳白色	油层约 8mL
10:35	油层用冰水冷却,滴加 5mL 浓硫酸,振荡后静置,分去下层硫酸	油层(上)变透明	
10:50	安装好蒸馏装置[图(b)]		
11:05	水浴加热,蒸馏油层		接收瓶 53.0g 接收瓶+溴乙烷 63.0g 溴乙烷 10.0g 无色透明液体 沸程 38~39.5℃
11:10		开始有馏出液 38℃	
11:18		39.5℃	
11:33	蒸完		

七、产率计算

$$CH_3CH_2OH + NaBr + H_2SO_4(浓) \rightleftharpoons CH_3CH_2Br + H_2O + NaHSO_4$$

0.165mol　0.126mol　0.34mol

以 NaBr 为基准计算:

理论产量=0.126×109=13.73

产率=实际产量/理论产量×100%=10÷13.73×100%=72.83%

八、问题与讨论

本次实验产品的产量、质量基本合格。最初得到的几滴粗产品略带黄色，可能是因为加热太快，溴化氢受硫酸氧化而分解出溴所致。经调节加热速度后，粗产品呈乳白色。用浓硫酸洗涤时发热，说明粗产物中有尚未反应的乙醇、副产物乙醚和水；副产物乙醚是因加热过猛产生的；水分则可能是从水中分离粗产品时带入的。用浓硫酸洗涤时发热可能会使溴乙烷损失一部分，因溴乙烷沸点很低，只有 38.4℃。

1.3 有机化学实验室常用的仪器和设备

一般来说，有机实验室里常用的玻璃仪器和设备，可分为公共和个人使用两大类。若进一步划分，又可分为玻璃仪器和非玻璃仪器。玻璃仪器容易打碎，一般都由个人使用。无论从经济角度还是从方便使用角度，都应注意不要损坏仪器和设备。进入实验室的第一件事就是必须注意实验室安全事项，知道灭火器的位置以及如何灭火等。第二件事就是检查仪器和装置是否完好，包括自己抽屉或柜子里的仪器和一些公用的仪器。有不明白之处，要向实验指导老师或实验室工作人员请教。

1.3.1 常用玻璃仪器的用途简介

有机化学实验室玻璃仪器可分为普通玻璃仪器和磨口玻璃仪器。

(1) 烧瓶(见图 1-2)

① 圆底烧瓶(a) 耐热、耐压，抗反应物(或溶液)沸腾后产生的冲击震动。主要用于有机化合物的合成和蒸馏实验，也可用做减压蒸馏的接收器。常用的圆底烧瓶的容量为 1000mL、500mL、250mL、100mL、50mL、10mL、5mL。

② 梨形烧瓶(b) 性能和用途与圆底烧瓶相似。其优点是在进行少量合成时可使烧瓶内保持较高的液面，蒸馏时烧瓶中的残留液少。常用的容量为 100mL、50mL。

③ 三口烧瓶(又称三颈瓶)(c) 常用于需要进行搅拌的实验，中间瓶口装搅拌器，两个侧口装回流冷凝管、温度计或滴液漏斗等。常用的容量为 1000mL、500mL、250mL、100mL、50mL。

④ 三角烧瓶(又称锥形瓶)(d) 常用于重结晶操作或有固体产物生成的合成实验，因为生成的结晶物易从锥形瓶中取出。三角烧瓶还可用做常压蒸馏的接收器，但不能用做减压蒸馏的接收器。常用的容量为 500mL、250mL、100mL、50mL、25mL、10mL。

(a) 圆底烧瓶　(b) 梨形烧瓶　(c) 三口烧瓶　(d) 三角烧瓶

图 1-2 烧瓶

(2) 冷凝管(见图 1-3)

① 直形冷凝管(a) 主要用于被蒸馏物质的沸点在 140℃以下的蒸馏冷凝操作，使用时需在夹套中通水冷却。沸点超过 140℃时，冷凝管往往会在内、外管接合处炸裂。

② 空气冷凝管(b) 适用于高沸点物质的冷凝，当被蒸馏物质的沸点高于 140℃时，常用它代替通冷却水的直形冷凝管。

③ 球形冷凝管(c) 其内管冷却面积较大，对蒸气的冷凝效果好，适用于加热回流的实验，故又称回流冷凝管。无球形冷凝管时，可用直形冷凝管代替。但球形冷凝管却不能代替直形冷凝管，因为冷凝液不能及时流出，甚至还可能凝固在球的凹处而难以回收。

④ 蛇形冷凝管(d) 因蒸气在管内流经的距离长，故特别适用于低沸点物质的冷凝。使用时需垂直向下安放，否则冷凝液难以流出。蛇形冷凝管不能用做回流冷凝器，因为冷凝

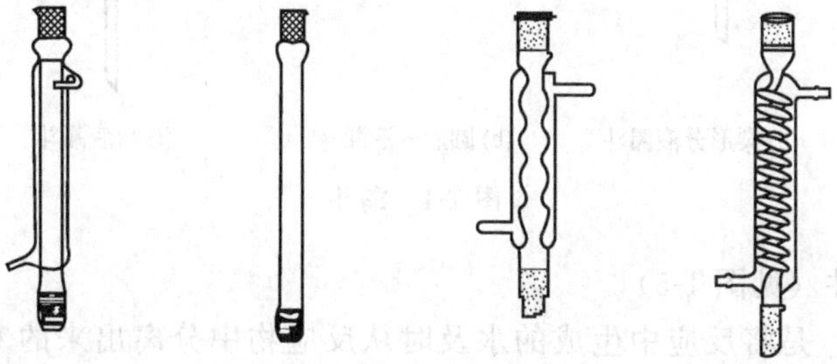

(a) 直形冷凝管　(b) 空气冷凝管　(c) 球形冷凝管　(d) 蛇形冷凝管

图 1-3 冷凝管

液难以从内径窄小的蛇管处流回去，往往会从冷凝管顶部溢出而造成事故。

常用的冷凝管的长度为300mm、200mm、120mm、100mm。

(3) 漏斗（见图1-4）

① 长颈漏斗（a）和短颈漏斗（b） 用于普通过滤。其中短颈漏斗因其颈短，热损失少而适用于热过滤。

② 保温漏斗（c）又称热滤漏斗，用于需要保温的过滤操作（如重结晶的趁热过滤）。它是在普通漏斗外面套上一个中间可以盛水的铜质外壳，加热外壳支管，以保持所需温度。

③ 布氏漏斗（d） 是瓷质的多孔板漏斗，用于减压过滤。

④ 砂芯漏斗（e） 用于少量物质的减压过滤。

⑤ 分液漏斗（f）、（g）、（h） 依形状有筒形、梨形和圆形之分，主要用于液体的萃取、洗涤和分离，有时也用于滴加试料。

⑥ 滴液漏斗（i） 主要用于滴加试料，利用旋塞控制滴加速度，把液体一滴一滴地加入反应器中，即使漏斗的下端浸没在液面下，也能够明显地看到滴加的快慢。用滴液漏斗加料时，必须保持系统的压力平衡，否则将影响试料滴加的正常进行。

⑦ 恒压滴液漏斗（j） 又称平衡加料器，用于合成反应实验的液体加料操作，也可用于简单的连续萃取操作。其优点是在滴加液体时可始终保持系统的压力平衡以及恒定的滴加速度。

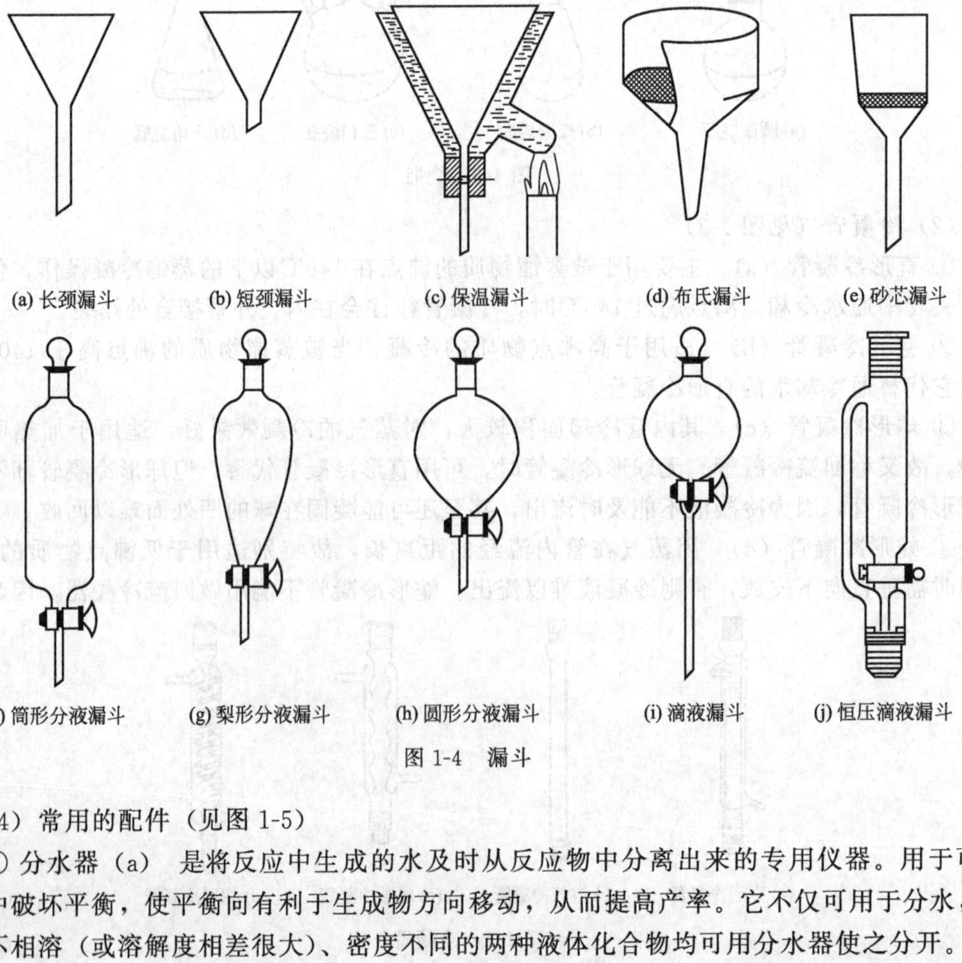

(a) 长颈漏斗　(b) 短颈漏斗　(c) 保温漏斗　(d) 布氏漏斗　(e) 砂芯漏斗

(f) 筒形分液漏斗　(g) 梨形分液漏斗　(h) 圆形分液漏斗　(i) 滴液漏斗　(j) 恒压滴液漏斗

图1-4　漏斗

(4) 常用的配件（见图1-5）

① 分水器（a） 是将反应中生成的水及时从反应物中分离出来的专用仪器。用于可逆反应中破坏平衡，使平衡向有利于生成物方向移动，从而提高产率。它不仅可用于分水，凡是互不相溶（或溶解度相差很大）、密度不同的两种液体化合物均可用分水器使之分开。

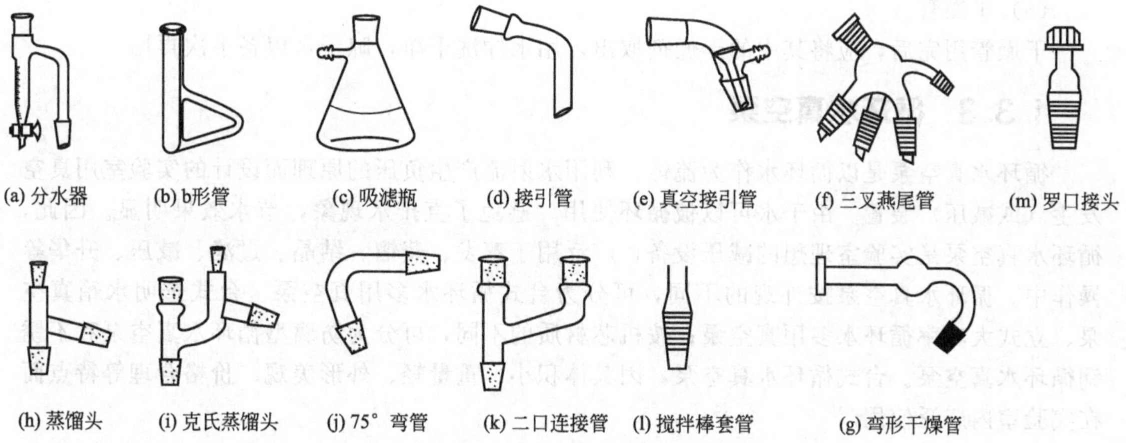

图 1-5 常用的配件

② 齐列（Thiele）管（b） 又称 b 形管，用于熔点测定和微量法沸点的测定。

③ 吸滤瓶（c） 主要用于减压过滤，也可用做缓冲瓶。

其他仪器多数用于化学装置中各种仪器的连接，在相应的章节中再作介绍。

1.3.2 常用玻璃仪器的洗涤和保养

化学实验用的玻璃仪器一般都需要是干净的，洗涤仪器的方法很多，应根据实验的要求、污物的性质和污染的程度来决定。

有机化学实验的各种玻璃仪器的性能是不同的。必须掌握它们的性能、保养和洗涤方法，才能正确使用，提高实验效果，避免不必要的损失。下面介绍几种常用玻璃仪器的保养和洗涤方法。

（1）温度计

温度计水银球部位的玻璃很薄，容易打破，使用时要特别留心，第一不能用温度计当搅拌棒使用；第二不能测定超过温度计的最高刻度的温度。温度计用后要让它慢慢冷却，特别在测量高温之后，切不可立即用水冲洗。否则，温度计会破裂，或水银柱断裂，而应悬挂在架子上，待冷却后把它洗净抹干，放回温度计盒内，盒底要垫上一小块棉花。如果是纸盒，放回温度计时要检查盒底是否完好。

（2）冷凝管

冷凝管通水后很重，所以装置冷凝管时应将夹子夹紧在冷凝管的重心的地方，以免翻倒。洗刷冷凝管时要用长毛刷，如用洗涤液或有机溶液洗涤时，用软木塞塞住一端。不用时，应直立放置，使之易干。

（3）蒸馏瓶

蒸馏瓶作为反应容器使用后，如果有反应残渣附着在瓶壁上，一定要在反应结束后及时清洗干净，可以用去污粉、酸、碱、有机溶剂等洗涤，长期放置将更难洗干净，而且会影响下次实验的进行。

（4）分液漏斗

分液漏斗的活塞和盖子都是磨砂口的，若非原配的，就可能不严密。所以，使用时要注意保护它，各个分液漏斗之间也不要互相调换，用后一定要在活塞和盖子的磨砂口间垫上纸片，以免日久后难于打开。

（5）干燥管

干燥管用完后，应将其中的干燥剂取出，用水冲洗干净，晾干，以备下次再用。

1.3.3 循环水真空泵

循环水真空泵是以循环水作为流体，利用水射流产生负压的原理而设计的实验室用真空发生（或减压）装置。由于水可以被循环使用，避免了直排水现象，节水效果明显。因此，循环水真空泵是实验室理想的减压设备，广泛用于蒸发、蒸馏、结晶、过滤、减压、升华等操作中。循环水真空泵按外观的不同，可分为台式循环水多用真空泵、台式透明水箱真空泵、立式大功率循环水多用真空泵；按机芯材质的不同，可分为防腐型循环水真空泵和不锈钢循环水真空泵。台式循环水真空泵，因其体积小、重量轻、外形美观、价格合理等特点而在实验室内广泛使用。

（1）使用方法

图 1-6 为 SHZ-D（Ⅲ）型防腐式循环水真空泵的外观图，其使用方法如下。

图 1-6 SHZ-D(Ⅲ) 型防腐式循环水真空泵
最大真空度 −0.098MPa，单头抽气量 $10L \cdot min^{-1}$，
储水箱容积 15L，流量 $60L \cdot min^{-1}$，
扬程 8m，循环水温度 0～25℃

① 将其平放于工作台上，首次使用时，打开水箱上盖注入清洁的凉水（亦可经由放水软管加水），当水面即将升至水箱后面的溢水嘴下高度时停止加入，重复开机可不再加水。但最长时间每星期更换一次水，如使用率高，水质污染严重，可缩短更换水的时间，最终目的要保持水箱中的水质清洁。

② 将需要抽真空的设备的抽气套管紧密接于本机抽气嘴上，检查循环水开关应关闭，接通电源，打开电源开关，即可开始抽真空作业，通过与抽气嘴对应的真空表可观察真空度。

③ 当本机需长时间连续作业时，水箱内的水温将会升高，影响真空度，此时，可将放水软管与水源（自来水）接通，溢水嘴作排水出口，适当控制自来水流量，即可保持水箱内水温不升，使真空度稳定。

④ 当需要为反应装置提供冷却循环水时，将需要冷却的装置的进水、出水管分别接到本机后部的循环水出水嘴、进水嘴上，转动循环水开关至 ON 位置，即可实现循环冷却水供应。

（2）使用时的注意事项

① 电机接地良好。

② 不能使泵头离水长时间空转，以免磨损机械密封。

③ 循环水保持干净，以防堵塞真空泵。

④ 真空泵抽气口最好接一个缓冲瓶，以免停泵时水被倒吸入反应瓶中，使反应失败。

⑤ 开泵前，应检查是否与体系接好，然后，打开缓冲瓶上的旋塞。开泵后，用旋塞调至所需要的真空度。关泵时，先打开缓冲瓶上的旋塞，拆掉与体系的接口，再关泵。切忌相反操作。

⑥ 有机溶剂对水泵的塑料外壳有溶解作用，所以，应经常更换（或倒干）水泵中的水，

以保持水泵的清洁、完好和真空度。

(3) 常见故障及排除方法

① 真空度低

a. 依次逐项检查真空瓶、止回阀内是否有异物，泵头下面的进水口是否堵塞，然后将异物或堵塞物除去。

b. 检查真空瓶两节连接处丝扣是否有松动，用手拧紧即可。

② 真空表不动或跳动　真空表不动可能是真空表后部气孔堵塞所致，去掉真空表进行清理；表针跳动是因为止回阀或真空瓶漏气所致，应清理止回阀或拧紧真空瓶两节连接处丝扣。

③ 电机启动异常　若电机不启动，可能是电源未接通或保险丝熔断所致；若电机接通后，发出嗡嗡声而不启动，应立即切断电源，然后拨动电机罩内风轮，转动数圈即可。

1.3.4 玻璃气流烘干器

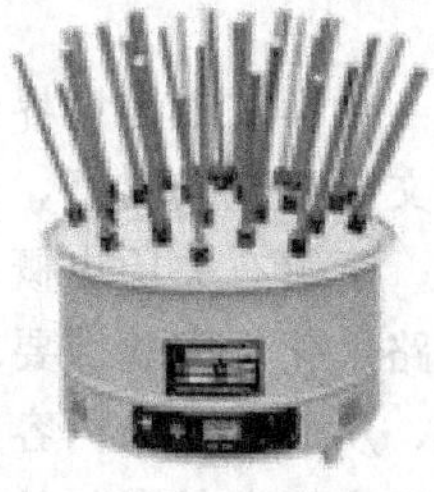

图 1-7　气流烘干器

玻璃气流烘干器是一种实验室内用于快速干燥玻璃仪器的设备(见图 1-7)，分为无调温控制装置的基本型和有调温自动控制装置的改造型两种，外壳一般为不锈钢或表面静电喷塑的碳素钢冷轧板材质。使用时，将仪器洗干净，沥干水分后套在多孔金属管上 5～10min 即可。注意：气流烘干器不宜长时间加热，以免烧坏电机和电热丝。

第2章 化学文献简介

化学文献是世界各国有关化学方面的科学研究、生产实践等的记录和总结，是人类科学和文明的宝贵财富，查阅化学文献是每个科学工作者应具备的基本功之一。每个课题研究之前，了解有关历史概况、目前国内外发展水平、动态，借以丰富思路，作出正确判断，少走弯路。化学实验课要求每个学生实验前，应对所用试剂、溶剂、反应物、产物等进行手册查阅，从而对实验内容的了解起始于一个较高水平，同时也培养学生良好的科学素养和初步查阅和应用文献资料的能力。

文献一般按内容区分为原始文献，例如期刊、杂志、专利等作者直接报道的科研论文；检索工具书，例如美国化学文摘及其相关索引；将原始文献数据归纳整理而成的综合资料，例如综述、图书、词典、百科全书、手册等。

下面从原始文献、检索工具书、综合资料几方面，分别介绍一些常用的化学文献。

2.1 原始文献

2.1.1 国外化学期刊

(1) 美国出版的化学期刊

① The Journal of the American Chemical Society（美国化学会志） 简写为 J. Am. Chem. Soc.，是目前化学期刊中级别较高的，影响因子 5.9。报道综合化学（有机、无机、分析、物化等），内容有长篇论文和短篇简报（1～2 页，Communication to the Editors）各十余篇，参考文献出现在每页文章下面。

② The Journal of Organic Chemistry（有机化学杂志） 简写为 J. Org. Chem.，美国化学学会主办，双周刊，总部在 Ohio State University。报道有机和生化有机化学方面的论文，有长篇的 articles 以及较短篇的 notes 和 communications。文献题目做成图文摘要 (graphical abstracts)，方便了解文章内容。

③ Inorganic Chemistry（无机化学） 美国化学会主办，1962 年创刊。主要刊登无机化学各领域的理论和实验方面的文章。

④ Analytical Chemistry（分析化学） 美国化学会主办，主要刊登研究论文。

⑤ Analytical Letters Part A；Chemical Analysis，Part B；Clinical and Biochemical Analysis（分析快报 A 辑；化学分析 B 辑；临床与生化分析） 美国 Marcel Dekker Inc 出版。

⑥ Journal of Physical Chemistry（物理化学杂志） 刊名缩写 J. Phys. Chem.，美国

化学会主办，1896 年创刊。主要刊登物理化学方面的原始论文和通讯。

⑦ Journal of Polymer Science（聚合物科学杂志） 美国 Wiley 公司出版，1946 年创刊，该刊分成四个分册：A. 普通论文；B. 聚合物简讯；C. 聚合物论文集；D. 聚合物评论。1973 年后又以下列小刊名分四部分出版：A. Polymer Chemistry Edition（高分子化学版）；B. Polymer Physics Edition（高分子物理版）；C. Polymer Letters Edition（高分子快报）；D. Polymer Symposia（高分子专题论文集）。

⑧ Journal of Macromolecular Science（大分子科学杂志） 美国 Dekker 公司出版。分四个分册：A. 化学；B. 物理；C. 大分子化学与物理评论；D. 高分子工艺评论。

⑨ Chemical Review（化学综述） 美国化学会主办，1924 年创刊，一年出版 8 期，为特邀稿。影响因子为 17.1，比一般期刊高近 10 倍，可见其受欢迎和重视的程度。综述文献的优点在于可以从各个角度充分了解报道的专题，文献后面附有大量的参考文献，有利于原始资料的查阅。文章内容包括前言历史介绍，各种反应类型及应用，结论和未来前景。

（2）英国出版的化学期刊

① Journal of the Chemical Society（英国化学会志） 简称 J. Chem. Soc.，英国皇家化学学会主办，1848 年创刊，是最老的化学期刊。1976 年起分成下面几个部分：

J. Chem. Soc. Perkin Transactions Ⅰ 报道有机和生物有机合成领域的合成反应。文献内容比较长，本期刊不接受明显将完整文章分段投稿的情形。

J. Chem. Soc. Perkin Transactions Ⅱ 物理有机领域，报道有机、生物有机、有机金属化学方面的反应机理、动力学、光谱及结构分析等文章。

J. Chem. Soc. Faraday Transactions 物理化学和化学物理领域，报道动力学、热力学文章。

J. Chem. Soc. Dalton Transactions 无机化学领域。

J. Chem. Soc. Chemical Communication 为半月刊，内容简短，不超过两页，没有前言、讨论和结论，平铺直叙而简洁地介绍实验新的进展或发现。

② Tetrahedron（四面体） 1957 年创刊，为半月刊，有机化学领域，刊载有机反应、光谱和天然产物。

③ Tetrahedron Letters（四面体快报） 1949 年创刊，周刊。文章内容简洁，一般2～4 页，影响因子 2.3。本期刊和四面体在中国地区的审稿由中科院上海有机所负责。快报的文章发表后将来可以组合成大文章重新发表。

④ Spectrochimica Acta PartA：Molecular Spectroscopy；Part B：Atomic Spectroscopy（光谱化学学报 A 辑：分子光谱；B 辑：原子光谱） 英国牛津 Pergamon 出版，1939 年创刊，1967 年后分 A、B 两辑出版。主要刊登分子光谱学、原子光谱学方面的研究论述以及关于光谱化学分析方面的研究论文。

⑤ European Polymer Journal（欧洲聚合物杂志） 英国 Pergamon 公司出版。

⑥ The Journal of Chemical Thermodynamics（化学热力学杂志） 英国 Academic 出版。

（3）德国出版的化学期刊

① Synthesis（合成） 以英文书写，着重反应合成报道，十分详细，不乏数十页的文章，但刊印出来比较简洁，只有主要内容大意。而完整的部分得从微缩胶片调阅，不另出书，是本期刊的特点。

② Angewandte Chemie International Edition in English（应用化学英文版） 1965 年出版，是德文版 Ange-wandte Chemie 的英文翻译版，二者报道的内容相同。栏目有reviews、 highlight 以及 communications。其中 highlight 类似小型综述，描述某个比较生动的课题。

③ Angewandte Chemie　内容与栏目和上述的 Angew. Chem. Int. Ed. 相同，只是本期刊以德文出版（但每期偶尔有几篇英文文献）。可以从网络查询，网址为：www. wiley. vch. de/home/angewandte。

④ Chemische Berichte（德国化学学报）　1868～1945，德文书写。许多早期化学资料仍得从本期刊以及下面介绍的 Ann 查找。

⑤ Justus Annalen der Chemie（利比希化学纪事）　简称 Ann，1932 年出版，德文书写，刊载有机化学与生物有机方面的论文。目录有英德对照，论文附有英文摘要。

(4) 有关杂环化合物的期刊

① Journal of Heterocyclic Chemistry（杂环化学杂志）　1964 年创刊，双月刊，报道杂环化学方面的长篇论文近 30 篇，简讯 3～5 篇。每年的最末期刊出全年的索引，有作者索引 (authorindex) 和环系索引（ring index）。

② Heterocycles（杂环化合物）　日本出版，栏目生动，有通讯、论文、综述，以及近年新发现的杂环天然产物（萜、固醇等 6 类），近年进行全合成探讨的天然产物，后两者并附有期刊出处。

(5) 综合科技方面的期刊

Science（科学，美国出版）和 Nature（自然，英国 1869 年出版）是所有期刊中级别最高的两种期刊，影响因子皆在 20 以上。虽然只有薄薄几页报道，但因属于科技的创新（发明或发现），特别受到重视，许多作者成为当地具有影响力的学术带头人。

2.1.2 国内化学期刊

与国外化学期刊比较，中国的化学期刊栏目较多而且生动。比较有名的期刊多由中国化学会、中科院、教育部或几所重点大学主办。目前为 SCI 收录的有《化学学报》、《中国化学》、《高等学校化学学报》等。以英文出版的有《中国化学》（Chinese Journal of Chemistry）和《中国化学快报》（Chinese Chemical Letters）两种。

① 化学学报（Acta Chimica Sinica）　中科院上海有机所和中国化学会合办，刊载综合化学，包括有机、无机、分析、物化等专业，栏目有研究专题、研究论文、研究简报。题目附有图文摘要，方便了解文章内容。本期刊为 SCI 收录，成为国际核心期刊。

② 中国化学（Chinese Journal of Chemistry）　中科院上海有机所和中国化学会合办，以英文书写，报道综合化学，为 SCI 收录。本期刊原名 Acta Chimica Sinica English Edition，1983 年创刊，1990 年改成目前名称。

③ 化学通报（Chemistry）　中科院化学所和中国化学会主办，1934 年创刊，月刊。栏目有科研与探索，科研与进展，实验与教学，研究快报，进展评述，知识介绍。期刊已上网，网址为 hppt：//www. hxtb. org。

④ 中国化学快报（Chinese Chemical Letters）　中科院化学所和中国化学会合办，以英文书写出版，月刊，内容简短生动，2～4 页。

⑤ 高等学校化学学报（Chemical Journal of Chinese University）教育部主办，吉林大学承办。1980 年创刊，月刊。栏目有研究论文、研究快报、研究简报。每篇文章后面附有英文摘要。该期刊为 SCI 收录。

⑥ 无机化学学报（Chinese Journal of Inorganic Chemistry）　中国化学会主办，1985 年创刊，主要刊登无机化学及其边缘领域如配位化学、生物无机化学等方面的研究论文、简

报、快报和综述。

⑦ 分析化学（Chinese Journal of Analytical Chemistry） 中国化学会主办，1973年创刊，刊登分析化学各领域的综述、论文、简报、实验技术等。

⑧ 色谱（Chinese Journal of Chromatography） 中国化学会色谱专业委员会主办，1984年创刊，内容涉及色谱中各个领域的研究论文、简报、综述、应用等。

⑨ 有机化学（Organic Chemistry） 中科院上海有机所和中国化学会合办，1980年创刊，专门报道有机化学领域的论文，包括有机合成、生物有机、物理有机、天然有机、金属有机和元素有机等方面。栏目有长篇的“研究论文”，短篇的“研究通讯”、“研究简报”。

⑩ 物理化学学报（Acta Physico-Chimica Sinica） 中国化学会主办，1985年创刊，刊登物理化学领域的研究论文、简报和通讯。

⑪ 高分子学报（Acta Polymerica Sinica） 中国化学会主办，1957年创刊，原名《高分子通讯》，1987年起改为现名，刊登国内外高分子学科领域有关高分子合成、高分子化学和高分子物理学等方面的研究论文和简报。

⑫ 北京大学学报（Acta Scientiarum Naturalium Universitatis Pekinennnsis） 自然科学版 北京大学出版，1955年创刊，双月刊。内容涵盖所有自然学科（化学、物理、生物、地质、数学等）。栏目有长篇论文和研究简报。

⑬ 大学化学（University Chemistry） 中国化学会和高等学校教育研究中心合办，栏目有今日化学、教学研究与改革、知识介绍、计算机与化学、化学实验、师生笔谈、自学之友、化学史、书评。

⑭ 合成化学（Chinese Journal of Synthetic Chemistry） 中科院成都有机所和四川省化工学会主办，双月刊，收录有机化学领域论文，栏目有研究快报、综述、研究论文、研究简报。

⑮ 应用化学（Chinese Journal of Applied Chemistry） 中国化学会和中科院长春应用化学研究所合办，1983年创刊，双月刊，内容有研究论文和研究简报，文章后面附有英文摘要。

此外还有化学世界、化工进展、化学试剂、精细化工等期刊也有关于化学方面的文章。

2.2 检索工具书

2.2.1 美国化学文摘

Chemical Abstracts，简称CA，美国化学会主办，1907年创刊，是目前报道化学文摘最悠久最齐全的刊物。报道范围涵盖世界160多个国家60多种文字，17000多种化学及化学相关期刊的文摘。每周出版一期，一年共报道70万条化学文摘，占全球化学文摘的98%。

每一期按照化学专业分为5大部80类：生化（1～20），有机（21～34），大分子（35～46），应用化学和化工（47～64），物化无机分析（65～80）。有机部分的例子如物理有机化学（22），脂肪族化合物（23），脂环族化合物（24），多杂原子杂环化合物（28），有机金属（29），甾族化合物（32），氨基酸和蛋白质（34）。每一期的化学文摘可以当作图书阅读。例如物理有机或有机金属专业的研究人员，可以定期阅读每期第22类或第29类的文摘，很容易地便可了解这一周中世界主要化学期刊、会议录、科研报告、学位论文、新书或专利（以上为 CA 刊载的刊物类别）报道的这些领域的科研资料。

由于文摘数量庞大，CA 设计和出版了许多不同形式的索引。按照时间区分，有期索引（一周）、卷索引（每 26 期）、累积索引（每 10 卷，约 5 年）三种；按照内容区分，有关键词索引（keyword index）、作者索引（author index）、专利索引（patent index）、主题索引（subject index）、普通专题索引（general subject index）、化学物质索引（chemical substance index）、分子式索引（formula index）、环系索引（index of ring system）、登记号索引（registry number index）、母体化合物索引（parent compound index）以及索引指南（index guide）、资料来源索引（CAS source index）等。每种索引的使用方法可以参阅每期、每卷或每个累积本的第一本前面的范围说明。

CA 除了作为图书文摘阅读，其主要功能在于查找文献资料，例如：查某个化合物的原始报道（可以从分子式索引、登记号索引、环系索引等着手），查某个化学反应（化学物质索引），查某人近年来的科研情况（作者索引），查某项专利内容（专利索引）。实例如查找对甲苯酚和烯烃的加成反应：可以从化学物质索引着手，找到 p-cresol 后由 reaction 副标题找和烯烃的反应，得到文摘号后阅读文摘，如果对内容满意，由其提供的资料找寻原始文献。进一步得到文章和作者例如 Saha，M.，可以再进一步从作者索引追查其所研究的完整系列。

国内目前已从美国化学文摘服务社购入 1992 年以后的累积或卷索引及文摘的光盘（CA on CD），可以联机检索。

2.2.2 科学引文索引

Science Citation Index，简称 SCI，由美国科学情报研究所编辑出版，是一种独特的多学科的检索工具。

美国人 Garfield 于 1961 年创建，于 1964 年第四期开始出版年度累积索引。1979 年以后改为双月刊，12 月期附有年度索引。SCI 包括引文索引（Citation Index）、来源索引（Source Index）和轮排主题词索引（Permuterm Subject Index）三方面有特殊相互关联的索引。

2.3 综合资料

2.3.1 词典类

（1）英汉、汉英化学化工大词典

编辑简洁明了，是查阅化学名词英译中或中译英方便省时的工具书。阅读英文化学书籍或期刊论文，有些英文单词在一般英文字典中查不到，需要用英汉化学词典；汉英化学词典在写作英文化学论文时特别需要。以下是几本比较著名的版本。

① 英汉、汉英化学化工大词典（学苑出版社） 英汉和汉英分别收集 12 万和 14 万条目。

② 英汉、汉英化学化工词汇（化学工业出版社） 分为英汉和汉英两个单行本，各收集 9 万多个条目，携带方便。

③ 英汉化学化工词汇（科学出版社） 列出 17 万个条目，内容详尽。

（2）化合物命名词典（上海辞书出版社）

介绍化合物的命名规则，有7000多个例子，依序报道无机化合物（一元、二元、多元化合物，无机酸和盐，配位化合物），有机化合物（脂肪族，碳环，杂环，天然产物以及含各种官能基化合物）的命名介绍。每个化合物给出结构式及同义词的中英文名字。本词典索引齐全，有分子式索引、名称索引。

2.3.2 安全手册

初入实验室的学生以及首次使用某化学品的人员应了解实验所涉及的化学品的性质及其危险指标。

（1）常用化学危险物品安全手册（中国医药科技出版社）

收集约1000种使用、生产、运输中最常见的化学药品的安全资料。其内容有：化合物的理化性质，毒性，包装运输方法，防护措施，泄漏处置，急救方法。本书按照中文笔画排序，卷末有英文索引，以及中英对照、英中对照索引。

（2）化学危险品最新实用手册（中国物资出版社）

收集约1300种化学物品的性状（外观、气味、熔点、沸点、闪点、密度、折射率），危险性（剧毒、低毒、致癌、遇水释放毒气），禁忌（怕水、火、高热），储存和运输方式，泄漏处理，防护急救措施等。

2.3.3 百科全书，大全，手册，目录

（1）The Merck Index（默克索引）

The Merck Index是德国Merck公司出版的非商业性的化学药品手册，其自称是“化学品、药品、生物试剂百科全书”。收集了1万种常用化学和生物试剂的资料。描述简洁，字数数十至数百不等，以叙述方式介绍该化合物的物理常数（熔点、沸点、闪点、密度、折射率、分子式、分子量、比旋光度、溶解度），别名，结构式，用途，毒性，制备方法以及参考文献。默克索引已经成为介绍化合物数据的经典手册，CRC、Aldrich等手册都引用该化合物在默克索引中的编号。书的后半部简单介绍著名的有机名称反应（Name Reactions）。书中刊出许多表格及实用资料，例如缩写、放射性同位素含量、Merck编号与CA登记号的对照表、重要化学试剂生产公司等。本书编排按照英文字母排序，书末有分子式及名字索引。

（2）Dictionary of Organic Compounds（有机化合物辞典）

简称DOC，1934年首版，每几年出一修订版，是有机化学、生物化学、药物化学领域重要的参考书。内容和排版与Merck Index类似，但数目多了近十倍。包含10多万种化合物的资料，按照英文字母排序，有许多分册，刊载化合物的分子式、分子量、别名、理化常数（熔点、沸点、密度等）、危险指标、用途、参考文献。因为数目庞大，另外出版有索引手册，包括分子式索引、CA登记号对照索引、名字索引。该辞典有中文译本，名为汉译海氏有机化合物词典。

（3）Handbook of Chemistry and Physics（CRC化学物理手册）

简称CRC，是美国化学橡胶公司（Chemical Rubber Company）出版的理化手册，1913年首版，目前已出第81版本（1999年）。早期（例如第63版）内容分为6大类，包括数学用表，无机、有机、普化、普通物理常数及其他。目前扩充至14部（section），包括基本常数单位（section1）、符号和命名（section2）、有机（section3）、无机（section4）、热力学与动力学（section5）、流体（section6）、生化（section7）、分析（section8）等，其中第3部

的有机化学报道占740页，用表格很简略地介绍了12000种化合物的理化资料（例如分子量、熔点、沸点、密度、折射率、溶解度），别名，Merck Index编号，CA登记号，及在Beilstein的参考书目（Beil. Ref）等。

(4) Lange's Handbook of Chemistry（兰氏化学手册）

内容和CRC类似，分11章分别报道有机、无机、分析、电化学、热力学等理化资料。其中第7章报道有机化学，刊载7600种有机化合物的名称、分子式、分子量；其他章节报道介电常数、偶极矩、核磁氢谱、碳谱化学位移、共沸物的沸点和组成等有用的资料。本手册有中文译本出版。

(5) Beilstein Handbuch der Organischen Chemie（贝尔斯坦有机化学大全）

简称Beilstein，原为俄国化学家Beilstein编写，1882年出版，之后由德国化学会编辑，以德文书写，是报道有机化合物数据和资料十分权威的巨著。内容介绍化合物的结构、理化性质、衍生物的性质、鉴定分析方法，提取纯化或制备方法以及原始参考文献。Beilstein所报道化合物的制备有许多比原始文献还详尽，并且更正了原作者的错误。虽然德文不如英文普遍，但是许多早期的化学资料仍需借助Beilstein查询，加上目前Beilstein Online网络的流行（价格比CA便宜广用），因此学习和了解Beilstein的编辑和使用方法仍是必不可少的。

Beilstein目前出版有7大系列（H、EⅠ、EⅡ、EⅢ、EⅣ、EⅤ、EⅥ），其中H表示Hauptwerk（正编），E表示Erganzungswerk（补编）。H系列为基本系列（Basic Series），报道1910年以前的文献资料，之后每10年增加一个系列（补编）。后面的补编逐渐采用英文书写。每个系列有27卷主卷（其他为索引），横向分为三大部分：Acyclics（非环系，1～4卷），Isocyclics（碳环卷，5～6卷），Heterocyclics（杂环化合物，7～27卷）。按照所具有的官能团纵向依序分为：无，OH，C=O，CO_2H，SO_3H，Se，NH_2，NHOH，金属有机等17类；有"Table of Contents of the 27 Volumes of the Beilstein Handbook"帮助了解上述分类。如果能由分子式索引得到化合物，便能直接找到其在书卷中的位置。从CRC，Lange's Handbook或Merck Index中得到的Beil. ref也是捷径。Beilstein还有主题索引，比分子式索引更实用，用来查找母体结构化合物。

(6) 商用试剂目录

优点为目录免费索取，每年更新，用来查阅化合物的基本数据（分子量、结构式、沸点、熔点、命名等）十分方便实用。这些商用试剂目录大小适中，在国外实验室人手一册，被当作化学字典或数据手册使用，也是很好的化学产品购物指南。目录中化合物的价格可以作为实验设计的重要参考。目录中还提供参考文献、光谱来源、毒性介绍等。比较著名的商用试剂目录还有以下几种：

① Aldrich　全名Aldrich Catalog Handbook of Fine Chemicals，美国Aldrich公司出版，总部设在Wisconsin州Milwaukee。在美国研究室人手一册。本目录报道37000种化学品的理化常数和价格，编排简洁。除了化学试剂外，也刊载和出售各种实验设备，例如玻璃仪器、化学书籍、仪表等；有详细附图和功能说明，是本很好的购物指南，可以借助图文介绍了解化学仪器的用途和其英文名称。

② Acros　欧洲出版的试剂目录，目前在国内流行。因供货期短（2～4周），订购化合物很方便，可供应实验室一些国内买不到的试剂。

③ Sigma　全名为Sigma Biochemical and Organic Compounds for Research and Diagnostic Clinical Reagents，主要提供生化试剂产品。总部在美国Missouri州St. Louis。

④ Fluka　总部在瑞典，Fluka化学公司。其产品有些是Aldrich找不到的。

⑤ Merck Catalogue　德国 Merck 公司的商品目录，包括 8000 种化学和生化试剂及实验设备。

2.3.4　化学丛书，实验辅助参考书

(1) Gmelin's Handbuch der Anorganischen Chemie（盖墨林无机化学大全）

第一版于 1817 年由德国海德尔堡大学教授 Leopold Gmelin 编辑；1852 年 Gmelin 逝世时出版第四版；1921 年由德国化学会接管该手册的编辑出版工作；1927 年出第七版；1946 年成立了专门的编辑机构——盖墨林研究所，进行第八版的编辑出版工作。

盖墨林无机化学大全是无机化合物、金属有机及物理化学的文献数据中最完整、最新型、最具权威性的著作，它积累了几十代化学家的心血。目前共有 300 多册。第八版是目前通用的版本，它收集的资料从 18 世纪开始止于现代。其组成包括：①正编（Hb）；②补编（Eb）；③正编增补编（Ab）；④新补编（Erg. W）（从 1971 年起出版）。

本书的编排方法比较特殊，它将元素周期表中的元素分成 72 个系统号。除了三个同族元素（稀有气体、稀土元素、超铀元素）各给一个系统号外，其他每个元素都给一个系统号。

本书对每种元素的发展历史、存在、物理性质、化学性质、实验室制备、工业制造、用途、化学分析、生产统计及毒性等都作了详尽的叙述，并配有大量的数据、图表和参考文献。

物理性质包括熔点、密度、晶体结构、光谱数据、磁性质等；

化学性质包括与空气、水、热、非金属、金属、酸及有机物等的反应。

本书有三种索引体系：①元素系统号的分子式及题目索引（按 Hill 系统排列）；②专题分类字索引；③化学式总索引（12 卷为英文）。大多数系统号的卷册没有索引，但目录编排得非常详细，有德英对照。化合物所在系统按“最后位置优先”原则。

(2) Comprehensive Inorganic Chemistry（M. C. Sneed；J. L. Maynard；R. C. Brasted）

1953 年起出版，共 11 卷，用原子-分子结构的近代观点编写，参考价值较大。已由张乾二、周绍民等译成中文，书名为《无机化学大纲》，由上海科技出版社出版，1964 年起发行。

(3) 无机合成

美国化学学会无机合成编辑委员会编，第 1～20 卷，申泮文等译，科学出版社 1959～1986 年出版。介绍无机化合物的合成方法，合成物的性质和保存方法。每种合成都经过检验复核，比较可靠。

(4) 无机化合物合成手册

日本化学会编，化学工业出版社 1983～1988 年出版。本册介绍各种金属及非金属的络合物、多核络合基化合物、多酸盐等。第一卷曹惠民、包文滁、安家驹译，介绍了 472 个化合物；第二卷安家驹、陈之川译，介绍了 835 个化合物；第三卷曹惠民译，介绍了 842 个化合物。

(5) Infrared and Raman Spectra of Inorganic and Coordination Compounds（无机和配位化合物的红外和拉曼光谱）

日本中本一雄著，黄德如、汪仁庆译，化学工业出版社 1991 年出版。主要介绍了正则振动的基本理论，并选用典型的例子分别介绍了红外和拉曼光谱在无机化合物、配位化合物和金属有机化合物方面的应用。按化合物的构型或配位体分类整理列出了谱带归属频率表。

还列出了所引用的两千余条参考文献。

(6) Organic Reactions（有机反应）

是一套介绍著名有机反应的综述丛书，1942年首版，每1～2年出版一期，目前已有40余期。每期都会列出以前几期的目录和综合索引。稿件为特邀稿，综述介绍一些著名的反应。内容描述极为详尽，包括前言、历史介绍、反应机理、各种反应类型、应用范围和限制、反应条件和操作程序、总结。每章有许多表格刊载各种研究过的反应实例，附有大量的参考文献。国外有机化学课程经常以此丛书作为课外作业，让学生查阅和描写某反应的内容、机理和应用范围。

(7) Organic Synthesis（有机合成）

是一套详细介绍有机合成反应操作步骤的丛书。内容可信度极高，每个反应都经过至少两个实验室重复通过。最引人入胜的是后面的Notes，详细说明操作时应该注意的事项及解释为何如此设计、不当操作可能导致的副产物等，是本学习“know how”的反应丛书。

(8) Reagent for Organic Synthesis（有机合成试剂）

Louis F. Fieser & Mary Fieser主编，1967年出版的系列丛书，每1～2年出版一期。其前身是Experiments in Organic Chemistry（有机化学实验）。每期介绍1～2年间一些较特殊的化学试剂所涉及的化学反应或最新发明的试剂。可以从索引查阅试剂名字，转而查找其反应应用，每个反应都有详细的参考书目。

(9) Vogel's“Textbook of Practical Organic Chemistry”

简称Vogel。1948年首版，是一本十分实用的反应设计参考书，国外每个研究组都有一本置于书架。内容主要按照官能团刊载反应。如同本科生的实验教材一般，本书对于反应条件和操作程序描述得十分清楚，报道许多反应实例和其参考文献。书末刊载化合物的理化常数，与CRC等其他化学手册不同的是本书按照官能团排序，因此能同时列出该化合物衍生物的熔点或沸点数据。书的前面几章介绍实验操作技术。附录有各种官能团的光谱介绍，例如红外吸收位置、核磁氢谱和碳谱的化学位移等。

(10) Purification of Laboratory Chemicals（实验室化合物的纯化）

Perrin主编。这是实验室中经常使用到的参考书籍。内容报道各种常用化合物的纯化方法，以及纯化以前的处理手续等。从粗略纯化到高度纯化都有详细记载，并附参考文献。前几章介绍提纯相关技术（重结晶、干燥、色谱、蒸馏、萃取等），还有许多实用的表格，例如介绍干燥剂的性质和使用范围、不同温度的浴槽的制备、常用溶剂的沸点及互溶性等资料。

2.4 Internet上的化学资源

随着网络技术的发展，Internet上的化学信息资源日益丰富。通过Internet检索各类化学信息资源是化学工作者了解学科发展动态的首要选择。

2.4.1 国内化学信息网络资源

(1) 中国知识资源总库（http://www.cnki.net）

CNKI网络数据库包括国内各种期刊、报纸、会议论文、图书、百科全书、中小学多媒体教学软件、专利、年鉴、标准、科技成果、博士硕士论文以及专利等内容。

(2) 超星数字图书馆（http://www. ssreader. com)

主要提供图书信息方面的检索服务，还有论文资料数据库。可以浏览书目信息，并对图书进行全文浏览和下载。

(3) 重庆维普资讯（http://www. cqvip. com)

维普（VIP）数据库包括中文科技期刊全文数据库和外文科技期刊文摘数据库，文献涵盖自然科学、工程技术、农业等诸多学科领域。

(4) 万方数据库（http://www. wanfangdata. com. cn/)

系统资源包括科技信息子系统、商务信息子系统、数字化期刊子系统、学位论文全文子系统、学术会议论文子系统等。万方科技信息数据库包含：国内的科技成果、专利技术以及国家级科技计划项目等成果专利，国家质量监督检验检疫总局、住房和城乡建设部情报所提供的中国国家标准、建设标准、建材标准、行业标准、国际标准、国际电工标准、欧洲标准以及美、英、德、法国国家标准和日本工业标准等中外标准，会议文献、专业文献、综合文献和英文文献等科技文献。

(5) 化学信息网（http://chemport. ipe. ac. cn 或 http://chin. csdl. ac. cn/)

化学学科信息网 ChIN 是重要的化学化工资源导航系统，是中国科学院知识创新工程科技基础设施建设专项“国家科学数字图书馆项目”的子项目。它对 Internet 上重要的化学资源进行系统的索引和组织，为重要的资源建立摘要信息或信息简介，提供转原址链接和相关信息链接。它是有助于比较全面了解网上化学资源的指南性工具。

2.4.2 国外化学信息网络资源

(1) 美国化学学会（American Chemical Society，ACS）数据库（http://pubs. acs. org/)

目前美国化学学会出版的 34 种纸质和电子期刊，每一种期刊都能回溯到期刊的创刊卷，最早的到 1879 年。内容涵盖了诸如无机化学、有机化学、分析化学、物理化学、生物化学、环境化学、材料化学等 24 个主要的化学研究领域。这些期刊被 ISI 的 Journal Citation Report（JCR）评为“在化学领域中被引用次数最多的化学期刊”。

(2) Elsevier（ScienceDirect OnLine）数据库（http://www. sciencedirect. corn/)

荷兰 Elsevier 公司出版的期刊是世界上公认的高品质学术期刊，大多数都是核心期刊，并且被世界上许多著名的二次文献数据库所收录。该数据库包括 Elsevier 集团所拥有的 2200 多种期刊和 2000 多种系列丛书、手册及参考书，内容涵盖数学、物理、生命科学、化学等学科领域。

(3) Nature Publishing Group（http://www. nature. com/)

英国著名杂志 Nature 是世界上历史最悠久、最具名望的国际性科技期刊，自从 1869 年创刊以来，始终如一地报道和评论全球科技领域里最重要、最前沿的研究成果。

(4) Royal Society of Chemistry（RSC）：http://pubs. rsc. org/

英国皇家化学学会是一个国际权威的学术机构，是化学信息的一个主要传播机构和出版商。该学会成立于 1841 年，出版的期刊及数据库一向是化学领域的核心期刊和权威性的数据库。RSC 期刊大部分被 SCI 收录，并且是被引用次数最多的化学期刊。

(5) Science Online（http://www. sciencemag. org/)

美国科学杂志《科学在线》是由美国科学促进会（AAAS）出版的综合性电子出版物。内容包括《科学》、《今日科学》和《科学快讯》等。《科学》周刊创建于 1880 年，是国际学术界享有盛誉的综合性权威刊物，被世界科学家们视为世界一流的科技期刊，其影响因子在所有科技类出版物中排名第一。

(6) SciFinder Web (http://scifinder.cas.org/)

SciFinder是美国《化学文摘》(CA) 的网络版，是全球最大、最全面的化学和科学信息数据库。它整合了Medline医学数据库、欧洲和美国等六十多家专利机构的全文专利资料，以及《化学文摘》1907年至今的所有内容。涵盖的学科包括应用化学、化学工程、普通化学、物理、生物学、生命科学、医学、聚合体学、材料学、地质学、食品科学和农学等诸多领域。CAS旗下的化学文摘服务社 (Chemical Abstract Service, CAS) 所出版的化学资料电子数据库SciFinder Scholar包括六个数据库。

① Patent and Journal References——CAplus。有关化学及相关学科的文献数据库。包括自1907年以来源自全球1万多种期刊论文、63个专利发行机构的专利文献、会议录、技术报告、图书、学位论文、评论、会议摘要、电子期刊 (e-only期刊)、网络预印本。

② Substance Information——CAS REGISTRY。化学物质信息数据库，是查找结构图示、CAS化学物质登记号和特定化学物质名称的工具。数据库中每种化学物质（合金、络合物、矿物、混合物、聚合物、盐）有唯一对应的CAS注册号，还有相关物质的基本信息（如俗名、通用名、分子式、系统名等)、环系数据（如元素分析、元素数量、元素顺序、环的大小以及结构图等）和数值信息（如密度、沸点、闪点、固有溶解度、分子量、蒸气压等)。

③ Regulatd Chemicals——CHEMLIST。管控化学品信息数据库，是查询全球重要市场中备案/被管控化学品信息（化学名称、别名、库存状态等）的工具。利用这个数据库可了解某种化学品是否被管控，以及被哪个机构管控。目前收录了近25万多备案/被管控物质。

④ Chemical Reactions——CASREACT。化学反应数据库，收录了自1840年以来1千万个左右的一步或多步反应，记录内容包括反应物和产物的结构图，反应物、产物、试剂、溶剂、催化剂的化学物质登记号，反应产率，反应说明。帮助用户了解反应是如何进行的。

⑤ Chemical Supplier Information——CHEMCATS。化学品商业信息数据库，帮助用户查询化学品提供商的联系信息、价格情况、运送方式，或了解物质的安全和操作注意事项等信息，记录内容还包括目录名称、订购号、化学名称和商品名、化学物质登记号、结构式、质量等级等。

⑥ National Library of Medicine——Medline。美国国家医学图书馆出品的书目型数据库，主要收录1951年以来与生物医学相关的3900种期刊文献。

(7) Sigma-Aldrich (http://www.sigmaaldrich.com)

Sigma-Aldrich是世界上最大的化学试剂供应商。西格玛-阿德里奇试剂网站收录了20多万种化学试剂品的信息，可通过英文名称、分子式、CAS登录号注册后在线检索。

第3章 有机实验基本操作和技术

有机化学实验是通过一定的有机化学反应，以安全有效的方法将一个化合物转化成另一个化合物的系列操作。而从起始原料到最终产物的过程中，包括许多独立的操作，概括起来有以下几点：

① 选择合适的反应器，反应器应当适合所要发生的化学反应的需要；

② 根据反应式正确分配计算和称（量）取起始原料、试剂和溶剂；

③ 在一定条件下，引发并控制好所要进行的反应，例如：加料速度、搅拌速度以及反应温度等；

④ 反应结束后，从反应混合物中分离出一种或几种产物，所用的分离方法，一般依据具体的实验而定；

⑤ 产品的纯化；

⑥ 产品的分析。

下面对有机化学实验所涉及的一些基本操作和技术进行简单的论述。在实验中遇到困难时，可以参考这部分内容。

3.1 药品的处理

3.1.1 处理药品时的安全问题

无论处理何种药品，安全至关重要。在开始有机化学实验之前，应当清楚地知道，所使用的药品和溶剂的某些性质，如易燃性、毒性、腐蚀性等。这些一般都标注在原装试剂瓶的标签上。具体可参考如下步骤：

① 所用的试剂或溶剂是否具有相当的腐蚀性？如有，应戴上手套；

② 所用的试剂或溶剂是否易燃和具有较低的闪点？如有，应检查自己的周围有无明火；

③ 所用的试剂或溶剂是否具有毒性或难闻的气味？如有，这些药品应在通风橱里使用；

④ 所用的试剂或溶剂是否对空气或水汽敏感？如有，应采用一些特殊的方法加以处理。

无论是从实验室、储藏室里取药品，还是将药品从试剂架上转移到实验桌上，都应该谨慎小心。在搬运或转移试剂和溶剂之前一定要检查一下药品的瓶盖是否盖紧！

3.1.2 药品的称量和转移

要成功地完成某一个有机化学实验，必须用确定数量的起始原料和试剂。例如，某实验实际需用量为1.2g起始原料，就不能为缩短反应时间或想要提高反应产率，而自作主张称量2.4g，这个设想是错误的，有时甚至是危险的。这样的做法绝对不允许。

(1) 固体

化学反应中，固体物质的量，包括起始原料和最终产物，需要用台秤或天平称量，应根据不同的需要选用不同称量范围和精确度的台秤或天平。

化学药品，不仅仅是有机化学药品，对天平的托盘均具有一定的腐蚀性，同时为了方便转移的需要，在进行固体药品的称量时一般都需要放在某个器皿中进行。在实验室中，最常用的就是称量纸（不可以用滤纸作为称量纸），但如果所称量的固体对空气或水汽较敏感，则要选择一些带塞子的容器，如称量瓶来称量。

在实验过程中，除了将药品直接称量在反应容器中，大多数情况下都需要将已称量好的药品转移到反应容器中。一般情况下，都是用已折好的称量纸来进行转移，这样可以避免药品散落或弄脏实验台。

(2) 液体

液体样品的质量可以通过称量或量体积来得到（通常是量体积）。这时就要根据液体的相对密度事先换算成体积，大多数试剂瓶的外包装上都有这些数据。如果反应的产物是液体，可以通过称量来知道液体的质量，以方便计算产率。

量取液体样品的工具很多，可以用带有刻度的烧杯，在杯壁上有大致的刻度；也可以用量筒、带有刻度的移液管或胶头滴管，这些都有相当准确的读数。选用何种容器进行量取，则应根据具体的实验要求而定。一般要求尽量选用体积相近的容器，以保证精确度，例如可以用10mL或25mL的量筒来量取7mL的液体，而不用100mL的量筒。

尽可能小心地将液体从试剂瓶中倒入量筒，建议最好是使用一个三角漏斗，这样会防止液体溅出或洒落在量筒外面；当取用很少量的液体时，建议使用移液管或带有刻度的胶头滴管。但在使用滴管时，应当确保所使用的滴管是干净的，以免污染整瓶试剂。

3.1.3 过滤

根据过滤的方式不同，可分为普通过滤、减压过滤、趁热过滤等。

① 普通过滤　通常是为除去液体中的少量固体杂质，但速度较慢。

② 减压过滤　就是使用抽气泵、吸滤瓶、吸滤漏斗。在布氏漏斗中铺一张比漏斗底部略小的圆形滤纸，要全部盖住底部小孔，过滤前先用溶剂润湿滤纸，打开抽气泵，抽气，使滤纸紧紧贴在漏斗上。将要过滤的混合物倒入布氏漏斗中，使固体物质均匀分布在整个滤纸面上。如是重结晶，还要用少量滤液将黏附在容器壁上的结晶洗出，继续抽气并用玻璃钉挤压晶体，尽量除去母液。取下抽气管再用少量干净溶剂均匀洒在晶体上，并用玻璃棒轻轻翻动晶体，使全部结晶刚好被液体浸润，但不要使滤纸松动，接上抽气管抽去溶剂，重复操作两次。过滤少量的结晶可用玻璃钉抽气装置。

③ 趁热过滤　就是选用短颈径粗的玻璃漏斗，折叠滤纸，热水漏斗套。把短颈玻璃漏斗置于热水漏斗套里，套的两壁间加满热水，然后在漏斗上放入折叠滤纸，用少量溶剂润湿滤纸，避免滤纸在过滤时因吸附溶剂而使结晶析出，滤液用三角烧瓶接收（用水作溶剂时可用烧杯），漏斗颈紧贴瓶壁，待过滤的溶液沿玻璃棒小心倒入漏斗中，并用表面皿盖在漏斗上，以减少溶剂的挥发，过滤完毕，用少量热溶剂冲洗一下滤纸，若滤纸上析出的晶体颗粒较多时，可小心地将结晶刮回到三角烧瓶中，用少量溶剂溶解后再过滤。

3.2 仪器的连接、装配和拆卸

3.2.1 仪器的连接

化学实验中所用玻璃仪器间的连接一般采用两种形式，一种是靠塞子连接，一种是靠仪器本身上的磨口连接。

(1) 塞子连接

连接两件玻璃仪器的塞子有软木塞和橡胶塞两种。塞子应与仪器接口尺寸相匹配，一般以塞子的 1/2～2/3 插入仪器接口内为宜。塞子材质的选择取决于被处理物的性质（如腐蚀性、溶解性等）和仪器的应用范围（如在低温还是高温，在常压下还是减压下操作）。塞子选定后，用适宜孔径的钻孔器钻孔，再将玻璃管等插入塞子孔中，即可把仪器等连接起来。由于塞子钻孔费时间，塞子连接处易漏，通道细窄流体阻力大，塞子易被腐蚀，往往污染被处理物等缺点，在大多数场合中塞子连接已被标准磨口连接所取代。

(2) 标准磨口连接

有机化学实验常用标准接口玻璃仪器。标准接口玻璃仪器是具有标准化磨口或磨塞的玻璃仪器。它们均按国际通用的技术标准制造，当某个部件损坏时，可以选购。由于仪器口塞尺寸标准化、系统化、磨砂密合，凡属于同类规格的接口，均可任意连接，各部件能组装成各种配套仪器。与不同类型规格的部件无法直接组装时，可使用转换接头连接。使用标准接口玻璃仪器，既可免去配塞子的麻烦，又能避免反应物或产物被塞子沾污的危险。磨口塞磨砂性能良好，使密合性可达较高真空度，对蒸馏尤其减压蒸馏有利，对于毒物或挥发性液体的实验较为安全。

标准接口仪器的每个部件在其磨口的上或下显著部位均具有烤印的白色标志，表明规格，常用的有 10、12、14、16、19、24、29、34、40 等。表 3-1 是标准接口玻璃仪器的标号与大端直径对照表。

表 3-1　标准接口玻璃仪器的标号与大端直径

标　号	10	12	14	16	19	24	29	34	40
大端直径/mm	10.0	12.5	14.5	16	18.8	24.0	29.2	34.5	40

有的标准接口玻璃仪器有两个数字，如 10/30，10 表示磨口大端的直径为 10mm，30 表示磨口的长度为 30mm。

使用标准磨口仪器应注意：

① 必须保持磨口表面清洁，特别是不能沾有固体杂质，否则磨口不能紧密连接。硬质砂粒还会给磨口表面造成永久性的损伤，破坏磨口的严密性。

② 在常压下使用时，磨口一般不需润滑以免沾污反应物或产物。为防止黏结，也可在磨口靠大端的部位涂敷很少量的润滑脂（凡士林、真空活塞脂或硅脂）。如果要处理盐类溶液或强碱性物质，则应将磨口的全部表面涂上一薄层润滑脂。

减压蒸馏使用的磨口仪器必须涂润滑脂（真空活塞脂或硅脂），以增强磨砂口的密合性。在涂润滑脂之前，应将仪器洗刷干净，磨口表面一定要干燥。

从内磨口涂有润滑脂的仪器中倾出物料前，应先将磨口表面的润滑脂用有机溶剂擦拭干净（用脱脂棉或滤纸蘸石油醚、乙醚、丙酮等易挥发的有机溶剂），以免物料受到污染。

③ 装配时，把磨口或磨塞轻轻地对旋连接，不宜用力过猛，不能装得太紧，只要达到密闭要求即可。

④ 标准磨口仪器使用完毕必须立即拆卸、洗净，各个部件分开存放，否则对接处常会粘牢，以致拆卸困难。装拆时应注意相对的角度，不能在角度有偏差时进行硬性装拆，否则极易造成破损。非标准磨口部件（如滴液漏斗的旋塞）不能分开存放，应在磨口间夹上纸条以免日久黏结。

盐类或碱类溶液会渗入磨口连接处，蒸发后析出固体物质，易使磨口黏结，所以不宜用磨口仪器长期存放这些溶液。

只要遵循正确使用规则，磨口很少会打不开。一旦发生黏结，可采取以下措施：

a. 将黏结时间不长的磨口仪器放在超声波清洗器中，利用水波的振动，常常能使磨口打开。

b. 将磨口竖立，往缝隙间滴几滴甘油。如果甘油能慢慢地渗入磨口，最终能使连接处松开。

c. 将黏结的磨口仪器放在水中加热煮沸，常常也能使磨口打开。

d. 用木板沿磨口轴线方向轻轻地敲外磨口的边缘，振动也会使磨口松开。

如果磨口表面已被碱性物质腐蚀，黏结的磨口就很难打开了。

3.2.2 仪器的装配

在化学实验室内，学生使用同一标号（如19号）的标准磨口仪器，组装起来非常方便，每件仪器的利用率高，互换性强，用较少的仪器即可组装成多种多样的实验装置。

无论是标准磨口玻璃仪器还是普遍玻璃仪器，在装配仪器时都应注意以下几点：

① 根据实验的要求，正确地选用干净合适的仪器。例如，选用的圆底烧瓶大小、温度计的量程要合适等。

② 按照一定顺序装配仪器。首先应根据热源来确定主要仪器——反应器的位置（考虑整套装置的稳固，重心应尽量低一些），然后按一定顺序逐件装配，通常是自下而上、从左至右（有时也需考虑水源、电源的位置）、先难后易逐件装配。

③ 仪器应用铁夹固定。除像接液管这种小件仪器外，其他仪器每装配好一件都要求用铁夹固定到铁架台上，然后再装另一件。使用铁夹固定仪器时应注意：一是铁夹不能与玻璃直接接触，应套上橡皮管，或粘上石棉垫等；二是夹仪器的部位要正确，如冷凝管应夹在中间部位；三是铁夹不宜夹得过松或过紧，要松紧适当，既要保证磨口连接处严密不漏，又不要使上件仪器的重力全都压在下件仪器上，即顺其自然将每件仪器固定好，尽量做到各处不产生应力。冷凝管与接液管、接液管与接收瓶间的连接最好用磨口接头连接专用的弹簧夹或橡皮圈固定。

④ 在常压下进行的反应，其装置必须与大气相通，切不可造成密闭体系，以防爆炸。

⑤ 仪器装配要求做到严密、正确、布局合理、稳妥、便于操作和观察。装置从正面看，仪器布局整齐合理，高低适宜，从侧面看，整套装置处在同一平面上。仪器装配得好，不仅能使实验安全顺利地进行，而且还会给人一种美的感受。

⑥ 同一实验台有几套蒸馏装置且距离较近时，每两套装置应是头-头（蒸馏烧瓶对蒸馏烧瓶）或尾-尾（接收器对接收器）相对，切不可头-尾相对，以防引发火灾。特别是蒸馏易挥发、易燃物质时尤应注意。

3.2.3 仪器装置的拆卸

仪器装置操作后要及时拆卸。拆卸时，按装配相反的顺序逐个拆除，后装配上的仪器先拆卸下来。拆卸下来的仪器连接磨口涂有密封油脂时，可用石油醚棉花球擦洗干净。用过的仪器及时洗刷干净，干燥后放置。

3.3 合成实验中常用的仪器装置

许多化学反应特别是有机化学反应通常必须在合适的反应装置中才能顺利进行。有些实验需要进行搅拌，控制温度，防止湿气以及惰性气体保护等。化学反应装置既有最简单的一支试管或一只烧杯，也有复杂的如多颈烧瓶，上面装有搅拌棒、滴液漏斗、温度计和回流冷凝管等。

需要注意的是无论什么仪器，都必须使用铁架台和铁夹加以固定，整套仪器安装准确、端正、规范、牢固，不能出现装置的歪斜、扭曲现象。不论从侧面或正面看上去，各个仪器的中心线都要在一直线上。所有的铁夹和铁架应尽可能整齐地放在仪器的背部，各个铁夹不要夹得太紧或太松。整套装置各接口处连接要严密，不能漏气。如果忽略了这些细节，实验就可能会有危险。

根据经验，大致可以把仪器装置分为以下几种。

3.3.1 回流冷凝装置

有机化学实验中，常遇到下面情况：一是有些反应需使反应物长时间保持沸腾；二是有些重结晶样品的溶解需要煮沸一段时间。在这两种情况下就需要使用回流冷凝装置，使反应物或溶剂的蒸气不断在冷凝管中冷凝而返回反应器中，以防蒸气逸出损失，这个过程即回流。这时反应的温度基本接近溶剂的沸点，利用这种具有一定沸点的液体作溶剂来控制反应温度是相当容易的。但必须注意，用作溶剂的液体应当是惰性的，不能参与化学反应。图3-1是常见的几种回流用的装置图。

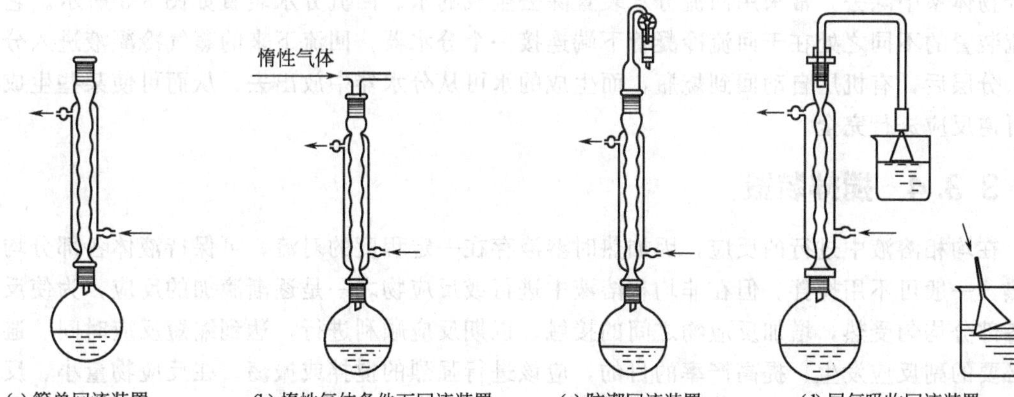

(a) 简单回流装置　(b) 惰性气体条件下回流装置　(c) 防潮回流装置　(d) 尾气吸收回流装置

图 3-1 常用的回流装置

图 3-1(a) 是一个简单的回流装置，将反应物放在圆底烧瓶中，在适当的热源或热浴中加热（事先加入少量沸石），上面装有回流冷凝管，冷凝管的下端支口是进水口，上端支口是出水口。使用时一定要先通水，后加热，使夹套充满水，水流速度不必很快，能保持蒸气

充分冷凝即可。加热的程度也需控制，使蒸气上升的高度不超过冷凝管的1/3。反应结束时应先停止加热，后停止通水。图 3-1(b) 是在惰性气体条件下的回流。如果反应物怕受潮，可在冷凝管上端口装接氯化钙干燥管防止空气中湿气侵入，如图 3-1(c)。如果反应中会放出有害气体（如溴化氢），可接气体吸收装置，如图 3-1(d)。

3.3.2 回流滴加冷凝装置

有些反应进行剧烈，放热量大，如将反应物一次加入，会使反应失去控制；有些反应为了控制反应物选择性，也不能将反应物一次加入。在这些情况下，可采用回流滴加冷凝装置（见图 3-2），将一种试剂逐渐滴加进去。

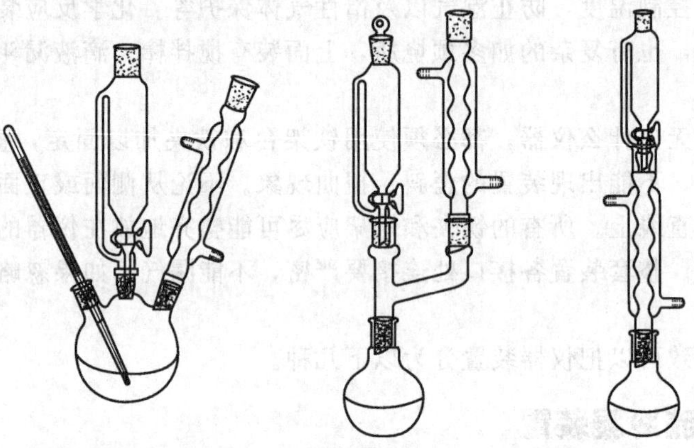

图 3-2 常用的回流滴加冷凝装置

3.3.3 回流分水冷凝装置

在进行某些可逆平衡反应时，为了使正向反应进行到底，可将反应产物之一不断从反应混合物体系中除去，常采用回流分水装置除去生成的水。回流分水装置如图 3-3 所示。它与回流装置的不同之处在于回流冷凝管下端连接一个分水器，回流下来的蒸气冷凝液进入分水器，分层后，有机层自动回到烧瓶，而生成的水可从分水器中放出去，从而可使某些生成水的可逆反应进行完全。

3.3.4 搅拌装置

在均相溶液中进行的反应，因加热时溶液存在一定程度的对流，可保持液体各部分均匀受热，一般可不用搅拌。但在非均相溶液中进行或反应物之一是逐渐滴加的反应，为使反应物各部分均匀受热，增加反应物之间的接触，以期反应顺利进行，达到缩短反应时间、避免不必要的副反应发生、提高产率的目的，应该进行强烈的搅拌或振荡。在反应物量小、反应时间短，而且不需要加热或温度不太高的操作中，用手摇动容器就可达到充分混合的目的。用回流冷凝装置进行反应时，有时需做间歇的振荡。这时可将固定烧瓶和冷凝管的夹子暂时松开，一只手扶住冷凝管，另一只手拿住瓶颈振摇；每次振荡后，应把仪器重新夹好。也可用振荡整个铁架台的方法（这时夹子应夹牢）使容器内的反应物充分混合。那些需要较长时间搅拌的实验，最好用电动搅拌器或磁力搅拌器。

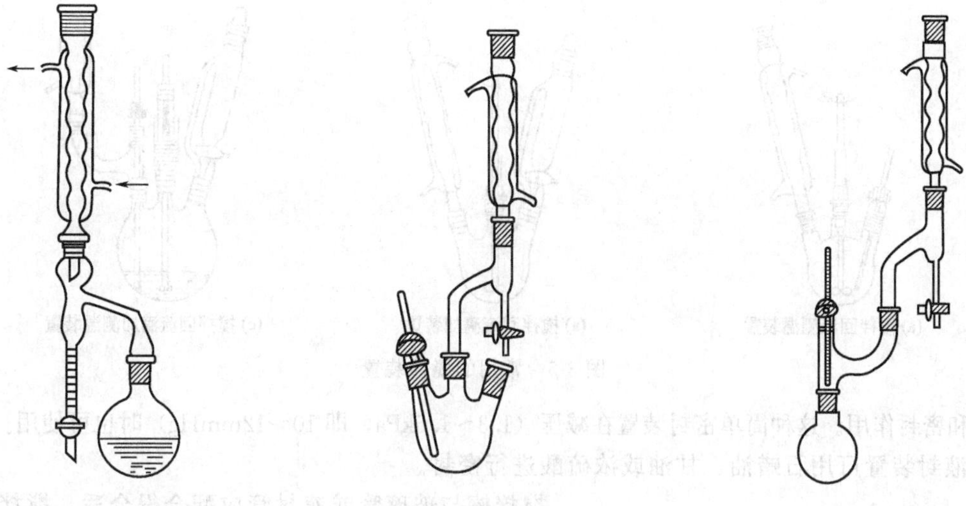

(a) 普通回流分水装置　　(b) 测温回流分水装置　　(c) 控温回流分水装置

图 3-3　回流分水装置

(1) 电动搅拌器

电动搅拌器一般用于常量的非均相反应时搅拌液体反应物。由机座、微型电机和变压调速器几部分组成（见图 3-4）。电动搅拌的效率高，节省人力，缩短反应时间。使用时应安装端正、无障碍，转动活络，应随时检查电机发热情况，以免超负载运转而烧坏电机。

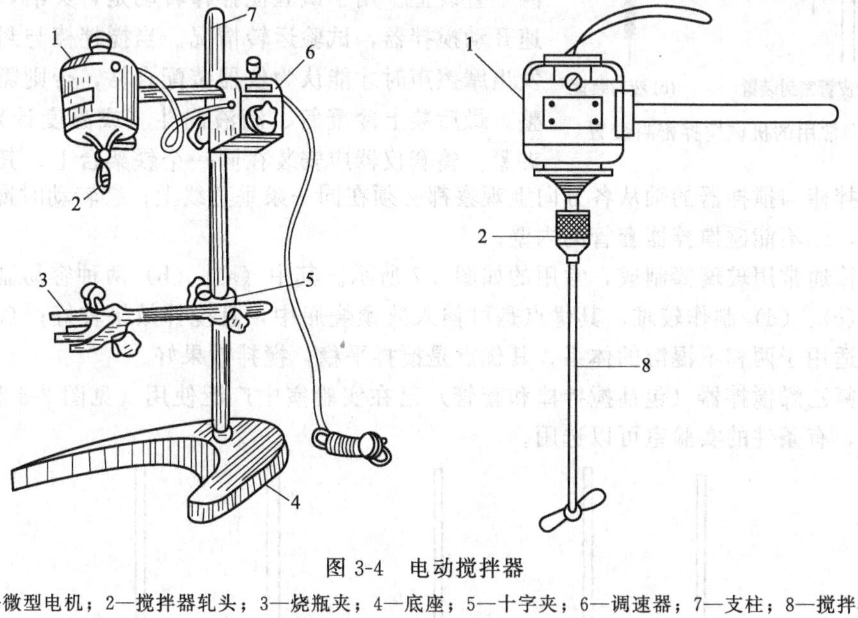

图 3-4　电动搅拌器

1—微型电机；2—搅拌器轧头；3—烧瓶夹；4—底座；5—十字夹；6—调速器；7—支柱；8—搅拌棒

图 3-5 是常用的适合不同需要的机械搅拌装置。搅拌棒是用电动搅拌器带动的。

在装配机械搅拌装置时，可采用简单的橡皮管密封［见图 3-6(a)］或用液封管［见图 3-6(b)］密封。其目的在于防止反应中的蒸气或生成的气体逸出。

简单的橡皮管密封装置的制作方法是：截取一段长约 2～3cm、内径与搅拌棒紧密接触、弹性较好的橡皮管套在搅拌器套管上端，然后插入搅拌棒，在搅拌棒与橡胶管之间滴入少许甘油起

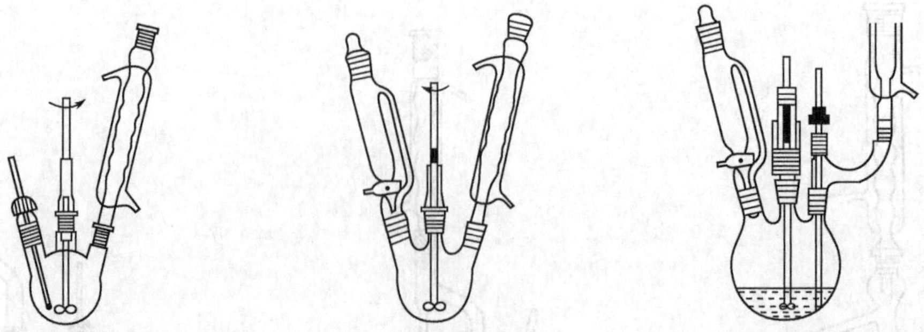

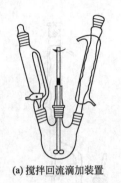

(a) 搅拌回流测温装置　　(a) 搅拌回流滴加装置　　(c) 搅拌回流滴加测温装置

图 3-5　常用的搅拌装置

润滑和密封作用。这种简单密封装置在减压（1.3～1.6kPa，即 10～12mmHg）时也可使用。

液封装置可用石蜡油、甘油或浓硫酸进行密封。

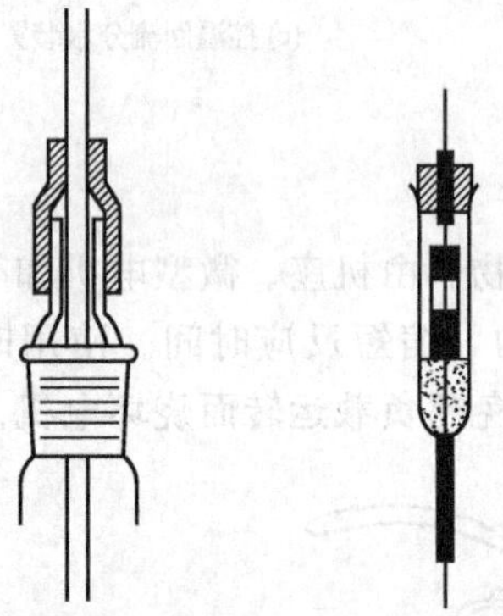

(a) 简单橡皮管密封装置　　(b) 液封装置

图 3-6　常用的机械搅拌密封装置

搅拌棒与玻璃管或液封管应配合得合适，搅拌棒能在中间自由地转动。根据搅拌棒的长度（不宜太长）选定三颈烧瓶和电动搅拌器的位置。先将搅拌器固定好，用短橡皮管（或连接器）把已插入封管中的搅拌棒连接到搅拌器的轴上，然后小心地将三颈烧瓶套上去，至搅拌棒的下端距瓶底约 5mm，将三颈烧瓶夹紧。检查这几件仪器安装得是否正、直，搅拌器的轴和搅拌棒应在同一直线上。用手试验搅拌棒转动是否灵活，再以低转速开动搅拌器，试验运转情况。当搅拌棒与封管之间不发出摩擦声时才能认为仪器装配合格，否则需要进行调整。最后装上冷凝管、滴液漏斗（或温度计），用夹子夹紧。整套仪器应安装在同一个铁架台上。其装配要求是：①搅拌棒与搅拌器的轴从各方向上观察都必须在同一条垂直线上；②转动时搅拌棒一不能碰瓶底，二不能碰搅拌器套管的内壁。

搅拌棒通常用玻璃棒制成，常用的如图 3-7 所示。其中（a）、（b）两种容易制作，且较为常用；（c）、（d）制作较难，其优点是可伸入狭颈烧瓶中，且搅拌效果较好；（e）为筒形搅拌棒，适用于两相不混溶的体系，其优点是搅拌平稳，搅拌效果好。

聚四氟乙烯搅拌器（包括搅拌棒和套管）已在实验室中广泛使用（见图 3-8 和图 3-9），十分方便，有条件的实验室可以选用。

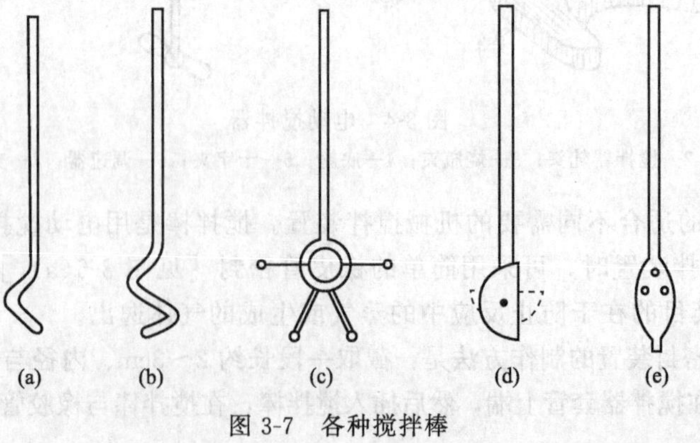

(a)　(b)　(c)　(d)　(e)

图 3-7　各种搅拌棒

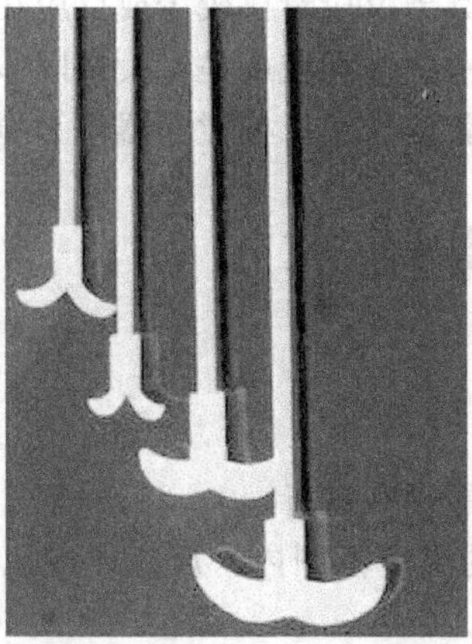

图 3-8 聚四氟乙烯搅拌棒

图 3-9 聚四氟乙烯搅拌器套管

（2）电磁搅拌器

电磁搅拌器也叫磁力搅拌器，是由一个微型电机带动一块磁铁旋转，吸引装有溶液的容器中的搅拌子转动，达到搅拌溶液的目的（见图 3-10 和图 3-11）。搅拌子也称磁子，它是用一小段铁丝（或磁铁）密封在玻璃管或聚四氟乙烯塑料管中，防止铁丝或磁铁与溶液接触而污染反应体系。磁子的外形有棒状、锥状、椭球状之分，各种形状还有大小（10mm、20mm、30mm 长等）的区别，依据形状和大小可以选择适用的各种平底或圆底容器。电磁搅拌可以通过调节磁力改变搅拌器的搅拌速度，有的电磁搅拌同时配有加热装置，可以在搅拌的同时进行电加热。没有加热装置的电磁搅拌器，可以自行配置加热控温装置，包括加热容器、加热棒、温度计或节点温度计，加热介质可根据需要选择水浴或油浴。

图 3-10 电磁搅拌器

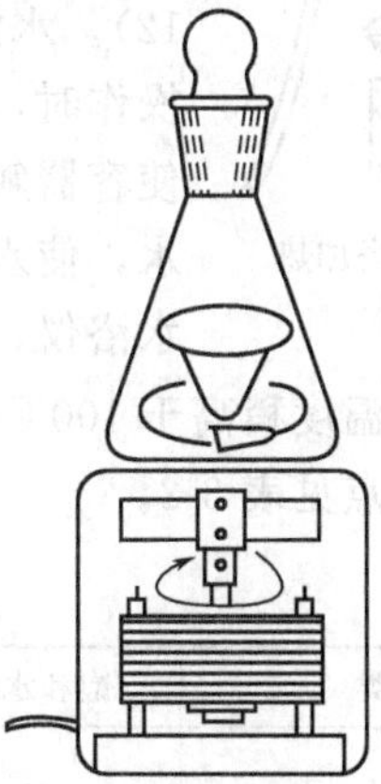

图 3-11 电磁搅拌器内部结构示意图

使用电磁搅拌器前，先将转速调节旋钮调至最小，接上 220V 电源，打开电源开关，电源指示灯即亮，需要搅拌的容器置于托盘的中央，选择合适的搅拌子放入溶液中，然后调节合适的转速，即开始搅拌。搅拌子应在容器中央，不应碰壁。需要加热时，可打开加热开关，调节合适的温度。

应该注意，保持容器外壁干燥，转速不要过快，以免溶液外溅而腐蚀托盘。用毕后，切断电源，所有旋钮应复到零位。注意切勿使水或反应液漏进搅拌器内，以防短路损坏。存放时也应防潮、防腐蚀。

磁力搅拌器容易安装，可以用来进行连续搅拌。尤其当反应量比较少或反应在密闭条件下进行时，磁力搅拌器的使用更为方便。但缺点是对于一些黏稠液或是有大量固体参加或生成的反应，磁力搅拌器因动力较小无法顺利使用，这时就应选用机械搅拌器作为搅拌动力。

3.4 有机化学反应过程控制技术

3.4.1 加热

由于下述原因化学反应常需要控制在一定温度下才能顺利进行。

① 反应速率与反应温度有关，在某一个比较适合的温度范围内，反应才能以较好的速率进行。

② 正反应和副反应有时是相互竞争的反应，增加反应的温度可能将引发更多的副反应。

③ 有些反应，本身就会放出热量，如果不适当控制反应的温度，反应就有可能失败或产生危险。

要控制某一反应在一个稳定的比较高的温度下进行，最好的办法，就是选择一个比较合适的溶剂，让溶剂保持沸腾来控制反应温度，即回流操作。但这个办法并不是永远奏效的，如果没有合适的溶剂，就要将反应瓶放置于水浴、油浴或电热套等加热装置中来恒定地控制反应温度。

考虑到大多数有机化合物包括有机溶剂都是易燃易爆物，所以在有机实验室安全规则中规定禁止用明火直接加热（特殊需要除外），根据加热温度、升温的速度等需要，可分别应用下列几种热浴手段。

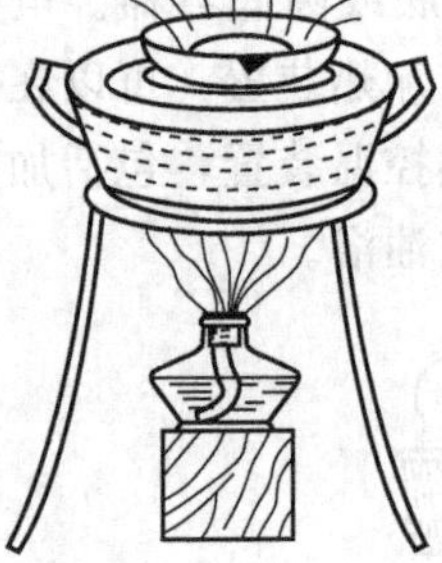

图 3-12 水浴加热

（1）水浴和蒸气浴

当加热的温度不超过 100℃时，使用水浴加热较为方便（见图 3-12）。水浴的温度一般高出反应温度 20℃左右。但是有金属钾、钠的操作时，尽量不要在水浴上进行，否则易引起火灾。使用水浴时勿使容器触及水浴器壁及其底部。由于水的不断蒸发，要适时添加热水，使水浴中的水面经常保持稍高于容器内的液面。电热多孔恒温水浴仪，使用起来较为方便。

如果加热温度稍高于 100℃，则可选用适当无机盐类的饱和水溶液作为热浴。不同盐的饱和溶液的沸点见表 3-2。

表 3-2 不同盐的饱和溶液的沸点

盐 类	饱和水溶液的沸点/℃	盐 类	饱和水溶液的沸点/℃
NaCl	109	KNO_3	116
$MgSO_4$	108	$CaCl_2$	180

（2）油浴

当加热温度在 100～200℃时，宜使用油浴。常用的油浴有以下几种。

① 甘油。可以加热到 140～150℃，温度过高时则会炭化。

② 植物油。如菜油、花生油等，可以加热到 220℃，常加入 1%的对苯二酚等抗氧化剂，便于久用。若温度过高时分解，达到闪点时可能燃烧，所以使用时要小心。

③ 石蜡油。可以加热到 200℃左右，温度稍高并不分解，但较易燃烧。

④ 硅油。硅油在 250℃时仍较稳定，透明度好、安全，是目前实验室里较为常用的油浴

之一，但其价格较贵。

使用油浴加热时要特别小心，防止着火，当油浴受热冒烟时，应立即停止加热。油浴中应挂一温度计，可以观察油浴的温度和有无过热现象，同时便于控制温度，温度不能过高，否则受热后有溢出的危险。另外，注意油中不能混进水，否则当加热温度较高时，产生的水蒸气会把高温的油带出，造成烫伤！

加热完毕取出反应容器时，仍用铁夹夹住反应器离开油浴液面悬置片刻，待容器壁上附着的油滴完后，再用纸片或干布擦干器壁。

(3) 酸液浴

常用酸液为浓硫酸，可加热至250～270℃，300℃左右时则分解，有白烟生成，若酌加硫酸钾，则加热温度可升到350℃左右。例如：

浓硫酸（相对密度1.84）	硫酸钾	加热温度
70%（质量分数）	30%	约325℃
60%（质量分数）	40%	约365℃

上述混合物冷却时，即成半固体或固体，因此，温度计应在液体未完全冷却前取出。

(4) 砂浴

一般用铁盆装干燥的细砂，把反应器半埋在砂中（见图3-13），特别适用于加热温度在220℃以上者。但砂浴传热差，升温较慢，且不易控制。因此，砂层要薄一些，砂浴中应插入温度计，温度计水银球要靠近反应器。

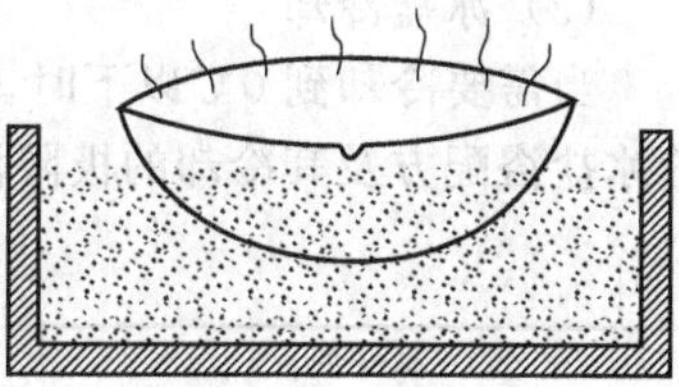

图3-13　砂浴加热

(5) 空气浴

利用热空气间接加热，例如把容器放在石棉网上加热，就是最简单的空气浴。但其受热不均匀且有明火加热，故不能用于回流低沸点易燃的液体或者减压蒸馏。

半球形的电热套属于比较好的空气浴，电热套是用玻璃纤维包裹着的电热丝组成的帽状加热器，由于不使用明火，因此不易着火，并且热效能高，加热温度用调压变压器控制，最高温度可达400℃左右，是有机实验室中常用的一种简便、安全的加热装置。需要强调的是，当一些易燃液体（如酒精、乙醚等）洒在电热套上，仍有引起火灾的危险。勿将酸碱反应物洒在电热套上，以免使电热丝受损。

有机实验中在蒸馏或减压蒸馏时，随着瓶内物质的减少，容易造成瓶壁过热，使蒸馏物被烤焦炭化。为避免这种情况发生，宜选用稍大一号的电热套，并将电热套放在升降架上，必要时使它能向下移动。随着蒸馏的进行，用降低电热套的高度来防止瓶壁过热。

另外，尚有盐浴、金属浴（合金浴）等。现将其列于表3-3中。

表3-3　实验室常用加热浴一览表

类　别	内容物	使用温度范围	注意事项
水浴	水	95℃以下	若使用各种无机盐，使水饱和，则沸点可以提高
水蒸气浴	水	95℃以下	
油浴	石蜡油	220℃以下	加热到250℃以上时，冒烟及燃烧，油中切勿溅水，氧化后慢慢凝固
	甘油，邻苯二甲酸二正丁酯	140～150℃	
	硅油	250℃	
砂浴	砂	220℃以上	
盐浴	如硝酸钾和硝酸钠的等量混合物	220～680℃	浴中切勿溅水，将盐保存于干燥器中
金属浴	各种低熔点金属、合金等	因使用金属不同，温度各异	加热至350℃以上时渐渐氧化

3.4.2 冷却

如果化学反应本身是放热的，应该更加注意控制反应温度。对于放热反应，温度升高了，反应速率会加快，进而使反应的放热速率也随着加快，如果不对反应的温度加以控制，体系的温度会不断升高，反应越来越剧烈，直到反应物冲出反应容器。放热反应的温度控制一般可以用两种方法。一种是控制加料速度，加料速度快，反应体系温度将升高；减慢加料速度则反应体系温度会下降。所以可以通过控制加料速度，使反应温度控制在要求的范围内。注意：如果每次加料的量太多，会导致局部热量散发不出去，反应可能会失败或发生危险。在实验过程中，尽管小心地控制加料速度，反应温度有时仍难以控制，这时就要采用另一种方法，即间隙冷却的方法来控制温度。通常在反应开始之前就准备好冷浴。把反应容器放在一个合适的冷浴中，就可以控制体系的反应温度。

(1) 冷水冷却

将盛有反应物的烧瓶浸入冷水中或用流动的冷水冷却，可以很快地降到室温。

(2) 冰水冷却

如果要冷却到5～0℃，可以在冷水中加入碎冰，冰水能与容器的器壁充分接触，因而它的冷却效果比单纯用冰好得多。

(3) 冰盐冷却

当需要冷却到0℃以下时，可以用冰盐浴，即在粉碎的冰中拌入适量的无机盐类。常用的冰盐浴配方及其冷却的极限温度见表3-4。

表3-4 常用制冷剂

制冷剂	最低温度/℃	制冷剂	最低温度/℃
冰-水	0	3份粉状氯化钙、2份碎冰	−50
1份细盐、3份碎冰	−20	干冰	−78.5
氯化铵、硝酸钠和冷水各1份	−20	液氮	−195
液氨	−33		

(4) 干冰冷却

固体二氧化碳可迅速吸收热量，由固态直接升华为气态，因其相变并不产生液体，因此将其称为“干冰”。干冰通常呈块状，无色、无味、不易燃，升华温度为−78.5℃，因其升华时吸收大量的热，故常用于制冷。

实验室利用干冰制冷时使用干冰浴，即在干冰中加入一些低凝固点的溶剂，如乙醇、甲醇、丙酮等，制冷温度可达−78～−50℃。常用的干冰制冷剂有丙酮-干冰（−78.5℃）、乙醇-干冰（−72℃）、氯仿-干冰（−77℃）等。

(5) 液氮冷却

要达到比前述冷却方法更低的温度，可采用液氮浴冷却法。液氮的沸点是−195.8℃，用不同的有机溶剂可以调节所需的低温浴温度，一些可作低温恒温的有机化合物列于表3-5中。使用液氮浴的方法：将液氮加入杜瓦瓶中，向其中缓缓倒入溶剂，边倒边激烈搅拌直到液体变为砂浆状，即达到预期的温度。

表3-5 低温浴化合物与制冷温度

化合物	制冷温度/℃	化合物	制冷温度/℃
丙二酸乙酯	−51.5	乙酸甲酯	−98.0
乙酸正丁酯	−77.0	乙酸乙烯酯	−100.2
乙酸乙酯	−83.6	异戊烷	−160.0

(6) 低温浴槽冷却

低温浴槽是一个小冰箱，冰室口向上，蒸发面用筒状不锈钢槽代替，内装酒精。外设压缩机，循环制冷剂制冷。压缩机产生的热量可用水冷或风冷散去。可装外循环泵，使冷酒精与冷凝器连接循环。还可装温度计等指示器。反应瓶浸在酒精液体中。适于−30～30℃范围的反应使用。

以上制冷方法可根据不同需求选用。

(7) 使用冷浴进行有机物制备时的注意事项

① 当制冷温度低于−40℃时，不能使用水银温度计，因为水银会凝固。应使用添加少量颜料的有机溶剂温度计，如酒精、甲苯、正戊烷温度计等。测温后温度计不能迅速拔出，应让其缓慢升温，以免温度计中的有机液柱断开而不能使用。

② 在干冰中加入溶剂、配制低温浴浆，或将低温浴浆放入仪器时必须佩戴防护面罩和手套。

③ 为减少干冰制冷剂与外界环境的热量交换，可以采用杜瓦瓶隔热。盛放干冰和液氮的杜瓦瓶和被冷却的仪器必须干燥。

3.4.3 无水无氧控制

无水无氧操作是化学实验中经常遇到的一种条件（或过程）控制技术。因为许多化合物对水和氧气十分敏感，在常规实验条件下无论制备还是使用这些化合物往往无法达到预期的目的，因此必须在无水、无氧条件下进行实验。目前采用的无水无氧操作分三种：惰性气体保护、手套箱操作（Glove-box）和史兰克（Schlenk）技术。

(1) 惰性气体保护

对于那些对水汽和空气不是非常敏感的反应体系，可直接向系统中通入惰性气体，将系统内的空气置换出来，从而达到保护体系免受水汽和空气影响的目的。这种方法简便易行，是最为常见的保护方式，多用于各种常规有机合成。氮气因其化学稳定性高、价格便宜，常用作惰性保护气体。氮气可以是普通的氮气，也可以是高纯氮气。使用普通氮气时，为获得良好的保护效果，应对氮气进行净化，即使其通过浓硫酸洗气瓶或装有合适干燥剂的干燥塔后再通入反应体系中。

(2) 手套箱操作

手套箱（见图 3-14）是在无氧、无水、无有机气体条件下进行实验操作的实验室设备。手套箱箱体密封，带有视窗、传递物料孔和可伸入双手的橡皮手套，箱体内装有电源、照明系统和抽气口等。手套箱相当于一个小型实验室，可在箱内进行样品（或试剂）称量、物料研磨和转移、小型反应、分离纯化等操作。手套箱的箱体用金属或有机玻璃等制成，并装有

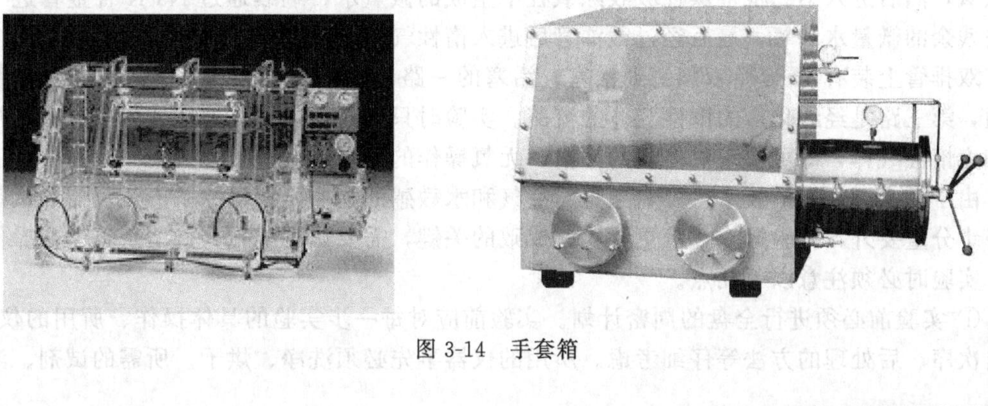

图 3-14　手套箱

有机玻璃面板。使用时向箱内通入高纯惰性保护气体以置换其中的空气，然后通过使用手套进行各种实验操作。

手套箱一般有两种：①有机玻璃手套箱，有机玻璃外壳的手套箱比较便宜，但是无法进行真空换气，所以无法达到低氧分压、低水分压的要求，只能在一些要求较低的情况下使用；②金属手套箱，不锈钢外壳的手套箱比较贵，一般由循环净化惰性气体恒压的操作室与前室两部分组成，两部分之间有承压闸门，前室在放入所需物品后即关闭抽真空并充入惰性气体。当前室达到与操作室等压时，可打开内部闸门，将所需样品送入操作室。操作室内有电源、低温冰箱和抽气口等，可以进行真空抽换气，所以能达到高惰性气体比例，可以达到低氧分压、低水分压的要求，能用在一些高标准的反应操作中。

(3) 史兰克（Schlenk）技术

Schlenk 技术是在惰性气体气氛下，使用特殊的 Schlenk 型玻璃仪器（见图 3-15）进行的实验操作。它比手套箱操作更为安全可靠，可适用于一般化学反应（回流、搅拌、滴加液体以及固体投料等）和分离纯化（蒸馏、过滤、重结晶、提取等）以及特殊样品的储存和转移。

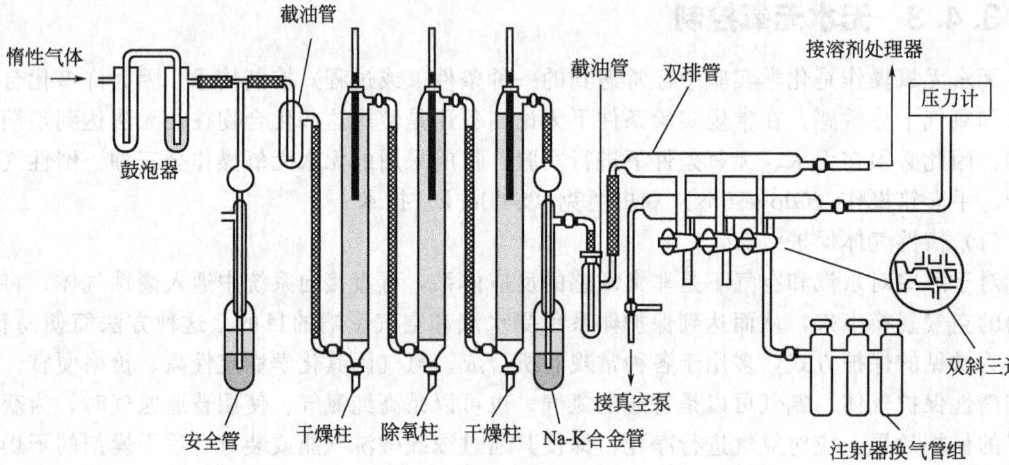

图 3-15　Schlenk 线

市售惰性气体的纯度往往不能满足实验需求，此时多采用 Schlenk 技术（也称 Schlenk 线）对惰性气体进行纯化。Schlenk 线由除氧柱、干燥柱、Na-K 合金管、截油管、双排管、压力计等部分组成。

惰性气体在一定的压力下由鼓泡器导入安全管，经第一根干燥柱初步除水，再进入除氧柱除氧，然后进入第二根干燥柱吸收除氧柱中生成的微量水，继续通过 Na-K 合金管进一步除去残余的微量水和氧，最后经过截油管后进入惰性气体分配管（双排管）。

双排管上装有 4～8 个双斜三通活塞，活塞的一路与反应系统相连，另一路与真空系统相通，第三路是经纯化后的惰性气体的流路。实验时只要通过控制三通活塞对反应系统抽真空和充惰性气体，即可实现对体系的无水、无氧操作的要求。

由于无水无氧操作技术主要对象是对空气和水敏感的物质，所以除了事先仪器和试剂的准备十分重要外，实验操作技术更是实验成败的关键，需要认真学习，搞清楚每一步操作要点。实验时必须注意以下几点。

① 实验前必须进行全盘的周密计划。实验前应对每一步实验的具体操作、所用的仪器、加料次序、后处理的方法等仔细考虑。所用的仪器事先必须洗净、烘干。所需的试剂、溶剂

需先经无水无氧处理。

② 在操作中必须严格认真、一丝不苟、动作迅速、操作正确。由于许多反应的中间体不稳定，也有不少化合物在溶液中比固态时更不稳定，因此无氧操作往往需要连续进行，直到拿到较稳定的产物或把不稳定的产物储存好为止。

3.4.4 光化学合成技术

由光激发分子所导致的化学反应称为光化学反应。通常能引起化学反应的光为紫外线和可见光，其波长范围在 200～700nm。能发生光化学反应的物质一般具有不饱和键，如烯、炔、醛、酮等。

光化学反应与热化学反应的主要区别有两点：①热化学反应是分子基态时的反应，反应物分子没有选择性地被活化，而光化学反应中，光能的吸收具有严格的选择性，一定波长的光只能激发特定结构的分子；②光化学反应中分子所吸收的光能远超过一般热化学反应可以得到的能量，因此有些加热难以进行的反应，可以通过光化学反应进行。另外，光是一种非常特殊的生态学上清洁的“试剂”，光化学反应条件一般要比热化学反应温和，有机化合物在进行光化学反应时，不需要进行基团保护。在常规有机合成中，可通过插入一步光化学反应大大缩短合成路线。因此，光化学在合成化学中，特别是在天然产物、医药、香料等精细有机合成中具有特别重要的意义。

光化学合成装置主要由光源、反应器和光量计等组成。

(1) 光源

光化学合成中理想的光源是单色光，因为大多数有机物分子能够吸收不止一个波段的光，当吸收某一光区的光化学反应与吸收另一光区的反应不同时，使用多色辐射将会导致复杂的结果，如果产物也能吸收光源的光辐射，则可能发生二级反应，使产率降低。若产物吸收光的波长范围与反应物相同，产物会有“内滤光片”作用，反应将随着产物的积累而愈来愈慢。在某种特殊情况下，产物不仅与反应物吸收同样波长的光，而且吸收光后又恰巧分解为原反应物，这样的话，反应将不会达到终点。

目前，单色性良好的光源是激光器，如氩离子激光器通过选频装置可以获得 488.0nm 和 514.5nm 两种单色光，氦氖激光器可发射 632.8nm 的单色光，红宝石激光器可发射 694.3nm 的单色光。但是由于价格和强度的原因，激光器光源不宜在光化学合成装置中使用。

市售光化学合成装置中使用最多的是多色光光源。例如，低压汞灯可提供主波长为 253.7nm 的紫外线；中压汞灯的发射波长范围为 200～1400nm，其中在 313nm、366nm、436nm、546nm 处的光线特别强；高压汞灯发射光波长范围也是 200～1400nm，辐射能主要就集中在可见光区；氙灯可在 220～1100nm 范围发射连续的光辐射。

当使用多色光源时，为了获得所需的单色光，必须对光源进行滤色选择，所以在光化学反应装置中通常包括滤光部件。常用的滤光部件有滤光片和化学滤光器。

(2) 反应器

光化学合成反应器可以根据光源的照射方式分为外照式和内照式两种。外照式是将光源（一般为多灯）放在反应溶液之外，适用于任何光源，且为了充分利用光能、减少辐射，常配置高效聚焦式发射器。外照式反应器的器壁应能够透过所需波长的光，若用高压汞灯，应对灯管、反应物进行冷却。内照式（也称浸没式）是将配有冷却套管的柱形灯管浸入反应溶液中，具有结构紧凑、光能利用率高的优点。内照式的缺点是容易发生反应管壁结垢、爆裂现象，反应时应有专人看管或设置停水、熄灯自动开关装置。

(3) 光量计

在光化学反应中常用光化学反应产率（也称量子产率 φ）来描述光化学反应中光子的利用率。一个光化学反应只要量子产率足够高，原则上即可用于光化学合成。其定义式为

$$\varphi=\frac{\text{产生的分子数或消失的分子数}}{\text{吸收的光子数}}$$

显然，只要知道生成（或消失）的分子数和吸收的光子数，就可以得到量子产率。

生成或消失的分子数可以通过定量分析方法测定，而吸收的光子数需要通过测定光子数的手段获得。光子数的测定有物理和化学两种方法，物理法有热电偶辐射计、热电堆、光电管、光电池法等，方法简单，但是要测定光子的绝对数较为困难，因为物理法一般是相对法；化学法能够测定光子数的绝对值，但是操作较为复杂。利用化学法测定光子数目的方法通常称为化学光量计法。能够用于化学光量计的光化学反应必须热稳定性好，重现性好，在较宽的波长范围内量子产率保持不变，光化学反应产物容易分析测定。化学光量计所用的光化学反应体系主要有三草酸合铁酸钾体系和二苯甲酮体系。下面以三草酸合铁酸钾体系为例，说明光子数的测定原理。

用经单色器分光后获取光源的特定波长的单色光照射三草酸合铁酸钾溶液一定时间，记为 t(s)，三草酸合铁酸钾发生如下的光化学反应：

$$2[Fe(C_2O_4)_3]^{3-} \xrightarrow{h\nu} 2FeC_2O_4 + 3C_2O_4^{2-} + 2CO_2\uparrow$$

然后取出适量体积的反应液置于容量瓶中，加入邻二氮菲显色剂、pH 缓冲溶液，定容后于 Fe(Ⅱ)-邻二氮菲最大吸收波长处测定吸光度 A_1，同时做不经光照的空白实验得吸光度 A_0，计算两吸光度之差 $\Delta A=A_1-A_0$。

根据 ΔA 值从 Fe(Ⅱ)-邻二氮菲标准曲线上得到反应液中生成的 Fe(Ⅱ) 的浓度。

再由光化学反应液的体积和 Fe(Ⅱ) 的浓度计算出 Fe(Ⅱ) 的个数 N。根据已知的生成 Fe(Ⅱ) 的量子产率 $\varphi_{Fe^{2+}}$ 与不同照射光波长的关系（见表 3-6）、照射时间 t、Fe(Ⅱ) 的个数 N，可以计算单位时间内照射体系的光子数 q。

$$q=\frac{N}{\varphi_{Fe^{2+}}\,t}$$

分别测定光化学反应前的 $q_{反应前}$ 值和反应后的 $q_{反应后}$ 值，其差值即为光化学反应体系吸收的光子数。

表 3-6 不同照射波长下三草酸合铁酸钾体系 Fe^{2+} 的量子产率

照射光波长/nm	254	297～302	313	334	358
量子产率 $\varphi_{Fe^{2+}}$	1.25	1.24	1.24	1.24	1.25

3.4.5 微波合成技术

微波是指频率在 300MHz～300GHz（波长 1m～1mm）范围的电磁波，位于电磁波谱的红外辐射和无线电波之间，它具有似光性、穿透性、非电离性等特性。这里所介绍的微波合成技术是指利用微波辐射进行化合物制备与合成的方法，这种方法具有操作简便、溶剂用量少、产物易于分离纯化、产率高及环境友好等优点，且能实现用常规加热方法难以实现的反应。目前微波合成反应技术主要有以下四种。

(1) 微波密闭合成技术

这种合成技术是指将反应物装入密闭的反应器中，然后将密闭的反应器置于微波源中，启动微波，待反应结束、反应器冷却至室温后再进行产物纯化的过程。这种技术实际上是使化学反应在一个相对高温、高压（最高温度可达 250℃，最大压力可达 8MPa）的条件下进行的合成方法。

由于该方法能使反应体系瞬时获得高温和高压，因而反应速率大大提高。但是这种高温高压条件对反应器的要求非常高，否则实验中反应器极易变形，甚至发生爆裂。反应器常使用特制的聚四氟乙烯容器或在反应器外面再包上一层抗变形的不吸收微波的刚性材料。另外，这种技术中的温度控制也比较麻烦。微波密闭合成技术常用于挥发性不大（蒸气压不高）的反应体系。

（2）微波常压合成技术

为了克服微波密闭合成技术在安全性上的不足，使合成反应能够在安全可靠和操作方便的微波条件下进行，人们对微波炉进行了改造，除了将反应瓶置于微波炉腔内，其他的诸如加液器、搅拌器和冷凝器等均放在微波炉腔之外（见图 3-16），这种能够在常压下进行微波合成的技术称为微波常压合成技术。与微波密闭合成技术相比，这种技术采用的装置简单、方便、安全，适用于大多数微波有机合成反应，操作与常规方法基本一致。商品化的微波常压合成装置种类和型号很多，图 3-17 是一款商品化的仪器。

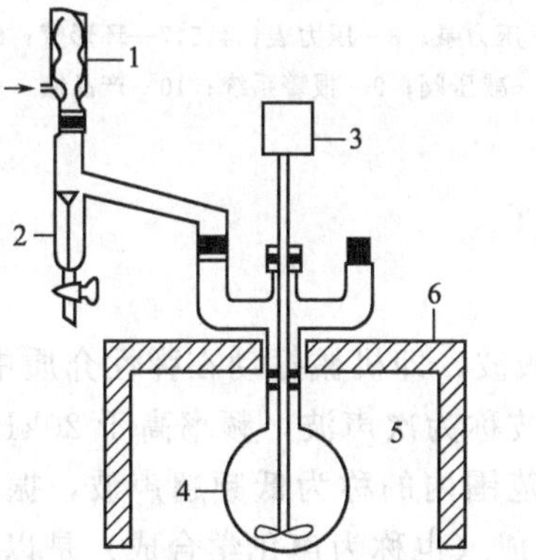

图 3-16　微波常压合成反应装置

1—冷凝管；2—分水器；3—搅拌器；4—反应瓶；5—微波炉腔；6—微波炉壁

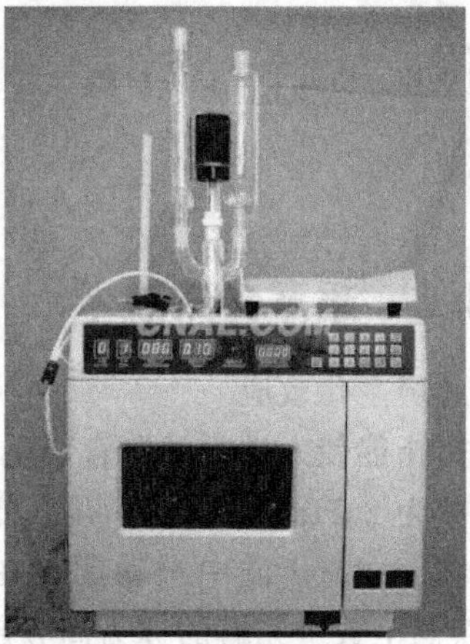
图 3-17　市售微波常压合成仪

（3）微波干法合成技术

微波干法合成技术是指在微波辐射下以无机固体为载体进行的无溶剂合成技术。其基本方法是将反应物浸渍在多孔性的无机固态载体上（如氧化铝、硅胶、黏土、硅藻土或高岭土等），干燥后放入微波炉内，启动微波进行反应，待反应结束后，用适当的溶剂萃取产物，然后纯化。所用的固态无机载体不吸收微波辐射，不会妨碍微波的传导，而吸附于载体表面的羟基、水、极性有机物质强烈吸收微波，从而被激活，使反应速率提高。图 3-18 是我国台湾大学的 Huiming Yu 等设计出的一种微波干法反应装置。反应容器置于微波炉中心，聚四氟乙烯管从反应器的底部伸出微波炉外与氮气源相接。当在微波辐射下发生反应时，氮气流吹进反应器底部起到搅拌作用；当微波辐射停止时，聚四氟乙烯管与真空泵相连接，将反应生成的液体产物吸走。

(4) 微波连续合成技术

既然微波辐射能大大提高反应速率，将反应速率从几个小时缩短到几分钟，那么当控制反应液体的流量以一定的流速通过微波辐射源，完成反应后送到接收器，使反应连续不断进行，效率将大大提高。据此，我国台湾大学的 Chen 等于 1990 年率先建立并完善了连续微波合成技术，其装置如图 3-19 所示。在该装置中，容器 1 中的样品在压力泵 2 的作用下经环形管 4（在此接受微波辐射）后进入环形管 7 而得以迅速冷却，并通过 8 减压后流入产物接收瓶。

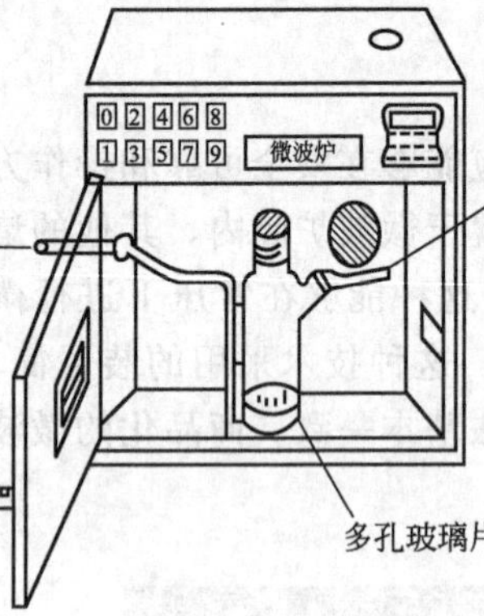

图 3-18　微波干法合成装置

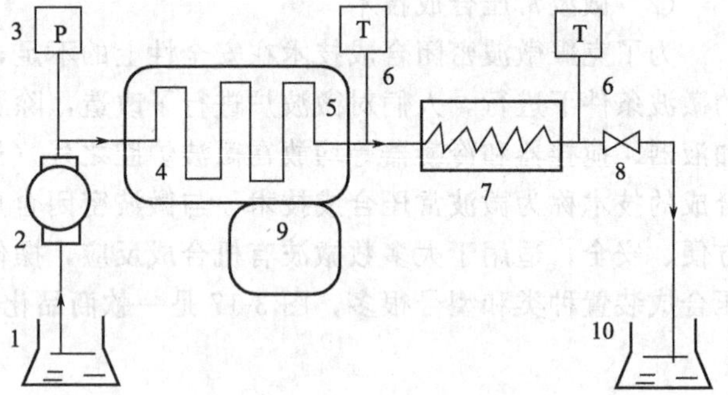

图 3-19　微波连续合成装置

1—样品瓶；2—压力泵；3—压力表；4,5,7—环形管；6—调热器；8—减压阀；9—报警系统；10—产品瓶

3.4.6 超声合成技术

(1) 超声空化效应

声波是指能使人类听觉器官产生声音感觉的机械波，即机械振动在弹性介质中的传播，其频率范围为 20Hz～20kHz。频率低于 20Hz 的声波称为次声波，频率高于 20kHz 的声波称为超声波。在超声波中振动频率在 20～100kHz 范围内的称为低频超声波，振动频率在 100kHz 以上至数十兆赫的称为高频超声波。超声合成（也称为声化学合成）是以超声波加速化学反应、改变反应途径、提高反应产率的合成技术。

由于超声波直接与分子作用，其能量并不能激发分子的振动能级，不可能打开化学键而引发化学反应，所以超声波加速化学反应并不是机械波直接与反应物分子作用的简单结果。研究表明，超声波能够加速化学反应的主要原因是超声空化效应。

当超声波作用于液体时，一方面激活附着在固体杂质或容器表面上的微小气泡以及溶解在溶液中的气体形成空化泡，另一方面超声机械波作用于液体使其流动产生空化泡。由于空化泡内外压力悬殊，且在超声机械波的作用下不断振荡，因此，它会不断生长、收缩甚至爆裂，进而产生极大的冲击力，在一定程度上破坏液体的结构形态。特别是当空化泡爆裂时会在极短的时间（10^{-9}s）、极小的空间（空化泡周围）产生高温高压（5000K、50MPa）、强冲击波和微射流（$400km\cdot h^{-1}$）、空穴充电放电、发光等高能环境，进而导致一系列化学变化的发生，如分子发生热解离、分子电离、产生自由基等。这种由超声波引发空化泡产生、生长、爆裂等一系列动力学过程的现象称为超声空化效应。

影响超声空化效应的因素包括超声波频率、溶液的组成、黏度、表面张力、蒸气压以及溶剂的性质等。

(2) 超声合成的特点

超声波促进化学反应的特点可归纳如下：

① 空化泡爆裂可产生促进化学反应的高能环境（高温、高压），使溶剂和反应试剂产生离子、自由基等活性物质；

② 超声辐射溶液时可产生机械作用，促进传热、传质、分散和乳化，溶液吸收超声波产生一定的宏观加热效应；

③ 具有显著加速反应的效应，尤其是非均相反应，与常规方法相比，反应速率可加快数十乃至数百倍；

④ 反应条件比较温和，甚至不用催化剂，多数情况不需要搅拌。有些反应无需无水、无氧条件或分步投料方式，实验操作简化；

⑤ 超声波可清除金属反应物或催化剂表面形成的产物、中间产物及杂质，保持其反应表面的新鲜裸露。

对有些化学反应而言，超声辐射效果不佳，甚至有抑制作用；空化泡爆裂产生的离子、自由基与主反应竞争，降低某些反应的选择性。

(3) 超声合成反应器

超声合成反应器是实现超声合成的装置，主要由高频发生器、换能器、耦合系统和化学反应器（包括容器、加料、搅拌、回流和测温装置等）组成。

进行超声合成的方式有两种，一种是将作为超声辐射源的超声探头直接插入到化学反应器的物料中；另一种是将化学反应器置于超声清洗器内。前者的超声效率高，后者超声波必须通过清洗槽内的介质传递才能作用于反应物料，能耗大，效率低。

3.5 反应进程的跟踪

一个化学反应需要多少时间完成，或者若使一种反应物完全转化需要多少其他反应物等，这些属于化学反应控制应该研究的问题，更是一个化学反应能否应用于生产实际的重要指标之一。在有机化学教学实验中，反应时间往往已经规定，或者因为教学实验是要掌握实验原理、学习实验操作技术、训练动手能力、锻炼思维方法和培养创新意识，而不过于追求产物的产率和合理的反应时间，因此反应控制这个概念往往不被学生重视或印象淡漠。

在制备（合成）反应实验中，完成某个反应需要回流 2h，而另一个反应则可能在室温下搅拌 30min 就行了，某个具体的反应过程需要多长时间才能完成有时并不清楚，此时就需要跟踪反应进程，观察反应已经进行到何种程度。尤其是开始一个新的未知反应时，更应该跟踪反应进程。此外，在实验中，还应当仔细观察并随时记录反应发生的任何变化，例如有无颜色改变、有无气体放出、有无沉淀产生等。

如今，色谱技术被广泛用来跟踪一个有机化学反应的进程。现代色谱分析技术只需要极少量的样品，只需要在一定的时间间隔下从反应体系中提取少量的反应混合物，用色谱技术分析其中的成分，就可以知道反应进行的情况。有时，在进行分析之前还必须对所取出的少量反应样品作“淬灭”处理，因为即使离开反应体系，反应有可能并没有停止。常用的方法是向取出的少量样品内加几滴水，就可以使反应停止。最好是选用一只小玻璃瓶，在瓶中加入几滴水，再加入 1～2 滴反应混合物，然后再加入几滴像乙醚这样的有机溶剂，摇晃后静置，取少量溶解有产品（或原料和产品）的有机层液体来进行分析。将反应混合物与起始原料或标准产物进行对比，就可以知道反应的进行情况。

当然，色谱技术也不是唯一用来跟踪有机反应进程的方法。例如，简单的颜色变化将提示一个反应何时结束，尤其当原料有颜色，而产物无色时。在有酸或碱参加的反应中，试剂的消耗程度可以根据反应混合物的 pH 值来判断，也可以取少量反应介质来进行滴定。滴定也可以用来跟踪氧化反应的进程。通常是将处理后的试样加入到碘化钾溶液中，氧化产物碘的含量可以用硫代硫酸钠（$Na_2S_2O_3$）溶液来标定。

用来跟踪反应进程的方法还很多，这里不再赘述。

3.6 物质的分离与提纯

实验室内制备或合成反应后，需要将产物从反应混合物中分离、提纯出来，这一过程称为反应的后处理。反应后处理采用何种方法，具体要依据分离的产物的性质而定。

① 挥发性　具有挥发性的产物，不能和反应用的有机溶剂一起蒸发。

② 极性　产物如果能溶于水，就不能用萃取法来分离。

③ 化学反应性　产物能和水、酸、碱反应，也不能用萃取的方法。

④ 热稳定性　产物如果是易分解的，就不能用蒸馏来分离。

⑤ 空气敏感性　产物怕潮或易氧化，就必须采用特殊的分离方法。

根据以上各性质，许多有机反应混合物都可按照图 3-20 所示的过程来进行后处理。

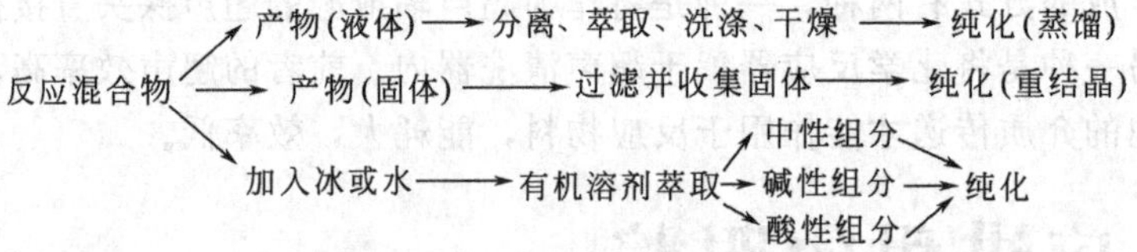

图 3-20　反应后处理的一般过程

如果产物是液体，可以用萃取、蒸馏、分馏、水蒸气蒸馏、减压蒸馏等方法将产物从体系中分离、提纯出来。如果产物是固体或晶体，可以采用过滤的手段将它们从反应混合物中分离出来，所收集的固体，除非可直接用于后面的反应，否则，都需要进一步纯化，如重结晶等。升华也是提纯固体有机化合物的方法之一。

有时，在反应结束后还需向反应混合物中加入水或冰水。这时，可能会幸运地从中分离出固体产物，但更有可能需要向加水之后的混合物中再加入适当的有机溶剂，通过萃取的方式来分离产物。

在本套教材上册中已经介绍了沉淀分离法、升华法、蒸发与结晶法和离子交换法等。这里介绍萃取法、重结晶法、蒸馏法、分馏法、水蒸气蒸馏法、减压蒸馏法和色谱分离法。

3.6.1 萃取

萃取是化学实验中用来提取或纯化化合物的常用的重要技术之一。应用萃取技术可以从液体或固体混合物中提取出所需的物质，也可以用来除去混合物中的少量杂质。

(1) 液-液萃取

利用混合物中各组分在适当溶剂中溶解度的差异而实现混合液中组分分离的过程称为液-液萃取，又称溶剂萃取。液-液萃取最常用的仪器是分液漏斗，使用时应注意以下基本规则。

① 分液漏斗的准备　必须先检查分液漏斗的盖子和旋塞是否严密，以防分液漏斗在使用过程中发生泄漏而造成损失（检查的方法通常是先用水试验）。分液漏斗通常是用玻璃制成的，使用过程中操作应仔细，其中最重要的部分是它的活塞，用玻璃或聚四氟乙烯制成。使用分液漏斗之前，应在玻璃活塞上涂一层薄薄的凡士林。凡士林用量不能太多，只要能让活塞自由转动即可，过多的凡士林将会堵塞活塞上的小孔或污染有机溶液。如果是聚四氟乙烯活塞，其摩擦系数很小，不需涂凡士林。将准备好的分液漏斗用铁架台和铁圈固定。铁圈可事先用棉布条或滤纸条将其缠绕起来以防碰坏漏斗。分液漏斗放置在铁架台上固定后，应在其下面放置一个三角烧瓶或烧杯，以防分液漏斗泄漏液体。图3-21是萃取用的一套完整的装置。

② 向分液漏斗中加入液体　使用前先检查分液漏斗的活塞是否关闭，将准备萃取的溶液和用来作萃取剂的溶剂（或洗液）转移到分液漏斗中，一定注意不能使液体从分液漏斗上口颈部的小孔中流出。加液体时，应注意在分液漏斗里留有一定的空间，便于液体的混合。如果准备萃取的液体体积比较大，又没有足够大的分液漏斗，萃取最好分批进行。

③ 振荡　为了提高萃取效率或增加洗涤效果，必须使多相混合物充分混合接触，这就需要对分液漏斗做适当的振摇。振摇的操作方法一般是先把分液漏斗倾斜，使漏斗的上口略朝下，如图 3-22 所示，右手捏住漏斗上口颈部，并用食指根部压紧盖子，以免盖子松开；左手握住旋塞，握持旋塞的方式既要能防止振荡时旋塞转动或脱落，又要便于灵活地旋开旋塞。振荡后，令漏斗仍保持倾斜状态，旋开旋塞，放出蒸气或产生的气体，使内外压力平衡；若在漏斗内盛有易挥发的溶剂，如乙醚、苯等，或用碳酸钠溶液中和酸液，振荡后，更应注意及时旋开旋塞，放出气体（注意：分液漏斗的尾端要朝向无人处）。振荡数次以后，将分液漏斗放置在铁圈上使混合物静置分层。

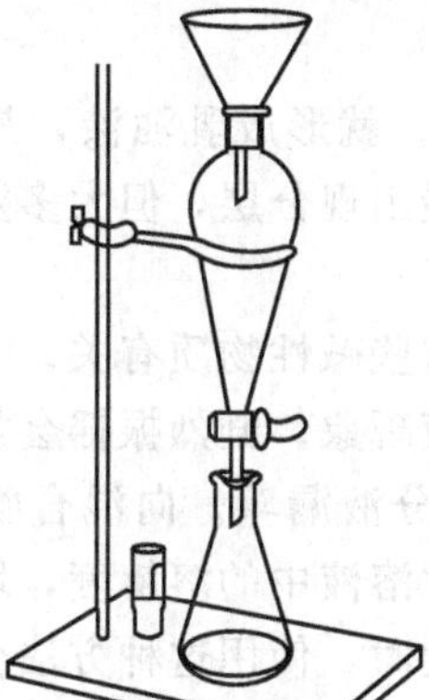

图 3-21　完整的萃取装置

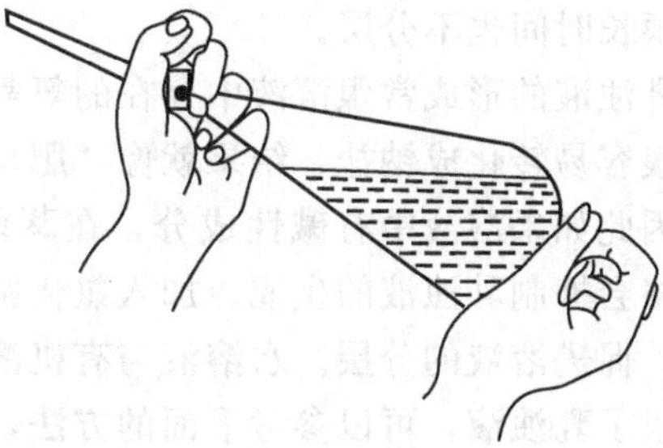

图 3-22　分液漏斗的使用

④ 分离有机层　分液漏斗中的液体分成清晰的两层以后，就可以进行分离，分离液层时，下层液体应经旋塞从下口放出，上层液体应从上口倒出。如果上层液体也经旋塞放出，则漏斗旋塞下面颈部所附着的残液就会把上层液体弄脏。

先把顶上的盖子打开（或旋转盖子，使盖子上的凹缝对准漏斗上口颈部的小孔，使之与大气相通），把分液漏斗的下端靠在接收器的壁上。旋开旋塞，让液体流下，当液面间的界限接近旋塞时，关闭旋塞，静置片刻，这时下层液体往往会增多一些。再把下层液体仔细地放出，然后把剩下的上层液体从上口倒进另一个容器里。

在打开活塞放出下层液体之前，必须搞清楚哪一层是有机层，哪一层是无机层。这可以根据两相之间的相对体积来判断，也可根据萃取溶剂的密度比水大或比水小来判断。还可以用下面的方法来判断：向分液漏斗中加入几滴水，水滴进入的液体层，即为无机层。在没有最后分离出有机产品之前，上下两层液体都应该保留到实验完毕。因为即使是有经验的人有时也会扔掉所需要的那一层。

用完分液漏斗，应立即清洗，尤其是活塞，更应保持清洁干净。为防止长期不用之后，活塞与分液漏斗粘住，最好将两者分开存放或在活塞间放入纸片。

⑤ 萃取操作中常出现的一些问题

a. 混合物的颜色深，界面不清楚。有时分液漏斗内的混合物颜色较深，有机相和无机相之间的界面看不清楚。如果出现这样的情况，可以迎着光观察分液漏斗。如果这样做，还是看不清界面，就慢慢旋动活塞，让液体慢速流下，并仔细观察所流出的液体。一般可以根据液体的性质，观察流出的液体是水还是有机溶剂，不同的液体其表面张力、挥发性和黏度系数是不一样的。

b. 混合物是透明的，但界面不清楚。即使分液漏斗中的液体是透明的，两层之间的界面也不一定能看得清楚。尤其是两相液体具有相似的折射率时，这种现象更易发生。这时可以向分液漏斗中加少许活性炭，活性炭将在两层之间的界面上被清楚看到。

c. 看不到分层。这种现象往往是反应结束后，反应混合物中还含有许多易溶于水的溶剂如乙醇、丙酮等。这些溶剂既溶于萃取剂又溶于水，因而在分液漏斗中观察不到分层现象。这种问题可以通过向其中加入更多的水或加入更多的有机溶剂，促进溶液的分层，但最好是反应结束进行萃取之前，设法除去反应混合物中的这些有机溶剂。

d. 在两相界面上有一些不溶物。这是比较正常的问题，而且大多数萃取过程中都会在两相之间出现一些不溶物。这种现象不用担心，因为所分离后的液体还需进一步处理，那些不溶的杂质可通过过滤除掉。

e. 乳浊液。当一种液体的液滴悬浮在另一种液体中时，就形成乳浊液，悬浮的乳浊液很难通过重力来分离。有的乳浊液只要静置几分钟，会慢慢出现分层，但大多数乳浊液却是放置很长时间也不分层。

乳浊液的形成常跟溶液中存在的氢氧化钠或碳酸氢钠这些碱性物质有关。一些长链的有机酸很容易转化成钠盐，结果就像“肥皂”一样出现乳浊液现象。剧烈振摇会加速这样的过程，因此如果溶液中有碱性成分，在萃取时不应剧烈振荡分液漏斗。向混合物中加入电解质，将会抑制乳浊液的生成。加入氯化钠可减少有机物在水溶液中的溶解度，增加水溶液的密度，促进溶液的分层。水溶液与有机溶液具有相近的密度时，使用这种方法会更有效。如果形成了乳浊液，可以参考下面的方法，将乳浊液清除：

(a) 将分液漏斗静置，隔一段时间轻轻摇几下；

(b) 向乳浊液中加入一些饱和的氯化钠溶液；

(c) 向乳浊液中加入几滴乙醇；

(d) 将整个乳浊液过滤一下，乳浊液会被一些悬浮的固体稳定，通过过滤或离心来除去这些固体；

(e) 将混合液倒入一个三角烧瓶，使其静置再过滤。

(f) 在蒸发有机溶剂后并没有得到产品。分离出有机层之后，将有机溶液干燥，然后蒸发有机溶剂以分离产品。有时产品会很少甚至没有产品，这意味着该产品的极性可能比较大，其在水中的溶解度较大，而在有机溶剂中溶解度较小，因而很少被萃取。这时就需要将仍保留的水溶液重新倒回分液漏斗，用极性较大的有机溶剂重新萃取。常用有机溶剂的极性大小次序为：烷烃（石油醚、已烷）＜甲苯＜乙醚＜二氯甲烷＜乙酸乙酯等。也可以尝试下面简单的方法：向水溶液加入固体氯化钠，减少有机产物在水中的溶解度，然后进行萃取，这种技术称为有机物的盐析。

（2）液-固萃取

从固体混合物中萃取所需要的物质，最简单的方法是把固体混合物先行研细，放在容器里，加入适当溶剂，用力振荡，然后用过滤或倾析的方法把萃取液和残留的固体分开。若被提取的物质特别容易溶解，也可以把固体混合物放在放有滤纸的玻璃漏斗中，用溶剂洗涤。这样，所要萃取的物质就可以溶解在溶剂里，而被滤取出来。如果萃取物质的溶解度很小，若用洗涤方法要消耗大量的溶剂和很长的时间。在这种情况下，一般用索氏（Soxhlet）提取器来萃取。索氏提取器由烧瓶、提取筒和回流冷凝管三部分组成（见图3-23）。

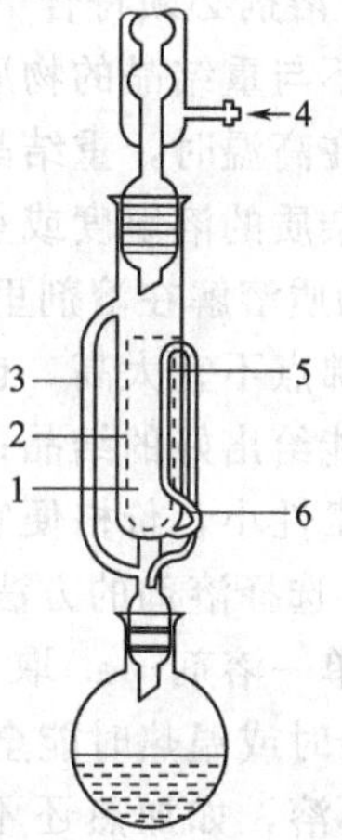

图 3-23　索氏提取器

1—样品；2—滤纸套管；3—蒸气上升管；4—冷水；5—提取筒；6—虹吸管

索氏提取器是利用溶剂的回流及虹吸原理，使固体物质每次都被纯的溶剂所萃取，因而效率很高。萃取前，应先将固体物质研细，以增加溶剂浸溶的面积，然后将研细的固体物质装入滤纸套筒内，再置于提取筒中，滤纸套筒高度不应超过虹吸管最高处。烧瓶内盛溶剂，并与提取筒（磨口）相连，提取筒上端接冷凝管。溶剂受热沸腾，其蒸气沿提取筒侧管上升至冷凝管，冷凝为液体，滴入滤纸筒中，并浸泡筒中样品。当液面超过虹吸管最高处时，即虹吸流回烧瓶，从而萃取出溶于溶剂的部分物质。如此多次循环，把要提取的物质富集于烧瓶内。提取液经常压（或减压）浓缩除去溶剂后，即得产物。

3.6.2　重结晶法

从有机化学反应中制得的固体产物往往是不纯的，其中常夹杂一些反应副产物、未作用的原料及催化剂等。除去这些杂质的有效方法之一就是用适当的溶剂来进行重结晶。利用被提纯物质与杂质在同一种溶剂中溶解性能的显著差异，而将它们分离的操作称为重结晶。重结晶是精制固体有机化合物最常用的方法之一。

大多数的固体有机物在溶剂中的溶解度随着温度的升高而增大，随着温度的降低而减小，重结晶就是利用这个原理，使有机物在热溶剂中溶解，制成接近饱和的热溶液，趁热过滤，除去不溶性（在溶剂中溶解度很小）的杂质，再将溶液冷却，让有机物重新结晶析出，与可溶于冷溶剂（在溶剂中的溶解度很大）的杂质分离，这就是重结晶操作，经过一次或多次重结晶操作，可以大大提高固体有机物的纯度。

重结晶纯化物质的方法，只适用于那些溶解度随温度上升而增大的物质。对于溶解度受温度影响很小的物质则不适用。如果第一次得到的晶体纯度不符合要求，可以将所得晶体溶解于适量的溶剂中，再重新蒸发（或冷却）、结晶、分离，便可得到较纯净的晶体，这种操作称为重结晶。若重结晶后纯度仍不符合要求，还可进行第二次重结晶。当然产率必然会降低。一般重结晶只能纯化杂质在5%以下的固体有机物，如果杂质含量过高，往往需先经过其他方法初步提纯，如萃取、水蒸气蒸馏、减压蒸馏、柱色谱分离等，然后再用重结晶方法提纯。

重结晶的一般过程为：选择合适的溶剂→溶解固体有机物制成热饱和溶液→热滤、脱色除去杂质→冷却、析出晶体→抽滤→洗涤→干燥。

（1）重结晶溶剂的选择

首先要正确地选择溶剂，这对重结晶操作有很重要的意义。按“相似相溶”的原理，对于已知化合物可先从手册中查出其在各种不同溶剂中的溶解度，然后通过实验来确定使用哪种溶剂。溶剂必须符合下列条件：

① 不与重结晶的物质发生化学反应；

② 在高温时，重结晶物质在溶剂中的溶解度较大，而在低温时则很小；

③ 杂质的溶解度或是很大（待重结晶物质析出时，杂质仍留在母液里），或是很小（待重结晶物质溶解在溶剂里，借过滤除去杂质）；

④ 沸点不宜太高，也不宜太低，易挥发除去；

⑤ 能给出好的结晶；

⑥ 毒性小，价格便宜，易得。

（2）选择溶剂的方法

① 单一溶剂　a. 取 0.1g 固体粉末于一小试管中，加入 1mL 溶剂，振荡，观察溶解情况，如冷时或温热时能全溶解，溶解度太大，则不能用；b. 取 0.1g 固体粉末加入 1mL 溶剂中，不溶，如加热还不溶，逐步加大溶剂量至 4mL，加热至沸，仍不溶，溶解度太小，则不能用；c. 取 0.1g 固体粉末，能溶在 1～4mL 沸腾的溶剂中，冷却时结晶能自行析出或经摩擦或加入晶种能析出相当多的固体，则此溶剂可以使用。

② 混合溶剂　某些有机化合物在溶剂中不是溶解度太大就是太小，找不到一个合适的溶剂时，可考虑使用混合溶剂。混合溶剂两者必须能混溶，如乙醇-水、丙酮-水、乙酸-水、乙醚-甲醇、乙醚-石油醚、苯-石油醚等。样品易溶于其中一种溶剂，难溶于另一种溶剂，往往使用混合溶剂能得到较理想的结果。

使用混合溶剂时，应先将样品溶于沸腾的易溶的溶剂中，滤去不溶性杂质后，再趁热滴入难溶溶剂至溶液浑浊，然后再加热使之变澄清，放置冷却，使结晶析出。若已知混合溶剂的比例，可事先配好混合溶剂，按单一溶剂重结晶的方法进行。

（3）重结晶操作

① 溶解　可用水或有机试剂作溶剂，具体操作如下。

a. 水作溶剂。将待重结晶的固体放入锥形瓶或烧杯中，先加入少量溶剂（也可加入比查得的溶解度数据或溶解度实验方法所得结果稍少的适量水），加热到沸腾，然后逐渐地添加水（加入后，再加热煮沸），直到固体全部溶解为止。但应注意，不要因为重结晶的物质中含有不溶解的杂质而加入过量的水。记下所用水的量，然后再多加 20% 水将溶液稀释，否则在热过滤时，由于水的挥发和温度的降低而析出结晶，但如果水过量太多，则难以析出结晶，需将溶液蒸出。

b. 有机溶剂。使用有机溶剂重结晶时，必须用锥形瓶或圆底烧瓶，上面加上冷凝管，安装成回流装置。使用沸点在 80℃以下的溶剂，加热时必须用水浴。把固体放入瓶内，加入适量溶剂，加热至沸，如有不溶，再从冷凝管上口逐渐加入溶剂至刚刚溶解，然后再补加 20% 的溶剂。

② 脱色和热过滤　如果重结晶溶液带有颜色，可加入适量活性炭（根据颜色深浅决定用量，一般为固体化合物的 1%～5%）进行脱色，加活性炭必须等溶液稍冷后再加，并不断搅动。不能加到沸腾的溶剂中，以免溶剂暴沸。加盖表面皿，煮沸 5～10min，然后趁热过滤。热过滤有两种方法。

a. 常压热过滤。有些溶质在溶液温度降低时很容易结晶析出。为了滤除这类溶液中所含的其他难溶杂质，就需要趁热过滤。过滤时将普通漏斗放在铜质的热滤漏斗内，如图3-24。铜质漏斗的夹套内装有热水（水不要太满，以免加热至沸后溢出），以维持溶液的温度。热过滤时选用的普通漏斗颈越粗越短越好，以免过滤时溶液在漏斗颈内停留过久，因散热降温，析出晶体而发生堵塞。

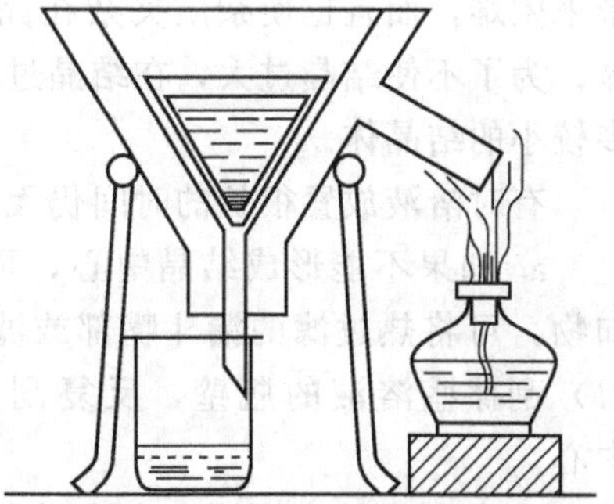

图 3-24　热过滤用漏斗

为了尽量利用滤纸的有效面积以加快过滤速度，过滤热的饱和溶液时，常使用折叠式滤纸，其折叠方法如图 3-25 所示。

先把滤纸折成半圆形，再对折成圆形的 1/4，展开如图 3-25(a)；再以 1 对 4 折出 5，3 对 4 折出 6，1 对 6 折出 7，3 对 5 折出 8，如图 3-25(b)；以 3 对 6 折出 9，1 对 5 折出 10，如图 3-25(c)；然后在 1 和 10、10 和 5、5 和 7、7 和 4、4 和 8、8 和 6、6 和 9、9 和 3 间各反向折叠，如图 3-25(d)；把滤纸打开，在 1 和 3 的地方各向内折叠一个小叠面，最后做成如图 3-25(e) 的折叠滤纸。

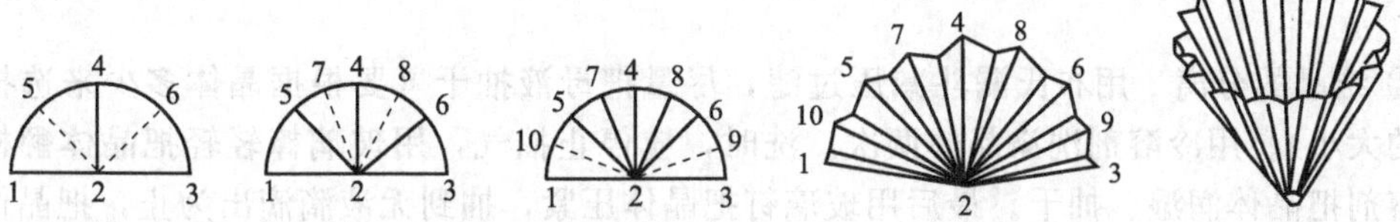

图 3-25　折叠式滤纸

在每次折叠时，在折纹近集中点处切勿对折纹重压，否则在过滤时滤纸的中央易破裂。使用前宜将折好的折叠滤纸翻转并作整理后放入漏斗中。

过滤时，把热的饱和溶液逐渐倒入漏斗中，漏斗中的液体不宜积得太多，以免析出晶体，堵塞漏斗。过滤完毕，用少量热溶剂冲洗一遍，滤液自然冷却，待其结晶。

b. 减压热过滤。一般用水做溶剂的重结晶，热过滤可以使用布氏漏斗和吸滤瓶。剪一张比漏斗内径稍小的圆形滤纸，用水湿润并贴在预热好的漏斗内（可用热水浴或水蒸气浴预热），放在吸滤瓶上，减压吸紧，然后一次倒出已经用活性炭脱色的热溶液（注意：此操作活性炭不能穿过，若一张滤纸不行，可用两张滤纸）。滤完，用少量热溶剂洗活性炭一次，将滤液倒入干净的锥形瓶中，自然冷却，使其结晶。

减压热过滤最大的优点是过滤速度快，结晶一般不易在漏斗中析出；缺点是滤下的热滤液在减压条件下易沸腾，可能从抽气管中抽走，使结晶在滤瓶中析出；如果操作不当，活性炭或悬浮的不溶性杂质微粒也可能从滤纸边缘通过而进入滤液。但与常压过滤相比，减压热过滤更简便快捷，因此实验中被广泛地使用。

③ 结晶的析出　一般过滤后的溶液中均有结晶析出，但其晶形不好且含有许多杂质。为了得到良好的结晶，应当将接收滤液的锥形瓶置热水浴中，轻轻摇动，使结晶溶解，再将锥形瓶用塞子塞紧，置于室温下让其慢慢冷却，这样可以得到较好的晶体。千万不可用冷水急剧冷却，否则得到的晶体过于细小，由于其表面积很大，吸附的母液和杂质较多。但在一般情况下也不希望结晶太大，如果结晶超过 2mm，则在结晶中容易包藏母液，不仅给干燥

带来困难，而且也使杂质夹杂在晶体中，降低了产品的纯度。有些物质很容易得到大的晶体，为了不使结晶过大，在结晶过程中可适当摇动，使形成较多的结晶中心，即可以得到许多较小的结晶体。

有时溶液放置很长的时间仍无结晶析出，其原因很多：

a. 如果不能形成结晶中心，可加入少许已知晶体作为结晶中心，如果找不到纯的已知物，可将热过滤的漏斗嘴部或滤纸下的少许晶体刮下放入溶液中；或用玻璃棒（或刮刀）刮擦盛溶液的瓶壁，反复刮擦直到在瓶壁上能看到明显的刮痕时，即形成了结晶中心。

b. 如果溶液变浑浊，生成无定形的絮状物，则会阻碍结晶中心的生成，此时只要将溶液再过滤一次，滤除无定形物，即可形成结晶中心，有时滤下的溶液马上就出现结晶。

c. 溶液浓度不合适也是结晶困难的原因之一。如浓度未达饱和时，加入晶种后晶种便会逐渐溶于溶液中。此时应将溶液稍微浓缩一下，或将瓶口打开让其自然挥发，但当结晶开始出现时应立即将瓶口塞住，否则得不到良好的晶体。如溶液太浓，有时也得不到结晶而析出油状物，此时应加入少量溶剂并在水浴上加热使油状物溶解，再行结晶。有些物质对纯度、浓度、温度的依赖性很大。一般情况下当杂质的含量超过5%时，结晶就比较困难了，必要时可先让其结晶出不太好的晶体，然后再将其进行重结晶；或者先利用其他方法（如水蒸气蒸馏、萃取、减压蒸馏、色谱分离等）初步提纯后再行结晶；或者利用分步结晶的方法提纯。

④ 结晶的分离　用布氏漏斗减压过滤，尽量把母液抽干（要根据晶体多少来选择布氏漏斗的大小）。用冷溶剂洗涤晶体两次。洗时，应停止抽气，用玻璃棒轻轻把晶体翻松，滴上冷溶剂把晶体润湿、抽干。最后用玻璃钉把晶体压紧，抽到无液滴滴出为止，把晶体放在培养皿或表面皿中。

⑤ 结晶的干燥　a. 自然晾干，需一周左右时间。将结晶自布氏漏斗转移至干净的表面皿上，压碎摊开成一薄层，用干净的纸盖住，在空气中晾干。b. 红外灯下烘干，熔点高且不会升华和分解的产品也可在烘箱中或红外灯下烘干，但烘箱温度至少应比结晶的熔点低20℃，注意不要使温度过高，以免烤化。c. 用真空恒温干燥箱干燥，一般用于易吸水样品的干燥或制备标准样品。

3.6.3 蒸馏

(1) 原理

蒸馏是分离、纯化液态有机化合物最常用的重要方法之一，应用这一方法，不仅可以把挥发性物质与不挥发性物质分离，还可以把沸点不同的物质以及有色的杂质等分离，也可以测定液态化合物的沸点，因此对鉴定纯液态化合物有一定的意义。

当液态物质受热时，分子由于运动从液体表面逃逸出来形成蒸气压，随着温度升高，蒸气压增大，待蒸气压与大气压或所给压力相等时，液体沸腾，这时的温度称为该液体的沸点。纯液态化合物在一定压力下具有固定的沸点。利用蒸馏可将沸点相差较大（相差30℃以上）的液态混合物粗略分开（若要完全分开，沸点差至少在80℃）。所谓蒸馏就是将液态物质加热到沸腾变为蒸气，又将蒸气冷凝为液体这两个过程的联合操作。如蒸馏沸点差别较大的液体时，沸点较低者先蒸出，沸点较高的后蒸出，不挥发的留在蒸馏容器内，这样就可达到分离和提纯的目的。但在蒸馏沸点比较接近的混合物时，各种物质的蒸气将同时蒸出，其中低沸点的多一些，难于达到分离和提纯的目的，只能借助于分馏。

纯液态化合物在蒸馏过程中沸程范围很小（0.5～1℃）。所以，蒸馏可以用来测定沸点。用蒸馏法测定沸点的方法为常量法，此法样品用量较大，要 10mL 以上，若样品不多时，应采用微量法。

某些有机化合物往往能和其他组分形成二元或三元共沸混合物，它们也有一定的沸点（共沸点）。因此，不能认为蒸馏温度恒定的物质都是纯物质。

蒸馏过程中，“过热”现象和“暴沸”现象的发生和避免，关系到蒸馏操作的成败，应该给予足够重视。液体在沸腾时，释放大量蒸气至小气泡中。待气泡中的总压力增加到超过大气压，并足够克服由于液柱所产生的压力时，蒸气的气泡就上升逸出液面。此时，如在液体中有许多小空气泡或其他的汽化中心时，液体就可平稳地沸腾。否则，液体的温度可能上升到超过沸点而不沸腾，这种现象称为“过热”，这时，一旦有一个气泡形成，由于液体在此温度时的蒸气压已远远超过大气压和液柱压力之和，就会使得上升的气泡增大得非常快，甚至将液体冲溢出瓶外，这种不正常的沸腾，称为“暴沸”。因而在加热前应加入止暴剂（或称助沸物）引入汽化中心，以保证沸腾平稳。止暴剂一般是表面疏松多孔、吸附有空气的物体，如素瓷片、沸石或玻璃沸石等。另外，也可用几根一端封闭的毛细管以引入汽化中心（注意毛细管有足够的长度，使其上端可搁在蒸馏瓶的颈部，开口的一端朝下）。在任何情况下，切忌将止暴剂加至已受热接近沸腾的液体中，否则会因突然放出大量空气而将大量液体从蒸馏瓶口喷出造成危险。如果加热前忘了加入止暴剂，补加时必须先移去热源，待加热液体冷至沸点以下后方可加入。如蒸馏中途停止，后来需要继续蒸馏，也必须在加热前补添新的止暴剂才安全。因为起初加入的止暴剂在加热时已逐出了部分空气，在冷却时吸附了液体，可能已经失效。

若蒸馏的液体很黏稠或含有较多的固体物质，加热时易发生局部过热和暴沸，此时沸石不起作用。在此情况下，可选用浴液等方法加热。采用浴液间接加热，保持浴温不要超过蒸馏液沸点 20℃，这种加热方式不但可大大减少瓶内蒸馏液中各部分之间的温差，而且可使蒸气的气泡不单从烧瓶的底部上升，也可沿着液体的边缘上升，因而可大大减小过热的可能。

蒸馏操作是化学实验中常用的实验技术，一般应用于以下几方面：

① 分离液体混合物，但只有当各成分的沸点有较大差别时才能达到较有效的分离；

② 测定纯液体化合物的沸点；

③ 蒸馏含有少量杂质的物质，提高其纯度；

④ 回收溶剂或蒸出部分溶剂以浓缩溶液。

（2）装置

蒸馏装置主要由汽化、冷凝、接收三部分组成。图 3-26 中有七种常用的蒸馏装置，可根据需要选用。

图 3-26(a) 是最常用的普通蒸馏装置，可用于蒸馏一般的液体化合物，但不能用于蒸馏易挥发低沸点化合物。图 3-26(b) 是可防潮的蒸馏装置，用于易吸潮或易受潮分解的化合物的蒸馏。如蒸馏时还放出有毒气体，则需加装一个气体吸收装置，如图 3-26(c) 所示。若蒸馏低沸点易燃化合物，应用热水浴，接收瓶用冰水冷却，并在接液管上连一个长乳胶管，将易燃气体通入水槽的下水管内或引出室外，装置如图 3-26(d) 所示。图 3-26(e) 装置常用于蒸馏沸点在 130℃以上的液体。图 3-26(f) 装置则用于把反应混合物中的易挥发物质直接蒸出。图 3-26(g) 是连续地边滴加、边反应、边蒸出的装置。

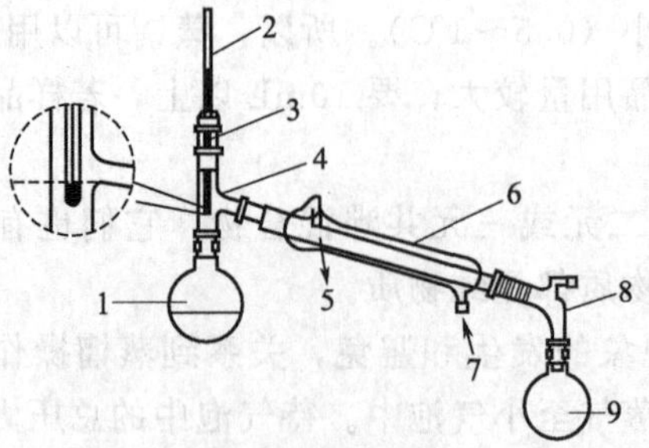

(a) 普通蒸馏装置

1—圆底烧瓶；2—温度计；3—温度计套管；4—蒸馏头；5—出水；6—冷凝管；7—进水；8—接液管；9—接收瓶

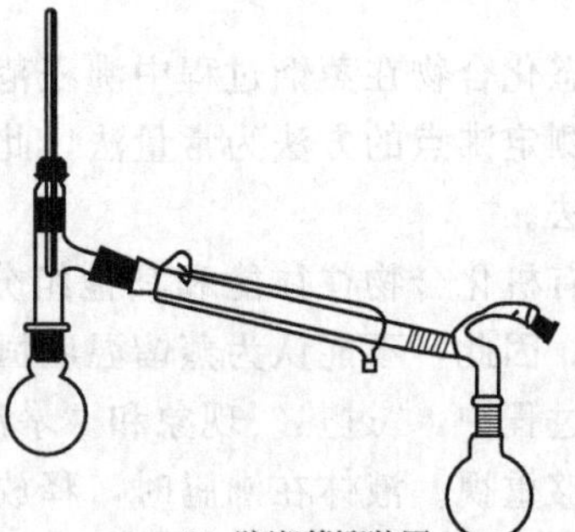

(b) 防潮蒸馏装置

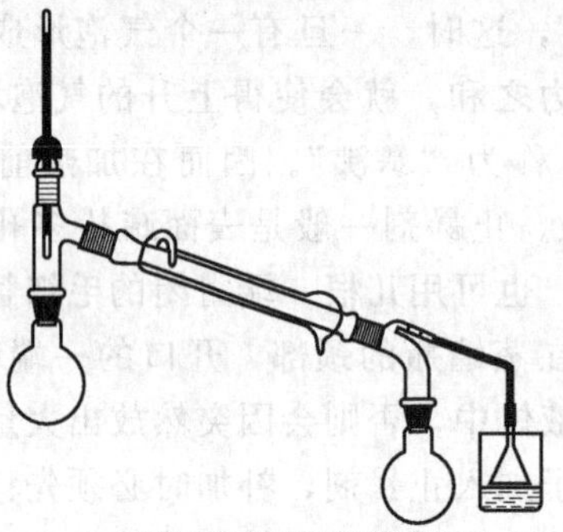

(c) 带有毒气吸收的蒸馏装置

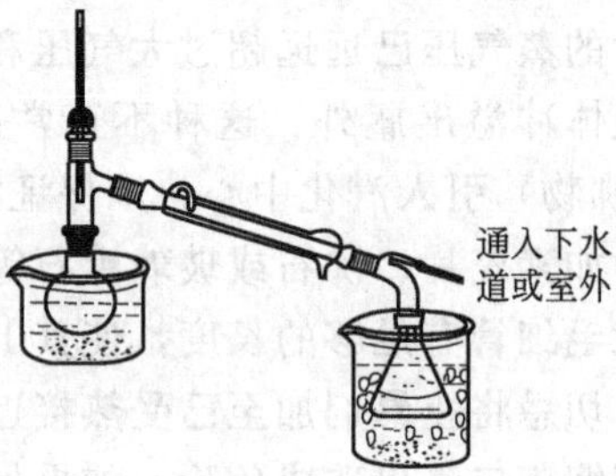

(d) 连有乳胶管和冰水浴的蒸馏装置

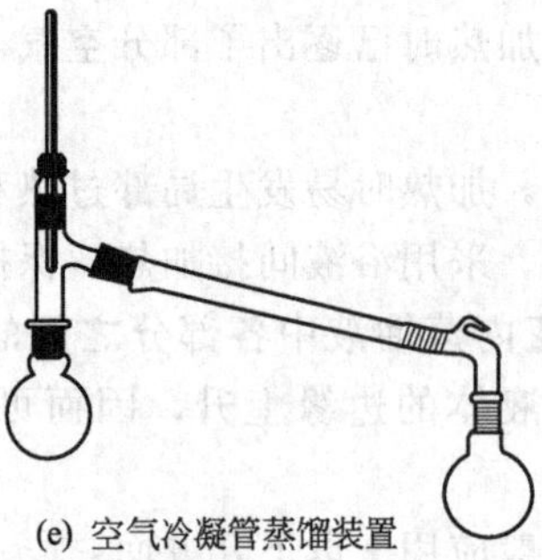

(e) 空气冷凝管蒸馏装置

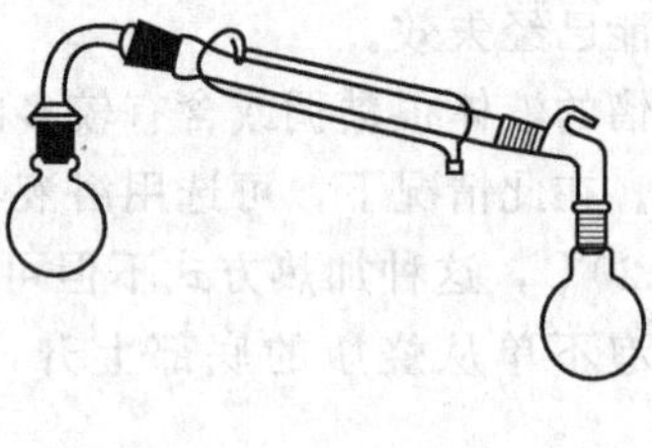

(f) 75°弯管蒸馏装置

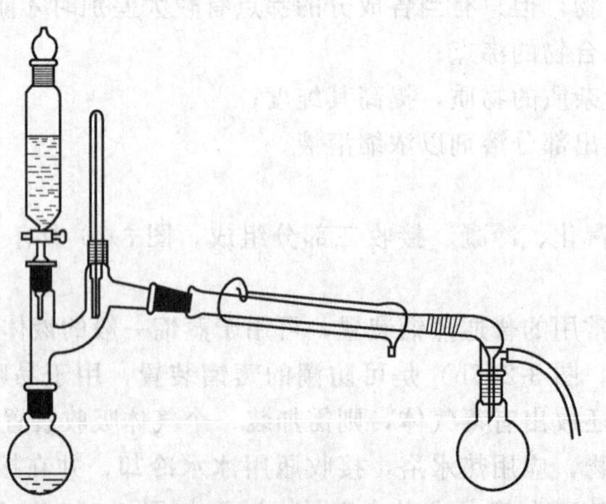

(g) 滴加反应蒸馏装置

图 3-26　蒸馏装置

① 汽化部分　一般由圆底烧瓶、蒸馏头、温度计组合而成。

圆底烧瓶容量应由所蒸馏的液体的体积来决定。通常所蒸馏的原料液体的体积应占圆底烧瓶容量的1/3～2/3。如果装入的液体量过多，当加热到沸腾时，液体可能冲出，或者液体飞沫被蒸气带出，混入馏出液中；如果装入的液体量太少，在蒸馏结束时，相对地会有较多的液体残留在瓶内蒸不出来。

液体在瓶内受热汽化，蒸气经蒸馏头进入冷凝管。蒸馏头与冷凝管通过支管磨口相连。

温度计的量程应根据被蒸馏液体的沸点来选。在蒸馏时水银球应完全被蒸气所包围，才能正确地测得蒸气的温度。通常是使水银球的上缘恰好位于蒸馏头支管接口的下缘，使它们在同一水平线上，如图3-26(a)所示。

② 冷凝部分　蒸气在冷凝管中冷凝成为液体。冷凝管的种类很多，液体的沸点高于140℃时用空气冷凝管；低于140℃时用直形冷凝管，直形冷凝管下端侧管为进水口，用橡皮管接自来水龙头，上端的出水口套上橡皮管导入水槽中。上端的出水口应向上，才可保证套管内充满水。

③ 接收部分　由接液管及接收瓶组成。接液管将冷凝液导入接收瓶中，如果接液管不带尾接管，则接液管与接收瓶之间不能用塞子连接，应与外界大气相通，以免整个蒸馏系统成封闭体系，使体系压力过大而发生爆炸。常压蒸馏可选用三角烧瓶为接收瓶，蒸馏低沸点易燃液体时，必须在尾接管上接尾气导管，并将其置入水槽的下水管或引出室外。

蒸馏装置的装配方法：仪器安装顺序先下后上，先左后右。用铁夹夹住圆底烧瓶的瓶颈，根据热源的位置调整高度，固定在铁架台上。将蒸馏头装配到圆底烧瓶的瓶颈中。把温度计插入螺口接头（温度计套管）中，螺口接头装配到蒸馏头上磨口。调整温度计的位置。在另一铁架台上，用铁夹夹住冷凝管的中上部分，调整铁架台与铁夹的位置，使冷凝管的中心线和蒸馏头支管的中心线成一直线。移动冷凝管，把蒸馏头的支管和冷凝管严密地连接起来，再装上接液管和接收器。

(3) 操作

① 加料　把长颈漏斗放在蒸馏头上口，经漏斗加入待蒸馏的液体，或者沿面对支管的蒸馏头壁小心地加入。注意防止液体从蒸馏头支管流出。加入几粒沸石后安装好温度计，再仔细检查一遍装置是否正确，各仪器之间的连接是否紧密。

② 加热　加热前，先向冷凝管缓缓通入冷水，把上口流出的水引入水槽中。选择合适的热源加热圆底烧瓶。沸点低于85℃，易燃的液体应用热水浴或蒸气浴加热。沸点高的液体可选用油浴或电热套加热。开始加热时，可以让温度上升稍快些。当液体开始沸腾时，调节加热温度，使馏出液速度1～2滴/s为宜。蒸馏的速度不应太慢，太慢易使水银球周围的蒸气短时间中断，致使温度计上的读数有不规则的变动；蒸馏速度也不能太快，太快易使温度计读数不正确。在蒸馏过程中，温度计的水银球上应始终附有冷凝的液滴，以保证温度计的读数是气液两相的平衡温度。

在蒸馏过程中，应当在实验记录本上记录下第一滴馏出液滴入接收器时的温度。当温度计的读数稳定时，另换接收器收取。如果温度变化较大，需多换几个接收器收取，分别收集温度上升及恒定时的馏分。所用的接收器都必须洁净，且事先都须称量过。记录下每个接收器内馏分的温度范围和质量。若要收取的馏分的温度范围已有规定，即可按规定收取。馏分的沸点范围越窄，则馏分的纯度越高。表3-7是一次简单蒸馏的记录。

表 3-7 蒸馏记录

项 目	沸点/℃	质量/g	项 目	沸点/℃	质量/g
蒸馏的样品总质量		12.5	混合组分	90～180	0.9
先出组分	45～88	0.5	组分 B	180～183	4.2
组分 A	88～90	4.8	残液		约 2.0

当烧瓶中仅残留少量液体（约 1mL）时，维持原来的加热速度，温度计读数会突然下降，即可停止蒸馏，不应将瓶内液体完全蒸干。

蒸馏完毕，先停止加热，后停止通水，拆卸仪器，其顺序和装配时相反，即按次序取下接收器、接液管、冷凝管、温度计、蒸馏头和圆底烧瓶。

蒸馏低沸点易燃液体（例如乙醚）时，附近应禁止有明火，绝不能用明火直接加热，也不能用正在明火上加热的水浴加热，而应该用预先加热好的水浴。为了保持必需的温度，可以适时地向水浴中添加热水。

3.6.4 分馏

液体混合物中的各组分，若其沸点相差很大（至少要相差 30℃），可用普通蒸馏法分离开；若其沸点相差不太大，用普通蒸馏法就难以精确分离，而应当用分馏的方法分离。

（1）原理

分馏是分离纯化沸点相近且又互溶的液体混合物的重要方法。它是利用分馏柱将多次汽化-冷凝过程在一次操作中完成，一次达到多次蒸馏的效果。这种分馏也叫精馏，比蒸馏省时、简单，减少了浪费，并大大提高了分离效率。

分馏是利用分馏柱来进行的，通过特殊的柱体增大汽液两相的接触面积，提高分离效果。具体地说，就是在分馏柱内使混合物进行多次汽化和冷凝。当上升的蒸汽与下降的冷凝液互相接触时，上升的蒸汽部分冷凝放出热量，使下降的冷凝液部分汽化，两者之间发生了热量交换。其结果，上升蒸汽中易挥发组分增加，而下降的冷凝液中高沸点组分增加。如果继续多次，就等于进行了多次的汽液平衡，即达到了多次蒸馏的效果。这样，靠近分馏柱顶部易挥发物质的比率高，而在烧瓶里高沸点组分的比率高。当分馏柱的效率足够高时，从分馏柱顶部出来的几乎是纯净的易挥发组分，而最后在烧瓶里残留的则几乎是纯净的高沸点组分，从而达到良好的分离效果。

分馏柱的效率主要取决于柱高、填充物和保温性能。分馏柱愈高，接触时间愈长，效率就愈高。柱高也是有限度的，过高时分馏困难，速度慢。填充物可增大蒸汽与回流液的接触面积，使分离完全。填充物品种很多，可以是玻璃珠、瓷环或金属丝绕成的螺旋圈等。填充物之间要有一定的空隙，以使气流流动性增大，阻力减小，分离效果较好。另外分馏柱的保温效果好，有利于热交换的进行，也有利于分离。分馏柱外可缠绕石棉绳保温。分馏柱自下而上要保持一定的温度梯度。另外蒸馏速度太快、太慢都不利于分离。其中的关键还在于混合液各组分的沸点要有一定差距。实验室最常用的分馏柱如图 3-27 所示。其中（a）为球形分馏柱，其分馏效率较差；（b）为韦氏（Vigreux）分馏柱，又称刺形分馏柱，它是一根每隔一定距离就有一组向下倾斜的刺状物，且各组刺状物间呈螺旋排列的分馏柱，其优点是装配简单、操作方便，残留在分馏柱内的液体少；（c）为赫姆帕（Hempel）分馏柱，管内填充以玻璃管、玻璃环或金属螺旋圈等填料，其优点是分馏效率较好，适合于分离一些沸点差较小的化合物。

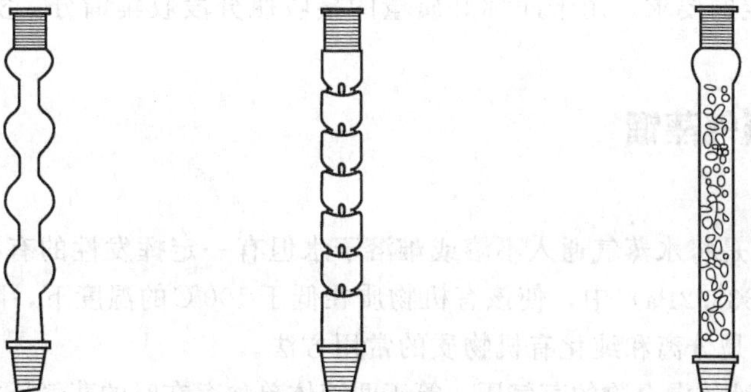

(a) 球形分馏柱　　(b) 韦氏(Vigreux)分馏柱　　(c) 赫姆帕(Hempel)分馏柱

图 3-27　分馏柱

（2）装置

有机化学实验中常用的简单分馏装置如图 3-28 所示，主要由烧瓶、分馏柱、温度计、冷凝管和接收瓶组成。

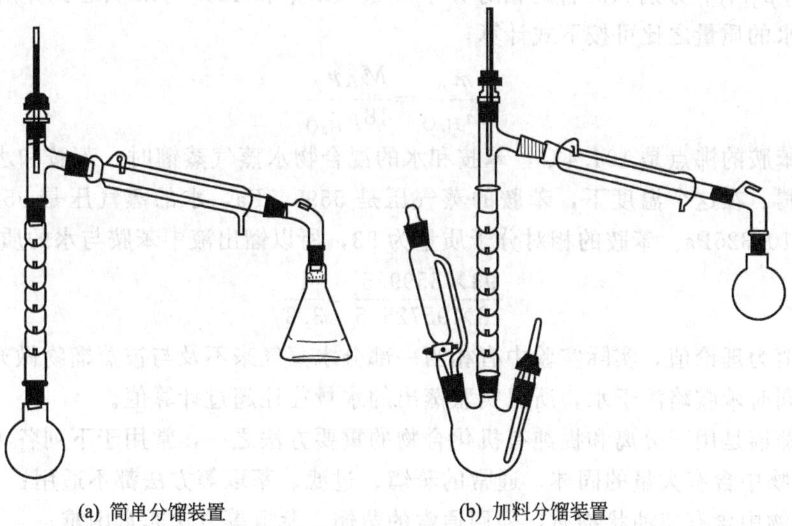

(a) 简单分馏装置　　(b) 加料分馏装置

图 3-28　分馏装置

仪器的安装基本上同蒸馏装置，仅比蒸馏装置在圆底烧瓶和蒸馏头间多了一个韦氏分馏柱。

（3）操作

① 加料　把待分馏的液体倒入烧瓶中，其体积以不超过烧瓶容量的 1/2 为宜，投入几粒沸石。安装好的分馏装置，经检查合格后，接通冷却水，可开始加热。

② 加热　根据待分馏液体的沸点范围，选用合适的方法加热。为减少分馏柱中热量损失和外界温度对柱温的影响，可在分馏柱外包缠石棉绳等保温材料。待液体开始沸腾时，要注意调节温度，使蒸气缓慢而均匀地沿分馏柱壁上升。

③ 收集不同馏分　当蒸气上升到分馏柱顶部，开始有馏分馏出，记录第一滴馏出液滴入接收瓶时的温度。应密切注意调节加热温度，控制馏出液的速度为每 2～3s 一滴。如果分馏速度太快，馏出物纯度将下降；但也不宜太慢，以致上升的蒸气时断时续，馏出温度有所波动。

④ 根据实验规定的要求，用干净称好质量的接收瓶分段收集馏分。实验完毕时，应称量各段馏分。

3.6.5 水蒸气蒸馏

(1) 原理

水蒸气蒸馏操作是将水蒸气通入不溶或难溶于水但有一定挥发性的有机物质（近100℃时其蒸气压至少为1333.2Pa）中，使该有机物质在低于100℃的温度下，随着水蒸气一起蒸馏出来。水蒸气蒸馏是分离和纯化有机物质的常用方法。

两种互不相溶的液体混合物的蒸气压，等于两液体单独存在时的蒸气压之和。当组成混合物的两液体的蒸气压之和等于大气压力时，混合物就开始沸腾。互不相溶的液体混合物的沸点，要比每一物质单独存在时的沸点低。因此，在不溶于水的有机物质中，通入水蒸气进行水蒸气蒸馏时，该物质可在低于100℃的温度下随蒸汽一起蒸馏出来。蒸馏过程中混合物的沸点保持不变，直到其中一组分几乎全部蒸出（因为总的蒸气压与混合物中二者的相对量无关）。

在馏出物中，随水蒸气一起蒸馏出的有机物质与水的质量之比［m_A/m_{H_2O}］，等于两者的分压［p_A/p_{H_2O}］分别和两者的相对分子质量（M_A 和 18）的乘积之比，所以馏出液中有机物质同水的质量之比可按下式计算：

$$\frac{m_A}{m_{H_2O}}=\frac{M_A p_A}{18p_{H_2O}}$$

例如，苯胺的沸点是184.4℃，苯胺和水的混合物水蒸气蒸馏时，苯胺和水的混合物在98.4℃就沸腾。在这个温度下，苯胺的蒸气压是5599.5Pa，水的蒸气压是95725.5Pa，两者相加等于101325Pa。苯胺的相对分子质量为93，所以馏出液中苯胺与水的质量比等于

$$\frac{93\times5599.5}{18\times95725.5}=\frac{1}{3.3}$$

这个数值为理论值，实际实验中有相当一部分水蒸气来不及与被蒸馏物做充分接触便离开蒸馏瓶，同时苯胺略溶于水，所以实验蒸出的水量往往超过计算值。

水蒸气蒸馏是用于分离和提纯有机化合物的重要方法之一，常用于下列各种情况：

① 混合物中含有大量的固体，通常的蒸馏、过滤、萃取等方法都不适用；

② 混合物中含有焦油状物质，采用通常的蒸馏、萃取等方法非常困难；

③ 在常压下蒸馏会发生分解的高沸点有机物质。

进行水蒸气蒸馏时，对分离的有机物有以下要求：

① 不溶或难溶于水，这是满足水蒸气蒸馏的先决条件；

② 可长时间与水共沸，但不与水反应；

③ 在100℃左右时，必须具有一定的蒸气压，一般不少于1333Pa。

(2) 水蒸气蒸馏装置

常用的水蒸气蒸馏装置如图3-29所示，包括水蒸气发生器、蒸馏、冷凝及接收部分。

① 水蒸气发生器　水蒸气发生器1是铜或铁制的加热容器（也可用大的圆底烧瓶代替），盛水量以其容积的1/2～3/4为宜。长玻璃管2为安全管，长约1m，内径约5mm，管的下端几乎插到水蒸气发生器的底部，根据管中水柱的高低，可以估计容器内压力的大小。如果容器内气压增大，水可从玻璃管上升；如果系统发生堵塞，水便会从管的上口喷出，此时应检查圆底烧瓶内的水蒸气导管3的下口是否被阻塞。

② 蒸馏部分　蒸馏部分选用三颈或二颈圆底烧瓶4，圆底烧瓶应当用铁夹夹紧，为防止

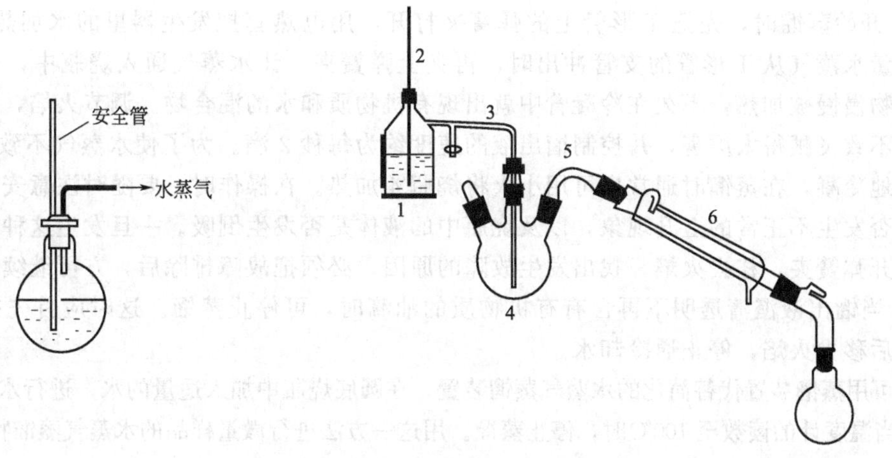

图 3-29 水蒸气蒸馏装置

1—水蒸气发生器；2—安全管；3—水蒸气导管；4—三颈圆底烧瓶；5—馏出液导管；6—冷凝管

飞溅的液体泡沫被蒸气带入冷凝管，被蒸馏液体的加入量不超过烧瓶容积的 1/3。三颈瓶的中口通过打孔的橡胶塞插入水蒸气导管 3，导管 3 内径一般不小于 8mm，以保证水蒸气畅通，其末端应接近烧瓶底部，以便水蒸气和蒸馏物质充分接触并起搅动作用。水蒸气发生器 1 与水蒸气导管 3 之间用 T 形三通管连接（图 3-30），在 T 形管的支管上套一段短橡皮管，用弹簧夹夹紧，它可用以除去水蒸气中冷凝下来的水分。同时在操作中，如果发生不正常现象，可以立刻打开夹子，使之与大气相通。导管 3 和 T 形三通管的水平部分应尽可能短一些，以免水蒸气大量冷凝下来。

如果蒸馏物质的量较少，也可采用图 3-31 的装置。

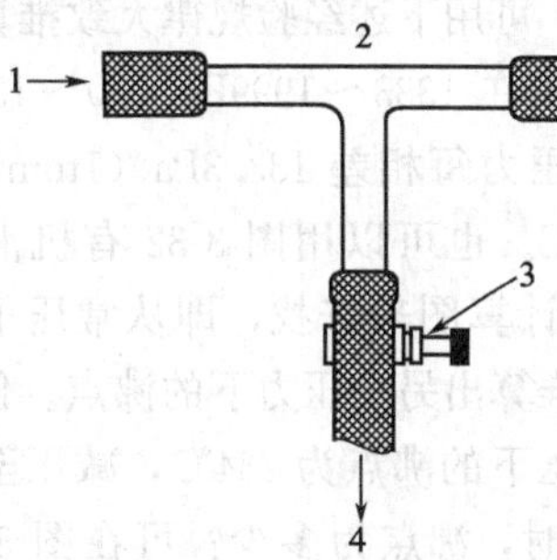

图 3-30 T 形管的装置

1—水蒸气；2—T 形管；3—弹簧夹；4—放出水蒸气中冷凝水

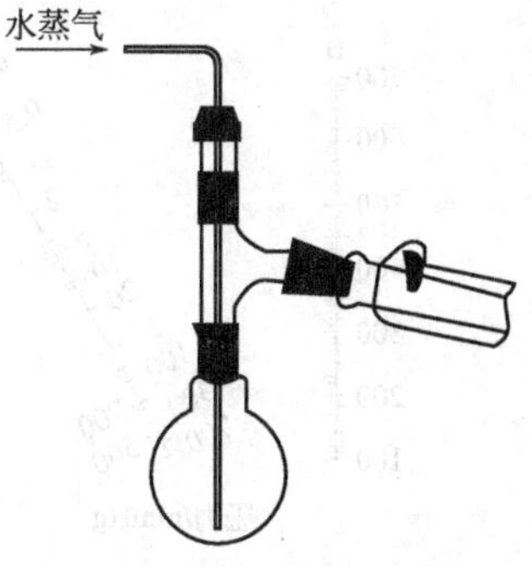

图 3-31 蒸馏少量物质的装置

③ 冷凝部分　三颈瓶的侧口通过馏出液导管 5 与冷凝管 6 连接。导管 5 在弯曲处前的一段应尽可能短一些；在弯曲处后一段则允许稍长一些，因它可起部分的冷凝作用。导管 5 也可用蒸馏头替代。用长的直型水冷凝管 6 可以使馏出液充分冷却。由于水的蒸发潜热较大，所以冷却水的流速也宜稍大一些。但若蒸馏物为高熔点有机物，在冷凝过程中析出固体时，应调节冷却水流速慢一些或暂停通入冷却水，待固体熔化后，再通冷却水。

（3）水蒸气蒸馏操作

① 操作前水蒸气蒸馏装置应经过检查，必须严密不漏气。把要蒸馏的物质倒入烧瓶 4 中，其量约为烧瓶容量的 1/3。

② 开始蒸馏时，先把 T 形管上的弹簧夹打开，用电热套把发生器里的水加热到沸腾。当有大量水蒸气从 T 形管的支管冲出时，再夹上弹簧夹，让水蒸气通入烧瓶中，这时瓶中的混合物慢慢被加热，不久在冷凝管中就出现有机物质和水的混合物。调节火焰，使瓶内的混合物不致飞溅得太厉害，并控制馏出液的速度约为每秒 2 滴。为了使水蒸气不致在烧瓶 4 内过多地冷凝，在蒸馏时通常也可用小火将烧瓶 4 加热。在操作时，要随时注意安全管中的水柱是否发生不正常的上升现象，以及烧瓶中的液体是否发生倒吸。一旦发生这种现象，应立刻打开弹簧夹，移去火焰，找出发生故障的原因，必须把故障排除后，方可继续蒸馏。

③ 当馏出液澄清透明不再含有有机物质的油滴时，可停止蒸馏。这时应首先打开弹簧夹，然后移去火焰，停止通冷却水。

也可用蒸馏装置代替简化的水蒸气蒸馏装置，在圆底烧瓶中加入适量的水，进行水蒸气蒸馏操作，当温度计的读数至 100℃时，停止蒸馏。用这一方法进行微量样品的水蒸气蒸馏特别方便。

3.6.6 减压蒸馏

(1) 原理

减压蒸馏也是分离纯化物质的一种重要方法。某些沸点较高的有机化合物在加热到沸点附近时可能发生分解或氧化，所以不能用常压蒸馏。使用减压蒸馏便可避免这种现象的发生。因为当蒸馏系统内的压力降低后，其沸点便降低，许多有机化合物的沸点当压力降低到 1.3～2.0kPa (10～15mmHg) 时，可以比其常压下的沸点降低 80～100℃。因此，减压蒸馏对于分离或提纯沸点较高或性质比较不稳定的液态及低熔点固态有机化合物具有特别重要的意义。

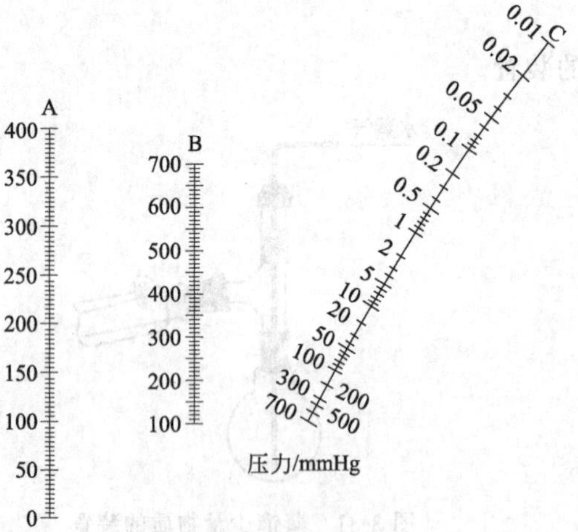

图 3-32 有机液体的沸点-压力经验计算图

A—减压沸点/℃；B—常压沸点/℃；C—压力/mmHg

在进行减压蒸馏前，应先从文献中查阅该化合物在所选择的压力下的相应沸点。如果文献中缺乏此数据，可用下述经验规律大致推算，以供参考。当蒸馏在 1333～1999Pa (10～15mmHg) 下进行时，压力每相差 133.3Pa (1mmHg)，沸点相差约 1°C。也可以用图 3-32 有机液体的沸点-压力经验计算图来查找，即从常压下的沸点便可近似地推算出另一压力下的沸点。例如，水杨酸乙酯常压下的沸点为 234℃，减压至 1999Pa (15mmHg) 时，沸点为多少？可在图 3-32 中 B 线上找到 234°C 的点，再在 C 线上找到 1999Pa (15mmHg) 的点，然后通过两点画一直线，该直线与 A 线的交点为 113°C，即水杨酸乙酯在 1999Pa (15mmHg) 时的沸点约为 113℃。

(2) 减压蒸馏装置

减压蒸馏装置通常由蒸馏、保护及测压、减压三部分组成。常用的减压蒸馏装置如图 3-33 所示。

① 蒸馏部分　通常由圆底烧瓶 1、克氏蒸馏头 2、毛细管 3、螺旋夹 4、温度计 5、冷凝管 6、真空接液管 7 和接收器 8 等组成。这部分装置与普通蒸馏装置相似，只是所有仪器都必须耐压。

在克氏蒸馏头 2 带支管的颈中插入温度计，温度计水银球位置与普通蒸馏要求相同，另一颈中插入一根末端拉成毛细管的玻璃管，毛细管的下端调整到离烧瓶底约 1～2mm 处，

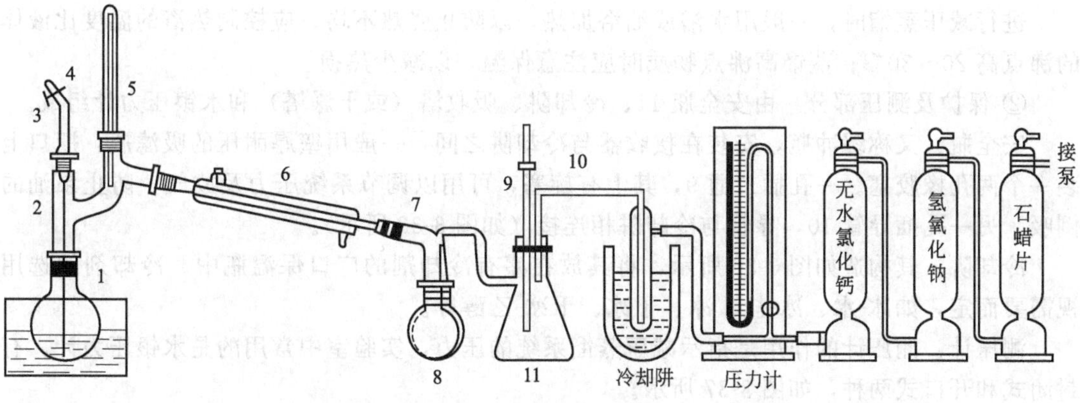

图 3-33　减压蒸馏装置

1—圆底烧瓶；2—克氏蒸馏头；3—毛细管；4—螺旋夹；5—温度计；6—冷凝管；
7—真空接液管；8—接收器；9—二通；10—导管；11—安全瓶

毛细管口要很细。检查毛细管口的方法是，将毛细管插入小试管的乙醚内，在玻璃管口轻轻吹气，若毛细管能冒出一连串的细小气泡，仿如一条细线，即为合用。如果不冒气，表示毛细管闭塞了，不能用。玻璃管另一端套一段短橡皮管，最好在橡皮管中插入一根直径约为1mm 的金属铜丝，用螺旋夹夹住，以调节进入烧瓶的空气量。在减压蒸馏时，空气由毛细管进入烧瓶，冒出小气泡，成为液体沸腾的汽化中心，同时又起一定的搅拌作用。这样可以防止液体暴沸，使沸腾保持平稳。这对减压蒸馏是非常重要的。

接收器 8 通常用圆底烧瓶，因为它们能耐外压，但不要用锥形瓶作接收器。蒸馏时，若要集取不同的馏分而又要不中断蒸馏，则可用三叉燕尾接引管（图 3-34）；三叉燕尾管的上部有一个支管，减压泵由此支管抽真空。三叉燕尾管与冷凝管的连接磨口要涂有少许凡士林，以便转动三叉燕尾管，使不同的馏分流入指定的接收器中。

如果蒸馏的液体量少而且沸点颇高，或者是低熔点固体，可不用冷凝管而采用图 3-35 所示装置。

图 3-34　三叉燕尾接引管

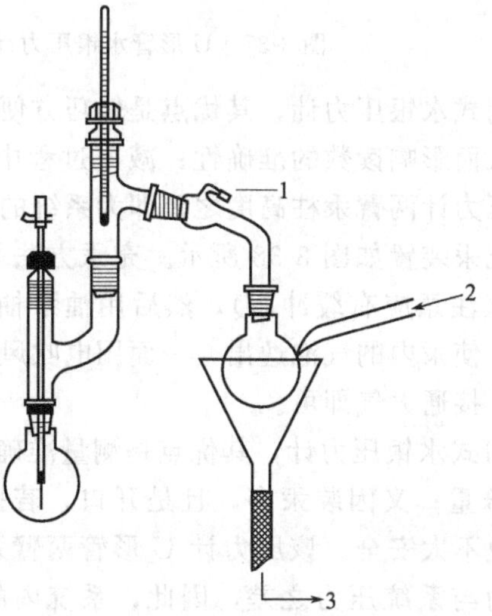

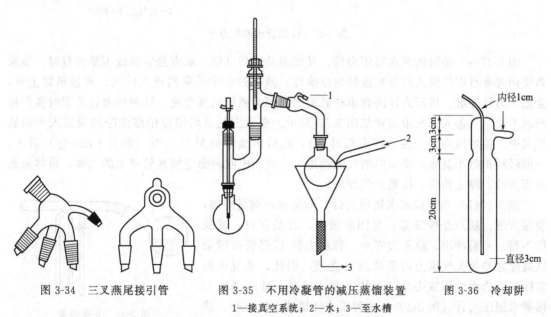

图 3-35　不用冷凝管的减压蒸馏装置

1—接真空系统；2—水；3—至水槽

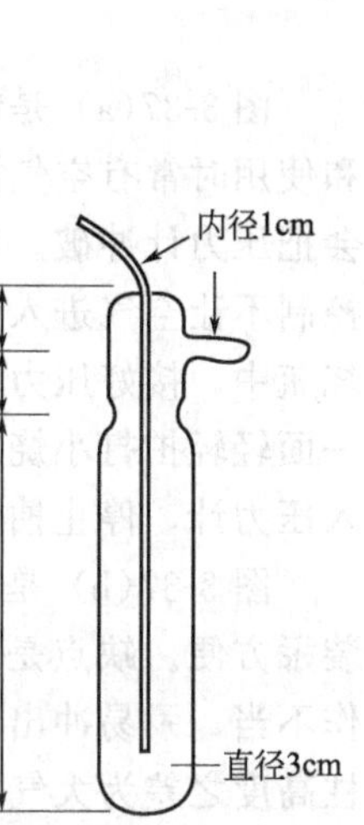

图 3-36　冷却阱

进行减压蒸馏时，一般用水浴或油浴加热，以防止受热不均。应控制热浴的温度比液体的沸点高 20～30℃；蒸馏高沸点物质时应注意保温，以减少热损。

② 保护及测压部分　由安全瓶 11、冷却阱、吸收塔（或干燥塔）和水银压力计组成。

安全瓶：又称缓冲瓶，安装在接收器与冷却阱之间，一般用壁厚耐压的吸滤瓶，瓶口上装一个两孔橡胶塞。一孔插二通 9，其上有旋塞，可用以调节系统压力及放气，防止泵油的倒吸。另一孔插导管 10，导管与冷却阱相连接（如图 3-33 所示）。

冷却阱：其构造如图 3-36 所示，将其放在盛有冷却剂的广口保温瓶中。冷却剂的选用视需要而定，如冰-水、冰-盐、冰、干冰、干冰-乙醇等。

测压计：测压计的作用是指示减压蒸馏系统的压力，实验室中常用的是水银压力计，有封闭式和开口式两种，如图 3-37 所示。

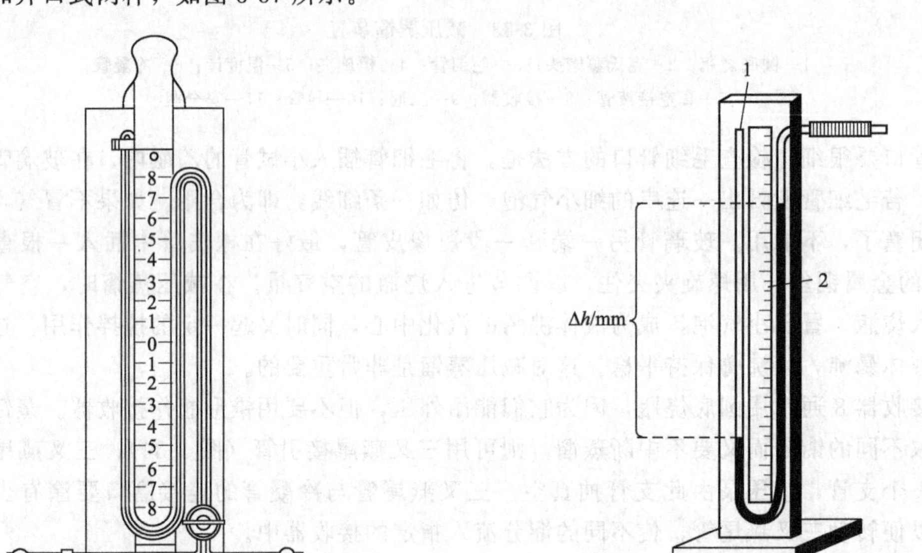

(a) 封闭式　　(b) 开口式

1—大气压；2—标尺

图 3-37　U 形管水银压力计

图 3-37(a) 是封闭式水银压力计，其优点是轻巧方便。缺点是装汞较困难和费时；装汞和使用时常有空气混入而影响读数的准确性；减压过程中若突然放入空气，水银迅猛上升，会把压力计冲破。该压力计两臂汞柱高度之差即为系统的真空度。这种压力计装汞时要严格控制不让空气进入。充汞装置如图 3-38 所示。充汞方法是将用稀硝酸洗净的汞装入小圆底烧瓶中，接好压力计（注意应有缓冲瓶），然后用油泵抽至 13.3Pa（即 0.1mmHg）以下，一面轻轻拍打小烧瓶，使汞内的气泡逸出，一面用电吹风驱走附在管壁上的气体，再将汞灌入压力计，停止抽气，接通大气即可。

图 3-37(b) 是开口式水银压力计，其优点是测量准确，装汞方便。缺点是较笨重；又因装汞多，且是开口，若操作不当，汞易冲出，故不太安全。该压力计 U 形管两臂汞柱高度之差为大气压力与系统压力之差，因此，系统内的实际压力为大气压减去这一汞柱之差。另有一种改进的 U 形管水银压力计（图 3-39），这种压力计填装水银方便，清

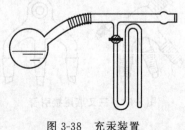

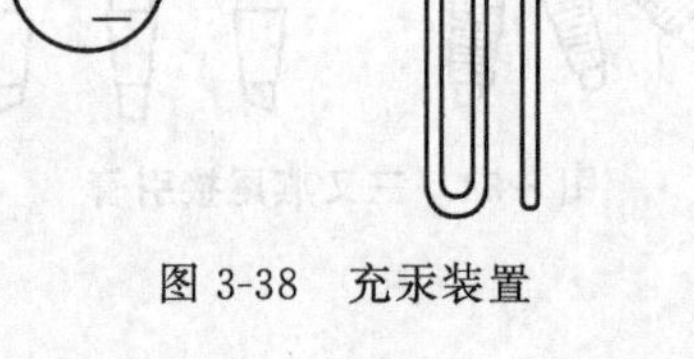

图 3-38　充汞装置

洗也较容易，若空气突然进入也不会损坏压力计。

吸收塔：通常设 2～3 个。前一个装无水氯化钙（或硅胶），用来除去水蒸气；后一个装颗粒状氢氧化钠，用来除去酸性蒸气。有时还需加一个装石蜡片（或活性炭）的吸收塔，用来吸收烃类等有机气体。

③ 减压部分　一般把压力范围划分为几个等级：“粗”真空 101325～1333Pa（760～10mmHg），一般可用水泵获得；“次高”真空 1333～0.1333Pa（$10\sim10^{-3}$mmHg），可用油泵获得；“高”真空＜0.1333Pa（＜10^{-3}mmHg），可用扩散泵获得。

在化学实验室通常使用的减压泵有循环水泵和油泵两种，若不需要很低的压力时可用水泵，如果水泵的构造好，且水压又高时，其抽空效率可以达到 1067～3333Pa（8～25mmHg）。水泵所能抽到的最低压力，理论上相当于当时水温下的水蒸气压力。例如，水温在 25℃、20℃、10℃ 时，水蒸气压力分别为 3200Pa、2400Pa、1203Pa（24mmHg、18mmHg、9mmHg）。用水泵抽气时，其装置自带测压表，不需要如油泵上述复杂装备。在泵前应接一个安全瓶，瓶上的两通活塞供调节系统压力及放气之用。停止蒸馏时要先恢复压力，然后关闭水泵。图 3-40 为水泵减压装置。

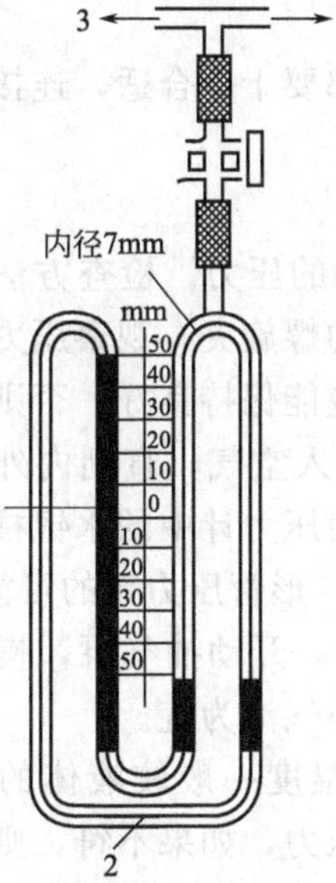

图 3-39　改进的 U 形管水银压力计

1—水银；2—毛细管（1mm）；
3—接仪器；4—接真空泵

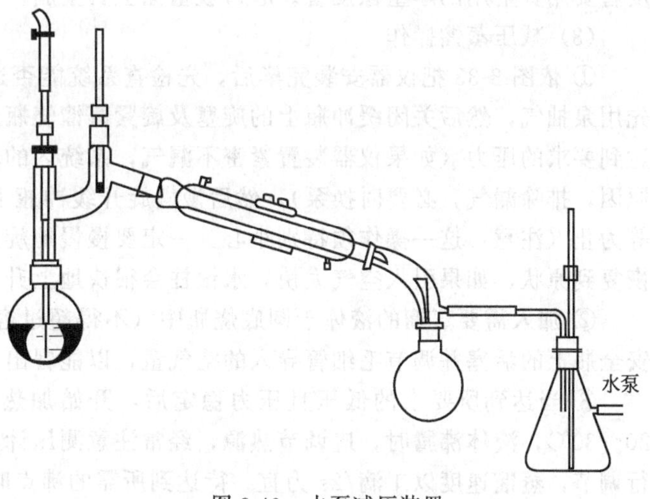

图 3-40　水泵减压装置

若要较低的压力，就要用油泵了，旋片式真空泵是一种油封机械式真空泵（简称油泵）如图 3-41，常用于对真空度要求较高的减压体系，可与多种实验室仪器设备共同使用，包括减压蒸馏装置、旋转蒸发仪、小型真空干燥罐、真空干燥箱、反应釜、冻干机等。图 3-42 是旋片式油泵工作原理示意图，气体从真空体系吸入泵的入口，偏心轮旋转的旋片使气体压缩，而从出口排出，转子的不断旋转使这一过程不断重复，因而达到抽气的目的。整个单元都浸在油中，以油作封闭液和润滑剂。旋片与定子之间的严密程度以及油的质量（油的蒸气压越低越好）决定油泵的效率，好的油泵可达 10～100Pa 的真空度。油泵的好坏决定于其机械结构和油的质量，使用油泵时必须注意防护，如果蒸馏挥发性较大的有机溶剂，有机溶剂会被油吸收，结果增大了蒸气压，从而降低了抽空效能；如果是酸性蒸气，就会腐蚀油泵；如果是水蒸气会使泵油乳化，也会降低泵的效能。因此，使用油泵时在蒸馏系统和油泵之间，必须装有吸收装置；如能用水泵减压的，则尽量使用水泵，如蒸馏物中含有低沸点物质，可先用水泵减压蒸除，然后改用油泵。

图 3-41 旋片式真空泵

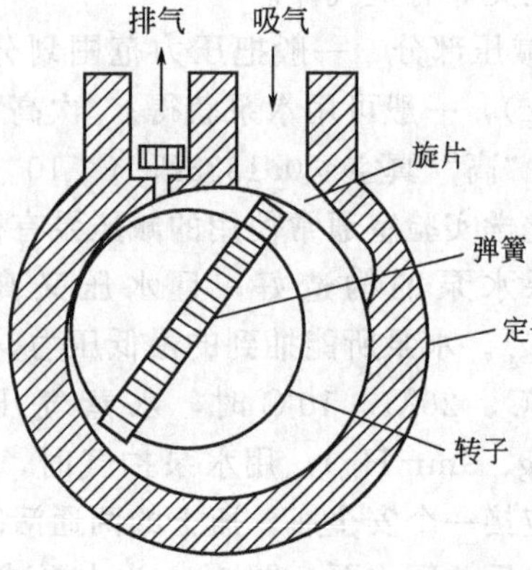

图 3-42 旋片式油泵工作示意图

减压系统必须保持密封不漏气，所有的橡胶塞的大小和孔道都要十分合适，连接用的橡皮管要用真空用的厚壁橡皮管。磨口玻塞涂上真空脂。

（3）减压蒸馏操作

① 依图 3-33 把仪器安装完毕后，先检查系统能否达到所要求的压力。检查方法为：首先用泵抽气，然后关闭缓冲瓶上的旋塞及旋紧蒸馏烧瓶上毛细管的螺旋夹，观察压力计能否达到要求的压力（如果仪器装置紧密不漏气，系统内的真空情况应能保持良好，否则应查明原因，排除漏气，必要时换泵），然后慢慢旋开缓冲瓶上活塞，放入空气，直到内外压力相等为止（注意：这一操作须特别小心，一定要慢慢地旋开旋塞，使压力计中的水银柱慢慢地恢复到原状，如果引入空气太快，水银柱会很快地上升，有冲破 U 形管压力计的可能）。

② 加入需要蒸馏的液体于圆底烧瓶中（不得超过容积的 1/2），开动抽气泵，慢慢关好安全瓶上的活塞并调节毛细管导入的空气量，以能冒出一连串的小气泡为宜。

③ 当达到所要求的低压且压力稳定后，开始加热，热浴的温度一般较液体的沸点高 20～30℃，液体沸腾时，应调节热源，经常注意测压计上所示的压力，如果不符，则也应进行调节，蒸馏速度以 1 滴/2s 为宜。待达到所需的沸点时，更换接收器，继续蒸馏。

为了正确、顺利地进行减压蒸馏，应保持缓慢而稳定的蒸馏速度，因为蒸馏速度太快，由蒸气所引起的反压力使蒸馏瓶里的压力比压力表上读得的压力更高，因压力表在冷凝管与接收器一边，不受未冷凝蒸气的影响，造成实际压力与测定压力的差距。

④ 蒸馏完毕，撤去热浴，慢慢地打开安全瓶上的旋塞，使仪器装置与大气相通。只有待内外压力平衡后，才可关闭抽气泵，以免倒吸。最后按安装的相反次序拆除仪器。

为安全起见，在减压蒸馏过程中，建议戴上护目眼镜。

减压蒸馏少量物质时，可采用如图 3-43 所示的装置。

（4）旋转蒸发仪

实验室也常用旋转蒸发仪来进行减压蒸馏，以蒸出溶剂或浓缩溶液。旋转蒸发仪（图 3-44）主要用于在减压条件下连续蒸馏大量易挥发性溶剂，尤其适于对萃取液的浓缩和色谱分离时接收液的蒸馏，同时可以分离和纯化反应产物。旋转蒸发仪的基本原理就是减压蒸馏，也就是在减压情况下，当溶剂蒸馏时，蒸馏烧瓶在连续转动。蒸馏烧瓶是一个带有标准磨口接口的梨形或圆底烧瓶，通过一回流蛇形冷凝管与减压泵相连，回流冷凝管另一开口与带有磨口的接收烧瓶相连，用于接收被蒸发的有机溶剂。在冷凝管与减压泵之间有一三通活塞，当体系与大气相通时，可以将蒸馏烧瓶、接收烧瓶取下，转移溶剂，当体系与减压泵相通时，则体系应处于减压状态。使用时，应先减压，再开动电机转动蒸馏烧瓶，结束时，应先停机，再通大气，以防蒸馏烧瓶在转动中脱落。作为蒸馏的热源，常配有相应的恒温水槽。

旋转蒸发仪因蒸发瓶不断旋转，不仅可以增大料液的蒸发面，加快蒸发速度，还可以免加沸石而不会暴沸，是理想的浓缩溶液、回收溶剂的装置。

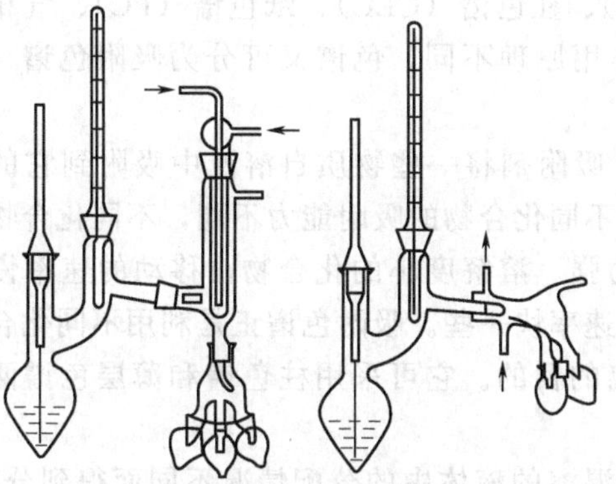

图 3-43　少量减压蒸馏装置

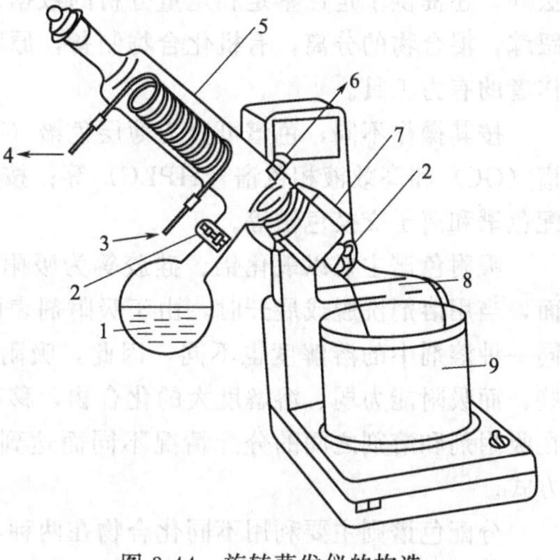

图 3-44　旋转蒸发仪的构造

1—接收瓶；2—夹子；3—进水口；4—出水口；5—冷凝管；6—真空接口；7—变速器；8—蒸发瓶；9—水浴加热

旋转蒸发仪的操作规程如下：

① 用胶管与冷凝水龙头连接，用真空胶管与真空泵相连；

② 先将水注入加热槽，最好用纯水；

③ 调整主机角度，只要松开主机和立柱连接螺钉，主机即可在0°～45°之间任意倾斜；

④ 接通冷凝水，接通电源，连接上蒸发瓶，安装好蒸发瓶的卡扣，打开真空泵，关闭放空阀；

⑤ 调整主机或加热槽高度，使蒸发瓶浸入水浴适当高度；

⑥ 打开调速开关，调节转速旋钮，蒸发瓶开始转动；打开调温开关，调节调温旋钮，加热槽开始自动温控加热，仪器进入试运行；温度与真空度达到所要求的范围，即能蒸发溶剂到接收瓶；

⑦ 蒸发完毕，首先关闭调速开关及调温开关，调整主机或加热槽使蒸发瓶脱离加热槽，先打开放空阀，使之与大气相通，然后关闭真空泵；取下蒸发瓶，蒸发过程结束。

注意事项：

① 玻璃件应轻拿轻放，洗净烘干。

② 加热槽应先注水后通电，不许无水干烧。

③ 所用磨口仪器安装前需均匀涂少量真空脂。

④ 工作结束，关闭开关，拔下电源插头。

⑤ 减压蒸馏时，当温度高、真空度低时，瓶内液体可能会暴沸。此时，及时转动放空阀，通入冷空气降低真空度即可。对于不同的物料，应找出合适的温度与真空度，以平稳地进行蒸馏。

⑥ 停止蒸馏时，先停止加热，再停止旋转，打开放空阀，最后停止抽真空。

⑦ 操作结束所有仪器应复位。

3.6.7 色谱技术

色谱技术即色谱法，又称色层分析。色谱除了提供数目浩繁的有机化合物的分离提纯方法外，还提供了定性鉴定和定量分析的数据。事实上，色谱法已广泛用于反应过程的监控和跟踪，混合物的分离，有机化合物制备，原料、产物的鉴定和纯度的检验，现已成为化学工作者的有力工具。

按其操作不同，色谱可分为薄层色谱（TLC）、柱色谱（CLC）、纸色谱（PC）、气相色谱（GC）和高效液相色谱（HPLC）等；按其作用原理不同，色谱又可分为吸附色谱、分配色谱和离子交换色谱等。

吸附色谱主要以氧化铝、硅胶等为吸附剂。吸附剂将一些物质自溶液中吸附到它的表面，当用溶剂洗脱或展开时，由于吸附剂表面对不同化合物的吸附能力不同，不同化合物在同一种溶剂中的溶解度也不同，因此，吸附能力强、溶解度小的化合物，移动的速率慢一些；而吸附能力弱、溶解度大的化合物，移动的速率快一些。吸附色谱正是利用不同化合物在吸附剂和溶剂之间的分配情况不同而达到分离的目的。它可采用柱色谱和薄层色谱两种方式。

分配色谱则主要利用不同化合物在两种不相混溶的液体中的分配情况不同而得到分离，相当于一种溶剂连续萃取的方法。这两种液体分为固定相和移动相。固定相需要一种本身不起分离作用的固体吸住它，如纤维素、硅藻土等称为载体。用作洗脱或展开的液体称为移动相。易溶于移动相的化合物，移动速率快一些；而在固定相中溶解度大的化合物，移动速率就慢一些。分配色谱的分离原理可在柱色谱、薄层色谱以及纸色谱的操作中体现。

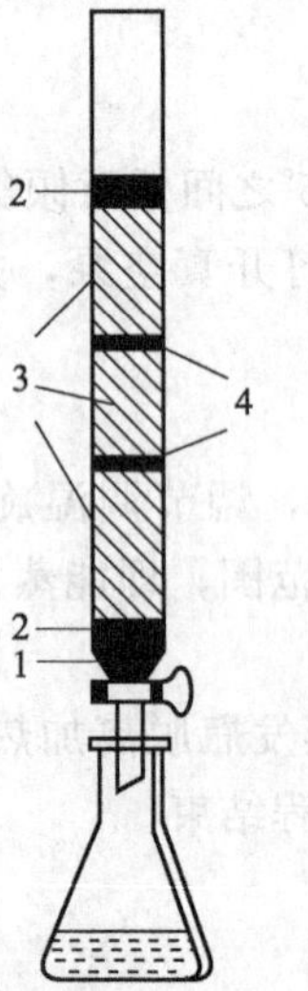

图 3-45　色谱柱
1—玻璃棉；2—砂；3—吸附剂；4—谱带

与经典的分离提纯手段（重结晶、升华、萃取和蒸馏等）相比，色谱法具有微量、快速、简便和高效率等优点，并能对复杂化合物，甚至立体异构体进行分离。其中液相色谱（含柱色谱、薄层色谱）适合于固体物质和具有高蒸气压的油状物的分离，不适合低沸点液体的分离；气相色谱适合于易挥发物质的分离。

(1) 柱色谱法

柱色谱常用的有吸附色谱和分配色谱两种。吸附色谱常用氧化铝和硅胶作吸附剂。分配色谱以硅胶、硅藻土和纤维素作为载体，以吸收大量的液体作为固定相，而载体本身一般不起分离作用。这里主要介绍以氧化铝为吸附剂的柱色谱分离法。

吸附柱色谱法是将吸附剂装在色谱柱（图 3-45）内作固定相，将欲分离的混合样品配制成溶液，从色谱柱的上端缓缓加入柱内，然后选择极性适当的洗脱剂作流动相，使其以一定的速率通过色谱柱进行洗脱。当欲分离的混合物随着流动相通过色谱柱时，在固定相上反复发生吸附-解吸-再吸附-再解吸的过程。与固定相吸附作用弱的组分在柱内移动速度快，与固定相吸附作用强的组分在柱内移动速度慢，最后达到相互分离的目的。

① 吸附剂　柱色谱常用的吸附剂有氧化铝、硅胶、氧化镁、碳酸钙及活性炭等，一般多用氧化铝。

柱色谱专用的氧化铝以通过100～150目筛孔的颗粒为宜。颗粒太细，吸附力强，溶液流速太慢；颗粒太粗，溶液流出太快，分离效果不好，使用时可根据实际分离需要选定。

色谱用氧化铝按其水提取液的pH（取1g氧化铝，加30mL蒸馏水，煮沸10min，冷却，滤去氧化铝，测定滤液的pH）分为：中性氧化铝、碱性氧化铝和酸性氧化铝三种。中性氧化铝（水提取液pH为7.5）应用最广，适用于醛、酮、醌及酯类化合物的分离。碱性氧化铝（水提取液pH为9～10）适用于碳氢化合物、生物碱以及其他碱性化合物的分离。酸性氧化铝（水提取液pH为4～4.5）适用于有机酸的分离。

吸附剂的活性与其含水量有关，含水量越低，活性越高。根据含水量高低，氧化铝的活性可分为五级（见表3-8）。将氧化铝放在高温炉中（350～400℃）烘干3h，得无水物，加入不同量的水即得活性不同的氧化铝。

表3-8　吸附剂活性与含水量的关系

活性等级	Ⅰ	Ⅱ	Ⅲ	Ⅳ	Ⅴ
氧化铝加水量/%	0	3	6	10	15
硅胶加水量/%	0	5	15	25	38

活性氧化铝Ⅰ级吸附作用太强，Ⅴ级太弱，一般常用的是Ⅱ～Ⅳ级。氧化铝的活性可用薄层色谱法测定，具体方法是：将要测定的氧化铝按干法铺层，取偶氮苯30mg，对甲氧基偶氮苯、苏丹黄、苏丹红和对氨基偶氮苯各20mg，溶于50mL无水四氯化碳，以毛细管点样，无水四氯化碳为展开剂。算出各偶氮染料的比移值R_f，参照表3-9确定活性。

表3-9　氧化铝活性与比移值的关系

偶氮染料	活性(R_f)			
	Ⅱ	Ⅲ	Ⅳ	Ⅴ
偶氮苯	0.59	0.74	0.85	0.95
对甲氧基偶氮苯	0.16	0.49	0.69	0.89
苏丹黄	0.01	0.25	0.57	0.78
苏丹红	0.00	0.10	0.33	0.56
对氨基偶氮苯	0.00	0.03	0.08	0.19

化合物受氧化铝吸附作用的强弱与分子的极性有关，分子极性越强，吸附性越强。氧化铝对各种化合物的吸附性按下列顺序递减：

酸、碱＞醇、胺、硫醇＞酯、醛、酮＞芳香族化合物＞卤代物、醚＞烯＞饱和烃

② 溶剂　溶剂的选择是重要的一环，通常根据被分离化合物中各种成分的极性、溶解度和吸附剂活性等来考虑。

a. 溶剂要求较纯，如氯仿中含有乙醇、水分及不挥发物质，都会影响样品的吸附和洗脱；

b. 溶剂和氧化铝不能起化学反应；

c. 溶剂的极性应比样品小一些，如果大了，样品不易被氧化铝吸附；

d. 溶剂对样品的溶解度不能太大，否则影响吸附；也不能太小，如太小，溶液的体积增加，易使色谱带分散；

e. 有时可使用混合溶剂，如有的组分含有较多的极性基团，在极性小的溶剂中溶解度太小，也可先选用极性较大的溶剂溶解，而后加入一定量的非极性溶剂，这样既降低了溶液的极性，又减少了溶液的体积。

③ 洗脱剂　样品吸附在氧化铝柱上后，用合适的溶剂进行洗脱，这种溶剂称为洗脱剂。如果原来用于溶解样品的溶剂冲洗色谱柱不能达到分离目的，可改用其他溶剂。一般极性较大的溶剂影响样品和氧化铝之间的吸附，容易将样品洗脱下来，达不到将样品分离的目的。因此常用一系列极性逐渐依次递增的溶剂。为了逐渐提高溶剂的洗脱能力和分离效果，也可用混合溶剂作为过渡。常用洗脱溶剂的极性按以下顺序递增：

己烷、石油醚＜环己烷＜四氯化碳＜三氯乙烯＜二硫化碳＜甲苯＜苯＜二氯甲烷＜三氯甲烷＜乙醚＜乙酸乙酯＜丙酮＜丙醇＜乙醇＜甲醇＜水＜吡啶＜乙酸

④ 装柱　柱色谱的分离效果不仅依赖于吸附剂和洗脱剂的选择，且与吸附柱的大小和吸附剂用量有关。色谱柱的大小取决于分离物的量和吸附剂的性质，一般的规格是柱的直径为其长度的 1/10～1/4。根据经验规律要求柱中吸附剂用量为被分离样品量的 30～40 倍，若需要时可增至 100 倍。表 3-10 列出了它们之间的相互关系。

表 3-10　色谱柱大小、吸附剂量及样品量

样品量/g	吸附剂量/g	柱的直径/cm	柱高/cm
0.01	0.3	3.5	30
0.10	3.0	7.5	60
1.00	30.0	16.0	130
10.00	300.0	35.0	280

装柱前，先将柱子洗净、干燥，在柱的底部铺一层玻璃棉（或脱脂棉），在玻璃棉上覆盖 5mm 左右厚的石英砂，然后装入吸附剂。吸附剂必须装填均匀，不能有裂缝和气泡，否则将影响洗脱和分离效果。色谱柱的填装有两种方法。

a. 湿法。把柱子竖直固定好，关闭下端旋塞，加入溶剂到色谱柱体积的 1/4；用一定量的溶剂和吸附剂在烧杯内调成糊状，打开柱下端的旋塞，让溶剂一滴一滴地滴入锥形瓶中，把糊状物快速倒入柱中，吸附剂通过溶剂慢慢下沉，进行均匀填料。也可以用小木棒敲打柱身，使吸附剂沿柱壁沉落，装至离柱顶 1/4 处。

b. 干法。在柱子上端放一漏斗，使吸附剂均匀地经漏斗成一细流慢慢装入柱中，中间不应间断，时时轻轻敲打色谱柱，使装填均匀，一直达到足够的高度。

再加入厚度为 5mm 的石英砂，不断敲打，使石英砂上层成水平面。在石英砂上面放一片滤纸，其直径与柱子内径相当，以保持吸附剂上端顶部平整，不受流入溶剂的干扰。如果吸附剂顶端不平，易产生不规则色带。

装好的柱子用纯溶剂淋洗，如果流速很慢，可以抽吸，使其流速大约为 1 滴/4s，连续不断地加溶剂，使溶剂自始至终高于吸附剂顶端。待砂层顶部有 1mm 高的一层溶剂时，即可将要分离的混合物溶液加入，然后用溶剂洗脱。

如果样品各组分有颜色，在柱上分离的情况可直接观察出来，分别收集各个组分即可。在多数情况下，化合物无颜色，一般采用多份收集，每份收集量要小，对每份洗脱液，采用薄层色谱作定性检查。根据检查结果，可将组分相同的洗脱液合并后蒸去溶剂，留作进一步的结构分析。对于组分重叠的洗脱液，可以再进行色谱分离。

(2) 薄层色谱

薄层色谱（thin-layer chromatography）常用 TLC 表示。

薄层色谱除了用于分离外，更主要的是通过与已知结构化合物相比较，来鉴定少量有机混合物的组成，也用于跟踪反应进程，此外经常利用 TLC 寻找柱色谱的最佳分离条件。如果把吸附层加厚，试样点成一条线时，又可用做制备色谱，用以精制样品。

薄层色谱特别适用于挥发性小的化合物，以及那些在高温下易发生变化、不宜用气相色谱分析的化合物。它展开时间短，分离效率高，需要样品少。

薄层色谱属于固-液吸附色谱。样品在涂于玻璃板上的吸附剂（固定相）和溶剂（流动相）之间进行分离。由于各种化合物的吸附能力各不相同，在展开剂上移时，它们进行不同程度的解吸，从而达到分离的目的。

应用 TLC 进行分离鉴定的方法是：将被分离鉴定的试样用毛细管点在薄层板的一端，样点干后放入盛有少量展开剂的器皿中展开，借助吸附剂的毛细作用，展开剂携带着组分沿着薄层板缓慢上升，各个组分在薄层板上上升的高度依赖于组分在展开剂中的溶解能力和被吸附剂吸附的程度。如果各个组分本身带有颜色，待薄层板干燥后就会出现一系列的斑点，如果化合物本身不带颜色，可以用显色方法使之显色，如用荧光板，可在紫外灯下进行分辨。

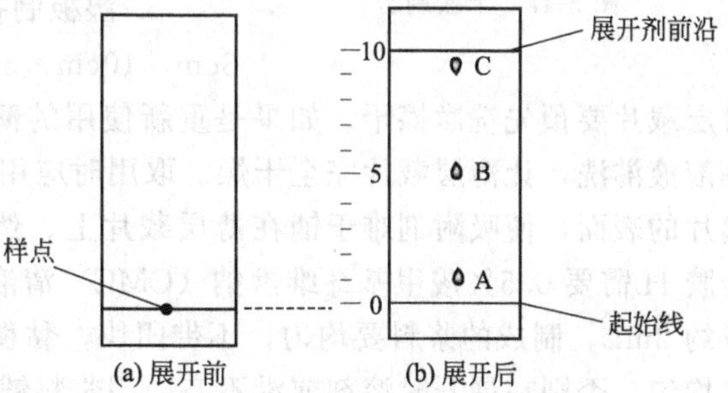

图 3-46　三组分混合物的薄层色谱

① 比移值（R_f）　一个化合物在薄层板上上升的高度与展开剂上升的高度的比值称为该化合物的比移值 R_f。图 3-46 是三组分的薄层色谱。各个组分的 R_f 计算如下所示。

$$R_f^C=\frac{9.4}{10.0}=0.94$$

$$R_f^B=\frac{5.5}{10.0}=0.55$$

$$R_f^A=\frac{1.4}{10.0}=0.14$$

② 吸附剂　薄层色谱的吸附剂最常用的是硅胶和氧化铝，其颗粒大小一般为 260 目以上。颗粒太大，展开时溶剂移动速度快，分离效果不好；反之颗粒太小，溶剂移动太慢，斑点不集中，效果也不理想。吸附剂的活性与其含水量有关，含水量越低，活性越高。化合物的吸附能力与分子的极性有关，分子极性越强，吸附能力越大。

国产硅胶主要有硅胶 G（含有煅烧过的石膏作黏合剂）、硅胶 H（不含黏合剂和其他添加剂）、硅胶 F_{254}（含荧光物质，可在紫外灯下观察，有机化合物在亮的荧光板上呈暗色斑点）三种。

与硅胶相似，氧化铝也因含黏合剂或荧光剂而分为氧化铝 G、氧化铝 GF_{254} 及氧化铝 HF_{254}。

黏合剂除上述的煅石膏（$2CaSO_4 \cdot H_2O$）外，还可用淀粉、羧甲基纤维素钠。通常将薄层板按加黏合剂和不加黏合剂分为两种，加黏合剂的薄层板称为硬板，不加黏合剂的称为软板。

氧化铝的极性比硅胶大，比较适用于分离极性较小的化合物（烃、醚、醛、酮、卤代烃等），由于极性化合物能被氧化铝较强烈地吸附，分离较差，R_f 较小；相反，硅胶适用于分离极性较大的化合物（羧酸、醇、胺等），而非极性化合物在硅胶板上吸附较弱，分离较差，R_f 较大。

③ 铺板　薄层板分为“干板”与“湿板”。干板在涂层时不加水，一般用氧化铝做吸附剂时使用。硅胶则经常制成“湿板”。

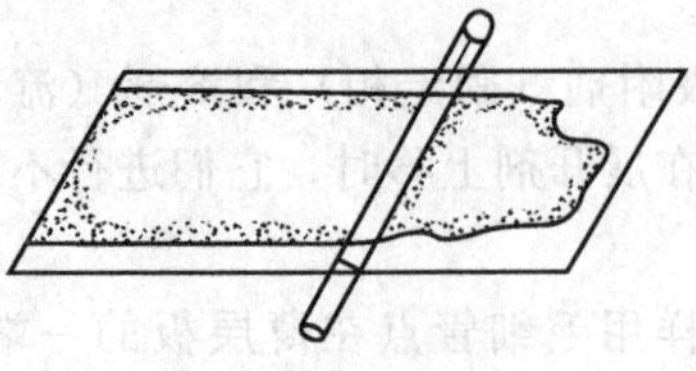

图 3-47　干板制备

a. 干板制备。最简单的办法是取平整干净的玻璃板一块，水平放置，在玻璃板上撒上一层氧化铝。另取一根直径均匀的玻璃棒，其两端绕上几圈胶布，将棒压在玻璃板上，用手自一端推向另一端，氧化铝就在板的表面形成一薄层（见图 3-47）。

b. 湿板制备。首先制备薄层载片。实验室常用15cm×3cm、10cm×3cm，厚约 0.25cm 的玻璃板制成薄层载片。薄层载片要预先洗净擦干。如果是重新使用的薄层载片，要用洗衣粉和水洗涤，用 50%甲醇溶液淋洗，让薄层载片完全干燥。取用时应用手指接触玻璃片的边缘，因为指印会沾污玻璃片的表面，使吸附剂难于铺在薄层载片上。然后制备浆料，将吸附剂调成糊状。一般 1g 硅胶 H 需要 0.5%羧甲基纤维素钠（CMC）清液 3～4mL。1g 氧化铝 H 需要 0.5%CMC 清液约 2mL。制成的浆料要均匀，不带团块，黏稠适当。薄层的厚度为 0.25～1mm，厚度尽量均匀，否则在展开时溶剂前沿不齐。用浆料铺板可以用下面三种方法。

第一种：涂布法，利用涂布器铺板。将洗净的玻璃板在涂布器中间摆好，夹紧，在涂布槽中倒入糊状物，将涂布器自左至右迅速推进，糊状物就均匀涂于玻璃板上（见图 3-48）。

第二种：浸法，把两块干净玻璃片背靠背贴紧，浸入吸附剂与溶剂调制的浆液中，取出后分开，晾干。

第三种：平铺法，把吸附剂与溶剂调制的浆液倒在玻璃片上，用手轻轻振动至平。

④ 活化　涂好的薄层板在室温晾干后，置于烘箱内加热活化。硅胶板在 105～110℃保持 30min。氧化铝板一般在 135℃活化 4h，取出放冷后即可使用。活化之后的板应放在干燥箱内保存。如果薄层吸附空气中的水分，板就会失去活性，影响分离效果。

⑤ 点样　将样品用低沸点溶剂配成 1%～5%的溶液，用内径小于 1mm 的毛细管点样（图 3-49）。点样前，先用铅笔在薄层板上距一端 1cm 处轻轻画一横线作为起始线，然后用毛细管吸取样品，在起始线上小心点样，斑点直径不超过 2mm；如果需要重复点样，应待前一次点样的溶剂挥发后，方可重复再点，以防止样点过大，造成拖尾、扩散等现象，影响分离效果。若在同一板上点两个样，样点间距应在 1～1.5cm 为宜。待样点干燥后，方可进行展开。

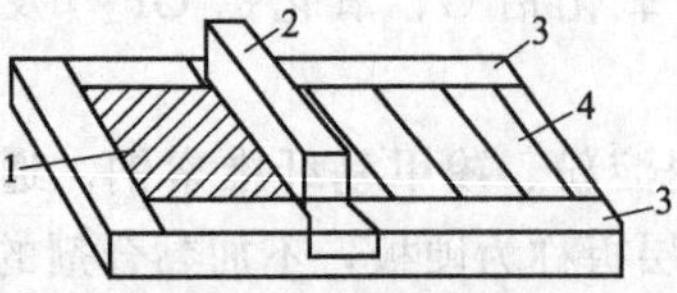

图 3-48　薄层涂布器

1—吸附剂薄层；2—涂布器；
3—玻璃夹板；4—玻璃板

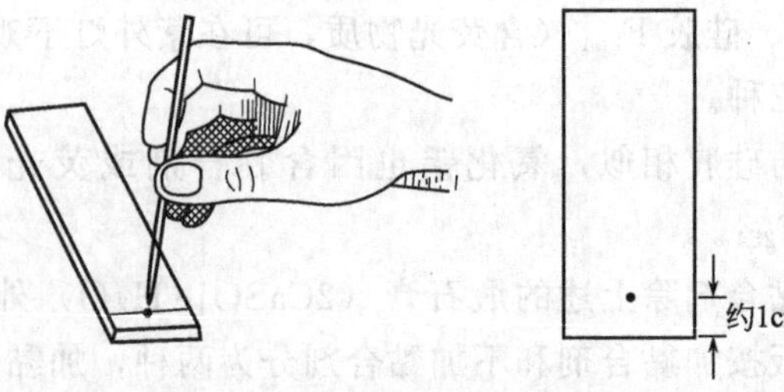

图 3-49　毛细管点样

在薄层色谱中，样品的用量对物质的分离效果有很大影响，所需样品的量与显色剂的灵敏度、吸附剂的种类、薄层的厚度均有关系。样品太少，斑点不清楚，难以观察，但样品量太多时往往出现斑点太大或拖尾现象，以致不易分开。

⑥ 展开　薄层展开要在密闭的器皿中进行（图 3-50），如广口瓶。加入展开剂的高度为 0.5～1.0cm。先将选择的展开剂加入展开器中，使展开器内展开剂饱和 5～10min，也可在展开器中放一张滤纸，以使器皿内的蒸气很快地达到气液平衡，待滤纸被展开剂饱和以后，把带有样点的板（样点一端向下）放入展开器内，并与器皿成一定的角度，展开剂的水平线应在样点以下，盖上盖子。当展开剂上升到离板的顶部约 1cm 处时取出，并立即用铅笔标出展开剂的前沿位置，待展开剂干燥后，观察斑点的位置。

干板宜用近水平式的方法展开（见图 3-51），板的倾斜度以不影响板面吸附剂的厚度为原则，倾角一般为 10°～20°。

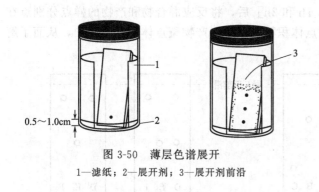

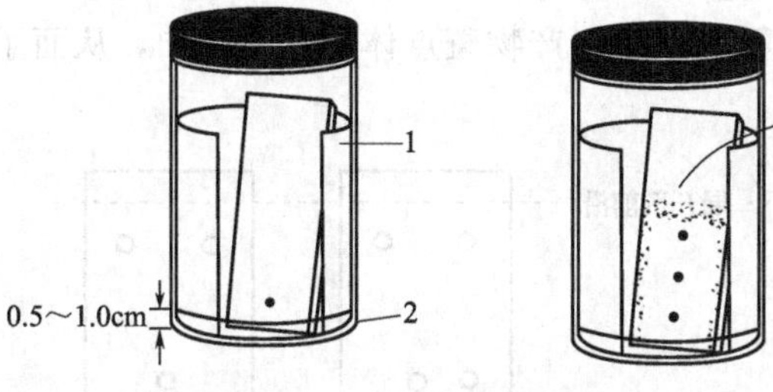

图 3-50　薄层色谱展开

1—滤纸；2—展开剂；3—展开剂前沿

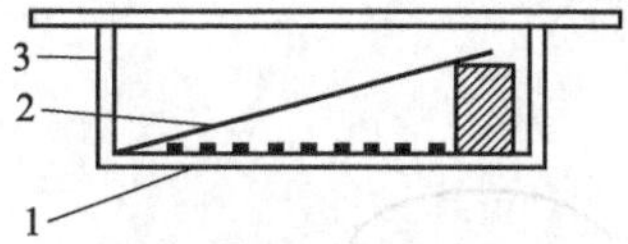

图 3-51　近水平展开

1—展开剂；2—薄层板；3—色谱缸

⑦ 显色　被分离的样品本身有颜色，薄层展开后，即可直接观察到斑点，若无颜色的样品就有显色问题。商品硅胶 GF_{254}、硅胶 HF_{254} 是在硅胶 G、硅胶 H 中加入了荧光物质，这样的荧光薄层在紫外灯下，薄层本身显荧光，样品斑点成暗点。如果样品本身具有荧光，经层析后可直接在紫外灯下观察斑点位置。使用一般吸附剂，在样品本身无色的情况下需使用显色剂。表 3-11 列出了一些常用的显色剂。

表 3-11　常用的显色剂

显色剂	配制方法	能被检出对象
浓硫酸	98% H_2SO_4	多数有机化合物在加热后可显出黑色斑点
碘蒸气	将薄层板放入缸内被碘蒸气饱和数分钟	很多有机化合物显黄棕色
碘的氯仿溶液	0.5%碘的氯仿溶液	很多有机化合物显黄棕色
磷钼酸乙醇溶液	5%磷钼酸乙醇溶液，喷后于 120℃烘干，还原性物质显蓝色，背景变为无色	还原性物质显蓝色
铁氰化钾-三氯化铁试剂	1%铁氰化钾、2%三氯化铁使用前等量混合	还原性物质显蓝色，再喷 $2mol \cdot L^{-1}$ 盐酸，蓝色加深，检验酚、胺、还原性物质
四氯邻苯二甲酸酐	2%溶液，溶剂：丙酮-氯仿（10∶1）	芳烃
硝酸铈铵	含 6%硝酸铈铵的 $2mol \cdot L^{-1}$ 硝酸溶液。薄层板在 105℃烘 5min 之后，喷显色剂	多元醇在黄色底板上有棕黄色斑点
香兰素-硫酸	3g 香兰素溶于 100mL 乙醇中，再加入 0.5mL 浓硫酸	高级醇及酮呈绿色
茚三酮	0.3g 茚三酮溶于 100mL 乙醇，喷后于 110℃加热至斑点出现	氨基酸、胺、氨基糖

显色操作如图 3-52 所示，把几粒碘的结晶放在广口瓶内，放进展开并干燥后的薄板，盖上瓶盖，直到暗棕色的斑点足够明显时取出，由于碘升华，呈现的斑点一般于 2～3s 内消失，所以显色后，应立即用铅笔画出斑点的位置。这种方法是基于有机物可与碘形成分子络合物（烷和卤代烷除外）而带有颜色。

⑧ 利用薄层色谱进行化合物的鉴定　当实验条件严格控制时，每种化合物在选定的固定相和流动相体系中有特定的 R_f，把不同的化合物 R_f 数据积累起来可以供鉴定化合物使用。但是，由于 R_f 的重复性较差，因此不能孤立地通过比较 R_f 来进行鉴定。然而当未知物与已知结构的化合物在同一薄层板上，用几种不同的展开剂展开都有相同的 R_f 时，就可以确定未知物与已知物相同。当未知物的鉴定被限定到只是几个已知物中的一个时，利用 TLC 就可以确定。为了比较未知物与已知物，将它们在同一块薄层板上点样，并在适合于分离已知物的展开剂中展开，通过比较 R_f 即可确定未知物，如图 3-53(a)。TLC 也可以用于监测某些化学反应进行的情况，以寻找出该反应的最佳反应时间和达到的最高反应产率。反应进行一段时间［图 3-53(b) 中所示 1h 和 2h］后，将反应混合物和产物的样点分别点在同一块薄层板上，展开后反应混合物斑点体积不断减小，产物斑点体积逐步增加，从而了解反应进行的情况。

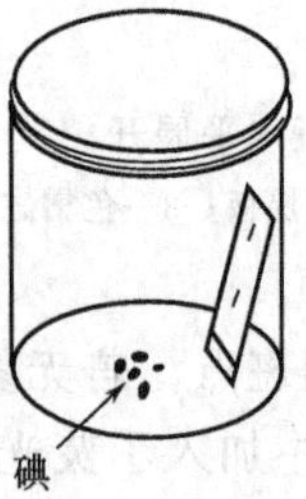

图 3-52　碘熏显色

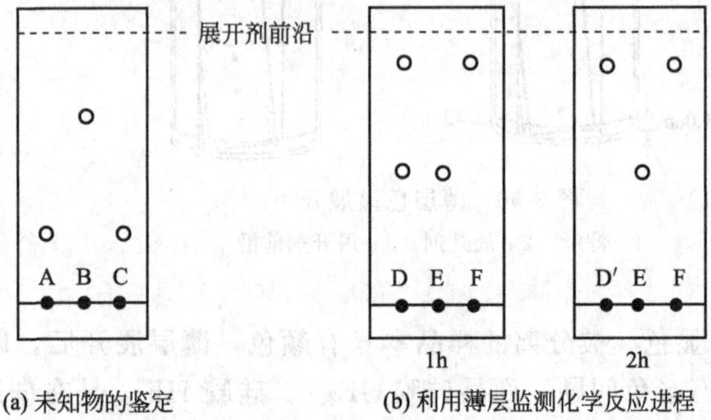

图 3-53　用薄层色谱鉴定化合物

A—已知物；B,C—未知物；D,D′—反应混合物；E—反应物；F—产物

3.7　干燥

干燥是指除去附在固体、气体或混在液体内的少量水分，也包括除去少量的溶剂。许多有机反应需要在绝对无水的条件下进行，不但所用的原料、溶剂和仪器装置都应事先进行干燥，而且在反应过程中还要防止空气中的水分进入反应体系；一些含有水分加热时会变质的物质，在进行蒸馏或重结晶之前必须进行干燥；为了提纯与水共沸的化合物，在蒸馏以前也应进行彻底的干燥；特别是进行元素分析、定性、定量分析和波谱分析之前，样品必须经过严格的干燥。由此可见在实验室工作中干燥是最普遍而又重要的一项操作。

3.7.1　干燥剂的分类、性能和应用范围

按照干燥剂的吸水机理，可将其分成三类。

(1) 与水结合生成水合物

大多数无机盐类均属此类，是实验室使用最广泛的一类干燥剂（如无水 $CaCl_2$、

K_2CO_3、$MgSO_4$ 等)。水合物的生成都是可逆的，达平衡时，体系具有一定的蒸气压，所以这类干燥剂，无论哪一种都不可能使物质“彻底”干燥。另外，温度对这类平衡有显著影响，低温时，水合物较稳定，超过 40℃，大多数水合物便会分解，释放出结晶水，使体系蒸气压明显上升，故这类干燥剂只能在室温下使用。常用的有如下几种。

① 无水氯化钙　由于它吸水能力大（在 30℃以下形成 $CaCl_2 \cdot 6H_2O$），价格便宜，在实验室中被广泛使用。但它的吸水速度不快，因而用于干燥的时间较长。工业上生产的氯化钙往往还含有少量的氢氧化钙，因此这一干燥剂不能用于酸或酸性物质的干燥。同时氯化钙还能和醇、酚、酰胺、胺以及某些醛和酯等形成络合物，所以也不能用于这些化合物的干燥。

② 无水硫酸镁　它是很好的中性干燥剂，价格不太贵，干燥速度快，可用于干燥不能用氯化钙来干燥的许多化合物，如某些醛、酯等。

③ 无水硫酸钠　它是中性干燥剂，吸水能力很大（在 32.4℃以下形成 $Na_2SO_4 \cdot 10H_2O$），使用范围也很广。但它的吸水速度较慢，且最后残留少量的水分。因此，这一干燥剂常适用于含水量较多的溶液的初步干燥，残留水分再用更强的干燥剂来进一步干燥。硫酸钠的水合物（$Na_2SO_4 \cdot 10H_2O$）在 32.4℃分解而失水，所以温度在 32.4℃以上时不宜用它作干燥剂。

④ 碳酸钾　吸水能力一般（形成 $K_2CO_3 \cdot 2H_2O$），可用于腈、酮、酯等的干燥，但不能用于酸、酚和其他酸性物质的干燥。

⑤ 氢氧化钠和氢氧化钾　用于胺类的干燥比较有效。因为氢氧化钠（或氢氧化钾）能和很多有机化合物起反应（例如酸、酚、酯和酰胺等），也能溶于某些液体有机化合物中，所以它的使用范围有限。

(2) 与水反应形成新化合物

五氧化二磷、钠、镁、氢化钙、氧化钙等即属此类。因为这些反应是不可逆的，因此干燥效率高，速度快。这类干燥剂专门用作物质的彻底干燥。这些反应产物在较高温度下都相当稳定，干燥后不必分离出干燥剂，即可直接进行蒸馏。但这类干燥剂吸水容量较小，且价格较贵，所以通常总是先用第一种干燥剂作初步干燥后，再用此类干燥剂除去残留的痕量水分，而且只是在需要彻底干燥的情况下才使用这类干燥剂。常用的有：

① 金属钠　用于干燥乙醚、脂肪烃和芳烃等。使用时，金属钠可切成薄片，最好是用金属钠压丝机把钠压成细丝后投入溶液中，以增大钠和液体的接触面。

② 氧化钙　适用于低级醇的干燥。氧化钙和氢氧化钙均不溶于醇类，对热都很稳定，又均不挥发，故不必从醇中除去，即可对醇进行蒸馏。由于它具有碱性，所以它不能用于酸性化合物和酯的干燥。

(3) 物理吸附

这类干燥剂主要有硅胶、氧化铝、分子筛等，它们通过活性表面吸附水分子。因物理吸附是可逆的，吸附和解吸速度都很快，且一般不受温度影响，所以这类干燥剂不仅具有效率高和速度快的优点，而且能在较高温度下进行干燥。使用过的干燥剂经高温解吸后，还可重新使用。

① 变色硅胶　吸水容量为 75%，主要用在干燥器、干燥管和干燥塔中。饱和了水分的硅胶由深蓝色变为粉红色。失效的变色硅胶可放在烘箱中烘至变蓝后继续使用。

② 氧化铝　150g 氧化铝（活度Ⅰ级，碱性）可吸除 100～1000mL 含水量小于 0.01% 的溶剂中的残留水分。此外，它还能有效地吸附醚和烃类中的过氧化物，只需将被干燥物流过一根合适的氧化铝的柱子便能奏效。

③ 分子筛　人工合成的水合硅铝酸盐晶体，化学组成的经验式为 $M_{2/n}O \cdot Al_2O_3 \cdot xSiO_2 \cdot yH_2O$，式中 M 为金属离子，如 Na^+、K^+、Ca^{2+} 等，n 是金属离子的电荷数，x 是 SiO_2 的化学计量数，y 是结晶水的化学计量数。根据硅铝比值（SiO_2/Al_2O_3）的不同，分成不同类型的分子筛，如 A 型分子筛的硅铝比为 2，X 型为 2～3，Y 型为 3～6。当高温加热时，分子筛中的结晶水被除去，晶格中留下许多直径固定而均一的空穴。这些空穴只能吸附比它小的水分子，较大的分子则不能进入。不同型号的分子筛，空穴的孔径大小不同，所能吸附的分子也就不同，故可按分子直径将不同分子加以筛选分离。如 4A 型分子筛是一种硅铝酸钠，孔径约为 420pm，能吸附直径在 400pm 以下的分子，如水（260pm）、NH_3（380pm）、CO_2（280pm）等。如果 4A 型分子筛中的 Na^+ 被 Ca^{2+} 交换达 70%以上，就得到 5A 型分子筛。孔径由原来的 420pm 增大到 500pm，相应的吸附范围也有所扩大。分子筛的吸附性除决定于本身的孔径大小外，还和被吸附物质的分子性质（结构、极性）有关。不同分子，即使是大小相仿，但由于分子的结构和极性不同，分子筛也能起分离作用。由于分子筛对水具有特别强烈的吸附作用，已被广泛用作干燥剂，用于中性物质的干燥。它的干燥能力强，一般用于要求含水量很低的物质的干燥。25℃时，其最大吸水容量为 20%。即使 100℃时，吸水容量仍达 15%。分子筛价格很贵，常常是使用后在真空加热下活化，再重新使用。

常用干燥剂的性能和应用范围见表 3-12。

表 3-12　常用干燥剂的性能和应用范围

干燥剂名称	干燥效能	干燥速度	应用范围	备　注
硫酸钙硅胶	强	快	吸收水分，用于大多数物质的干燥	放在干燥器中使用
氧化钙	强	较快	适用于中性和碱性气体、胺、醇，不适用于醛、酮及酸性物质	
无水氯化钙	中等	较快	吸收水和醇，用于烷烃、烯烃、醚、卤代烃、酯、腈、中性气体、氯化氢的干燥，不能用于醇、酚、酰胺及某些醛、酮的干燥	
氢氧化钠(钾)	中等	快	吸收水和酸性易挥发溶剂，可用于氨、胺、醚、烃、肼的干燥，不适用于醛、酮及酸性物质	
浓硫酸	强	较快	吸收水和碱性气体，用于干燥大多数中性和酸性气体，不适用于不饱和化合物、醇、酮、酚、碱性物质、硫化氢、碘化氢	放在干燥器、洗气瓶中使用
碳酸钾	较弱	慢	吸收水和二氧化碳等酸性气体，适用于干燥醇、酮、酯、胺及杂环等碱性化合物，不适用于酸、酚及其他酸性物质	
五氧化二磷	强	快	吸收水及碱性气体，可用于大多数中性和酸性气体、乙炔、二硫化碳、烃、卤代烃等的干燥，但不适用于碱性物质、醇、酮等易发生聚合的物质及氯化氢、氟化氢等的干燥	放在干燥器中使用，一般先用其他干燥剂预干燥
固体石蜡屑			用于吸收有机溶剂如乙醚、石油醚等	
分子筛	强	快	用于温度在 100℃以下的大多数流动气体、有机溶剂，不适用于不饱和烃的干燥	
金属钠	强	快	限于干燥醚、烃类中痕量水	用时切成小块或压成钠丝
硫酸钠	弱	缓慢	吸收水分，普遍适用	一般用于有机液体的初步干燥
硫酸镁	较弱	较快		

3.7.2　干燥剂的预处理

物理吸附剂的吸附作用是可逆的，因此在使用前应进行加热活化。氧化铝可在 120℃下加热数小时；变色硅胶应定期在 110～130℃下烘烤变蓝后使用；4A 和 5A 的分子筛应在

550℃±10℃下活化2h，不能超过600℃，否则其晶体结构将被破坏，降低吸附性能，甚至会丧失吸附能力。活化后的分子筛冷却到200℃时，应取出放置于干燥器中，当冷至室温后即可使用。使用后的分子筛在活化前，应先用水蒸气或惰性气体将其中被吸附的物质除掉，然后再进行活化。

3.7.3 干燥方法

(1) 固体的干燥

对于一般的固体物质，最简单的方法就是在空气中晾干。对于一些难抽干的溶剂，可把固体从布氏漏斗中转移到滤纸上，上下均放2～3层滤纸，挤压，使溶剂被滤纸吸干。再在滤纸上薄薄地摊开并覆盖起来，放在空气中慢慢晾干。对吸湿性强和对热敏感的物质则必须采用一些特殊的方法。常用的有以下几种：

① 普通干燥器干燥　根据被干燥的物质的性质，选择不同的干燥剂，放入普通干燥器中干燥[见图3-54(a)]。常用的干燥剂有变色硅胶、分子筛、无水$CaCl_2$，其他一些干燥剂还有$CaSO_4$、Al_2O_3、浓H_2SO_4、P_2O_5等。吸水后变黏的干燥剂（如五氧化二磷等）和液体干燥剂（如浓硫酸等）应盛在培养皿或蒸发皿中，连皿一同放在干燥器底部。

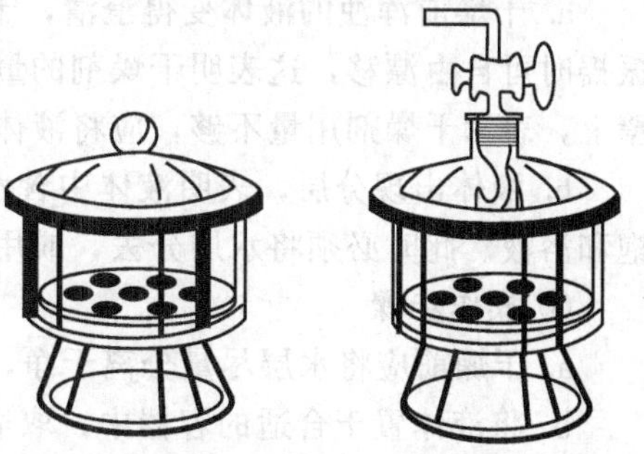

(a) 普通干燥器　　(b) 真空干燥器

图3-54　干燥器

② 真空干燥器干燥　为了提高干燥效果，可使用真空干燥器[见图3-54(b)]。真空干燥器中放置的干燥剂可参考普通干燥器所使用的干燥剂，但应注意所用干燥剂在真空下的蒸气压必须很小，而且不能挥发，在一般情况下不宜使用浓硫酸。

③ 烘干　一般情况下用烘箱、红外灯烘烤，如果欲干燥得迅速、彻底，可采用真空干燥箱或真空干燥枪进行干燥。

④ 有机溶剂干燥　对于一些不溶于有机溶剂的固体，可用与水互溶且易挥发的有机溶剂（如乙醇、丙酮等）洗涤，可使水连同有机溶剂一起很快挥发掉。

(2) 有机液体的干燥

① 干燥剂的选择　液体有机化合物干燥时，通常是干燥剂直接与其接触，因此干燥剂与被干燥的物质不能发生任何化学反应，或起任何催化作用，并且也不溶于被干燥的液体中。如：不能用酸性干燥剂干燥碱性物质，也不能用碱性干燥剂干燥酸性物质。有些干燥剂能与某些物质生成配合物，如氯化钙易与低级醇类、胺类生成配合物，因而不能用它来干燥这些化合物。又如强碱性干燥剂CaO、NaOH等能催化某些醛类或酮类发生缩合、自动氧化等反应，也能使酯类或酰胺类发生水解，因而也不能用它们来干燥这些化合物。

选择干燥剂时，应从被干燥物的含水量及需要干燥的程度出发，将干燥剂的吸水容量、效率、速度、价格及是否易与液体分离等因素加以综合考虑。干燥含水较多而又不易干燥（如含有亲水基团）的化合物时，常先用价格低廉、吸水量较大的干燥剂除去大部分水，过滤后再加入干燥效能强但吸水量小的干燥剂干燥。

② 干燥剂的用量　从溶解度手册中查出水在有机溶剂中的溶解度，再根据被干燥液体的质量和所用干燥剂的吸水容量，便可以从理论上计算出干燥剂的最低用量。如用无水氯化钙来干燥100mL含水的乙醚时（水在乙醚中的溶解度在室温时约1%～1.5%），假定无水

氯化钙全部转变成为六水合物，这时的吸水容量是 0.97，即 1g 无水氯化钙大约可吸去 0.97g 水，因此无水氯化钙的理论用量至少要 1g。但实际上远比 1g 多，这是因为萃取时，在乙醚层中的水分不可能完全分净，另外，达到高水合物需要的时间很长，往往不能达到它应有的吸水容量，因而干燥剂实际是过量的。一般含亲水基团（如：醇、醚、胺等）的化合物，需要多加一些干燥剂，以便充分干燥，不含亲水性基团的化合物（如：烃、卤代烃等）应少用干燥剂。由于各种因素的影响，很难规定具体的用量，大体上每 10mL 液体约需 0.5～1g。干燥剂也能吸附一部分液体，所以应注意控制干燥剂的用量。必要时，宁可先加入一些吸水量较大的干燥剂干燥，过滤后再用干燥效能较强的干燥剂。

③ 干燥效果的判别　在实际操作中，干燥一定时间后，根据出现的现象便可了解体系的干燥情况。

a. 干燥前浑浊的液体变得澄清，干燥剂不再黏附在容器壁上，大部分棱角还清楚可辨，振摇时可自由漂移，这表明干燥剂的量足够了，干燥基本完成。若干燥剂互相黏结附着在器壁上，表示干燥剂用量不够，应将液体过滤出来，再另加适量新干燥剂。

b. 液体出现分层，表明液体中含水量较多，干燥剂已大量溶于水。下层多为干燥剂的饱和溶液。此时必须将水层分去，或用滴管吸除，再重新加入干燥剂。

④ 操作步骤

a. 干燥前应将水层尽量分离干净，不应有任何可见的水层。

b. 将液体置于合适的容器中，取适量干燥剂直接放入液体中。干燥剂颗粒大小要适宜，太大吸水很慢，内部不起作用；太小则因表面积太大不易过滤，吸附产物较多。用塞子塞紧瓶口（用金属钠作干燥剂时例外，此时塞中应插入一个无水氯化钙干燥管，使氢气放空而水汽不致进来），轻轻摇动后在室温放置数小时或过夜，尽可能不时加以振摇。有的干燥剂干燥得较快（如硫酸镁），有的较慢（如氯化钙），所以干燥时间会有所不同。

c. 生成水合物的干燥剂，在高温时会放出所吸收的水分，因此在蒸馏前必须将干燥剂滤去，某些干燥剂，如金属钠、石灰、五氧化二磷等，由于它们和水反应后生成比较稳定的产物，有时可不必过滤而直接进行蒸馏。

d. 干燥后的液体进行蒸馏或其他处理时，都应根据无水操作的要求进行。

3.8　化合物物理常数的测定

熔点、沸点、折射率、比旋光度、相对密度、溶解度等物理常数是化合物的属性，即一个纯的化合物的各项物理常数都是固定的。可能会有不止一种化合物在 1～2 个物理性质上具有相同的常数，然而要在每一种物理性质上都具有相同的常数，那就极为罕见了。由此可见，物理常数对有机物质的鉴定是极为有用的。因而，人们常用物质的熔点、沸点、折射率及比旋光度来验证有机化合物的纯度。还可以依据物理常数如熔点、沸点、溶解度等的差异，分离、提纯有机化合物。

3.8.1　熔点的测定

熔点是固体化合物固液两态在大气压力下达成平衡时的温度，每一个有机化合物晶体都具有一定的熔点。化合物从开始熔化（始熔，出现第一滴液滴）至完全熔化（全熔）的温度范围叫做熔点距，也叫熔点范围或熔程。纯样品的熔点距一般不超过 0.5～1℃。图 3-55 是固体样品在熔点范围的变化情况。当含有杂质时，会使其熔点下降，且熔点距也较宽。由于大多数有机化合物的熔点都在300℃以下，较易测定，因此，熔点的测定常常可以用来识别有机物质和定性地检验有机物质的纯度。

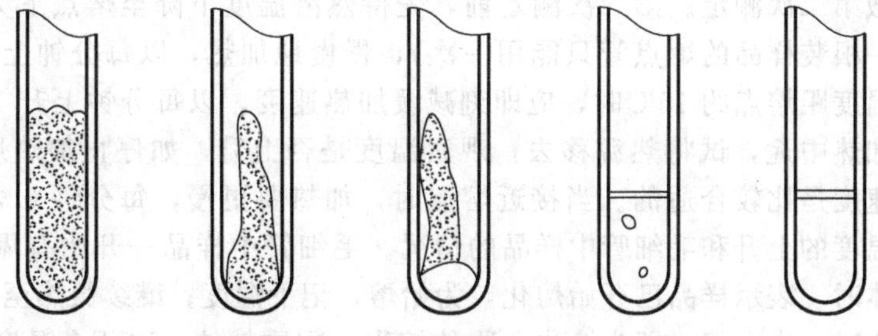

图 3-55 固体样品的熔化过程

(1) 毛细管熔点测定法

① 熔点管　通常用内径约为1mm，长约60～70mm，一端封闭的毛细管作为熔点管。

② 样品的填装　把干燥研细的粉末状样品在表面皿上堆成小堆，将熔点管的开口端插入样品中，装取少量粉末。然后把熔点管开口端向上，多次将熔点管从一根长约40～50cm高的玻璃管上端自由落到桌面上，以使样品填紧管底。重复几次，装入样品高约2～3mm即可。样品必须装得均匀结实。沾于管外的粉末须拭去，以免沾污加热浴液。

③ 测定熔点的装置　毛细管法测定熔点的装置较多，最常用的是利用Thiele管（又叫b形管，也叫熔点测定管）。如图3-56所示，将熔点测定管固定在铁架台上，将加热浴液[1]装入熔点测定管中，至高出侧管下沿即可，熔点测定管口配一缺口单孔胶塞，温度计插入孔中，刻度应向着胶塞缺口。将毛细管中下部用传热介质液体润湿后，紧紧附在温度计旁，样品部分应当紧靠温度计水银球的中部，并用橡皮圈将毛细管紧固在温度计上（橡皮圈应高于热浴液面，以防止与腐蚀性传热介质接触），如图3-57所示，温度计插入熔点测定管中的深度以水银球恰在熔点测定管的两侧管的中部为好。加热时，火焰需与熔点测定管的倾斜部分接触。这种装置测定熔点的好处是，管内液体因温度差而发生对流作用，省去了人工搅拌的麻烦。但在每次测试时常因温度计的位置和加热部位的变化而对测定的准确度有一定影响。

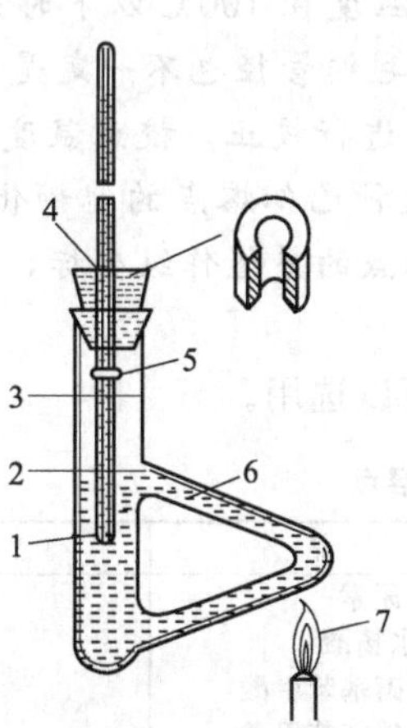

图 3-56 Thiele管熔点测定装置

1—熔点毛细管；2—室温时热载体液面；3—200℃时热载体液面；4—切口胶塞；5—橡皮圈；6—热载体；7—酒精灯

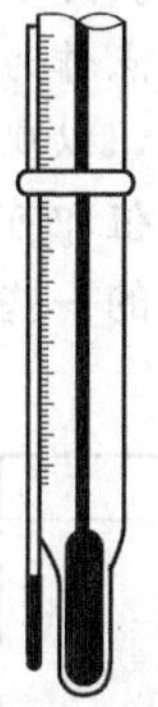

图 3-57 样品管附在温度计上的位置

④ 熔点的测定方法　熔点的测定关键之一是加热速度，热能透过毛细管，使样品受热熔化，应使熔化温度与温度计所示一致。一般方法是，先在快速加热下，测定化合物的大概熔点，然后再做第二次测定。第二次测定前，先待热浴温度下降至熔点下大约30℃，换一根样品管（每一根装样品的熔点管只能用一次），慢慢地加热，以每分钟上升约5℃的速度升温，当热浴温度距熔点约15℃时，应即刻减缓加热速度，以每分钟上升1～2℃的速度升温，一般可在加热中途，试将热源移去，观察温度是否上升，如停止加热后温度亦停止上升，说明加热速度是比较合适的。当接近熔点时，加热要更慢，每分钟0.2～0.3℃，此时应该特别注意温度的上升和毛细管中样品的情况。毛细管中样品一开始有塌落和湿润现象，当出现小滴液体时，表示样品已开始熔化，为始熔，记下温度；继续微热至微量固体样品消失成为透明液体时，为全熔，即为该化合物的熔程。物质越纯，这两个温度的差距就越小。例如某一化合物在112℃时开始萎缩塌落，113℃时有液滴出现，在114℃时全部成为透明液体，应记录为：熔点113～114℃，112℃塌落（或萎缩）[2]，以及该化合物在此过程中的颜色变化。如果升温太快，测得的熔点范围将会加大。

熔点测定至少要有两次重复的数据，每一次测定都必须用新的熔点管重新装样品，不能使用已测定熔点的样品管。实验完毕，把温度计放好，让其自然冷却至接近室温时，用纸擦去浴液，才可用水冲洗。否则，容易发生水银柱断裂。热浴液冷却后，方可倒回瓶中。

⑤ 附注

[1] 加热浴液即热浴所用的导热液，也称传热介质。通常有浓硫酸、甘油、液体石蜡等。选用哪一种，则视所需的温度而定。如果温度在140℃以下，最好用液体石蜡或甘油。药用液体石蜡可加热到220℃仍不变色。在需要加热到140℃以上时，也可用浓硫酸，但热的浓硫酸具有极强的腐蚀性，如果加热不当，浓硫酸溅出时易伤人。因此，测定熔点时一定要戴护目镜。温度超过250℃时，浓硫酸会冒白烟，妨碍温度计的读数。在这种情况下，可在浓硫酸中加入硫酸钾，加热使成饱和溶液，然后进行测定。在热浴中使用的浓硫酸，有时由于有机物质掉入酸内或与橡皮圈接触而变黑，妨碍对试料熔融过程的观察，在这种情况下，可以加入一些硝酸钾晶体，小心加热以除去有机物质。

[2] 温度计的校正：测出熔点的数值是否准确，除了操作是否正确之外，还决定于温度计是否准确。一般温度计的刻度，是在其汞线全部均匀受热的情况下刻出来的，而在测熔点时仅有部分汞线受热，因此测出的温度自然偏低。当温度在100℃以下时差值很小，但在200℃以上时，误差可达3～6℃。另外，一般温度计的毛细管径也不一定是均匀的，有时刻度也不是很准确。为了测得准确的熔点，必须对温度计进行校正。校正温度计，常采用纯粹有机化合物的熔点作为校正的标准。校正时只要选择数种已知熔点的纯粹化合物作为标准，测定它们的熔点，以观察到的熔点作横坐标，与已知熔点的差值作纵坐标，画成曲线。在任一温度时的校正值即可直接从曲线上读出。

可用作标准的一些化合物熔点如表3-13，校正时可以选用。

表3-13　一些化合物的熔点

样　品	熔点/℃	样　品	熔点/℃
水-冰	0	尿素	132
对二氯苯	53	水杨酸	159
苯甲酸苯酯	70	2,4-二硝基苯甲酸	183
萘	80	3,5-二硝基苯甲酸	205
间二硝基苯	90	蒽	216
乙酰苯胺	114	对硝基苯甲酸	242
苯甲酸	122	蒽醌	286

零度的测定最好用蒸馏水和纯冰的混合物，在一个15cm×2.5cm的试管中放入蒸馏水20mL，将试管浸在冰盐浴中冷至蒸馏水部分结冰，用玻璃棒搅动使成冰-水混合物，将试管自冰盐浴中移出，然后将温度计插入冰-水中，轻轻搅动混合物，温度恒定后（2～3min）读数。

（2）显微熔点测定法

使用显微熔点测定仪（图3-58）的优点是样品用量少，可测高熔点的样品。它是由显微镜、电加热台及照明、调温装置、显微镜头等组成的。加热台是由铜或其他导热性良好的金属制成的，内部装有电阻丝，外部有一带金属套管的温度计插孔。加热台上有大、小两个金属保温环，并盖有两层耐热玻璃。待测样品用两层盖玻片夹住（晶体大时应轻轻压碎），放于加热台中心，套上两层保温环并盖好耐热玻璃。调整显微镜使能看清样品的晶形，然后慢慢加热，注意观察结晶变化及温度。该仪器使用方便，样品用量很少。但应严格控制加热速度，加热太快会造成较大的误差。一般要求在熔点前10℃时，加热速度要控制到每分钟升高1℃以下。利用这种方法测定熔点，除样品用量极少外，还可以看到样品的晶形和变化的全部过程，如熔化、化合物脱水、多晶体物质的晶形转变、升华和分解等现象。

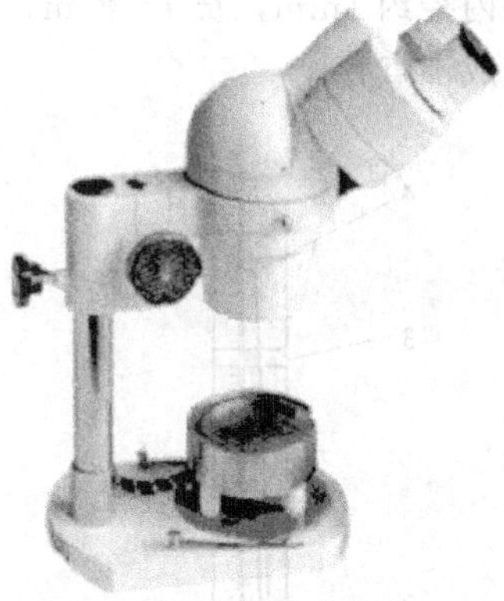

图3-58　X-4型显微熔点测定仪

3.8.2　沸点的测定

液体化合物的沸点是物质的重要物理常数之一。化合物受热时，其蒸气压升高，当达到与外界大气压相等时，液体开始沸腾，这时液体的温度就是该化合物的沸点。纯粹的液态物质在一定的大气压力下有确定的沸点，且沸点范围（沸程）很小（0.5～1℃）。

一个物质的沸点与该物质所受的外界压力（大气压）有关。外界压力增大，液体沸腾时的蒸气压增大，沸点升高；相反，若减小外界的压力，则沸腾时的蒸气压也下降，沸点就低。

作为一条经验规律，在0.1MPa（约760mmHg）附近时，多数液体当压力下降1.33kPa（10mmHg），沸点约降0.5℃，在较低的压力时，压力每降低一半，沸点约下降10℃。由于物质的沸点随外界大气压的改变而变化，因此讨论或报道一个化合物的沸点时，一定要注明测定时的外界大气压，以便与文献值相比较。

沸点的测定方法常用的有两种，即常量蒸馏法和毛细管微量法。

（1）常量蒸馏法

常量法的装置与蒸馏装置相同。用这种方法测定沸点所需样品至少10mL，液体不纯时沸程很长（常超过3℃，在这种情况下无法测定液体的沸点，应先把液体用其他方法提纯后，再进行沸点测定）。

安装时应首先根据热源的高度确定蒸馏瓶（圆底烧瓶）的高度，然后按从下到上、从左到右的次序安装其余仪器。在安装温度计时，应使温度计的水银球上缘和蒸馏头出口侧管的下缘在同一水平面上。仪器安装过程中，切记不要使其构成封闭体系，否则在加热时由于内压增大会冲开仪器，甚至会造成仪器破裂或爆炸事故。

（2）毛细管微量法

① 沸点管　将内径3～4mm，长6～7cm，一端封闭的玻璃管，作为沸点管的外管。另

将内径约1mm，长7～8cm，一端封闭的玻璃管，作为内管。由此两根粗细不同的毛细管即构成沸点管。

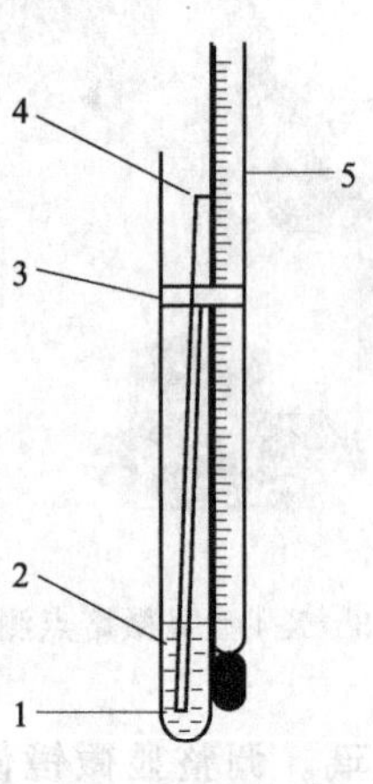

图3-59　微量法测定沸点的装置

1—沸点管开口处；2—液体样品；3—橡皮圈；4—沸点管封口处；5—温度计

② 装置　将沸点管用橡皮圈固定在温度计上，使装样品处位于温度计的水银球中部（见图3-59）。将温度计插入浴液中（见熔点测定的装置图）。

③ 沸点的测定方法　在外管中加入1～2滴液体样品，再放入内管，然后将沸点管用橡皮圈固定在温度计水银球旁，放入浴液中进行加热。加热速度控制在每分钟4～5℃。由于气体受热膨胀，内管中会有小气泡间断逸出。加热到液体接近沸腾时，将有一连串的小气泡快速地逸出。此时应立即停止加热，让浴液慢慢降温，气泡逸出的速度逐渐减慢。当气泡不再从内管逸出而液体刚要进入内管的瞬间，表示毛细管内的蒸气压与外界大气压相等，此时的温度即为该液体的沸点。

每个样品须重复测定2～3次，平行数据之差应不超过1℃，取平均值为最终结果。

如要校正到标准大气压下的沸点，可以选取一种与该样品的结构、沸点相近的标准化合物，立即用同一方法测定其沸点。求出所测标准化合物的沸点与其在标准压力下沸点的差值作为所测样品沸点的校正值。

3.8.3　折射率的测定

折射率也称折光率，是液体有机化合物的物理常数之一。通过测定折射率可以判断有机化合物的纯度，也可以用来鉴定未知物。

当一束单色光从介质A进入介质B（两种介质的密度不同）时，光线在通过界面时改变了方向，这一现象称为光的折射，如图3-60所示。光的折射现象遵从折射定律：

$$\frac{\sin\alpha}{\sin\beta}=\frac{n_B}{n_A}=n_{AB}$$

式中，n_A、n_B为交界面两侧两种介质的折射率；n_{AB}为介质B对介质A的相对折射率。若介质A为真空，因规定其$n=1.0000$，故$n_{AB}=n_B$为绝对折射率。但介质A通常为空气，空气的绝对折射率为1.00029，这样得到的各种物质的折射率称为常用折射率，也称作对空气的相对折射率。同一物质两种折射率之间的关系为：

$$绝对折射率=常用折射率\times 1.00029$$

折射率是有机化合物最重要的物理常数之一。作为液体纯度的标志，它比沸点更为可靠，准确度很高。当鉴定未知物时，可以根据折射率和沸点的数据排除不可能的化合物，以缩小探索范围。在进行分馏时，根据各馏分的折射率可以判断原来的样品是纯化合物还是混合物。在分馏多元混合物时，当各组分的沸点很接近时，仍可由折射率确定各馏分的组成。

测定液态有机化合物折射率的仪器常用的是阿贝折光仪。其构造如图3-61所示。

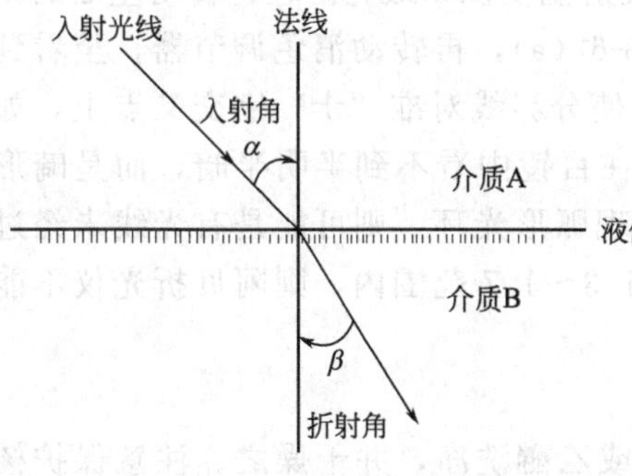

图 3-60　光线从空气进入液体时向垂线偏折

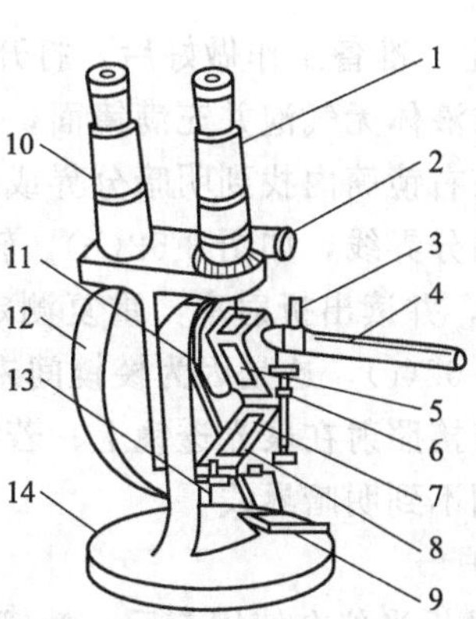

图 3-61　阿贝折光仪的构造

1—测量望远镜；2—消色散手柄；3—恒温槽接口；4—温度计；5—测量棱镜；6—铰链；7—辅助棱镜；8—加液槽；9—反射镜；10—读数望远镜；11—转轴；12—刻度盘；13—闭合旋钮；14—底盘

（1）阿贝折光仪的构造

阿贝折光仪的主要组成部分是两块直角棱镜，上面一块表面是光滑的，下面一块表面是磨砂的，可以开启。左面有一个读数望远镜和刻度盘，上面刻有 1.3000～1.7000 的标尺；右面有一个测量望远镜，用来观察折射情况，望远镜内装消色散镜。光线由反射镜反射入下面的棱镜，以不同入射角射入两个棱镜之间的液层，然后再射到上面棱镜光滑的表面上，由于它的折射率很高，一部分光线可以再经折射进入空气而达到测量望远镜，另一部分光线则发生全反射。转动刻度盘以使测量望远镜中的视野如图 3-62(d) 所示，使明暗面的界线恰好落在“十”字交叉点上，记下读数，即为该液体化合物的折射率。

阿贝折光仪有消色散装置，故可直接使用日光，其测得的数据与钠光线所测得的一样。

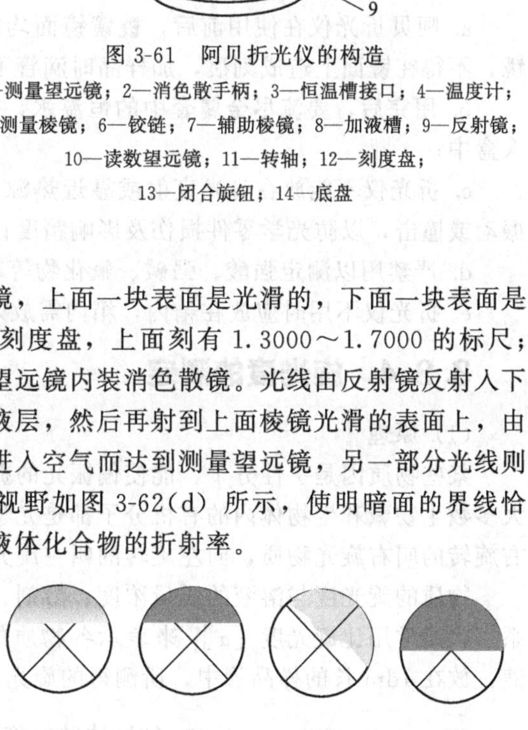

图 3-62　测量折射率时目镜中常见的图案

（2）阿贝折光仪的使用及折射率的测定

① 校正　阿贝折光仪经校正后才能作测定用，校正的方法是：从仪器盒中取出仪器，置于清洁干净的台面上，在棱镜上装好温度计，与超级恒温水浴相连，通入恒温水，一般为 20℃或 25℃。恒温后，松开锁钮，开启下面棱镜，使其镜面处于水平位置，滴入 1～2 滴丙酮于镜面上，合上棱镜，促使难挥发的污物逸走。再打开棱镜，用丝巾或擦镜纸（不能用滤纸！）轻轻揩拭镜面。待镜面干后，进行标尺刻度校正。用重蒸馏水校正，打开棱镜，滴1～2 滴重蒸馏水于镜面上，关紧棱镜，转动左面刻度盘，使读数等于重蒸馏水的折射率（$n_D^{20}=1.33299$，$n_D^{25}=1.3325$），调节反射镜，使入射光进入棱镜组，从测量望远镜中观察，使视场最亮，调节测量镜，使视场最清晰。转动消色散镜调节器，消除色散，再用一特制的小螺丝刀旋动右面镜筒下方的方形螺旋，使明暗界线和“十”字交叉重合，校正工作就告结束。若用标准折射玻璃块校正时，将棱镜完全打开使成水平，用少许 1-溴代萘置光滑棱镜上，玻璃块就黏附于镜面上，使玻璃块直接对准反射镜，然后按上述手续进行。操作时严禁油手或汗手触及光学零件。

② 测定　准备工作做好后，打开棱镜，用滴管把待测液体2～3滴均匀地滴在磨砂面棱镜上，要求液体无气泡并充满镜面，关紧棱镜。转动反射镜使视场最亮。轻轻转动左面的刻度盘，并在右镜筒内找到明暗分界或彩色光带，如图3-62(a)，再转动消色调节器，至看到一个明晰的分界线，如图3-62(b)。转动左面刻度盘，使分界线对准“十”字交叉点上，如图3-62(d)，并读出折射率，重复测定2～3次。如果在目镜中看不到半明半暗，而是畸形的，如图3-62(c)，这是因为棱镜间未充满液体；若出现弧形光环，则可能是有光线未经过棱镜面而直接照射在聚光透镜上；若液体折射率不在1.3～1.7范围内，则阿贝折光仪不能测定，也调不到明暗界线。

③ 维护

a. 阿贝折光仪在使用前后，棱镜镜面均需用丙酮或乙醚洗净，并干燥之。注意保护棱镜，不得在镜面上造成刻痕，加样品时滴管不得接触棱镜；

b. 用完后，要流尽金属套中的恒温水，拆下温度计并放在纸套筒中，将仪器擦净，放入盒中；

c. 折光仪不能放在日光直射或靠近热源的地方，以免样品迅速蒸发。仪器应避免强烈振动或撞击，以防光学零件损伤及影响精度；

d. 严禁用以测定强酸、强碱、氟化物等对金属和玻璃有腐蚀性的液体；

e. 折光仪不用时应放在箱内，箱内需放入干燥剂。

3.8.4 旋光度的测定

(1) 原理

某些物质因是手性分子，能使偏振光的振动平面旋转一定角度，这个角度称为旋光度。大多数生物碱和生物体内的有机分子都是光学活性物质。光学活性物质使偏振光振动平面向右旋转的叫右旋光物质，向左旋转的叫左旋光物质。

物质的旋光度与溶液的质量浓度、溶剂、温度、旋光管长度和所用光源的波长等都有关系。因此常用比旋光度 $[\alpha]_{\lambda}^{t}$ 来表示各物质的旋光性。规定：$1g \cdot mL^{-1}$ 含旋光性物质的溶液，放在1dm长的样品管中，所测得的旋光度称为比旋光度。

$$纯液体的比旋光度=[\alpha]_{\lambda}^{t}=\frac{\alpha}{l\rho}$$

$$溶液的比旋光度=[\alpha]_{\lambda}^{t}=\frac{\alpha}{l\rho_{样品}}$$

式中，$[\alpha]_{\lambda}^{t}$ 为旋光性物质在 t℃、波长为 λ 时的比旋光度；t 为测定时的温度；λ 为光源的波长，常用的单色光源为钠光灯的D线（$\lambda=589.3nm$），可用“D”表示；α 为标尺盘转动角度的读数（即旋光度）；ρ 为纯液体的密度；l 为旋光管的长度，dm；$\rho_{样品}$ 为样品的体积质量浓度，$g \cdot mL^{-1}$。

比旋光度是手性物质的特性常数之一，手册、文献上多有记载。测定已知物溶液的旋光度，再查其比旋光度，即可计算出已知物溶液的浓度；将未知物配制成已知浓度的溶液，测其旋光度，再计算出比旋光度，与文献值对照，可以检定旋光性物质的纯度和含量。测定旋光度的仪器叫旋光仪。

(2) 旋光仪的构造

市售的旋光仪有两种类型，一种是直接目测的，另一种是自动显示数值的。

直接目测的旋光仪的外形如图3-63所示，其光学系统如图3-64所示。

光线从光源经过起偏镜，再经过盛有旋光性物质的旋光管时，因物质的旋光性致使偏振光不能通过第二个棱镜，必须转动检测镜才能通过。因此，要调节检偏镜进行配光，由标尺盘上转动的角度，可以指示出检偏镜的转动角度，即为该物质在此浓度时的旋光度。

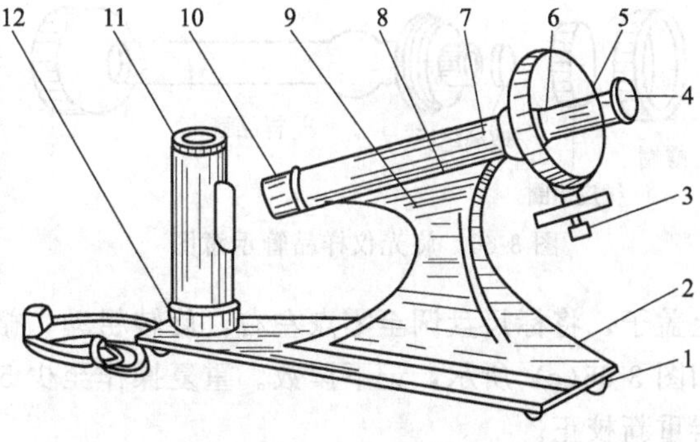

图 3-63 旋光仪外形

1—底座；2—电源开关；3—度盘传动手轮；4—放大镜座；5—视度调节螺旋；6—度盘游标；7—镜筒；8—镜筒盖；9—盖手柄；10—镜盖连接圈；11—灯罩；12—灯座

为了准确判断旋光度的大小，通常在视野中分出三分视界（图 3-65）。当检偏镜的偏振面与通过棱镜的光的偏振面平行时，通过目镜可看到图 3-65(a) 所示图案（当中明亮，两旁较暗）；当检偏镜的偏振面与起偏镜的偏振面平行时，可看到图 3-65(b) 所示图案（当中较暗，两旁明亮）；只有当检偏镜的偏振面处于 1/2（半暗角）的角度时，可看到图3-65(c) 所示图案，这一位置作为零点。

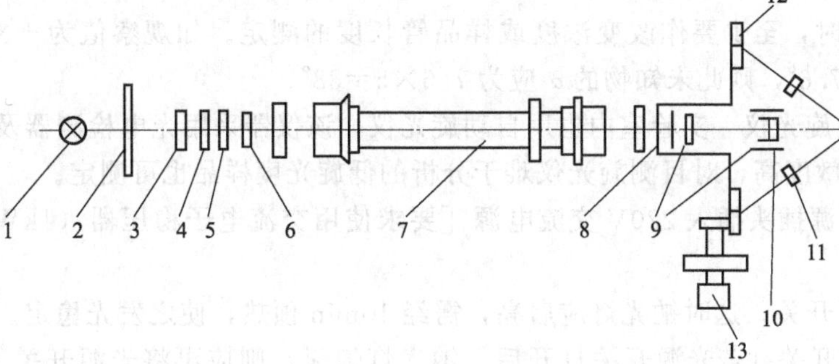

图 3-64 WXG-4 小型旋光仪的光学系统示意图

1—光源；2—毛玻璃；3—聚光镜；4—滤光镜；5—起偏镜；6—半玻片；7—样品管；8—检偏镜；9—物、目镜组；10—调焦手轮；11—读数放大镜；12—度盘及游标；13—度盘转动手轮

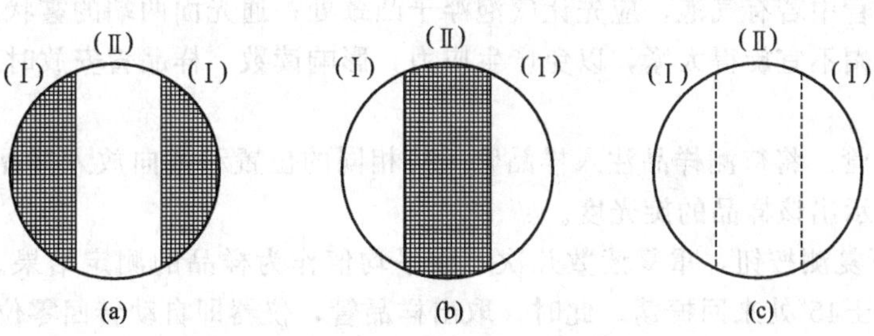

图 3-65 三分视界式旋光仪中旋光的观察

(3) 旋光度的测定

① 直接目测旋光仪

a. 预热。接通电源，打开开关，预热 5min，使钠光灯发光正常（稳定的黄光）后即可开始工作。

b. 旋光仪零点的校正。在测定样品前，需要先校正旋光仪的零点。将样品管（图 3-66）

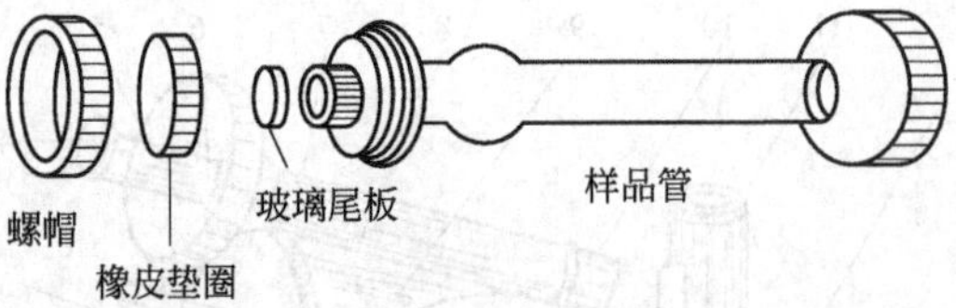

图 3-66　旋光仪样品管示意图

洗好，装上蒸馏水，使液面凸出管口，将玻璃盖沿管口边缘轻轻平推盖好，尽可能不带入气泡，然后旋上螺丝帽盖，不漏水，不要过紧，过紧会使玻璃盖产生扭力，影响测定结果。样品管中若有小气泡，可让气泡浮在凸颈处。将样品管擦干，放入旋光仪内，罩上盖子，将标尺盘调至零点左右，旋转粗动、微动手轮，使视场内Ⅰ和Ⅱ部分的亮度均一，如图 3-65(c) 所示，记下读数。重复操作至少 5 次，取平均值，若零点相差太大时，应把仪器重新校正。

c. 旋光度的测定。准确称取 10.0g 样品（如葡萄糖），放在 100mL 容量瓶中配成溶液，依上法测定其旋光度（测定之前必须用溶液润洗旋光管 2 次，以免受污物影响），旋转标尺盘，使视场内如图 3-65(c) 所示，记下读数。这时所得的读数与零点之间的差值即为该物质的旋光度。记下样品管的长度及溶液的温度，然后按公式计算其比旋光度。

对观察者来说，偏振面顺时针的旋转为向右（＋），这样测得的 $+\alpha$，既符合于右旋 α，也可以代表 $\alpha \pm n \times 180°$ 的所有值，因为偏振面在旋光仪中旋转 α 后，它所在这个角度或许可以是 $\alpha \pm n \times 180°$。例如读数为 +38°，实际读数可能是 218°、398°或 −142°等。如此，在测定一个未知物时，至少要作改变浓度或样品管长度的测定。如观察值为 +38°，在稀释 5 倍后，读数为 +7.6°，则此未知物的 α 应为 $7.6 \times 5 = 38°$。

② 自动数显旋光仪　实验室内也用自动旋光仪，该仪器采用光电检测器及 LED 自动显示数值装置，灵敏度高，对目测旋光仪难于分析的低旋光度样品也可测定。

a. 将仪器电源插头插入 220V 交流电源［要求使用交流电子稳压器（1kW）］，并将接地脚可靠接地。

b. 打开电源开关，这时钠光灯应启亮，需经 10min 预热，使之发光稳定。

c. 打开光源开关（若光源开关打开后，钠光灯熄灭，则应再将光源开关上下重复扳动 1～2 次，使钠光灯在直流下点亮，为正常）。

d. 打开测量开关，机器处于待测状态。

e. 将装有蒸馏水或其他空白溶剂的样品管放入样品室，盖上箱盖，待示数稳定后，按清零按钮。样品管中若有气泡，应先让气泡浮于凸颈处；通光面两端的雾状水汽，应用软布揩干。样品管螺帽不宜旋得太紧，以免产生应力，影响读数。样品管安放时应注意标记的位置和方向。

f. 取出样品管。将待测样品注入样品管，按相同的位置和方向放入样品室，盖好箱盖。仪器数显窗将显示出该样品的旋光度。

g. 逐次按下复测按钮，重复读数几次，取平均值作为样品的测定结果。如样品超过测量范围，仪器在 ±45°处来回振荡。此时，取出样品管，仪器即自动转回零位。

h. 仪器使用完毕后，应依次关闭测量、光源、电源开关。

i. 钠光灯在直流供电系统出现故障不能使用时，仪器也可在交流供电的情况下测试，但仪器的性能可能略有降低。

j. 当样品的旋光度很小（±0.5°）时，示数可能变化，这时只要按复测按钮，就会出现新的数字。

（4）旋光仪的维护

旋光仪是比较贵重的光学仪器，使用和保管都要小心。

① 旋光仪要经常保持干燥和清洁。

② 测定前要确定左旋或右旋，转动标尺盘时旋扭角度不要过大，以防损坏。

③ 试液恒温后才可观测旋光度，以免引起温度造成的误差。样品管要用少量被测溶液润洗 2～3 次才可装满测定，避免因浓度造成的误差。

④ 光学镜头应经常保持洁净，遇镜头模糊不清时，可用软布或擦镜纸抹净。放置样品管的凹槽，使用时要注意不要被试液沾污。要经常用布拭干，以防受侵蚀损坏。

⑤ 仪器使用完毕应立即关闭钠光灯，防止因无效点燃而缩短钠光灯的使用寿命。

3.8.5 液体密度的测量

液体物质的密度是鉴定液体化合物的重要物理常数之一，常与沸点、折射率等物理常数一起用于鉴定液态有机物质，也常用于检验化合物的纯度，在微量实验中还常用密度来计算液体试剂的体积。

密度是指一定温度（t℃）下一定体积的物质的质量与体积之比，符号为 ρ_t，单位为 $g\cdot cm^{-3}$，也称为绝对密度。相对密度是指在一定温度（t℃）下，一定体积的待测物质与相同温度下同样体积的蒸馏水的质量之比，符号为 d_t^t。固体和液体物质的相对密度一般以其在环境温度（20℃）下的密度与 4℃时水的密度之比表示，记为 d_4^{20}。相对密度没有单位，其数值与实际密度相同。物质密度的大小与它所处的条件（温度、压力）有关；对于固体或液体物质来说，压力对密度的影响可以忽略不计。

液体化学试剂密度的测定常用密度瓶法和韦氏天平法。

(1) 密度瓶法（或盖氏比重瓶法）

该方法使用密度瓶（见图 3-67）或盖氏比重瓶（见图 3-68）进行测定，在 20℃时分别测定充满同一密度瓶的水及样品的质量，由水的质量可以确定密度瓶的容积即样品的体积，根据样品的质量及体积计算其密度。

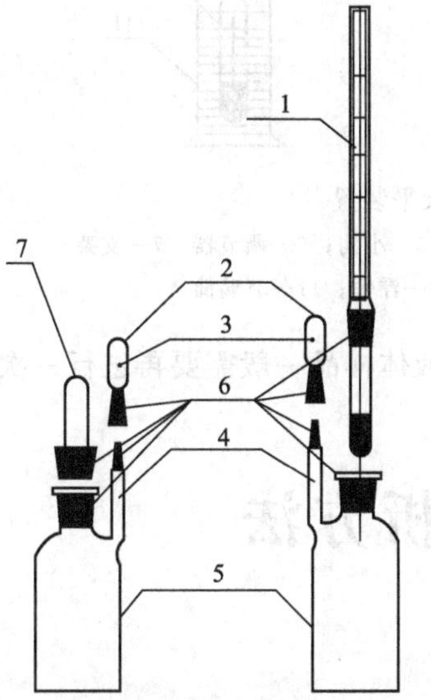

图 3-67 密度瓶

1—温度计；2—侧孔罩；3—侧孔；4—测管；5—密度瓶主体；6—玻璃磨口；7—瓶塞

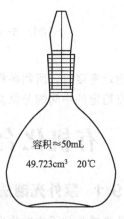

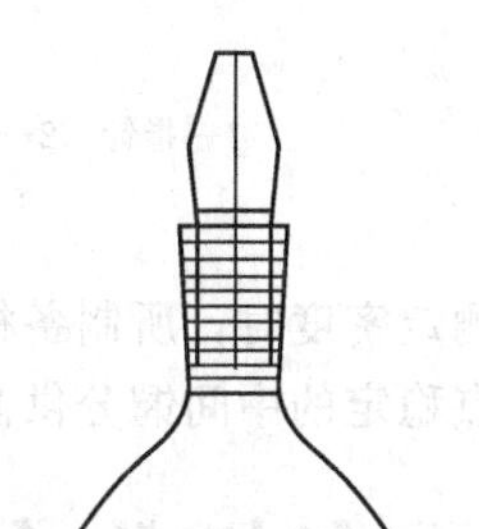

图 3-68 盖氏比重瓶

样品的密度 ρ 以 $g \cdot mL^{-1}$表示，按下式计算：

$$\rho=\frac{m_1+A}{m_2+A}\times\rho_0 \quad 其中 \quad A=\rho_a\times\frac{m_2}{\rho_0-\rho_a}$$

式中，m_1为 20℃时充满密度瓶所需样品的质量，g；m_2为 20℃时充满密度瓶所需蒸馏水的质量，g；ρ_0 为 20℃时蒸馏水的密度，0.9982$g \cdot mL^{-1}$；ρ_a 为干燥空气在 20℃、101.325kPa 时的密度，0.0012$g \cdot mL^{-1}$；A 为空气浮力校正值，通常情况下 A 值的影响很小，可以忽略不计。

(2) 韦氏天平法

使用韦氏天平（见图 3-69）分别测定 20℃时浮锤在水中和样品中的浮力，由于浮锤所排开的水的体积与所排开的液体样品的体积相同，所以，根据水的密度以及浮锤在水与样品中的浮力即可计算出样品的密度。计算公式如下

$$\rho=\frac{\rho_2}{\rho_1}\times0.9982$$

式中，ρ_1为浮锤浸于水中时游骑码的读数，$g \cdot cm^{-3}$；ρ_2为浮锤浸于样品中时游骑码的读数，$g \cdot cm^{-3}$；0.9982 为 20℃时水的密度，$g \cdot cm^{-3}$。

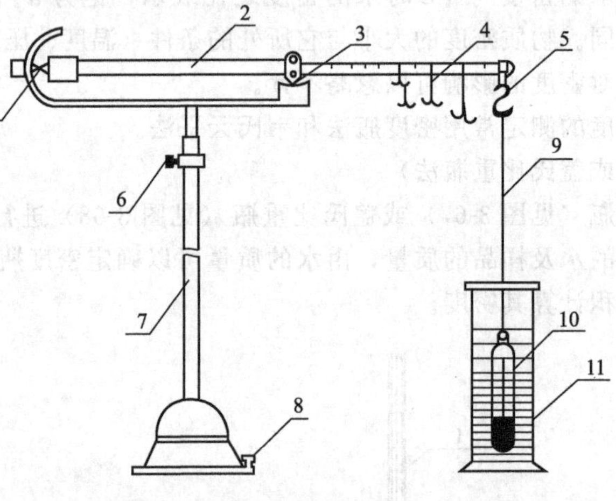

图 3-69 韦氏天平装置

1—指针；2—横梁；3—刀口；4—骑码；5—小钩；6—调节器；7—支架；8—调整螺丝；9—细铂丝；10—浮锤；11—玻璃筒

在测定密度时，所制备样品的纯度很重要。液体样品一般需要再进行一次蒸馏，蒸馏时收集沸点稳定的中间馏分供测定密度用。

3.9 有机化合物结构分析方法

3.9.1 紫外光谱法

紫外光谱是分子中的价电子吸收波长在 200～400nm 的紫外线，由低能级跃迁至高能级而产生的一种光谱，也称为电子光谱。紫外光谱主要用于研究分子中电子能级的跃迁，其能量范围对应于π电子的跃迁能级，因此，一般饱和有机化合物没有相应的吸收光谱，主要是具有共轭结构的化合物才有紫外光谱吸收，它在确定共轭体系方面具有独到之处。由于一般

紫外光谱仪的波长范围为200～800nm，包括了紫外区和可见光区，所以也称为紫外-可见光谱仪。由于紫外光谱具有测量灵敏度和准确度高、能定性或定量测定有机化合物、仪器操作简单、快速等优点，是有机化合物结构鉴定与分析的重要手段之一。

（1）紫外吸收光谱的产生

紫外吸收光谱是由于分子中价电子的跃迁而产生的。当以特定波长的紫外线照射某样品分子时，分子吸收紫外线辐射，其价电子从低能级跃迁到高能级，通过仪器记录分子对紫外线辐射的吸收程度与波长的关系，即可得到紫外吸收光谱。

紫外吸收光谱的形状取决于分子中价电子的分布和结合情况。按照分子轨道理论，分子中有几种不同类型的价电子：①形成单键的 σ 电子；②形成双键的 π 电子；③未成键的孤对电子 n。这些电子占据着称为 σ、π 和 n 轨道的分子轨道，而分子的空轨道包括 σ^* 反键轨道与 π^* 反键轨道，这些轨道的能量高低顺序为 $\sigma^* > \pi^* > n > \pi > \sigma$。有机化合物分子中的价电子吸收光子后，可由低能级跃迁至高能级，即由成键或非键轨道跃迁至反键空轨道，相应的电子跃迁类型主要有 $\sigma \rightarrow \sigma^*$、$\pi \rightarrow \pi^*$、$n \rightarrow \sigma^*$、$n \rightarrow \pi^*$ 跃迁。有机化合物吸收光能后，除产生这四种电子跃迁外，还可产生电荷转移跃迁。

由于电子跃迁的类型不同，实现跃迁需要的能量不同，因此吸收辐射光的波长范围也不相同。其中 $\sigma \rightarrow \sigma^*$ 跃迁所需能量最大，$n \rightarrow \pi^*$ 及配位场跃迁所需能量最小，因此它们的吸收带分别落在远紫外和可见光区。如果分子中存在共轭体系，由于电子的离域作用，使 $n \rightarrow \pi^*$、$\pi \rightarrow \pi^*$ 跃迁所需能量降低，吸收峰向长波方向移动。

紫外吸收峰的强度取决于电子由基态向激发态跃迁的跃迁概率。跃迁概率大则吸收强，跃迁概率小就表示该跃迁是禁止的。而跃迁概率与跃迁矩有关，跃迁矩是指分子由基态激发时电荷移动的程度，电荷移动的程度高（即跃迁矩高），其吸收强度就大。$\pi \rightarrow \pi^*$ 跃迁产生的谱带强度大，$\sigma \rightarrow \sigma^*$、$n \rightarrow \pi^*$、$n \rightarrow \sigma^*$ 跃迁产生的谱带强度很小。

（2）紫外吸收光谱的表示方法

紫外光谱一般以波长为横坐标，吸光度为纵坐标表示。

紫外光谱中吸收峰的强度遵从朗伯-比耳定律

$$A = \lg \frac{1}{T} = \lg \frac{I_0}{I} = \varepsilon bc$$

式中，A 为吸光度；I_0 为入射光强度；I 为透过光强度；T 为透射比（I/I_0）；b 为样品厚度，cm；c 为溶液的浓度，$mol \cdot L^{-1}$；ε 为摩尔吸光系数，$L \cdot mol^{-1} \cdot cm^{-1}$。

（3）紫外吸收光谱常用术语

① 生色团（chromophore） 生色团是指分子中含有 π 键的不饱和基团。生色团的电子结构特征是具有 π 电子，因此具有 π 电子的不饱和基团如 C═C、C═O、—N═N—、—N═O、—NO_2 等都是生色团，它能够吸收从紫外到可见光范围的电磁辐射而产生吸收光谱。实验数据表明单个生色团（只有一个双键）的 $\pi \rightarrow \pi^*$ 跃迁虽是强吸收，但却出现在远紫外区。当分子中具有多个生色团时（共轭双键），其吸收出现在近紫外区，生色团对应的跃迁类型通常为 $\pi \rightarrow \pi^*$ 跃迁和 $n \rightarrow \pi^*$ 跃迁。

② 助色团（auxochrome） 助色团是指带有 n 非键电子对的基团，即杂原子基团如—OH、—OR、—NHR、—SH、—Cl、—Br、—I 等。这些基团中至少有一对能与 π 电子相互作用的 n 电子，本身在紫外和可见光区无吸收，当它们与生色团相连时，n 电子与 π 电子相互作用（相当于增大了共轭体系，使 π 轨道间能级差变小），形成 p-π 共轭（如—$\ddot{C}l$，—$\ddot{N}H$），所以会使生色团的吸收峰向长波方向移动，并且使吸收强度增加。助色团对应的

跃迁类型是 n→π*跃迁，各种基团的“助色”能力（使生色团的吸收峰位置向长波长方向位移的距离）大体上为：—F＜—CH_3＜—Cl＜—Br＜—OH＜—OCH_3＜—NH_2＜—$NHCH_3$＜—$N(CH_3)_2$＜—NHC_6H_5＜—O^-。

③ 红移与蓝移（紫移） 某些有机化合物经取代反应引入助色团或者改变溶剂之后，吸收峰的波长将向长波长方向移动的现象称为红移。在某些生色团如羰基的碳原子一端引入一些取代基之后，吸收峰的波长向短波长方向移动的现象称为蓝移（紫移）效应。

④ 增色、减色效应 由于结构改变或其他原因使吸收强度增加的现象称为增色效应，反之称为减色效应。

⑤ 强带与弱带 最大摩尔吸收系数 $\varepsilon_{max}>10^4 L\cdot mol^{-1}\cdot cm^{-1}$ 的吸收带称为强带（多由允许跃迁产生）；最大摩尔吸收系数 $\varepsilon_{max}<10^3 L\cdot mol^{-1}\cdot cm^{-1}$ 的吸收带称为弱带（多由禁阻跃迁产生）。

(4) 溶剂极性对紫外吸收光谱的影响

很多有机化合物可以在紫外-可见吸收光谱中作为溶剂（见表 3-14）。最常用的溶剂为环己烷、乙醇与 1,4-二氧六环。芳香化合物特别是多环芳香烃，在环己烷溶剂中测定时能够保持它们的精细结构，而如果采用极性溶剂，则精细结构往往消失。

表 3-14 紫外-可见吸收光谱常用溶剂

溶剂	极限波长/nm	溶剂	极限波长/nm
乙腈	190	1,2-二氯乙烷	235
水	191	氯仿	237
己烷	195	乙酸乙酯	255
十二烷	200	四氯化碳	257
甲醇	205	*N*,*N*-二甲基甲酰胺	270
环己烷	210	苯	280
乙醇	210	四氯乙烯	290
乙醚	215	二甲苯	295
1,4-二氧六环	220	吡啶	305
二氯甲烷	235	丙酮	330

溶剂对于紫外吸收光谱的影响比较复杂。紫外吸收光谱带的形状、最大吸收波长位置和吸收强度都因所用溶剂种类的变化而不同。

溶剂的极性对溶质吸收峰的波长、强度及形状有可能产生影响。因为溶剂和溶质间常形成氢键，或溶剂的偶极使溶质的极性增强，引起 π→π*、n→π*吸收带的移动。

对于 n→π*跃迁，基团中的杂原子具有孤对电子，其基态比激发态极性大，因此基态容易与极性溶剂之间产生较强的作用，使基态能量下降，而激发态能量下降较小，所以极性溶剂使两个能级间的能量差反而增加，使 n→π*跃迁吸收带发生蓝移，溶剂的极性越大，蓝移的程度也就越大［见图 3-70 (a)］。

对于 π→π*跃迁，如含有碳碳双键的化合物在基态时，两个 π 电子位于 π 成键轨道，此时无极性；当发生 π→π*时，一个电子在成键轨道，另一个电子位于反键轨道，极性增加，因为极性大的 π*反键轨道与极性溶剂作用强，π*反键轨道能量下降较大，而 π 成键轨道能量下降较少，从而两个能级间能量差减少，π→π*跃迁的 K 带发生红移［见图 3-70 (b)］。当有机化合物的紫外吸收光谱既有 K 带又有 R 带时，所用溶剂的极性越大，则 K 带与 R 带的距离越近（K 带红移，R 带蓝移），而随着溶剂极性的降低，两个谱带则逐渐远离。因此，在测定紫外吸收光谱时，应注明在何种溶剂中测定。

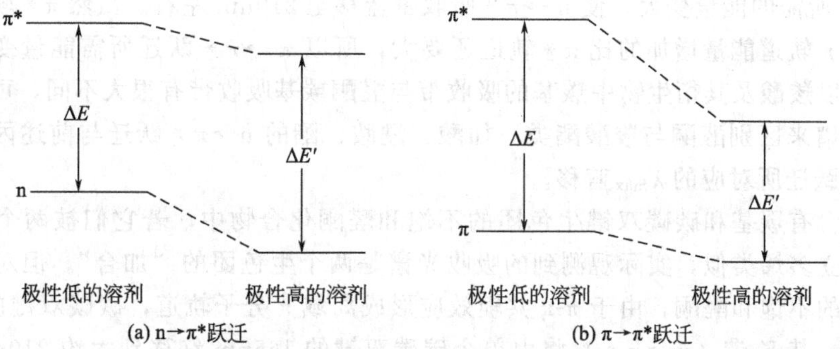

图 3-70　溶剂极性对 n→π＊、π→π＊跃迁能量的影响

选择溶剂时应尽量选用非极性或低极性溶剂，同时选择的溶剂在样品的吸收光区内应无明显吸收。

(5) 典型有机化合物的紫外吸收光谱

① 饱和烃及其取代衍生物　饱和烃类分子中只含有 σ 键，因此只能产生 σ→σ＊跃迁，即 σ 电子从 σ 成键轨道跃迁到 σ＊反键轨道。饱和烃的最大吸收峰一般小于 150nm，已超出紫外-可见分光光度计的测量范围。含有杂原子的饱和烃化合物由于有孤对电子，既可产生 σ→σ＊跃迁，也可以产生 n→σ＊跃迁。n→σ＊的能量低于 σ→σ＊，因此与 n→σ＊跃迁对应的吸收带波长更长。例如，CH_3Cl、CH_3Br 和 CH_3I 的 n→σ＊跃迁分别出现在 173nm、204nm 和 258nm 处，说明氯、溴和碘原子引入甲烷后，其相应的吸收波长发生了红移，显示了助色团的助色作用。直接用烷烃和卤代烃的紫外吸收光谱分析这些化合物的实用价值不大，但是它们是测定紫外-可见吸收光谱的良好溶剂。

② 不饱和烃及共轭烯烃　在不饱和烃类分子中，除含有 σ 键外，还含有 π 键，它们可以产生 σ→σ＊和 π→π＊两种跃迁。π→π＊跃迁的能量小于 σ→σ＊跃迁。当有两个以上的双键共轭时，随着共轭系统的延长，π→π＊跃迁的吸收带将明显向长波方向移动，吸收强度也随之增强。如乙烯的 λ_{max} 为 165nm（ε_{max}＝15000L·mol^{-1}·cm^{-1}），而丁二烯的 λ_{max} 为 217nm（ε_{max}＝21000L·mol^{-1}·cm^{-1}）。

乙炔在 173nm 处有一个弱的 π→π＊跃迁吸收带，而共轭多炔有两组主要吸收带，每组吸收带由几个亚带组成，短波长的吸收带较强，长波长处的吸收带较弱（见表 3-15）。

表 3-15　炔烃化合物的紫外可见吸收性质

化合物	λ_{max}	ε_{max}	λ_{max}	ε_{max}
2,4,6-辛三炔	207	135000	268	200
2,4,6,8-癸四炔	234	281000	306	180

③ 羰基化合物　羰基化合物含有＞C═O 基团。＞C═O 基团的吸收带主要由 π→π＊、n→σ＊、n→π＊产生。饱和醛及酮的特征谱带是由 n→π＊跃迁（R 带）在 270～300nm 处产生的弱吸收带，其 n→σ＊跃迁吸收位置位于 170～190nm，但 π→π＊跃迁 λ_{max}＜150nm。一般环酮的 n→π＊跃迁吸收位置比开链化合物的波长要长，另外，当羰基 α 位有烷基或其他基团取代或在极性溶剂中时，其吸收峰波长会发生蓝移。

羧酸及羧酸的衍生物，如酯、酰胺等，同样都含有羰基，但在羧酸及羧酸的衍生物中，羰基上的碳原子直接与含有未共用电子对的助色团相连，助色团上的 n 电子与羰基双键的 π 电子产生 n-π 共轭，导致 π＊轨道的能级有所提高，但并不能改变 n 轨道的能级，因此实现

n→π*跃迁所需的能量变大，使n→π*吸收带蓝移至210nm左右。虽然π*轨道的能级升高，但成键π轨道能量增加的比π*轨道还要大，所以π→π*跃迁所需能量变小，从而发生红移。所以羧酸及其衍生物中羰基的吸收带与醛酮羰基吸收带有很大不同，可以利用紫外可见吸收光谱来区别醛酮与羧酸酯类。如酸、酰胺、酯的n→π*跃迁与前述丙酮和乙醛相比，n→π*跃迁所对应的λ_{max}蓝移。

在同时含有羰基和碳碳双键生色团的不饱和醛酮化合物中，若它们被两个以上单键隔开，则和孤立多烯类似，实际观测到的吸收光谱是两个生色团的“加合”。但对于羰基和碳碳双键共轭的不饱和醛酮，由于π-π共轭效应形成离域π分子轨道，碳碳双键的π→π*跃迁能量变小，其K带（π→π*）将由单个碳碳双键的165nm红移到大约210～250nm处，而R带将由单独羰基的270～290nm红移到310～330nm处。

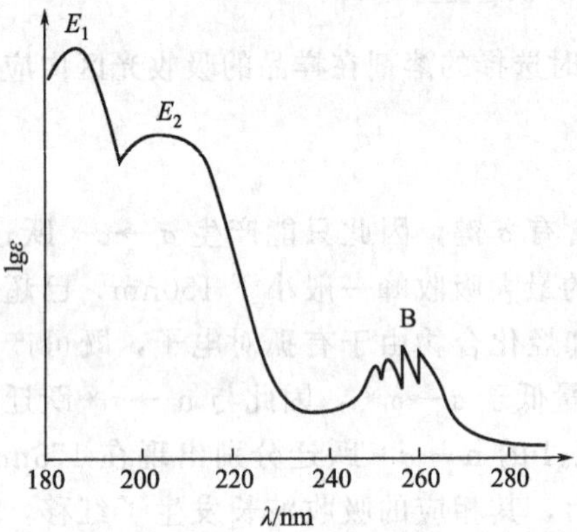

图3-71 乙醇溶液中苯的紫外吸收光谱图

④ 苯及其衍生物 苯有3个吸收带，它们都是由π→π*跃迁引起的。a. 由苯环内碳碳双键上的π电子发生π→π*跃迁产生的E_1带出现在180nm（$\varepsilon_{max}>10^4 L \cdot mol^{-1} \cdot cm^{-1}$）；b. 由苯环内共轭双键上π电子发生π→π*跃迁产生的E_2带出现在204nm（$\varepsilon_{max} \geq 10^3 L \cdot mol^{-1} \cdot cm^{-1}$）；c. 环状共轭体系π→π*跃迁引起的B带出现在255nm左右（$\varepsilon_{max}=200 L \cdot mol^{-1} \cdot cm^{-1}$）。在气态或非极性溶剂中，苯及其许多同系物的B谱带有许多精细结构（见图3-71），这是由基态电子振动跃迁的叠加引起的。在极性溶剂中，这些精细结构消失。当苯环上有取代基时，苯的3个特征谱带都会发生显著的变化，其中影响较大的是E_2带和B带，如表3-16所示。

表3-16 不同取代基苯衍生物紫外可见吸收性质

化合物	λ_{max}/nm	$\varepsilon_{max}/10^4$	λ_{max}/nm	$\varepsilon_{max}/10^3$	λ_{max}/nm	ε_{max}
苯	184	6.8	204	8.8	254	250
甲苯	189	5.5	208	7.9	262	260
苯甲酸			230	10	270	800
苯甲醛	330	55	242	14	280	1400
苯乙烯			248	15	282	740

⑤ 稠环芳烃及杂环化合物 稠环芳烃，如萘、蒽、芘等，均显示苯的3个吸收带，但是与苯本身相比较，这3个吸收带均发生红移，且强度增加。随着苯环数目的增多，吸收波长红移越多，吸收强度也相应增加。

当芳环上的>CH—基团被氮原子取代后，则相应的氮杂环化合物（如吡啶、喹啉）的吸收光谱，与相应的碳化合物极为相似，即吡啶与苯相似，喹啉与萘相似。此外，由于引入含有n电子的N原子，这类杂环化合物还可能产生n→π*吸收带。

(6) 紫外-可见分光光度计的结构

分光光度法所采用的仪器称为分光光度计。分光光度计主要由光源、单色器、样品吸收池、检测系统与信号指示系统五部分组成。

① 光源 光源应在仪器操作所需的光谱区域内能够发射连续辐射，有足够的辐射强度和良好的稳定性，而且辐射能量随波长的变化应尽可能小。分光光度计中常用的光源有两

类：a. 热辐射光源，如钨丝灯和卤钨灯，是可见光区与近红外光区最常用的光源，它适用的波长范围为 320～2500nm；b. 气体放电光源，如氢灯和氘灯。它们可在 160～375nm 范围内产生连续光源。氘灯的灯管内充有氢的同位素氘，它是紫外光区应用最广泛的一种光源，其光谱分布与氢灯类似，但光强度比相同功率的氢灯要大 3～5 倍。

② 单色器　单色器是指能从光源辐射的复合光中分出单色光的光学装置，其主要功能是产生光谱纯度高并且在紫外可见区域内任意可调的波长，通常置于吸收池之前，一般由入射狭缝、准直镜等几部分组成。其核心部分是色散元件，起分光的作用，目前广泛使用的色散元件是棱镜和光栅。单色器的性能直接影响入射光的单色性，从而也影响到测定的灵敏度、选择性及校准曲线的线性关系等。

③ 吸收池　吸收池用于盛放分析试样，一般有石英和玻璃材料两种。石英池适用于可见光区及紫外光区，玻璃吸收池只能用于可见光区。为减少光的损失，吸收池的光学面必须完全垂直于光束方向。在高精度的分析测定中（紫外区尤其重要），吸收池要挑选配对，要求同一测量使用的吸收池具有相同的透光性和光程长度，两只吸收池的透光率之差应小于 0.5%，否则应进行校正。因为吸收池材料的本身吸光特征以及吸收池的光程长度的精度等对分析结果都有影响。

④ 检测器　检测器是光电换能器，将所接收的光信息转变成电信息。常用的有光电管和光电倍增管。光电管在紫外-可见分光光度计上应用较为广泛。光电倍增管是检测微弱光最常用的光电元件，它的灵敏度比一般的光电管要高 200 倍，因此可使用较窄的单色器狭缝，从而对光谱的精细结构有较好的分辨能力。

⑤ 信号指示系统　常用的信号指示装置有直读检流计、电位调节指零装置以及数字显示或自动记录装置等。很多型号的分光光度计装配有微处理机，一方面可对分光光度计进行操作控制，另一方面可进行数据处理。

(7) 紫外光谱法在有机物定性与结构分析中的应用

① 定性分析　紫外吸收光谱可用于有机化合物的定性及结构分析，但不是主要方法。因为紫外光谱谱带数目不多、光谱信息少，谱带宽、缺少精细结果、特征性不强，而且不少简单官能团在近紫外及可见光区没有吸收或吸收很弱。另外，如果物质组成的变化不影响生色团及助色团，就不会显著影响其吸收光谱，如甲苯和乙苯的紫外吸收光谱实际上是相同的。因此，紫外光谱法在有机化合物的定性分析鉴定及结构分析方面的应用有较大的局限性。但是它适用于不饱和有机化合物，尤其是共轭体系的鉴定，可以用于鉴别有机化合物的分子骨架中是否含有共轭结构体系，如 C═C—C═C、C═C—C═O、苯环等。紫外光谱与红外光谱、核磁共振波谱和质谱等结构分析法配合使用进行定性鉴定和结构分析，是研究有机化合物分子结构的主要方法。

a. 未知物的定性鉴定。未知物的定性鉴定一般采用光谱比较法，即在相同的测定条件下，比较待测物质与已知标准物质的吸收光谱曲线，如果它们的谱图形状、吸收峰的数目和位置相同，则可认为待测物质与已知化合物具有相同的生色基团；如果待测试样和标准物质的 λ_{max} 及相应的 ε 也相同，则可认为两者是同一种物质。

如果没有标准物质，可以借助汇编成册的各种有机化合物的紫外标准谱图进行比较。在与标准谱图比较时，应注意实验测定条件要完全与文献规定的条件相同，而且要求仪器准确度、精密度高，否则可靠性差。

b. 计算不饱和有机化合物最大吸收波长的经验规则。当采用其他物理或化学方法推测未知化合物有几种可能结构后，可用经验规则计算它们的最大吸收波长，然后再与实测值进行比较，以确认物质的结构，主要有伍德沃德（Woodward）规则和斯科特（Scott）规则。

② 结构分析应用　紫外-可见光谱吸收峰的三大要素为谱峰的位置、强度及形状。谱峰的位置和形状为化合物的定性指标，而谱峰的强度则为化合物的定量指标。因而其基本参数是最大吸收波长 λ_{max} 及相应吸收带的强度 ε_{max}，通过谱峰位置可判断产生该吸收带化合物的类型和骨架结构；谱峰的强度有助于K带、B带和R带等吸收带类型的识别；谱峰的形状可帮助判断化合物的类型。例如，某芳烃和杂芳烃衍生物，吸收带都有一定程度的精细结构，这对推测结构非常有帮助。

a. 有机化合物功能团的判断。有机物的不少基团（生色团），如羰基、苯环、硝基、共轭体系等，都有其特征的紫外或可见吸收带，如在270～300nm处有弱的吸收带，且随溶剂极性增大而发生蓝移，即为羰基 $n\rightarrow\pi^*$ 跃迁所产生R吸收带的有力证据。在184nm附近有强吸收带（E_1带），在204nm附近有中强吸收带（E_2带），在260nm附近有弱吸收带且有精细结构（B带），是苯环的特征吸收等。由于共轭体系会产生很强的K吸收带，通过绘制吸收光谱，可以判断化合物是否存在共轭体系或共轭的程度。紫外吸收性质与化合物结构之间有以下规律。

Ⅰ. 如果化合物在紫外区无吸收，则说明分子中不存在共轭体系，不含有醛基、酮基或溴和碘，可能是脂肪族碳氢化合物、胺、腈、醇等不含双键或环状共轭体系的化合物。

Ⅱ. 如果在210～250nm有强吸收，表示有K吸收带，则可能含有两个双键的共轭体系，如共轭二烯或 α,β-不饱和酮等。同样在260nm、300nm、330nm处有高强度K吸收带，则表示有三个、四个和五个共轭体系存在。

Ⅲ. 如果在260～300nm有中强吸收（$\varepsilon=200\sim1000$），则表示有B吸收带，体系中可能有苯环存在。如果苯环上有共轭的生色基团存在，则 ε 大于10000。

Ⅳ. 如果在250～300nm有弱吸收带（R吸收带），则可能含有简单的非共轭并含有n电子的生色基团，如羰基等。

b. 异构体的判断。紫外可见吸收光谱除可用于推测分子结构所含官能团外，还可以用于顺反异构及互变异构的判断。生色团和助色团处在同一平面上时，才产生最大的共轭效应。由于反式异构体的空间位阻效应小，分子的平面性能较好，共轭效应强。因此，λ_{max} 及 ε_{max} 都大于顺式异构体。例如，肉桂酸的顺、反式的吸收如下：

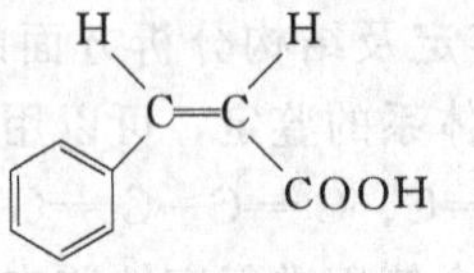
$\lambda_{max}=280nm$，$\varepsilon_{max}=13500$

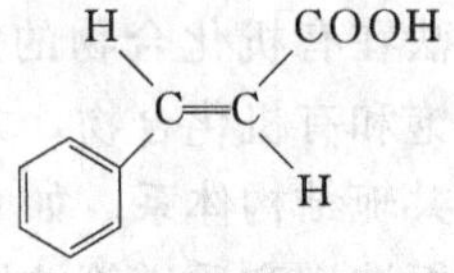
$\lambda_{max}=295nm$，$\varepsilon_{max}=27000$

某些有机化合物在溶液中可能存在互变异构现象，如最常见的某些含氧化合物的酮式与烯醇式异构体之间的互变。例如乙酰乙酸乙酯就是酮式和烯醇式两种互变异构体：

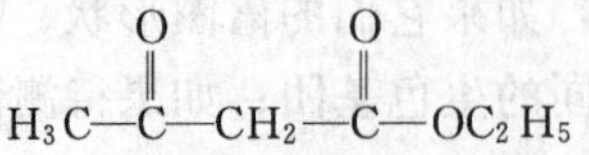

酮式

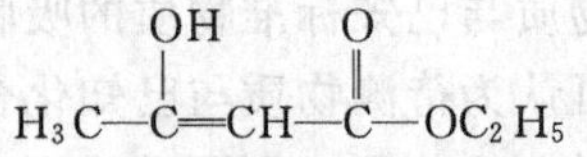

烯醇式

酮式异构体在近紫外光区的 λ_{max} 为272nm（$\varepsilon_{max}=16$），是 $n\rightarrow\pi^*$ 跃迁所产生的R吸收带。烯醇式异构体的 λ_{max} 为243nm（$\varepsilon_{max}=16000$），是 $\pi\rightarrow\pi^*$ 跃迁共轭体系的K吸收带。两种异构体的互变平衡与溶剂有密切关系。在极性溶剂中，由于酮式异构体可能与 H_2O 形成氢键而降低能量，以达到稳定状态，所以酮式异构体占优势，而在非极性溶剂中，不能形成分子间氢键，易形成分子内氢键，形成烯醇式。

③ 物质纯度检查　利用紫外吸收光谱法来检查物质纯度是非常简便可行的方法。例如要检定甲醇中的杂质苯，因苯的 λ_{max} 为 256nm，而甲醇在此波长处无吸收，可通过绘制样品的紫外吸收光谱图来判断是否含有杂质。

3.9.2 红外光谱法

红外吸收光谱（infrared absorption spectrum，IR）是指物质的分子吸收了红外辐射后，并由其振动或转动引起偶极矩的变化，产生分子振动和转动能级从基态到激发态的跃迁，得到分子振动-转动光谱，因为出现在红外区，所以称为红外光谱。利用红外光谱进行定性、定量分析及测定分子结构的方法称为红外吸收光谱法。红外光谱法是鉴别化合物和确定分子结构的常用手段之一，与其他几种波谱技术结合，可以在较短的时间内完成一些复杂的未知物结构的测定。

(1) 红外光谱的产生原理

任何物质的分子都是通过化学键连接起来而组成的，分子中的原子与化学键均处于不断的运动中。它们的运动，除了原子外层价电子跃迁以外，还有分子中原子的振动和分子本身的转动。这些运动形式都可能吸收外界能量而引起能级的跃迁，每一个振动能级常包括很多转动分能级，在分子发生振动能级跃迁时，不可避免地发生转动能级的跃迁，因此无法测得纯振动光谱，故通常所测得的光谱实际上是振动-转动光谱，简称振转光谱。

红外光谱图一般以透射比（$T\%$）为横坐标，以波数 $\sigma(cm^{-1})$ 或波长 $\lambda(\mu m)$ 为横坐标表示。

(2) 产生红外吸收的条件

红外光谱是由于分子吸收电磁辐射发生振动-转动能级跃迁而形成的。分子吸收的电磁辐射必须同时满足两个条件：a. 辐射的能量应刚好能满足分子跃迁时所需的能量 $\Delta E_v = h\nu_{光}$；b. 被红外辐射作用的分子必须有偶极矩的变化，即 $\Delta\mu \neq 0$。满足这两个条件样品分子才可以吸收该电磁辐射，并导致振动和转动能级的跃迁而产生相应的红外光谱。

(3) 红外光谱与分子结构的关系

① 基团频率区（官能团区）　在红外光谱中，某些化学基团虽然处于不同分子中，但它们的吸收频率却总是出现在某个较窄的范围内。例如，不同有机化合物分子中的羰基总是在 $1870\sim1650cm^{-1}$ 范围内出现中等宽度的强吸收峰，该吸收带的频率不随分子构型变化而出现较大的改变。因此这类振动频率称为基团特征振动频率，简称基团频率，其所在的位置称为特征吸收峰。基团频率位于 $4000\sim1500cm^{-1}$ 间，频率较高，受分子其他部分振动的影响较小，它们主要包括 X—H、C═X、C≡X 的伸缩振动，可作为鉴别官能团的依据，因此基团频率区也称官能团区。官能团区可分为三部分。

a. X—H 伸缩振动区（X 为 O、N、C 等原子）（$4000\sim2500cm^{-1}$）。这个区域的吸收峰说明有含氢原子的官能团存在，如 O—H（$3700\sim3200cm^{-1}$）、COO—H（$3600\sim2500cm^{-1}$）、N—H（$3500\sim3300cm^{-1}$）等。炔氢出现在 $3300cm^{-1}$ 附近。通常，若在 $3000cm^{-1}$ 以上有 C—H 吸收峰，可以推测化合物为不饱和的 C—H；若在小于 $3000cm^{-1}$ 有吸收峰，则表明化合物是饱和的—C—H。

b. 双键伸缩振动区（$2000\sim1500cm^{-1}$）。这一区域的吸收峰存在表示化合物含有双键，如 C═O（酸、酯、醛、酮、酰胺等）出现在 $1870\sim1600cm^{-1}$，并为较强的吸收峰。此外，C═C、C═N、N═O 的伸缩振动出现在 $1675\sim1500cm^{-1}$。而分子比较对称时，—C═C—的吸收峰很弱。苯的衍生物在 $2000\sim1667cm^{-1}$ 区域出现 C—H 面外变形振动的倍频或组合频吸收峰，但因强度太弱，仅在加大样品浓度时才出现。通常，可根据该区的吸收情况确定苯环的取代类型。

c. 叁键和累积双键区（2500～2000cm^{-1}）。这一区域出现的吸收峰，主要包括 C≡C、C≡N 等叁键的伸缩振动，以及—C═C═C—、—C═C═O—等累积双键的反对称伸缩振动。

② 指纹区　在 1500cm^{-1}以下的区域，主要属C—X的伸缩振动和H—C的弯曲振动频率区，由于这些化学键的振动容易受附近化学键的振动影响，因此结构的微小改变可使这部分光谱形状发生差异，类似人的指纹特征，因此将 1500～700cm^{-1}区间称为指纹区。利用指纹区光谱可以识别一些特定分子。如 900～600cm^{-1}区域的吸收峰，可以指示—(CH_2)—的存在。实验证明，当 $n\geqslant 4$ 时，—CH_2—的平面摇摆振动吸收出现在 722cm^{-1}；随着 n 的减小，逐渐移向高波数。此区域的吸收峰，还可以鉴别烯烃的取代程度和构型。如烯烃为 $RCH═CH_2$结构时，在 990cm^{-1}和 910cm^{-1}出现两个强峰；为 RHC═CRH 结构时，其顺反异构分别在 690cm^{-1}和 970cm^{-1}出现吸收。此外，利用本区域中苯环的 C—H 面外变形振动吸收峰和 2000～1667cm^{-1}区域苯的倍频或组合频吸收峰，可以共同配合来确定苯环的取代类型。

表 3-17 简要总结了各种常见基团的特征吸收频率，相关基团的更为详细的红外光谱特性可参看有关书籍。从表中可以看出大多数基团的特征吸收都集中在 4000～1350cm^{-1}区域内，因此这一频率范围称为基团频率区或特征频率区，而 1350～650cm^{-1} 的低频区称为指纹区。

表 3-17　红外光谱中一些基团的特征吸收频率

区域	基团	吸收频率/cm^{-1}	振动形式	吸收强度	说　明
第一频率区域	—OH(游离)	3650～3580	伸缩	m,sh	判断有无醇类、酚类和有机酸的重要依据
	—OH(缔合)	3400～3200	伸缩	s,b	判断有无醇类、酚类和有机酸的重要依据
	$—NH_2$,—NH(游离)	3500～3300	伸缩	m	
	$—NH_2$,—NH(缔合)	3400～3100	伸缩	s,b	
	—SH	2600～2500	伸缩	s	
	C—H 伸缩振动				
	不饱和 C—H				
	≡C—H（叁键）	3300 附近	伸缩	s	不饱和C—H伸缩振动出现在3000cm^{-1}以上
	═C—H(双键)	3010～3040	伸缩	s	末端═C—H 出现在3085cm^{-1}附近
	苯环中 C—H	3030 附近	伸缩	s	强度上比饱和 C—H 稍弱，但谱带尖锐
	饱和 C—H				饱和 C—H 伸缩振动出现在 3000cm^{-1}以下
	$—CH_3$	2965±5	反对称伸缩	s	
	$—CH_3$	2870±10	对称伸缩	s	
	$—CH_2$	2930±5	反对称伸缩	s	三元环中的 CH_2 出现在 3050cm^{-1}
	$—CH_2$	2850±10	对称伸缩	s	—C—H 出现在 2890cm^{-1}，很弱
第二频率区域	—C≡N	2260～2220	伸缩	s 针状	干扰少
	—N≡N	2310～2135	伸缩	m	R—C≡C—H ,2140～2100cm^{-1}
	—C≡C	2260～2100	伸缩	v	R′—C≡C—R ,2260～2190cm^{-1}
	—C═C═C—	1950 附近	伸缩	v	若 R′═R 对称分子，无红外谱带

续表

区域	基团	吸收频率/cm^{-1}	振动形式	吸收强度	说明
第三频率区域	C═C	1680～1620	伸缩	m,w	
	芳环中 C═C	1600,1580	伸缩	v	苯环骨架振动
		1500,1450			
	—C═O	1850～1660	伸缩	s	其他吸收带干扰少，是判断羰基(酮类、酸类、酯类、酸酐等)的特征频率，位置变动大
	$—NO_2$	1600～1500	反对称伸缩	s	
	$—NO_2$	1300～1250	对称伸缩	s	
	S═O	1220～1040	伸缩	s	
第四频率区域	C—O	1300～1000	伸缩	s	C—O 键(酯、醚、醇类)的极性很强，常成为谱图中最强的吸收
	C—O—C	900～1150	伸缩	s	醚类 C—O—C 的 σ_{as}(1100±50)cm^{-1} 是最强的吸收。C—O—C 对称伸缩在 1000～900cm^{-1} 较弱
	$—CH_3$,$—CH_2$	1460±10	CH_3反对称变形、CH_2变形	m	大部分有机化合物都含 CH_3、CH_2基团，因此此峰经常出现
	$—CH_3$	1380～1370	对称变形	s	很少受取代基影响，且干扰少，是 CH_3 的特征吸收
	$—NH_2$	1650～1560	变形	m～s	
	C—F	1400～1000	伸缩	s	
	C—Cl	800～600	伸缩	s	
	C—Br	600～500	伸缩	s	
	C—I	500～200	伸缩	s	
	$═CH_2$	910～890	面外摇摆	s	
	$\leftarrow CH_2 \rightarrow_n$,$n>4$	720	面内摇摆	v	

基团频率区可用于鉴定官能团，很多情况下，一个官能团有好几种振动形式，而每一种红外活性振动，一般相应产生一个吸收峰，有时还能观测到泛频峰。

(4) 红外光谱仪及测试样品的制备

① 红外光谱仪的结构　红外光谱仪与紫外可见分光光度计类似，也是由光源、单色器、吸收池、检测器和记录系统等部分组成，但由于红外光谱仪与紫外可见分光光度计的波段范围不同，因此，光源、透光材料及检测器等都有很大的差别。

② 红外光谱仪的类型　红外光谱仪分为两大类，即色散型和干涉型。色散型又有棱镜分光型和光栅分光型两种，干涉型为傅里叶变换红外光谱仪（Fourier Transform Infrared Spectroscopy，FTIR），它没有单色器和狭缝，是由迈克尔逊干涉仪和数据处理系统组合而成的。目前广泛使用的是傅里叶变换红外光谱仪，它一次扫描可得到全谱，扫描速度快，可以在 1s 内测得多张红外图谱；光通量大，因而可以检测透过率比较低的样品，便于利用漫反射、镜面反射、衰减全反射等各种附件，并能检测不同的样品如气体、固体、液体薄膜和金属镀层等；分辨率高，便于观察气态分子的精细结构。

傅里叶变换红外光谱仪由红外光源、干涉计（迈克尔逊干涉仪）、试样插入装置、检测器、计算机和记录仪等部分构成。迈克尔逊干涉仪按其动镜移动速度不同，分为快扫描和慢扫描两种类型。慢扫描迈克尔逊干涉仪主要用于高分辨光谱的测定，一般的傅里叶红外光谱仪均采用快扫描型的迈克尔逊干涉仪。计算机的主要作用是：①控制仪器操作；②从检测器截取干涉谱数据；③累加平均扫描信号；④对干涉谱进行相位校正和傅里叶变换计算；⑤处理光谱数据等。傅里叶变换红外光谱仪工作原理与色散型仪器有很大不同，如图 3-72 所示。

在色散型红外光谱仪中，光源发出的光照射样品后，经过单色器变成按波长顺序排列的单色光，由检测器检测再放大、记录，便得到样品的红外光谱。而在 FTIR 中，首先是把光源发射出的红外线经迈克尔逊干涉仪变成干涉光，再让干涉光照射样品，从检测器可获得样品的干涉图，然后由计算机对干涉图进行快速傅里叶变换，进而获得透光度或吸光度随波长或波数变化的红外光谱。与一般的色散型仪器相比，FTIR 有许多突出的优点。由于它无分光系统，所以光学部件简单得多。它用干涉仪调制的干涉光进行测量，可一次取得全波段的光谱信息。其扫描速度极快，甚至在 1/60s 内即能完成全波段扫描，故可采用多次快速扫描来增大信噪比，提高分析灵敏度。而色散型仪器完成一次扫描需要数分钟时间。FTIR 的测量波段宽，只要换用不同的分束器、光源和检测器，就能测 $10\sim10000cm^{-1}$ 区间的光谱。傅里叶红外光谱仪还适于微少试样的研究，能在整个光谱范围内提供 $0.01cm^{-1}$ 的测量精度。

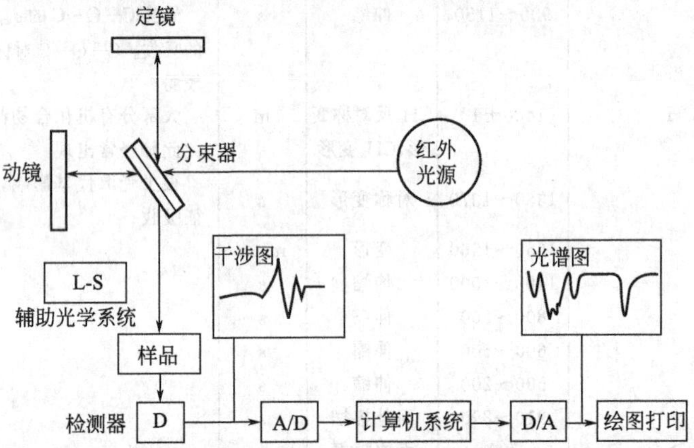

图 3-72　傅里叶变换红外光谱仪原理图

③ 样品的制备与处理方法　要获得一张高质量的红外光谱图，除了仪器本身的因素外，还必须有合适的试样制备方法。下面分别介绍气态、液态和固态试样的制备。

a. 气体试样。气体试样的红外测试可采用气体池进行。气体试样一般都灌注于玻璃气槽内进行测定。它的两端黏合有能透红外线的窗片。窗片的材质一般是 NaCl 或 KBr 晶片。测样时，一般先把气槽抽成真空，然后再灌注试样。常用的气体样品池长 5cm 或 10cm，容积为 50～150mL。吸收峰强度可通过调整气体池内样品的压力来达到。对强吸收的气体，只要注入 666.6Pa 的试样；对弱吸收气体，需注入 66.66kPa 的试样。由于水蒸气在中红外区有强吸收峰，所以气体池一定要干燥。样品测完后用干燥的氮气流冲洗。

b. 液体试样。液体池的透光面通常是用 NaCl 或 KBr 等晶体做成的。常用的液体池有 3 种，即厚度一定的密封固定池、垫片可自由改变厚度的可拆池以及用微调螺丝连续改变厚度的密封可变池。通常根据不同的情况，选用不同的试样池。低沸点样品可采用固定池（封闭式液体池）。封闭式液体池的清洗方法是在红外灯下向池内灌注一些能溶解样品的溶剂来浸泡，最后用干燥空气或氮气吹干。一般常用的是可拆式液池。对于液体样品一般采用液膜法及溶液法进行制备。

液膜法：在可拆池两窗之间，滴 1～2 滴液体试样，使之形成薄液膜。液膜厚度可借助于池架上的固紧螺丝作微小调节。该法操作简便，适用于对高沸点及不易清洗的试样进行定性分析。

溶液法：将液体（或固体）试样溶在适当的溶剂中，如 CS_2、CCl_4、$CHCl_3$ 等，然后注入固定池中进行测定。该法特别适于定量分析。此外，它还能用于红外吸收很强、用液膜法不能得到满意谱图的液体试样的定性分析。在采用溶液法时，必须特别注意红外溶剂的选择。要求溶剂在较宽的范围内无吸收，试样的吸收带尽量不被溶剂吸收带所干扰，此外，还要考虑溶剂对试样吸收带的影响（如形成氢键等溶剂效应）。

c. 固体试样。固体试样的制备，除前面介绍的溶液法外，还有粉末法、糊状法、压片法、薄膜法、发射法等，其中尤以糊状法、压片法和薄膜法最为常用。

糊状法：大多数的固体试样在研磨中若不发生分解，则可把试样研细，滴入几滴悬浮剂，继续研磨成糊状，然后用可拆池测定。常用的悬浮剂是液体石蜡油、全氟煤油等，它可减小散射损失，并且自身吸收带简单，但不适于与石蜡油结构相似的饱和烷烃。悬浮剂的折射率应与样品相近，且具有的红外光谱应简单，不与样品发生化学反应。糊状物在窗片上应分布均匀，测完后用无水乙醇冲洗窗片。

压片法：这是分析固体试样最常用的方法。通常用约 300mg 的 KBr 与 1～3mg 固体试样共同研磨；在模具中用 $(5\sim10)\times10^{7}$ Pa压力的油压机压成透明的片后，再置于光路中进行测定。由于 KBr 在 $400\sim4000cm^{-1}$光区不产生吸收，因此可以绘制全波段光谱图。除用 KBr 压片外，也可用 KI、KCl 等压片。

薄膜法：对于可塑性试样，可以直接滚压成薄膜。该法主要用于高分子化合物的测定。通常将试样热压成膜、或将试样溶解在沸点低易挥发的溶剂中，然后倒在玻璃板上，待溶剂挥发后成膜。制成的膜直接插入光路即可进行测定。

一般试样应尽量干燥，不能含游离水。水分的存在会在整个波段内产生强烈的水吸收带，掩盖试样的吸收峰。即使是微量水分，也会对红外谱图产生明显的影响。同时水分也会溶蚀吸收池的卤化物窗片。试样浓度和厚度要选择适当，以控制谱图中吸收峰的强度，大多数吸收峰的透光率在 15%～70%范围内。浓度或厚度过大，强吸收峰超过标尺刻度而形成无法定位的平顶区；过小则弱吸收峰消失。因此，有时可以分别试用不同浓度或厚度的样品进行测定，以获得完整的谱图。

(5) 红外光谱法的应用

① 化合物的定性鉴别　化合物的红外吸收光谱如同熔点、沸点、折射率和比旋光度等物理性质一样，是化合物的一种重要物理特征。化合物的红外吸收峰一般多达 20 个以上，指纹区又各不相同，用于鉴定、鉴别化合物以及区分晶型和异构体，较其他物理化学手段更为可靠。化合物的红外鉴别方式常用两种。

a. 与标准品对照。将待鉴定化合物与其标准品在相同条件下扫描红外吸收光谱图，比较光谱图，若为同一种物质，则两者红外光谱图应完全相同。

b. 与标准谱图对照。在与标准谱图完全一致的测定条件下记录样品的红外吸收光谱，并与标准谱图进行比较，若完全一致，且其他物理常数（熔点、沸点、比旋光度等）、元素分析结果也一致，则可确证为同一种化合物。

② 未知物的结构鉴定　IR 光谱是测定有机化合物结构强有力的手段，由 IR 光谱可判断官能团、分子骨架，具有相同化学组成的不同异构体，它们的 IR 光谱有一定的差异，因此可利用 IR 光谱识别各种异构体。通过红外光谱图的解析来鉴定化合物结构是红外光谱定性分析中最重要的应用。解析红外光谱通常需根据各类化合物的特征吸收带的位置、形状和强度，结合影响振动频率变化的因素，指认某谱带为何种官能团的何种振动形式产生，再结合其他相关峰确定化合物所具有的官能团，这个过程常称为官能团定性。在此基础上进一步分析各种谱带的相互联系，结合其他性质或其他谱图所提供的信息，确定化合物的化学结构或立体结构，这叫做结构分析。红外光谱解析的一般程序如下：

a. 了解样品的基本情况。首先应了解样品的来源，以缩小推测范围。对天然产物最好要有元素分析数据和质谱数据，对合成产品应了解原料、主要产物和副产物。样品的外观如颜色、气味、物态等，燃烧状况和灰分、样品的溶解度、沸点、熔点、折射率、比旋光度等，对于确定化合物的种类均有一定参考价值。样品的纯度要求在98%以上，以避免杂质干扰。有机化合物的纯度可以由沸点或熔点鉴定。纯化样品的常用方法有色谱分离、萃取、分馏、沉淀、重结晶等，要注意在纯化过程中可能引入的杂质所产生的干扰。例如用硅胶柱提纯样品后，谱图中可能出现1080cm^{-1}附近的SiO_2吸收带，萃取和重结晶可能产生残留溶剂的干扰峰，样品中痕量的水分会产生水的吸收带。碱性样品如胺类等，可能吸收空气中的CO_2和H_2O生成相应的碳酸盐而产生一些干扰吸收带等。

b. 求不饱和度。通常由元素分析和质谱分析可以确定化合物的分子量和分子式。由分子式能计算出样品分子的不饱和度Ω。不饱和度表示有机分子中碳原子的不饱和程度，也叫缺氢度。与相应的饱和分子相比，每缺2个H原子就相当于1个不饱和度。因此一个环相当于1个不饱和度，一个双键相当于1个不饱和度，而一个叁键则相当于2个不饱和度。Ω的计算公式如下：

$$\Omega=\frac{2+2n_4+n_3-n_1}{2}$$

式中，n_1、n_3、n_4分别为分子式中1价、3价及4价元素的原子个数。

c. 解释谱图中的特征峰和相关峰。在解析红外谱图时，既要考虑吸收峰的位置，也要考虑其强度和形状。结合不同基团吸收峰出现的经验规律，提出各特征吸收峰的可能归属和振动方式，然后在其他区段查找该基团的相关峰。只有特征峰和相关峰同时存在时，才能基本确证该基团的存在。例如，若在1600cm^{-1}、1500cm^{-1}出现较窄的中强吸收峰，可能是苯环骨架振动吸收，还应进一步查找3100～3030cm^{-1}是否有ν_{Ar-H}的吸收峰。若有就基本上可确定有苯环结构；若$\Omega\geqslant4$，则可进一步肯定。然后查900～650cm^{-1}范围是否有取代苯的特征吸收峰以及2000～1640cm^{-1}范围是否有泛频峰等，这样才能最终确定苯环结构及取代类型。又如羰基的伸缩振动吸收峰强度大、形状特别，容易判断，但要确定它是属于醛、酮、酸、酯、酰卤、酰胺等哪一种化合物中的羰基，则必须根据上述化合物的其他特征的吸收带和羰基的出现位置等来综合考虑才能确定。

3.9.3 核磁共振波谱法

核磁共振波谱法（NMR）是一种对有机化合物进行结构解析、定性及定量分析的方法。核磁共振波谱是指在外加磁场作用下，一些具有磁性的原子核发生自旋能级分裂，用一定频率的电磁波照射，引起原子核自旋能级的跃迁所产生的波谱。有机化合物中的^{1}H、^{13}C、^{19}F、^{15}N、^{31}P核等都能产生核磁共振。有机化合物结构分析中最常用的是氢核磁共振谱（^{1}H NMR）与碳核磁共振谱（^{13}C NMR），它们可以提供分子中的氢原子和骨架的重要信息。氢的同位素中，^{1}H质子的天然丰度比较大，核磁信号比较强，比较容易测定。这里仅对^{1}H NMR作简单介绍。

(1) 核磁共振的基本原理

① 核自旋能级　原子核是带正电荷的粒子，自旋量子数非零的原子核的自旋运动会产生核磁矩，它与自旋角动量的关系为

$$\mu=\gamma P=\gamma\frac{h}{2\pi}\sqrt{I(I+1)}$$

式中，μ为核磁矩；γ为核的旋磁比；P为自旋角动量；h为Plank常数；I为核的自

旋量子数。

若将有自旋的核置于外磁场（B_0）中，由于核的磁偶极子与外磁场的相互作用，核磁矩 μ 就会产生 $2I+1$ 个取向。每个自旋取向代表自旋核某个特定的能量状态。根据经典电磁学理论，核磁矩与外磁场（B_0）相互作用而产生的核磁场作用能 E，即各能级的能量为

$$E=-\mu_z B_0$$

例如，^{1}H 核，$I=1/2$，它在外磁场中只能有两种取向：一种与外磁场平行，能量较低，以 $m=+1/2$，$E_1=-\mu B_0$ 表示；另一种与外磁场方向相反，能量较高，以 $m=-1/2$，$E_2=\mu B_0$ 表示。由上式可知，核磁矩总是力求与磁场方向平行。$I=1/2$ 的核自旋能级裂分与磁场 B_0 的关系如图 3-73 所示。

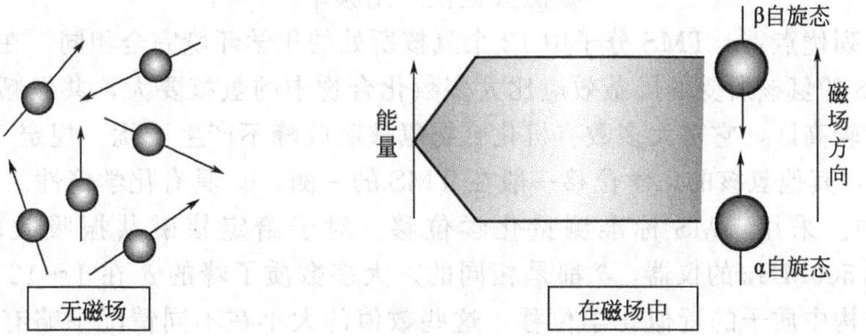

图 3-73　磁性核在磁场中的取向

当^{1}H 核在外磁场中，由低能级（E_1）向高能级（E_2）跃迁时，所需的能量（ΔE）为

$$\Delta E=E_2-E_1=\mu B_0-(-\mu B_0)=2\mu B_0$$

ΔE 与核的磁矩及外磁场强度成正比。外磁场愈强，能级裂分愈大，即 ΔE 愈大。

② 核磁共振　由上所述，磁性核在磁场中，核自旋产生的磁场与外磁场发生相互作用，由于这种作用不在同一方向，因此，磁性核一面自旋，一面又以自旋轴以一定角度围绕外磁场方向进行回旋运动，称为拉莫尔（Larmor）进动。拉莫尔进动有一定的回旋频率 ν。

如果用能量为 $h\nu=\Delta E=2\mu B_0$ 的射频电磁波照射时，自旋核就会有选择性地吸收射频辐射的能量，从低能级跃迁至高能级，这种现象称为核磁共振。此时核磁共振仪就会产生吸收信号。

发生核磁共振的条件

$$\Delta E=h\nu=\gamma\frac{h}{2\pi}B_0$$

$$\nu=\frac{\gamma}{2\pi}B_0$$

从上式可以看出共振频率与外加磁场的强度 B_0 成正比。当 B_0 固定时，只与自旋核的性质（旋磁比）有关。因此，不同的自旋核，其共振频率不同，可以谱峰的形式记录下来。

为满足核磁共振的条件，使共振现象发生，可以固定磁场，改变射频辐射的频率，扫描得到核磁共振谱；也可以固定射频辐射的频率，改变外磁场 B_0 的大小，扫描得到核磁共振谱。

（2）化学位移 δ

① 屏蔽效应和化学位移　屏蔽效应：对相同的氢核来说，γ 为常数，根据核磁共振的条件，有机物分子中的所有质子在同一磁场中，应该具有相同的共振吸收频率。但是，实际测定结果显示各种化合物中的不同氢核，在同一 B_0 下，其共振吸收峰频率是有差异的。这种现象表明，共振频率不完全取决于氢核本身，还与它在分子中所处的化学环境有关。氢核的周围有电子，处于不同化学环境中的质子周围的电子云密度并不相同。当^{1}H 核自旋时，

核周围的电子云也随之转动。在外磁场的作用下，电子云会感应出一个与外加磁场方向相反的次级磁场。这个次级磁场会抵消一部分外磁场，这种作用称为屏蔽效应（也称磁屏蔽）。

化学位移：由于^{1}H核在化合物中所处的化学环境不同，核外电子云的密度也不同，屏蔽作用的大小亦不同，所以在同一B_0下，不同^{1}H核的共振吸收峰频率就会有差异。在核磁共振谱图上会表现出共振吸收峰频率的移动，这种现象称为化学位移。

化学位移的数值比起共振频率和外磁场强度是一个很小的值，要精确测量其绝对值较困难，并且在不同强度磁场中仪器测量的数据存在一定的差别，故采用相对化学位移（δ）来表示。^{1}H核磁共振测量化学位移选用的标准物质是四甲基硅烷［$(CH_3)_4Si$，TMS］，δ定义为：

$$\delta=\frac{\nu_{样品}-\nu_{TMS}}{核磁共振仪所用频率}\times 10^6$$

它具有下列优点：a. TMS分子中12个氢核所处的化学环境完全相同，在谱图上是一个尖峰。b. TMS的氢核所受的屏蔽效应比大多数化合物中的氢核要大，共振频率最小，吸收峰在磁场强度较高区，它对大多数有机化合物氢核吸收峰不产生干扰。规定TMS氢核的化学位移δ为0，其他氢核的化学位移一般在TMS的一侧。c. 具有化学惰性。d. 易溶于大多数有机溶剂中。采用TMS标准测量化学位移，对于给定核磁共振吸收峰，不管使用300MHz还是500MHz的仪器，δ都是相同的。大多数质子峰的δ在1～12之间。表3-18是一些常见结构中质子的近似化学位移，这些数值的大小在不同情况下略有变化。图3-74是各类型质子大致的相对化学位移位置。

表3-18　不同结构中质子的化学位移

基团	δ值	基团	δ值
$(CH_3)_4Si$	0	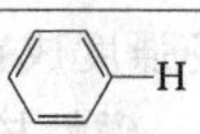	6.5～8.0
$—CH_3$	0.9	$—C(=O)—H$	9.0～10
$—CH_2—$	1.3	$I—C—H$	2.5～4.0
$—CH—$	1.4	$Br—C—H$	2.5～4.0
$—C=C—CH_3$	1.7	$Cl—C—H$	3.0～4.0
$—C(=O)—CH_3$	2.1	$F—C—H$	4.0～4.5
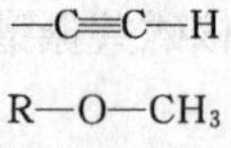	2.3	RNH_2	可变的，1.4～4
$—C≡C—H$	2.4	ROH	可变的，2～5
$R—O—CH_3$	3.3	$ArOH$	可变的，4～7
$R—C(R)=CH_2$	4.7	$—C(=O)—OH$	可变的，10～12
$R—C(R)=C(R)—H$	5.3	$—C(=O)—NH_2$	可变的，5～8

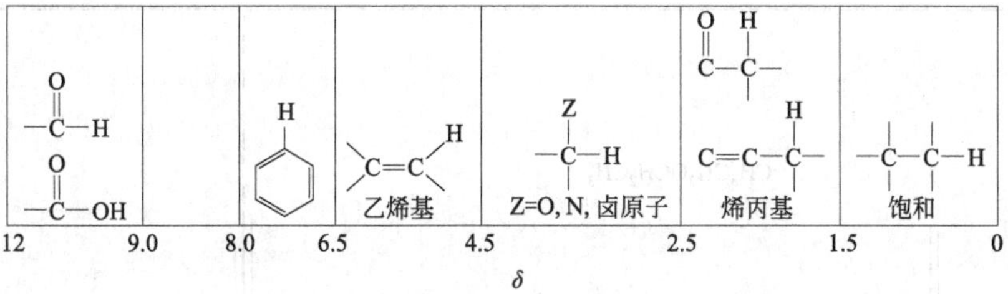

图 3-74　各类型质子相对化学位移的位置

② 影响化学位移的因素

a. 元素电负性影响。如果与氢核相连的原子或原子团电负性较强，使氢核周围电子云密度降低，即产生去屏蔽效应。元素的电负性越大，或者取代基团的吸电子作用越强，去屏蔽效应越大，氢核的化学位移 δ 值越大；电负性大的元素距离氢核越远，去屏蔽效应越小，化学位移 δ 值越小。

b. 化学键的磁各向异性效应　在外磁场的作用下，分子中处于某一化学键（单键、双键、叁键和大 π 键）的不同空间位置的氢核，受到不同的屏蔽作用，这种现象称为化学键的磁各向异性效应。其原因是电子构成的化学键，在外磁场作用下产生一个各向异性的次级磁场，使得某些位置上的氢核受到屏蔽效应，而另一些位置上的氢核受到去屏蔽效应。例如，芳环的大 π 键在外磁场的作用下形成上下两圈 π 电子环电流，因而苯环平面上下电子云密度大，形成屏蔽区，而环平面各侧电子云密度低，形成去屏蔽区。苯环的氢核正处于去屏蔽区，共振信号向低场区移动，其化学位移值大（$\delta=7.25$）；如果分子中有的氢核处于苯环的屏蔽区，则共振信号向高场区移动，其 δ 值会减小。双键 π 电子的情况与苯环相似，如乙烯的氢核处于弱屏蔽区，其化学位移值较大（$\delta=5.28$）；叁键的各向异性使乙炔的氢核位于屏蔽区，其化学位移值较小（$\delta=2.88$）。

c. 氢键和溶剂影响。键合在杂原子上的质子易形成氢键。氢键质子比没有形成氢键的质子有较小的屏蔽效应。形成氢键倾向越强烈，质子受到的屏蔽效应就越小，因此，在较低场发生共振，即化学位移值较大。形成氢键倾向受溶液的浓度影响，如在极稀的甲醇溶液中，平衡向非氢键方向移动，故羟基中质子的化学位移范围为 0.5～1.0；而在浓溶液中，化学位移值却为 4.0～5.0。

同一试样在不同溶剂中由于受到不同溶剂分子的作用，化学位移发生变化，称为溶剂效应。溶剂的这种影响是通过溶剂的极性、形成氢键、形成分子复合物以及屏蔽效应而发生作用。当溶液浓度为 $0.05\sim0.5\text{mol}\cdot\text{L}^{-1}$ 时，碳原子上的 ^1H 核在 CCl_4 或 $CDCl_3$（氘代氯仿）中的化学位移变化不大。在苯或吡啶等溶剂中，其化学位移可改变 0.5，这是因为苯和吡啶是磁各向异性效应较大的溶剂。因此，在核磁共振波谱分析中，一定要注明在什么溶剂条件下测得的化学位移值。

(3) 偶合常数 J

① 自旋偶合和自旋裂分　化学位移是磁性核所处化学环境的表征，但是在核磁共振谱中化学位移等同的核，其共振峰并不总表现为一个单一峰。图 3-75 为乙醚的标准核磁共振谱图，可以看到，$\delta=1.1$ 处的—CH_3 峰有一个三重精细结构；在 $\delta=3.5$ 处的—CH_2 峰有一个四重精细结构。氢核吸收峰的裂分是因为分子中相邻氢核之间发生了自旋相互作用，自旋核与自旋核的相互作用称为自旋-自旋偶合。这种作用虽然不影响化学位移，但会使共振峰形发生变化，引起峰的裂分，使谱线增多，简称自旋裂分。

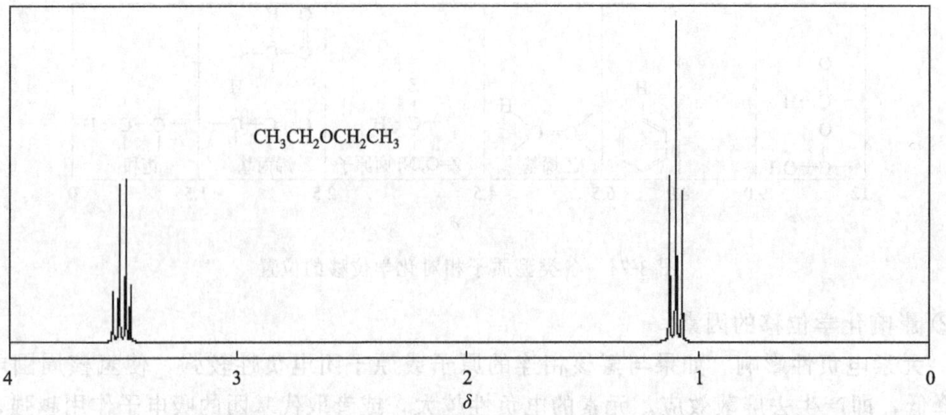

图 3-75　乙醚的标准核磁共振谱图

$CH_3CH_2OCH_2CH_3$分子中存在两组氢核。一组是组成—CH_3基团的同磁性 H_a，另一组是组成—CH_2基团的同磁性 H_b。在磁核共振分析时，H_a核除受磁场 B_0的作用外，还受相邻碳原子（—CH_2）上的 2 个 H_b核自旋（4 种自旋取向方式）的影响，使 H_a核受到的场强发生变化；同理，H_b核除受到 B_0的作用外，还受到相邻碳原子（—CH_3）中 3 个 H_a核自旋（8 种自旋取向方式）的影响，也使 H_b核受到的场强发生变化。这种自旋偶合作用，不仅产生谱线的裂分，而且裂分的谱线强度比也一定。表 3-19 展示了 $CH_3CH_2OCH_2CH_3$自旋偶合谱线多重裂分的基本原理。

表 3-19　$CH_3CH_2OCH_2CH_3$分子中—CH_3和—CH_2氢核的裂分

—CH_3中的氢核	H_a	—CH_2中的氢核	H_b
自旋取向方式	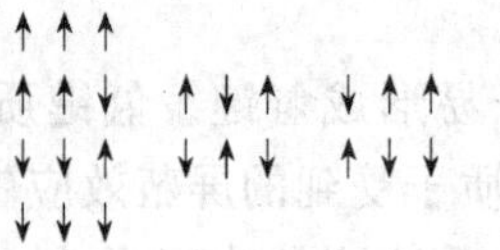	自旋取向方式	
H_a被 H_b裂分为	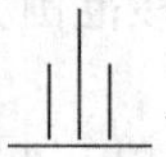	H_b被 H_a裂分为	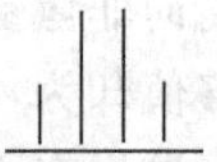
峰面积比	1∶2∶1	峰面积比	1∶3∶3∶1

自旋偶合使核磁共振信号裂分为多重峰，裂分峰数目等于 $n+1$（n 是相邻^1H 的数目）。裂分峰之间的峰面积（或强度）之比符合二项展开式 $(a+b)^n$各项系数比的规律。如果某组^1H 核邻近有两组偶合程度不等的^1H 核时，其中一组有 n 个，另一组有 n'个，则这组^1H 核受这相邻两组^1H 核自旋偶合作用，谱线裂分成 $(n+1)(n'+1)$ 重峰。一组氢核多重峰的位置，是以化学位移值为中心左右对称的，并且各裂分峰间距相等。把分子中化学位移相同的氢核称为化学等价核，如 $CH_2=CF_2$中—CH_2上的两个^1H 核。把化学位移相同，核磁性也相同的核称为磁等价核。磁等价核之间虽有偶合作用，但无裂分现象，在 NMR 谱图中为单峰。例如 Cl—CH_2—CH_2—Cl 分子中，—CH_2上的氢核皆是磁等价核，出现的信号强度相当于 4 个^1H 核的单峰。也就是说，磁不等价的氢核之间才能发生自旋偶合裂分。如下情况的氢核是磁不等价氢核：

a. 化学环境不相同的氢核；

b. 与不对称碳原子相连的—CH_2上的氢核；

c. 固定在环上的—CH_2中的氢核；

d. 单键带有双键性质时，会产生磁不等价氢核；

e. 单键不能自由旋转时，也会产生磁不等价氢核。

② 偶合常数 J　裂分峰的间隔反映了两种质子自旋之间相互作用的大小，相邻两个峰之间的距离（间距）称为偶合常数（Coupling Constant），以 J 表示，单位为 Hz。J 值的大小与外加磁场 B_0 无关，影响 J 值的主要因素是原子核的磁性核分子结构及构象。因此，偶合常数是化合物分子结构的属性。质子间的耦合只发生在邻近的质子之间，相邻 3 个碳以上的质子的偶合作用可以忽略不计，即 J 趋近于零。

③ 峰面积　在有机化合物的 ^{1}H NMR 谱图中，每组峰的面积与产生这组信号的质子数目成正比。因此，核磁共振谱不仅能区分分子中不同类型的质子，还能确定不同类型质子的数据。近代的核磁共振仪可以将每个吸收峰的面积进行电子积分，并在谱图上记录下积分数据。

（4）核磁共振波谱仪

高分辨率的核磁共振波谱仪的类型很多，按所用的磁体不同，可分为永久磁体、电磁体和超导磁体。按射频频率不同（^{1}H 核的共振频率），可分为 60MHz、90MHz、100MHz、200MHz、300MHz、500MHz 等，目前国际市场上已有 800MHz 的仪器供应。按射频源和扫描方式不同，可分为连续波核磁共振谱仪和脉冲傅里叶变换核磁共振谱仪。

连续波核磁共振谱仪（Continuous Wave-NMR，CW-NMR）的主要组成部件是磁铁、样品管、射频振荡器、扫描发生器、信号接收和记录系统（见图 3-76）。

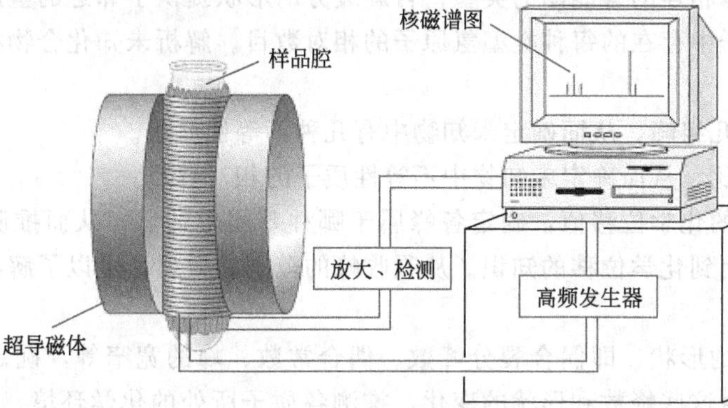

图 3-76　核磁共振仪结构

目前，广泛使用的是脉冲傅里叶变换核磁共振仪（Pulsed Fourier Transform NMR，PFT-NMR），它与连续波核磁共振谱仪的主要差别是在信号观测系统，即在 CW-NMR 谱仪上增加了脉冲程序器和数据采集及处理系统。

在 PFT-NMR 中，采用恒定的磁场，用一定频率宽度的射频强脉冲辐照试样，激发全部欲观测的核，得到全部共振信号。当脉冲发射时，试样中每种核都对脉冲中单个频率产生吸收。接收器得到自由感应衰减信号（FID），这种信号是复杂的干涉波，产生于核激发态的弛豫过程。FID 信号经滤波、模/数（A/D）转换器数字化后被计算机采集。FID 数据是时间（t）的函数，再由计算机进行傅里叶变换运算，使其转变成频率（ν）的函数，最后经过模/数（A/D）转换器变换模拟量，显示到屏幕上或记录在记录纸上，就得到通常的

NMR 谱图。FID 信号变换过程如图 3-77 所示。

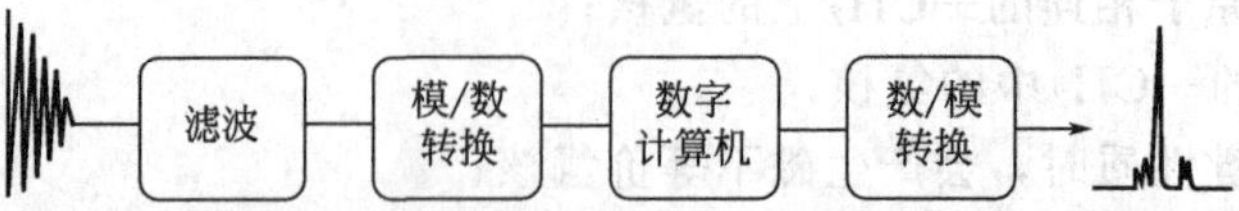

图 3-77 PFT-NMR 中 FID 信号的变换过程

(5) 样品的制备

核磁共振测定时一般使用专门的样品管来装待测样品，其规格为外径 5mm，内径 4mm，长 180mm，并配有塑料或聚四氟乙烯塞子，使用液体样品或在溶液中进行测定。

待测样品量一般为：氢谱在 0.5～1.0mL 的溶剂中，溶解 2～5mg 样品，并加入 3～4cm 高、约 0.5mL 的氘代试剂及 1～2 滴 TMS（内标），盖上样品管盖子。放入共振仪探头，在共振仪中扫频测定。

要获得分子结构信息分辨度高的图谱，一般应采用液态样品。固体样品需先配成溶液，溶液浓度尽量大一些，以减少测量时间。液态样品，要求有较好的流动性，常需用惰性溶剂稀释。选择溶剂主要看其对样品的溶解度。制样时一般采用氘代溶剂，不产生干扰信号。$CDCl_3$是最常用的溶剂，其价格便宜易得，但不适用于强极性样品。极性大的化合物可采用氘代丙酮、重水等。

对一些特定样品，要采用相应的氘代试剂：氘代苯用于芳香化合物，氘代二甲基亚砜用于某些难溶于一般溶剂的样品，氘代吡啶用于难溶的酸性或芳香化合物。

(6) 谱图解析

解析核磁共振谱图可以得到有关分子结构的丰富信息。测定每一组峰的化学位移可以推测与产生吸收峰的氢相连的官能团的类型；自旋裂分的形状提供了邻近的氢原子数目；根据峰面积可计算出分子中存在的每种类型氢原子的相对数目。解析未知化合物核磁共振图谱的一般步骤如下。

① 首先确定有几组峰，从而确定未知物中有几种不等性质子。

② 确定峰面积比，从而确定未知物中不等性质子的相对数目。

③ 确定各组峰的化学位移值，确定各峰属于哪种基团上的氢，从而推测分子中可能存在的官能团。这要用到化学位移的知识。从吸收峰的范围和数目，可以了解在不同化学环境的氢核基团的数目。

④ 识别各组峰的形状，即偶合裂分峰数、偶合常数、峰的宽窄等，确定基团和基团之间的连接关系，并由这些峰数和形状的变化，推测各质子所处的化学环境。此步涉及（$n+1$）规律和高级谱知识等。

⑤ 综合以上信息，再参考其他测试数据，如红外光谱、沸点、熔点、折射率等，确定未知物的结构。

解析谱图的结果应满足以下关系：

① 不同化学环境的核群数目应当等于共振峰的数目；

② 不同环境的核的相对数之比应当等于各共振峰的相对面积之比；

③ 一种基团与邻近基团的关系应当符合各对应共振峰的精细结构。

3.9.4 质谱法

化合物分子在真空条件下，接受离子源提供的能量，失去一个电子，得到带正电荷的分子离子，分子离子进一步裂解后，形成带正电荷的碎片离子，这些碎片离子按照其质量 m 和电荷 z 的比值（m/z，质荷比）大小依次排列成谱被记录下来，称为质谱。质谱图反映的是各种碎片离子相对强度和质荷比的分布。其横坐标为质荷比 m/z，纵坐标是各离子的相对强度。对于一定的化合物，各离子间的相对强度是一定的，因此，质谱具有化合物的结构特征。

目前，该方法已广泛应用于有机化合物、石油化工、生物化学、天然产物、环境保护、医药卫生等研究领域。人们根据质谱图提供的信息可进行有机物、无机物的定性、定量分析，复杂化合物的结构分析，同位素比的测定及固体表面的结构和组成的分析等重要检测。质谱技术已逐渐成为分析化学不可缺少的工具，质谱仪也成为近代化学实验室的标准仪器之一。

（1）质谱仪

质谱法主要是通过对样品离子质荷比的分析实现样品定性和定量的一种分析方法。因此，质谱仪都必须有电离装置把样品电离为离子，由质量分析装置把不同质荷比的离子分开，经检测器检测之后得到样品的质谱图。由于有机样品、无机样品和同位素样品等具有不同形态、性质，因此所用的电离装置、质量分析装置和检测装置有所不同。但是，不管是哪种类型的质谱仪，其基本组成是相同的。都包括进样系统、离子源、质量分析器、检测器、真空系统。此外还包括供电系统和数据处理系统等辅助系统，其结构如图 3-78 所示。

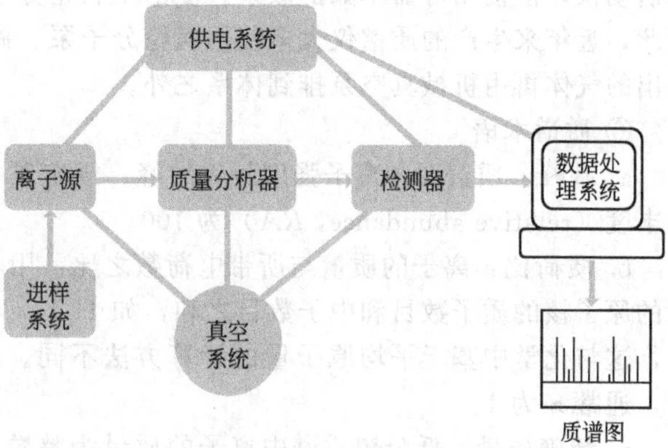

图 3-78　质谱仪结构示意图

① 进样系统　在不破坏真空度的情况下，固体和沸点较高的液体样品需通过进样推杆送入离子源并在其中加热气化，低沸点样品在储气器中气化后进入离子源，气体样品可经储气器进入离子源。常见的进样方式有间隙进样系统、直接探针进样和色谱进样系统 3 种。

② 离子源　质谱分析的对象是离子，因此首先要把样品分子或原子电离成离子。使样品分子或原子离子化的装置叫做离子源。质谱分析中，要求离子源产生的离子多、稳定性好、质量歧视效应小。质谱仪的离子源种类很多，表 3-20 列举了一些常见的离子源，其原理和用途各不相同。

表 3-20　质谱仪中常见的几种离子源

名称	产生的离子	类型	灵敏度	优点
电子轰击电离	M^+	气相	ng～pg	有可搜索的结构信息数据库
化学电离	$M+1$，$M+18$ 等	气相	ng～pg	M^+ 通常存在
场电离	M^+	气相	μg～ng	可用于非挥发性物质
场解吸电离	M^+	解吸	μg～ng	可用于非挥发性物质
快原子轰击	$M+1$，M^+ 正离子，M^+ 基质	解吸	μg～ng	可用于非挥发性物质
二次离子质谱	MH^+，$[M^+$ 基质 $+H]^+$ 等	解吸	ng～pg	可用于非挥发性物质
激光解吸电离	$M+1$，M^+ 基质	解吸	μg～ng	可用于非挥发性物质离子碎裂
热喷雾离子化	M^+	蒸发	μg～ng	可用于非挥发性物质
电喷雾离子化	M^+，M^{2+}，M^{3+} 等	蒸发	μg～ng	可用于非挥发性物质界面 w/LC，形成多电荷离子

③ 质量分析器　质量分析器又称质量分离器，是将离子源中生成的离子按质荷比大小分离聚焦的部件，是质谱仪的重要组成之一。质谱仪中使用的质量分析器有一二十种，包括扇形磁场质量分析器、四极杆质量分析器、离子阱质量分析器、飞行时间质量分析器、傅里叶变换离子回旋共振质量分析器等。

④ 检测器　有机质谱仪常用的检测器有直接电检测器、电子倍增器、闪烁检测器和微通道板等。

⑤ 真空系统　为了保证离子源中灯丝的正常工作，保证离子在离子源和分析器中正常运行，消减不必要的离子碰撞、散射效应、复合反应和离子-分子反应，减小本底与记忆效应，质谱仪的离子源和分析器都必须处在高真空度状态。也就是说，质谱仪都必须有真空系统。一般真空系统由机械真空泵和扩散泵或涡轮分子泵组成。机械真空泵能达到的极限真空度为 10^{-3} mbar，不能满足要求，必须依靠高真空泵。扩散泵是常用的高真空泵，其性能稳定可靠，缺点是启动慢，从停机状态到仪器能正常工作所需时间长；涡轮分子泵则相反，仪器启动快，但使用寿命不如扩散泵。但由于涡轮分子泵使用方便，没有油的扩散污染问题，因此，近年来生产的质谱仪大多使用涡轮分子泵。涡轮分子泵直接与离子源或分析器相连，抽出的气体再由机械真空泵排到体系之外。

⑥ 质谱术语

a. 基峰：质谱图中离子强度最大的峰，规定其相对强度（relative intensity，*RI*）或相对丰度（relative abundance，*RA*）为 100。

b. 质荷比：离子的质量与所带电荷数之比，用 m/z 表示。M 为组成离子的各元素同位素的原子核的质子数目和中子数目之和，如 H 1；C 12；N 14，15；O 16，17，18；Cl 35，37 等，这与化学中基于平均原子量的计算方法不同。z 为离子所带正电荷或所丢失的电子数目，通常 z 为 1。

c. 精确质量：低分辨质谱中离子的质量为整数，高分辨质谱给出分子离子或碎片离子的精确质量，其有效数字视质谱仪的分辨率而定。分子离子或碎片离子的精确质量计算基于精确原子量。部分元素的天然同位素的精确质量和丰度见书后附录 7。

⑦ 质谱的离子峰类型

a. 分子离子峰：分子失去一个电子而生成的正离子称为分子离子或母离子，相应的质谱峰称为分子离子峰或母峰。分子离子标记为 $M^{\cdot +}$，是一个自由基离子，其中“+”表示有机物分子 M 失去一个电子而电离，“•”表示失去一个电子后剩下未配对的电子。具有未配对电子的离子，称为奇电子离子。这样的离子同时又是自由基，具有较高的反应活性。具有配对电子的离子，称为偶电子离子，它比奇电子离子稳定。

分子离子峰是除同位素峰外，质量数最大的质谱峰，位于质谱图的高质荷比端。分子离子质量对应于中性分子的质量，因此可用其确定相对分子质量。几乎所有的有机化合物都可以产生能辨认的分子离子峰，其稳定性决定于分子结构。芳香族、共轭烯烃及环状化合物的分子离子峰强，而相对分子质量大的烃、脂肪醇、醚、胺等，则分子离子峰弱。

b. 碎片离子峰：有机化合物的碎裂方式很多，也很复杂。一般情况下，当离子源提供分子电离的能量超过分子解离所需的能量时，原子之间的一些键还会进一步断裂，产生质量数较低的碎片，称为碎片离子。碎片离子在质谱图上相应的峰称为碎片离子峰。广义的碎片离子指分子离子碎裂而产生的一切离子，而狭义的碎片离子仅指简单碎裂而产生的离子。

分子的碎裂过程与其结构有密切关系，研究质谱图中相对强度最大的，即最大丰度的离子碎裂过程，通过对各种碎片离子峰高的分析，有可能获得整个分子结构的信息。

c. 重排离子峰：分子离子在裂解的同时，可能发生某些原子或原子团的重排，生成比较稳定的重排离子，其结构与原来分子的结构单元不同。其在质谱图上相应的峰称为重排离子峰。

d. 亚稳离子峰：离子在离开电离源，尚未进入接收器前，在中途任何地方发生碎裂变成亚稳态离子，它在质谱图上的峰，称为亚稳态离子峰。亚稳离子（M_2^*）动能小，易在磁场中偏转，运动半径小，其质量 $m*$ 可由下式求得：

$$m*=\frac{(m_2)^2}{m_1}$$

若在电离源处发生分子离子的碎裂，设原离子即母离子 M_1^+ 的质量为 m_1，丢失质量为 m_1-m_2 的中性碎片 M_n 后，生成质量为 m_2 的子离子 M_2^+，即 $M_1^+ \longrightarrow M_2^+ + M_n$。若上述碎裂发生在中途，中性碎片不仅带走了 m_1-m_2 质量，且还带走了 M_1^+ 的部分动能。因此，中途产生 M_2^* 的动能必然小于在离子源处正常产生的 M_2^* 的动能。

在质谱图中亚稳离子（M_2^*）峰呈现在离子峰 M_2^+ 的左边，强度弱，峰宽，其 m/z 值往往不是整数。通过亚稳离子峰可以剖析离子的开裂部位，并确定丢失的中性碎片。

e. 同位素离子峰：组成有机化合物的元素，常见的约有十余个，除 P、F、I 以外，其他元素都存在着两种以上的同位素，因而质谱图中会出现强度不等的同位素离子峰。由于各元素中最轻同位素的天然丰度最大，因此与相对分子质量有关的分子离子峰（M^+）由最大丰度的同位素产生。生成的同位素离子峰往往在分子离子峰右边 1 或 2 个质量单位处出现 M+1 或 M+2 峰，构成同位素离子峰簇，其强度比与同位素的丰度比相当，可由丰度比来推算，一般含有 Br、Cl 的化合物的 M+2 同位素峰强度较大。

f. 多电荷离子：一个分子丢失两个或两个以上电子所形成的离子称为多电荷离子。在正常电离条件下，有机化合物只产生单电荷或双电荷离子。在质谱图中，双电荷离子出现在单电荷的 1/2 质量处。双电荷离子仅存在于稳定结构中，如杂环、芳环和高度不饱和的有机化合物分子在受到电子轰击时，失去两个电子而形成两价离子 M^{2+}，这是这类化合物的特征，可为结构分析提供参考。

（2）主要类型有机化合物的质谱

有机物类型	质谱特征
饱和脂肪烃	饱和脂肪烃的 M^+ 峰强度随分子量的增加而减小
	质谱内有一系列的碎片离子，彼此质量相差 14（CH_2=14）
	M−15 峰最弱，因为支链烷烃不易失去甲基（CH_3=15）
	m/z=43（$C_3H_7^+$）和 m/z=57（$C_4H_9^+$）峰总是很强（基准峰），这主要是因为丙基离子和丁基离子很稳定的缘故。支链饱和脂肪烃往往在分支处裂解形成强度较大的峰，因为仲或叔正碳离子稳定
烯烃	烯烃易失去一个 π 电子，所以其分子离子峰非常明显，其强度随分子量的增大而减弱
	烯烃质谱的基准峰是双键 β 位置 C—C 键断裂的峰（$CH_2=CH\overset{+}{C}H_2$，m/z=41）
	当双键的 γ-C 原子上有氢时，会发生 McLafferty 重排，伴随有一系列 41+14n（n=1,2,…）峰
芳香烃和芳烃烷基	有较强的分子离子峰，M+1、M+2 峰可精确测定
	芳烃烷基易于形成 m/z 91 的正离子，生成的正离子通常会继续裂分，形成 $C_5H_5^+$ 和 $C_3H_3^+$，但相对强度比起正离子要弱很多
	带有正丙基或丙基以上侧链的芳烃，会发生 McLafferty 重排，伴随生成 $C_7H_8^+$ 离子（m/z=92）
	侧链 α-裂解虽然发生机会较少，但仍然有可能，所以芳香烃质谱中可以看到 m/z=77（$C_6H_5^+$）、78（$C_6H_6^+$）和 79（$C_6H_6+H^+$）的离子峰
	双取代苯环有不同的裂分途径
	邻位双取代的苯环，由于氢的重排，取代基间容易形成六元环过渡态，具有显著的邻位效应

续表

有机物类型	质 谱 特 征
醇	分子离子峰很微弱或者消失。由于失水，M－18 常成为主峰。有时失去水的同时，还会伴随失去一分子乙烯 M－46
	与氧相连的 C—C 键裂解很常见，因而伯醇会出现 $^{+}CH_2$—OH（m/z 31）的主峰。仲醇和叔醇有相似的断裂，分别出现 $^{+}$CHR—OH（m/z＝45，59，73 等）和 $^{+}$CRR′—OH（m/z＝59，73，87 等），这些峰对于鉴定醇类极为重要
	苄醇的分子离子峰也很强，易失 H，失 CO，再失 H_2
苯酚	分子离子峰很强
	特征峰是失去 CO、CHO 所形成的 M－28、M－29 峰
	由于苯环的“邻位”效应，甲苯酚、2-烷基取代酚和二元酚可失水，形成 M－18 峰
脂肪醚	脂肪醚的分子离子峰 M^{+} 很弱，但可以观察出来
	脂肪醚可发生 i-裂解、α-裂解和重排 α-裂解
芳香醚	分子离子峰很强
	在环的 β-位易发生断裂，形成的离子还可进一步分解
	二苯醚由于复杂的重排，有 M－1（失 H）、M－28（失 CO）、M－29（失 CHO）峰
酮和醛	分子离子峰很强
	脂肪醛酮的主要谱峰是由 McLafferty 重排产生的
	醛、酮都能发生 α-裂解
	芳香酮既可发生均裂，也可发生异裂
羧酸、酯和酰胺	分子离子峰都可以比较明显地观察到
	当结构中含 γ-氢原子时，会发生 McLafferty 重排
	均可以发生 α-裂解
胺	脂肪胺的分子离子峰很弱。脂环胺和芳胺的分子离子峰较明显。含奇数氮的胺其分子离子峰为奇数
	伯胺的特征峰为强的 m/z＝30 峰，但叔胺和仲胺经过两次裂解和重排也可能生成该峰，但强度要弱一些
	脂肪胺和芳胺可能发生 N 原子的双侧 β-裂解
	胺类极为特征的峰是 m/z＝18 峰，这是 $N^{+}H_4$ 峰。这一峰与醇的 m/z＝18 峰（H_2O^{+}）有显著的差别，就是其质量数 18 与 17 峰的比值远大于醇类的比值
腈	脂肪腈的分子离子峰很弱，甚至看不见。M＋1 峰可以通过增加样品量而观察到
	M－1 峰很明显，有利于鉴定此类化合物
	通过 McLafferty 重排，C_4～C_{10} 的直链腈具有 m/z＝41 的基准峰。在 C_8 或更长的直链腈中，m/z＝97 峰是特征强峰
硝基化合物	脂肪硝基化合物的分子离子峰一般都观察不到
	由于 NO_2^{+} 和 NO^{+} 的生成，硝基化合物具有很强的 m/z＝46 及 30 的峰
	芳香硝基化合物有很强的分子离子峰。当含奇数个 N 时，分子离子峰质量为奇数，此外显 m/z 30、M－30、M－46，M－58 等峰

（3）有机质谱图谱解析

正确解析有机质谱图谱，是确定有机化合物结构的关键。一般情况下，包括以下几个步骤。

① 确认分子离子峰，并由其求得相对分子质量。

② 确定化学式。

③ 计算不饱和度。不饱和度常用“Ω”来表示。

④ 找出主要的离子峰（一般指相对强度较大的离子峰），并记录这些离子峰的质荷比和相对强度。附录表 6 列出了常见碎片离子及其可能来源。

⑤ 对质谱中分子离子峰或碎片离子峰丢失的中性碎片进行解析。附录表 5 中列出了在质谱中从分子离子脱去的常见的中性碎片，可供图谱解析时使用。

⑥ 找出母离子、子离子和亚稳离子，判断裂解方式，了解官能团和碳骨架。

⑦ 配合其他检测方法和样品的理化性质确定试样的结构式。

3.10 化学实验微型仪器简介

目前的常规化学仪器体积都比较大，试剂用量多，不利于节约及环保。微型化学实验是近几年在国内迅速发展的一种实验方法与技术。微型化学实验是在微型化的仪器装置中进行的化学实验，其试剂用量约为对应的常规实验的 1/1000～1/10，具有操作简捷，反应迅速，现象明显，节约药品，污染小且安全等优点。目前，现有技术中的微型化学实验仪器主要由高分子材料和玻璃材料制造。

3.10.1 高分子材料制作的微型仪器及其操作

用高分子材料制作的微型仪器制作精细规范，价格低廉，不易破碎，试剂用量少。这类仪器目前主要有多用滴管和井穴板两种。

(1) 多用滴管

由聚乙烯吹塑而成，是一个圆筒形的具有弹性的吸泡连接一根细长的径管而成（见图 3-79）。国外定型生产的多用滴管的型号及其规格见表 3-21。国内生产的多用滴管类似 AP1444 型，吸泡体积为 4mL。

表 3-21 国外多用滴管型号

型号	吸泡体积/mL	径管直径/mm	径管长度/mm
AP1444	4	2.5	153
AP1445	8	6.3	150

多用滴管集储液和滴液功能为一体，基本用途是作滴液试剂瓶（见图 3-80），供学生实验时使用。它能耐一般无机酸碱的腐蚀，一般浓度的无机酸、碱、盐溶液可长期储存于吸泡中。浓硝酸等强氧化剂的浓溶液和浓盐酸等与聚乙烯有不同程度反应的试剂不宜长期储存于吸泡中；甲苯、松节油、石油醚等对聚乙烯有溶解作用，不能储存于多用滴管中。

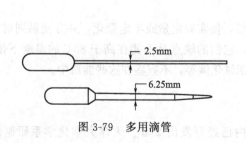

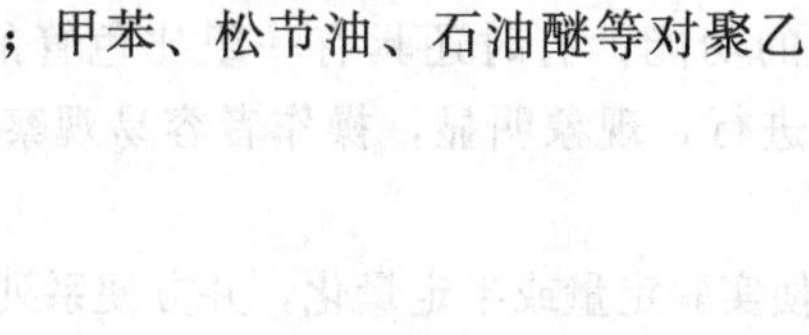

图 3-79 多用滴管

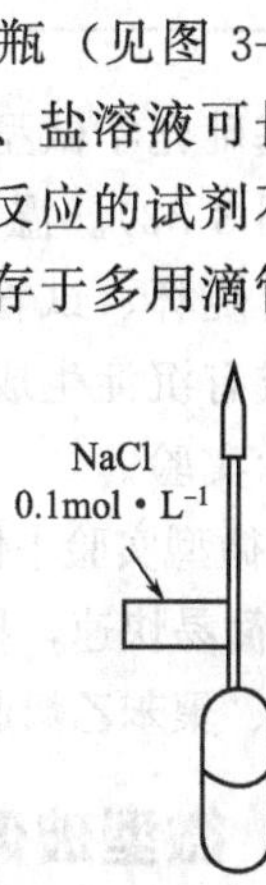

图 3-80 滴液试剂瓶

市售多用滴管的液滴体积约为每滴 40μL。多用滴管的径管在加热软化后能拉细得到液滴体积约为每滴 20μL 的滴管，用于一般的微型实验。按捏多用滴管的吸泡排出空气后便可吸入液体试剂，盖上自制的瓶盖，贴上标签后就是滴液试剂瓶。

一些容易跟空气里的氧气、二氧化碳等物质反应的试剂配制好后，可以按捏多用滴管的吸泡，排出大部分空气，吸入配好的试剂到充满吸泡约 2/3 体积，倒转滴管，使径管朝上，轻挤吸泡，排出径管里的液体，然后在酒精灯火焰上熔封，径管中部隔绝空气进入，可以长久保存，便于携带。

在多用滴管的径管上紧套一只市售医用塑料微量吸液头（简称微量滴头），组合成液滴体积约为 20μL 的毛细滴管（见图 3-81），成为一种少量液体滴加计量器和简易微型滴定管，方便使用。多用滴管的吸泡还是一种反应容器，许多化学反应可以在吸泡中进行，反应的温度可通过水浴调节，最高不能超过 80℃。已盛有溶液的滴管，要再吸入另一种溶液时，采用径管朝上左手缓缓挤出吸泡中的空气，擦干外壁后，右手再把径管朝下弯曲深入欲吸溶液（预先按需用量置于井穴板中），再松开左手的方法。不允许已盛有液体的滴管的径管直接插到储液瓶中吸取试剂，以免对瓶中试剂造成污染。

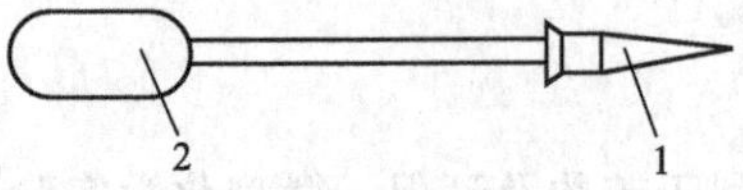

图 3-81　毛细滴管

1—微量滴头；2—多用滴管

多用滴管还可以作滴液漏斗，它穿过塞子与具支试管组合成气体发生器。总之，多用滴管的用途很多，在不同的实验中还有不少新的用途。

（2）井穴板

市售井穴板大多用透明的聚苯乙烯或有机玻璃为材料制成，对井穴板的质量要求是一块板上各井穴的容积和透光率相同。井穴板的种类和规格见表 3-22。

表 3-22　井穴板的种类和规格

井穴板孔穴数	井穴容积/mL	主要应用范围	备注
96	0.3	医学检验	又称酶标板，简称 96 孔板
40	0.3	医学检验	均可在投影仪上使用
24	3	生化科研	
12	7	生化科研	
9	0.7	微型实验（替代试管、点滴板）	
6	5	微型实验（用于电导、pH 测定）	

井穴板是基础化学微型实验的常用反应容器，常用的是 9 孔和 6 孔井穴板，简称 9 孔板和 6 孔板（见图 3-82）。温度不高于 80℃（限于水浴加热）的无机反应一般能在井穴板上做。井穴板具有烧杯、试管、点滴板、试剂储瓶等的功能，有时还具有一组比色管的作用。发生颜色变化或有沉淀生成的无机反应在井穴板上进行，现象明显，操作者容易观察，还能用投影仪做演示实验。

在基础化学微型实验中使用多用滴管和井穴板，使实验定量或半定量化，并方便系列对比或平行试验，操作简易快速，易于重复，携带方便。它们的缺点是不能在高于 80℃的温度下使用。一些能跟聚乙烯、聚苯乙烯起作用的有机溶剂如四氯化碳等，不宜盛在这些器皿中。

3.10.2 微型玻璃仪器

用于基础化学实验的微型玻璃仪器现在国内已经开发出 2 套。天津大学化学系研制的微型玻璃仪器采用 14 号标准磨砂接口，全套共 27 类 36 个部件，各部件基本是常规玻璃仪器的缩微，其试剂用量一般比常规实验节约 90%以上。杭州师范大学化学系研制的“微型化学制备仪”，全套仪器共计 20 个品种 31 件，采用 10 号标准磨砂接口。图 3-83 是这套仪器主要部件示意图。

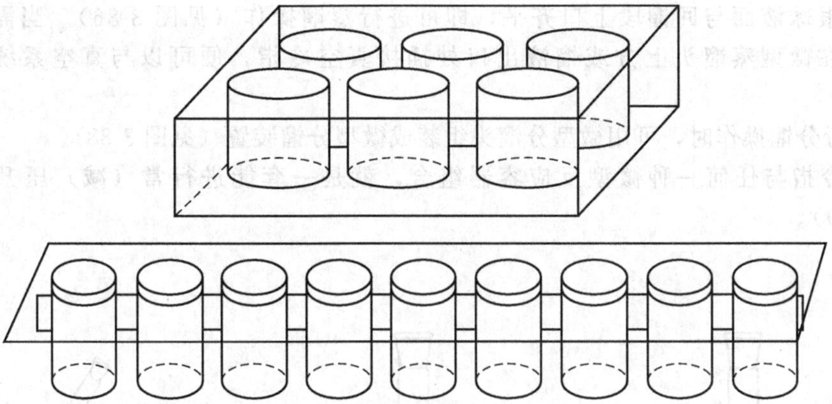

图 3-82　9 孔和 6 孔井穴板

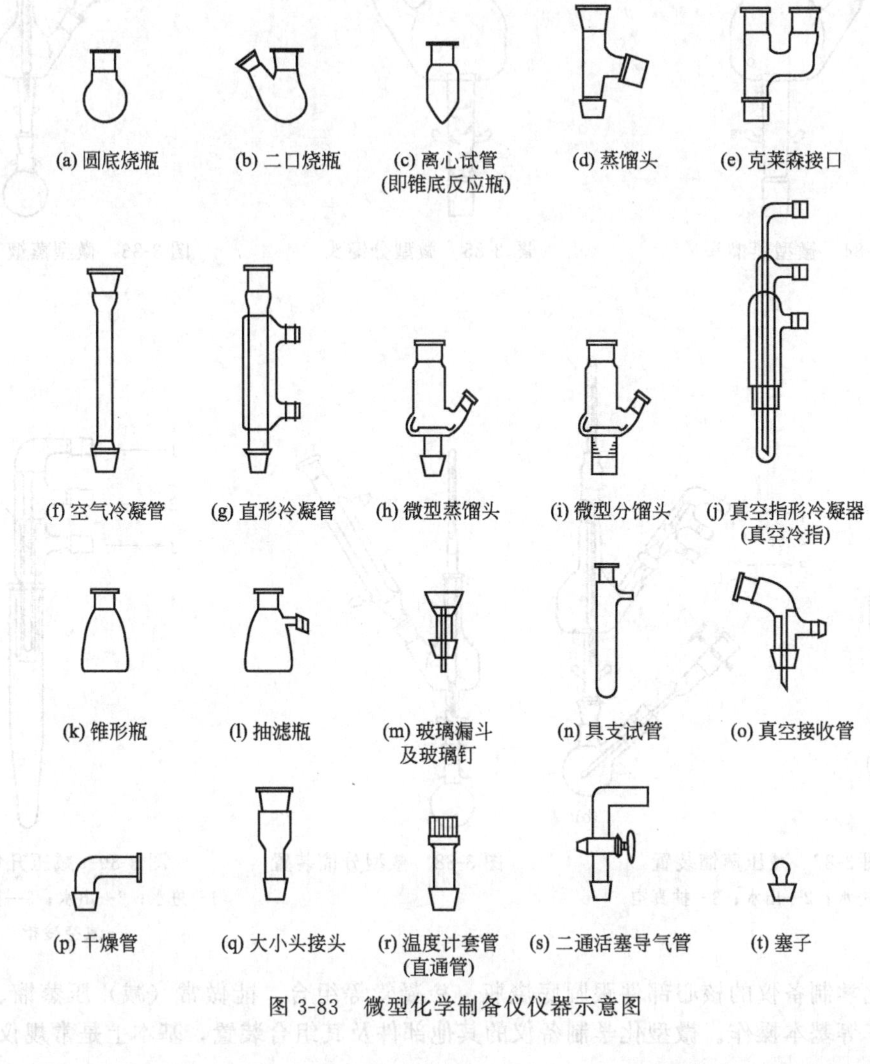

图 3-83　微型化学制备仪仪器示意图

国产微型化学制备仪的核心部件为多功能微型蒸馏头（见图 3-84）、微型分馏头（见图 3-85）、真空指形冷凝器（简称真空冷指）。

微型蒸馏头是改进的 Hickman 蒸馏头。其结构分为回馏段（a）、冷凝段（b）、馏液承接阱（c）、馏液出口（d）四部分。当它的下端连接烧瓶，把温度计插入蒸馏头内，使水银球液面与回馏段上口齐平，即可进行蒸馏操作（见图 3-86）。当需要在减压下蒸馏，在微型蒸馏头上方或馏液出口处插接真空冷指，便可以与真空系统连接（见图 3-87）。

当进行分馏操作时，可用微型分馏头组装成微型分馏装置（见图 3-88）。

真空冷指与任何一种微型反应容器组合，就是一套能进行常（减）压升华的装置（见图 3-89）。

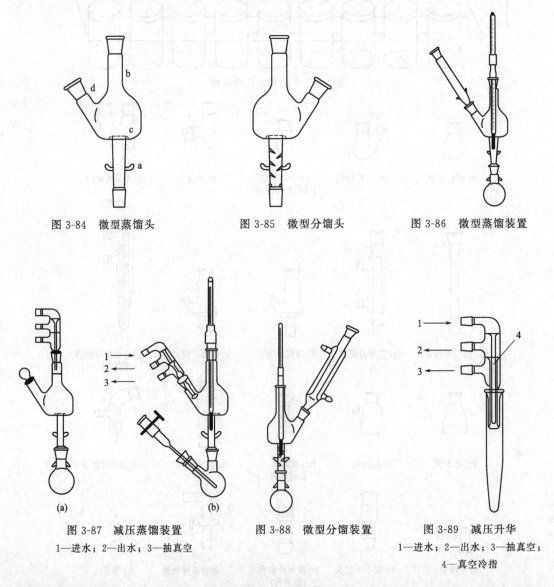

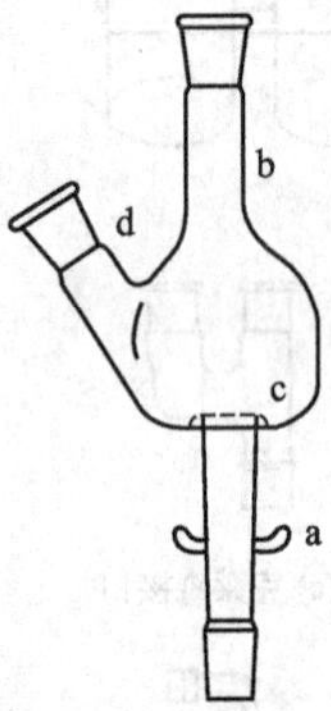

图 3-84　微型蒸馏头

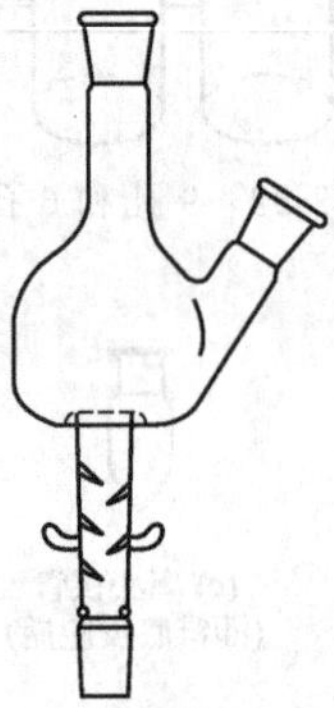

图 3-85　微型分馏头

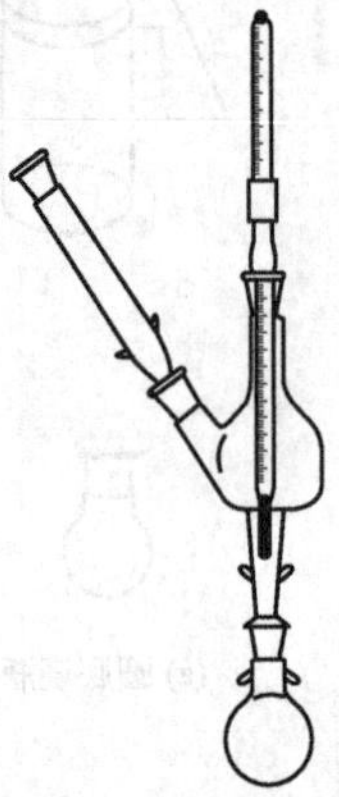

图 3-86　微型蒸馏装置

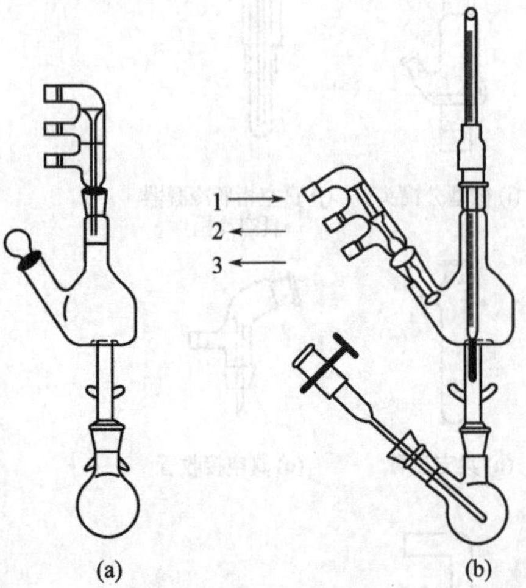

图 3-87　减压蒸馏装置

1—进水；2—出水；3—抽真空

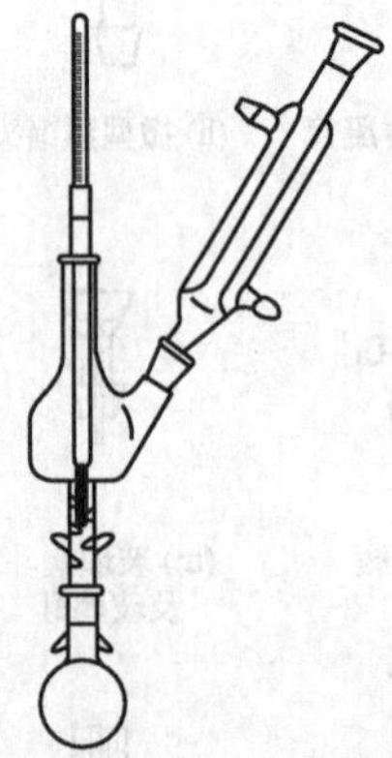

图 3-88　微型分馏装置

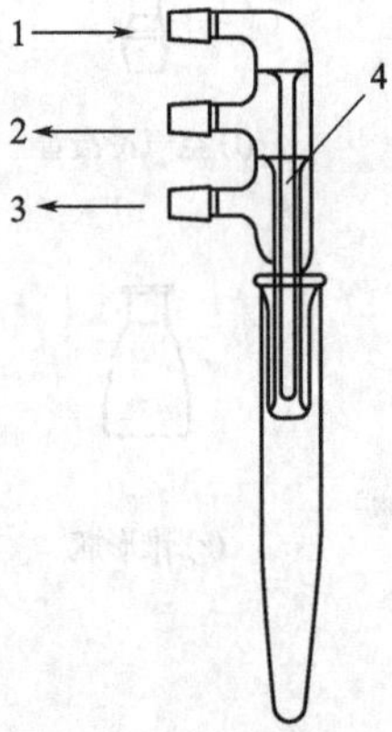

图 3-89　减压升华

1—进水；2—出水；3—抽真空；4—真空冷指

微型化学制备仪的核心部件跟圆底烧瓶、冷凝管等组合，能做常（减）压蒸馏、回流、分馏、升华等基本操作。微型化学制备仪的其他部件及其组合装置，基本上是常规仪器的缩小，它的部件组成、构造和操作规范仍跟常规实验相同。

采用这套微型化学制备仪，可以做主要原料试剂在 10mL 左右的有机制备、无机合成等实验，还可分离出馏分量在 50μL 左右的馏液和升华提纯几毫克的固体。微型实验处理的物料量少，以量筒计量液体容积的操作已达不到实验要求（误差太大）。一般采用称出质量或使用定量进样器、吸量管、注射器或预先校准液滴体积的毛细滴管来进行液体计量。液体的转移常常要用毛细吸管或注射器。

第4章 有机物的性质与鉴定

实验1 烃类性质及鉴定

【实验目的】

1. 学习烷、烯、炔和芳香烃的主要化学性质。
2. 掌握烯、炔和芳香烃鉴别方法。

【实验原理】

烃类化合物根据不同的结构分为：脂肪烃和芳香烃。脂肪烃中又有烷烃、烯烃、炔烃等。物质结构决定了物质的化学性质。因此，不同的烃具有不同的化学性质。

烷烃比较稳定。但在光或加热的条件下，可以发生自由基型的卤代反应：

$$C_nH_{2n+2}+X_2 \xrightarrow[\text{或加热}]{\text{光照}} C_nH_{2n+1}X+C_nH_{2n}X_2+\cdots(\text{混合物})$$

烯烃和炔烃是不饱和烃，容易发生加成和氧化反应，通过这两种反应，可以鉴别烯烃和炔烃。

1. 溴-四氯化碳试验

烯烃和炔烃可与红棕色的溴发生加成反应，生成无色的邻二卤代物和多卤代物。

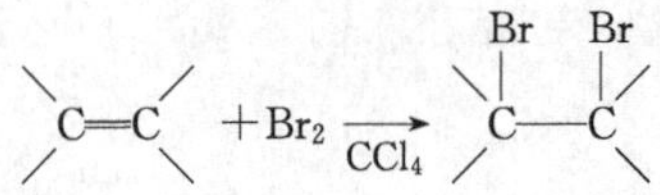

$$\underset{}{\overset{}{C}}=\underset{}{\overset{}{C} + Br_2 \xrightarrow{CCl_4}} \overset{Br\ Br}{\underset{}{C-C}}$$

$$-C\equiv C- + Br_2 \xrightarrow{CCl_4} -CBr_2-CBr_2-$$

这是检验不饱和键的方法之一。但不是所有的双键或叁键都能发生反应。例如反丁烯二酸（富马酸）与溴不发生反应。

$$\underset{H}{\overset{HOOC}{>}}C=C\underset{COOH}{\overset{H}{<}} + Br_2 \longrightarrow \text{无反应}$$

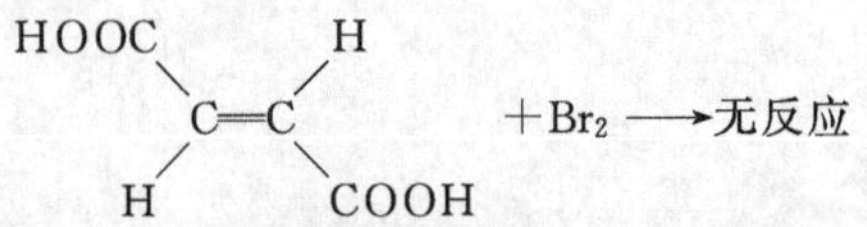

有些使溴-四氯化碳褪色的，也可能是存在烯醇式的醛或酮以及酯：

$$H_3C-\overset{O}{\overset{\|}{C}}-CH_2-\overset{O}{\overset{\|}{C}}-CH_3 \rightleftharpoons H_3C-\overset{O}{\overset{\|}{C}}-\overset{H}{\underset{}{C}}=\overset{OH}{\underset{}{C}}-CH_3$$

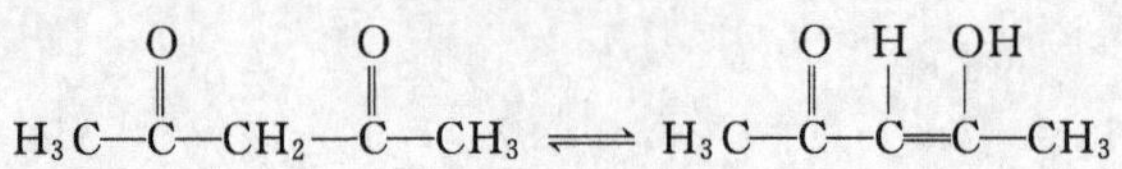

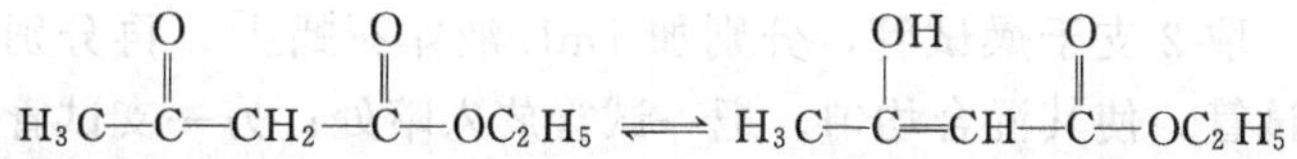

$$H_3C-\overset{\overset{O}{\|}}{C}-CH_2-\overset{\overset{O}{\|}}{C}-OC_2H_5 \rightleftharpoons H_3C-\overset{\overset{OH}{|}}{C}=CH-\overset{\overset{O}{\|}}{C}-OC_2H_5$$

2. 稀高锰酸钾溶液试验

烯烃、炔烃可以与稀高锰酸钾溶液反应，使高锰酸钾的紫色褪去，生成黑褐色的二氧化锰沉淀。此反应也可用来鉴别烯、炔：

$$\overset{}{\underset{}{C}}=\overset{}{\underset{}{C} +MnO_4^- \longrightarrow -\overset{}{\underset{OH}{C}}-\overset{}{\underset{OH}{C}}- +MnO_2\downarrow \overset{[O]}{\longrightarrow} \overset{}{\underset{}{C}}=O + O=\overset{}{\underset{}{C}}}$$

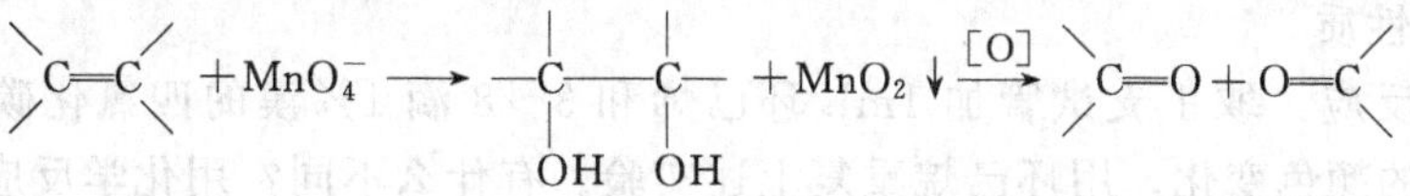

$$R-C\equiv C-R' + MnO_4^- \longrightarrow RCOO^- + R'COO^- + MnO_2\downarrow$$

易氧化的醛，还有某些酚、芳香胺也能使高锰酸钾溶液褪色而干扰此反应。

炔烃中的 —C≡C—H 型，含有活泼氢，能与银氨络离子或亚铜氨络离子反应生成灰白色的炔化银或红色的炔化亚铜沉淀。此反应可用来鉴别 —C≡C—H 类炔烃。

$$HC\equiv CH + 2Ag(NH_3)_2^+ \longrightarrow AgC\equiv CAg\downarrow$$
乙炔化银（灰白色）

$$RC\equiv CH + Cu(NH_3)_2^+ \longrightarrow RC\equiv CCu\downarrow$$
炔化亚铜（红棕色）

金属炔化物在干燥状态下受热或撞击时，会发生爆炸而生成金属和碳。所以进行这类鉴别反应后，生成的金属炔化物应加硝酸使其分解，以防干燥后爆炸。

芳香烃具有芳香性。即在化学性质上，易发生苯环的亲电取代，难发生加成反应；苯环难氧化，因此苯环本身很稳定。如苯环上有侧链，则被氧化成羧基（侧链不含 α-H 的除外）。苯环的亲电取代反应主要有：

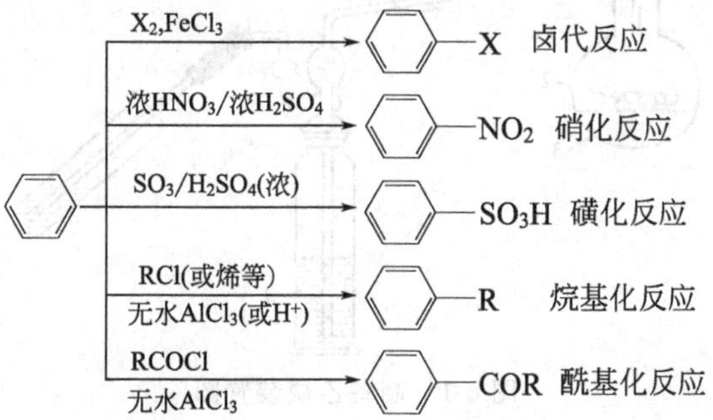

必须指出：发生二取代时，反应的难易和取代的位置，都与第一取代基的定位效应有关。

【仪器与试剂】

1. 试管，烧杯，蒸馏烧瓶，恒压漏斗，洗气瓶，点滴板。

2. 高锰酸钾溶液（0.1%，0.5%），饱和硫酸铜溶液，饱和食盐水，硫酸（10%，25%，浓），硝酸银溶液（5%），氢氧化钠溶液（10%），氨水（2%），铁粉，浓硝酸，氯化亚铜氨溶液，碳化钙（电石）。

3. 液体石蜡，溴的四氯化碳溶液（1%，3%），环己烯，苯，甲苯，萘，甲醛水溶液（37%～40%），环己烷，正丁苯，仲丁苯，叔丁苯。

【实验步骤】

1. 烷烃的性质

(1) 卤代反应　取 2 支干燥试管，分别加 1mL 液体石蜡[1]，再分别加 3 滴 3%溴的四氯化碳溶液。摇动试管，使其混合均匀。把一试管放入暗处；另一支试管放在阳光下或日光灯下。半小时后观察二者颜色变化有何区别，并解释之。

(2) 氧化试验　取 1 支试管加 1mL 液体石蜡和 4 滴 0.1%高锰酸钾溶液。摇动试管，观察溶液的颜色有无变化。

2. 烯烃的性质

(1) 加成反应　取 1 支试管加 1mL 环己烯和 3～8 滴 1%溴的四氯化碳溶液。摇动试管，观察溶液的颜色变化。用环己烷重复上述实验。有什么不同？用化学反应方程式表示。

(2) 氧化反应　取 1 支试管加 1mL 环己烯和 4 滴 0.1%高锰酸钾溶液。摇动试管，溶液颜色有何变化？用化学反应方程式表示。

3. 乙炔的制备与性质

(1) 制备　在 250mL 干燥的蒸馏烧瓶中，放入少许干净河砂，平铺于瓶底，沿瓶壁小心地放入块状碳化钙（电石）[2] 6g，瓶口装上一个恒压漏斗。蒸馏烧瓶的支管连接盛有饱和硫酸铜溶液的洗气瓶，装置如图 4-1 所示。把 15mL 饱和食盐水[3]倾入恒压漏斗中，小心地旋开活塞使食盐水慢慢地滴入蒸馏烧瓶中，即有乙炔生成。注意控制乙炔生成的速度！

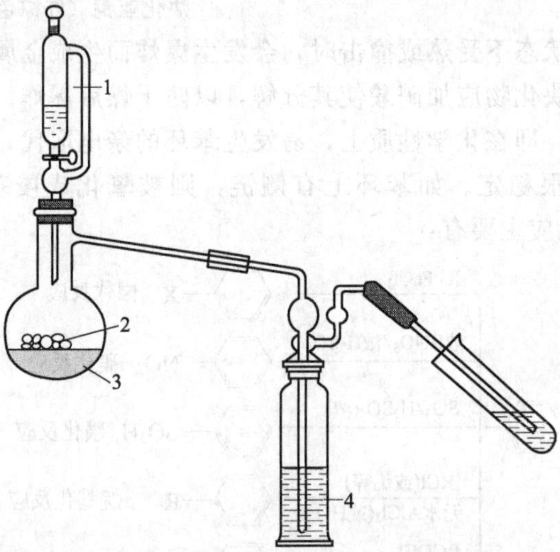

图 4-1　制备乙炔装置图

1—恒压漏斗；2—电石；3—河砂；4—饱和 $CuSO_4$

(2) 与卤素反应　将乙炔通入盛有 0.5mL 1%溴的四氯化碳溶液的试管中，观察有什么现象。写出反应方程式。

(3) 氧化　将乙炔通入盛有 1mL 0.1%高锰酸钾溶液及 0.5mL 10%硫酸的试管中，观察有什么现象。写出反应方程式。

(4) 乙炔银的生成　取 0.5mL 5%硝酸银溶液，加入一滴 10%氢氧化钠溶液，再滴入 2%氨水，边滴边摇直到生成的沉淀恰好溶解，得到澄清的硝酸银氨水溶液[4]。通入乙炔气体，观察溶液有什么变化，有什么沉淀生成[5]。写出反应方程式。

(5) 乙炔亚铜的生成　将乙炔通入氯化亚铜氨溶液中，几分钟后注意观察试管壁上有没有细微的沉淀生成，沉淀的颜色如何。写出反应方程式。

4. 芳香烃的性质

（1）溴代反应　取 4 支干燥洁净的试管，编号。在 1、2 两支试管里各加 10 滴苯；在 3、4 两支试管里各加 10 滴甲苯，然后在这 4 支试管里各加 3 滴 3%溴的四氯化碳溶液，摇动试管。混合均匀后，在试管 2、4 中各加入少量铁粉，将 4 支试管随时摇动，观察有何现象。

如果温度过低，反应困难，可将试管放在沸水中加热几分钟，再观察现象。写出有关的反应方程式。

（2）硝化反应　在干燥的大试管中加入 3mL 浓硝酸，在冷却下逐滴加入 4mL 浓硫酸，冷却后振荡，然后将混酸分于两试管中，分别在冷却下滴加 1mL 苯、甲苯，充分振荡，必要时水浴（60℃以下）数分钟，再分别倾入 10mL 冷水中，观察生成物的颜色，并注意有无特殊气味。写出相关的反应方程式。

（3）氧化反应　取 3 支干净的试管，各加 5 滴 0.5%高锰酸钾溶液和 25%稀硫酸溶液。然后分别加 10 滴苯、甲苯和 0.1g 萘的粉末，用力摇动试管，放在 50～60℃的水浴中加热 3～5min，比较这三种芳烃的氧化情况[6]，试解释之。

（4）甲醛-硫酸试验（芳烃的显色反应）　将 30mg 固体试样（液体试样则用 1～2 滴）溶于 1mL 非芳烃溶剂（如已烷、环已烷、四氯化碳等）中。取此溶液 1～2 滴加到点滴板上，再加一滴试剂［试剂临时配制：取一滴福尔马林（37%～40%甲醛水溶液）加到 1mL 浓硫酸中，加以轻微振荡即成］，当加入试剂后，注意观察颜色变化。见表 4-1。

表 4-1　甲醛-硫酸试验显色

化合物	甲醛-硫酸试验显色
苯、甲苯、正丁苯	红色
仲丁苯	粉红色
叔丁苯、三甲苯	橙色
联苯、三联苯	蓝色或绿蓝色
萘、菲	蓝绿至绿色
卤代芳烃	粉红至紫红色
萘醚类	紫红色
蒽	茶绿色
开链烷烃、环烷烃及其卤代烃	不发生颜色反应或略显浅黄色，偶尔也有沉淀生成

【思考题】

1. 由电石制取乙炔时，所得乙炔气体中可能含有哪些杂质？它们对验证乙炔的化学性质有什么影响？如何除去这些杂质？

2. 甲苯的卤代、硝化等亲电取代反应为什么比苯容易进行？

3. 根据所做的实验，用化学方法区别下列各组化合物：

（1）

（2）

【附注】

［1］液体石蜡为一混合烷烃，沸点在 300℃以上。

［2］碳化钙常含有硫化钙、磷化钙等杂质，它们与水作用，产生硫化氢、磷化氢等气体

夹杂在乙炔中，使乙炔具有恶臭。

[3] 实验证明，使用饱和食盐水能平稳而均匀地产生乙炔。

[4] 硝酸银氨水溶液即吐伦试剂，储存日久会析出爆炸性黑色沉淀物 AgN_3，应当使用时才配制。

[5] 乙炔银与乙炔亚铜沉淀在干燥状态下均有爆炸性，故实验完毕后，金属乙炔化合物的沉淀不得倾入废物缸中，而应滤取沉淀，加入 2mL 稀硝酸（或稀盐酸），微热使之分解后，才能倒入指定缸中。未经处理不得乱放或倒入废物缸，否则会发生危险。乙炔银或乙炔亚铜分解反应式为：

$$AgC{\equiv}CAg + 2HNO_3 \longrightarrow 2AgNO_3 + HC{\equiv}CH$$

$$CuC{\equiv}CCu + 2HCl \longrightarrow Cu_2Cl_2 + HC{\equiv}CH$$

[6] 有时苯也有变色现象，主要是由于：①苯中含有少量甲苯；②硫酸中含有微量还原性的物质；③水浴温度过高，加热时间过长。

实验2　含氧有机物性质及鉴定（一）

【实验目的】

1. 学习醇、酚、醚的主要化学性质。

2. 掌握醇、酚、醚的鉴别方法。

【实验原理】

醇、酚、醚都是烃的含氧衍生物，其结构中都含有碳氧单键。醇、酚的结构中都含羟基。但醇中的羟基与烃基相连，酚中羟基与芳环相连，因此它们的化学性质存在差异。三者的化学性质及鉴定方法如下。

1. 醇

醇的官能团是羟基（—OH）。它可以发生如下两种断裂：$RCH_2 \wr O \wr H$。受羟基影响，α-碳上的氢活泼，易被氧化。

(1) 碳氧键断裂（$RCH_2 \wr OH$）　醇羟基的反应活性：烯丙基型、苄基型>3°>2°>1°。

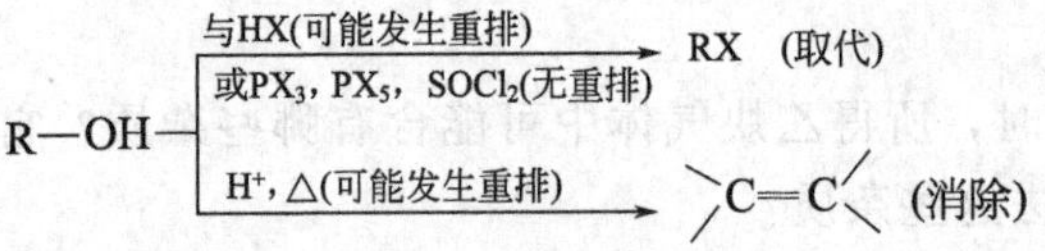

其中，浓盐酸-氯化锌溶液称为卢卡斯（Lucas）试剂，可用于区别伯、仲、叔醇。

(2) 氢氧键断裂（$RO \wr H$）

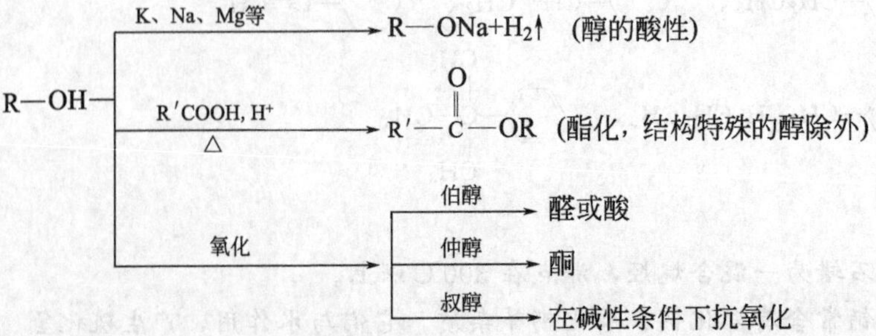

(3) 多元醇（邻二醇类）反应　与新生成的氢氧化铜反应，显蓝色，可区别一元醇和多元醇：

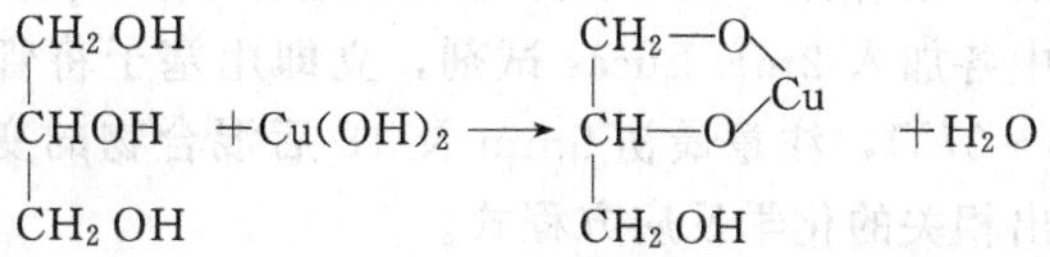

甘油铜（蓝色溶液）

邻二醇还可用高碘酸来检验：

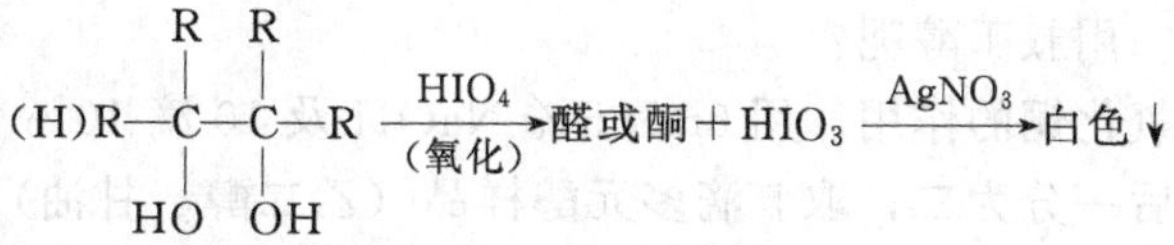

2. 酚

酚的鉴定可以用氢氧化钠试验、溴水试验、三氯化铁试验来进行。其中，不同的酚与 Fe^{3+} 生成不同颜色的络合物（见表 4-2）。

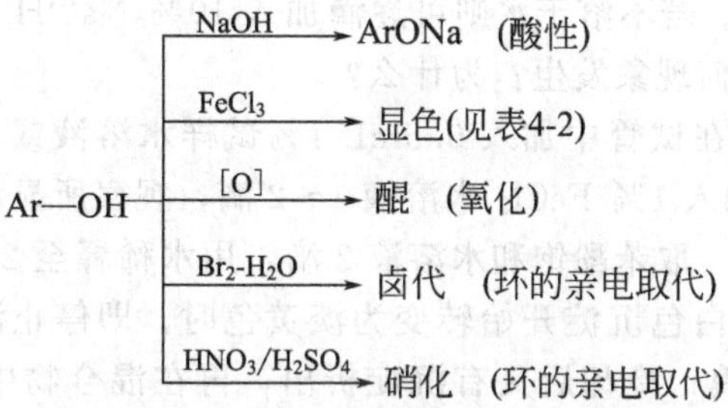

表 4-2　几种酚与三氯化铁反应的颜色

酚类	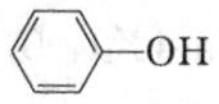	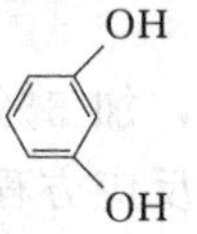	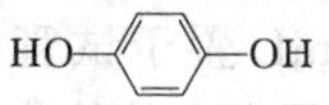	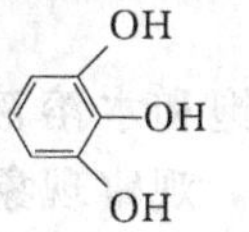	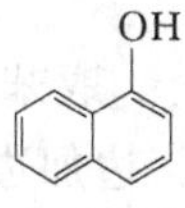	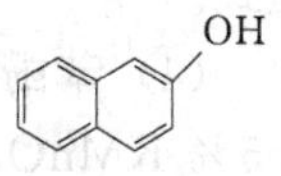
颜色	蓝紫	蓝紫	暗绿结晶	棕红	紫↓	紫↓（慢）

3. 醚

(1) 生成锌盐。

(2) 在酸性试剂（HI）作用下发生醚键断裂。

【仪器与试剂】

1. 烧杯，试管，玻璃棒，滴管，pH 试纸等。

2. $KMnO_4$（0.5%，1%），NaOH（5%，10%），$CuSO_4$（10%），盐酸（10%，浓），饱和溴水，KI（1%），浓 H_2SO_4，浓 HNO_3，Na_2CO_3（5%），$FeCl_3$（1%）。

3. 无水乙醇，金属钠，酚酞，正丁醇，仲丁醇，叔丁醇，卢卡斯（Lucas）试剂，异丙醇，乙二醇，甘油，苯，苯酚，苯酚的饱和水溶液，乙醚，浓盐酸，冰，对苯二酚，1,2,3-苯三酚。

【实验步骤】

1. 醇的性质

(1) 醇钠的生成及水解　在干燥的试管中，加入 1mL 无水乙醇，然后将一小粒表面新鲜的金属钠投入试管中，观察现象。有什么气体放出？怎样检验？等金属钠完全消失后[1]，向试管中加 2mL 水，滴加酚酞指示剂，将观察到的现象进行解释。写出有关的化学反应方程式。

(2) 醇与 Lucas 试剂[2]的作用　在 3 支干燥的试管中，分别加入 0.5mL 正丁醇、仲丁醇和叔丁醇，每个试管中各加入 2mL Lucas 试剂，立即用塞子将管口塞住，充分振荡后静置，温度最好保持在 26～27℃，注意最初 5min 及 1h 后混合物的变化，记录混合物变浑浊和出现分层的时间。写出相关的化学反应方程式。

(3) 醇的氧化　向盛有 1mL 乙醇的试管中滴加 2 滴 1% $KMnO_4$ 溶液，充分振荡后将试管置于水浴中微热，观察溶液颜色的变化，写出有关的化学反应方程式。以异丙醇做同样的实验，其结果如何？用叔丁醇呢？

(4) 多元醇与氢氧化铜的作用　用 6mL 5% NaOH 及 10 滴 10% $CuSO_4$ 溶液，配制成新鲜的氢氧化铜，然后一分为二，取 5 滴多元醇样品（乙二醇、甘油）分别滴入新鲜的氢氧化铜中，记录现象，写出相关的化学反应式。

2. 酚的性质

(1) 酚的弱酸性　在试管中取酚试样（苯酚、对苯二酚）0.1g，逐渐加水，使之全溶。用 pH 试纸测试其弱酸性。若不溶于水则可逐滴加入 10% NaOH 至全溶。为什么？再加入 10%盐酸使之呈酸性，有何现象发生？为什么？

(2) 三氯化铁试验　在试管中加入 0.5mL 1%试样水溶液或乙醇溶液（苯酚、对苯二酚、1,2,3-苯三酚）。再加入 1% $FeCl_3$ 水溶液 1～2 滴，观察所显示的颜色[3]。

(3) 苯酚与溴水作用　取苯酚饱和水溶液 2 滴，用水稀释至 2mL，逐滴滴入饱和溴水，溶液中析出白色沉淀，当白色沉淀开始转变为淡黄色时，即停止滴加，然后将混合物煮沸 1～2min，以除去过量的溴，冷却后又有沉淀析出，再在混合物中滴入 5 滴 1%KI 溶液及 1mL 苯，用力振荡，沉淀溶于苯中，析出的碘使苯层呈紫色[4]。请写出有关化学反应方程式。

(4) 苯酚的氧化　取苯酚的饱和水溶液 3mL 置于试管中，加 5% Na_2CO_3 0.5mL 及 0.5% $KMnO_4$ 1mL，边加边振荡，观察现象。写出有关的化学反应方程式。

3. 醚的性质

醚的鉾盐[5]：取 2 支干燥试管，于一支试管里加入 2mL 浓 H_2SO_4，另一支试管里加入 2mL 浓盐酸。将两支试管都放入冰水中冷却至 0℃，在每支试管里小心加入 1mL 冷却的乙醚，分几次加入，并摇动试管，保持冷却[6]。试嗅一嗅所得的均匀溶液是否有乙醚味。

将上面两支试管里的液体分别小心倾入另外两支各盛有 5mL 冷水和一块冰的试管里，倾倒时也要加以摇动和冷却。此时观察是否有乙醚的气味出现，水层上是否有乙醚层，小心加入几滴 10% NaOH 溶液[7]，中和一部分酸，观察乙醚层是否增多。

【思考题】

1. 六个碳以上的伯、仲、叔醇是否都能用卢卡斯（Lucas）试剂鉴别？为什么？
2. 用两种不同的化学方法鉴别：1-丁醇、2-丁醇、2-甲基-2-丙醇。

【附注】

[1] 如果反应停止后溶液中仍有残余的钠，应该先用镊子将钠取出放在酒精中反应完全，然后加水，否则，金属钠遇水，反应剧烈，不安全。

[2] Lucas 试剂又称盐酸-氯化锌试剂。含 6 个碳以下的低级醇均溶于 Lucas 试剂，作用后生成不溶性的氯代烷，使反应液出现浑浊，静置后分层明显。

[3] 酚类或含有酚羟基的化合物，大多数能与 $FeCl_3$ 溶液发生各种特有的颜色反应，产

生颜色的原因主要是由于生成了解离度很大的酚铁盐。

$$FeCl_3 + 6C_6H_5OH \longrightarrow [Fe(OC_6H_5)_6]^{3-} + 6H^+ + 3Cl^-$$

[4] 苯酚与溴水作用，生成微溶于水的2,4,6-三溴苯酚白色沉淀：

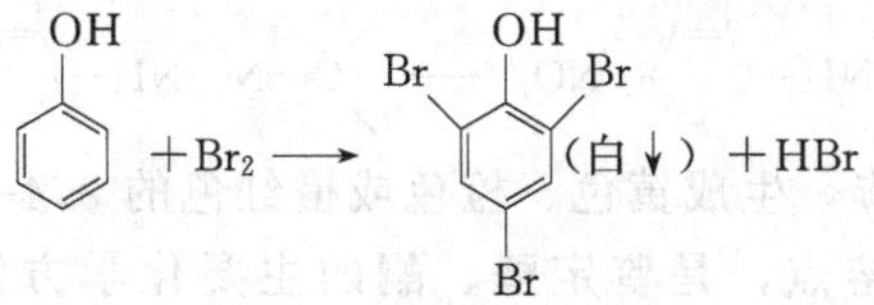

滴加过量溴水，则白色的三溴苯酚就转化为淡黄色的难溶于水的四溴化物：

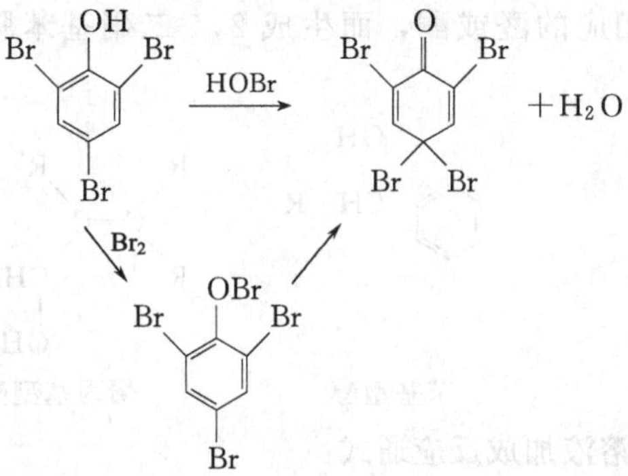

该四溴化物易溶于苯，能氧化氢碘酸，本身则又被还原成三溴苯酚：

$$KI + HBr \longrightarrow KBr + HI$$

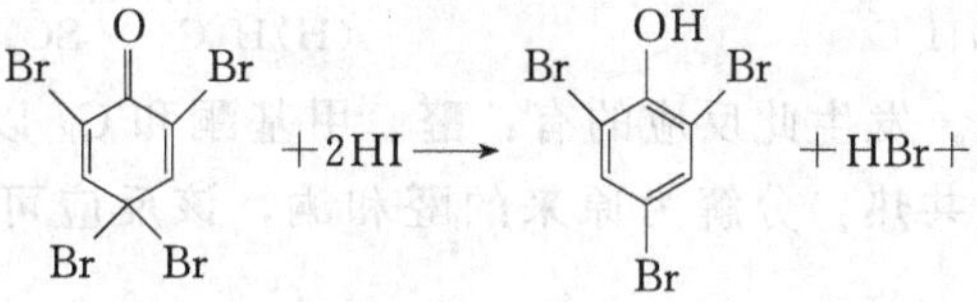

[5] 醚可以作为一个碱与浓硫酸或路易斯酸（如三氟化硼）作用形成鎓盐。

$$R\ddot{\underset{\cdot\cdot}{O}}R + H_2SO_4 \rightleftharpoons R\overset{H}{\underset{+}{O}}R + HSO_4^-$$

$$R\ddot{\underset{\cdot\cdot}{O}}R + BF_3 \longrightarrow R\overset{+}{O}R\ (O\text{—}{}^{-}BF_3)$$

鎓盐可溶解于过量的浓酸中。加水稀释，鎓盐又分解为原来的醚和酸。

[6] 生成鎓盐时有热量放出，为了使乙醚不因受热而逸出，所以要保持冷却。

[7] 鎓盐溶液用水稀释，分解为原来的醚和酸。中和酸，则增加鎓盐的分解程度。乙醚在稀盐酸中的溶解度要比它在水中或稀硫酸中的溶解度大得多。

实验3　含氧有机物性质及鉴定（二）

【实验目的】

1. 学习醛、酮、羧酸及其衍生物的基本化学性质。
2. 掌握鉴别醛、酮、羧酸及其衍生物的化学方法。

【实验原理】

1. 醛的通式为RCHO，酮的通式为RCOR′，R和R′可以是脂肪族或芳香族基团。

（1）亲核加成（加成-消去）反应

① 与 2,4-二硝基苯肼加成反应通式：

$$\begin{array}{c} \diagdown \\ \diagup \end{array}\!C{=}O + H_2N{-}NH{-}\!\!\bigcirc\!\!{<}^{NO_2}_{NO_2} \longrightarrow \begin{array}{c} \diagdown \\ \diagup \end{array}\!C{=}N{-}NH{-}\!\!\bigcirc\!\!{<}^{NO_2}_{NO_2} \!\!\downarrow + H_2O$$

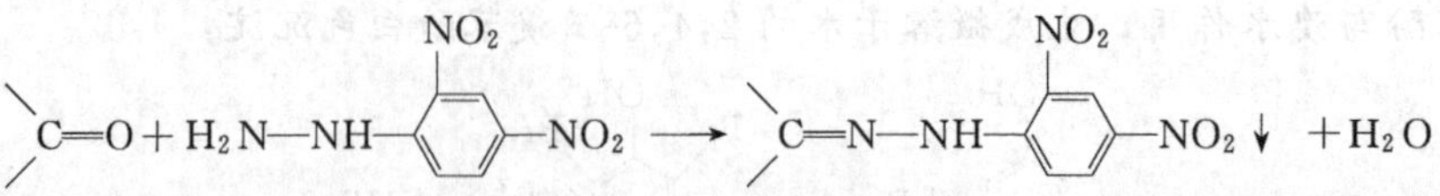

所有醛、酮均有此反应，生成黄色、橙色或橙红色的 2,4-二硝基苯腙沉淀。2,4-二硝基苯腙易纯化，有固定的熔点，是鉴定醛、酮的主要化学方法。其他含羰基类化合物，如羧酸、酯、酰胺等不生成 2,4-二硝基苯腙衍生物。必须指出：2,4-二硝基苯肼能将苄基型和烯丙基型醇氧化成相应的醛或酮，而生成 2,4-二硝基苯腙沉淀，对鉴定醛、酮产生干扰：

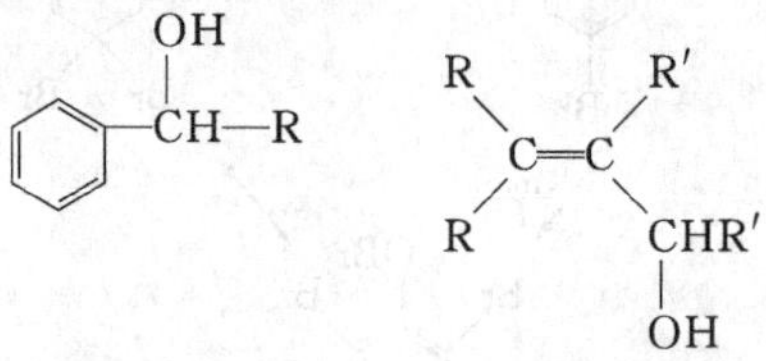

苄基型醇　　　　　烯丙基型醇

② 与饱和 NaHSO₃ 溶液加成反应通式：

$$\begin{array}{c} R \\ (H)H_3C \end{array}\!\!C{=}O + NaHSO_3 \longrightarrow \begin{array}{c} R \\ (H)H_3C \end{array}\!\!C{<}^{OH}_{SO_3Na}$$

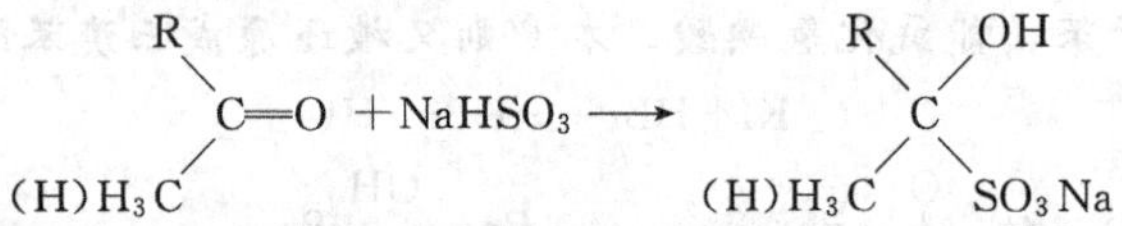

产物为白色结晶沉淀。发生此反应的有：醛、甲基酮和 C₈ 以下环酮。由于加成产物与稀盐酸或稀碳酸钠溶液共热，分解为原来的醛和酮，该反应可用来鉴定和纯化醛或甲基酮及 C₈ 以下环酮。

（2）碘仿反应　羰基的 α-H 具有活泼性，甲基酮和乙醛，在碱性条件下，与碘生成黄色沉淀——碘仿，可用来鉴别此类化合物。

$$(H)R{-}\overset{\overset{\text{O}}{\|}}{C}{-}CH_3 \xrightarrow[NaOH]{I_2} (H)R{-}\overset{\overset{\text{O}}{\|}}{C}{-}CI_3 \xrightarrow{NaOH} (H)R{-}\overset{\overset{\text{O}}{\|}}{C}{-}ONa + CHI_3 \downarrow$$

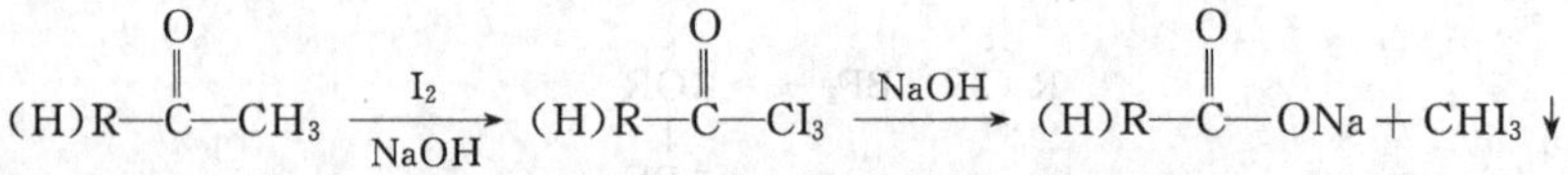

由于次碘酸钠有氧化性，$(H)R{-}\underset{\underset{\text{OH}}{|}}{CH}{-}CH_3$ 类醇可以被氧化成 $(H)R{-}\overset{\overset{\text{O}}{\|}}{C}{-}CH_3$ 而发生碘仿反应。因此，碘仿反应常用来检验下述两种结构的存在：

$$(H)R{-}\underset{\underset{\text{OH}}{|}}{CH}{-}CH_3 \quad 或 \quad (H)R{-}\underset{\underset{\text{O}}{\|}}{C}{-}CH_3$$

（3）醛、酮的区别　区别两者的方法有多种。

① 希夫（Schiff）试剂　醛显正性反应（呈紫红色溶液），且加大量强酸——浓盐酸或浓硫酸后，唯甲醛的紫红色不褪。因此，此试剂不仅可以区别出醛与酮，还能区别出甲醛与其他醛。反应式如下：

$$H_2\overset{+}{N}{=}\!\!\bigcirc\!\!{=}C{-}(\!\!\bigcirc\!\!{-}NH_2)_2Cl^- + 3H_2SO_3 \longrightarrow H_3\overset{+}{N}{-}\!\!\bigcirc\!\!{-}\underset{\underset{\text{SO}_3\text{H}}{|}}{C}{-}(\!\!\bigcirc\!\!{-}NHSO_2H)_2Cl^-$$

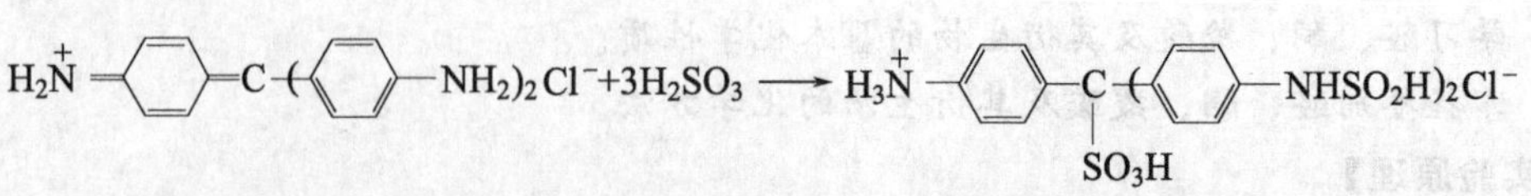

品红(桃红色)　　　　　　　　　　　　Schiff试剂(无色)

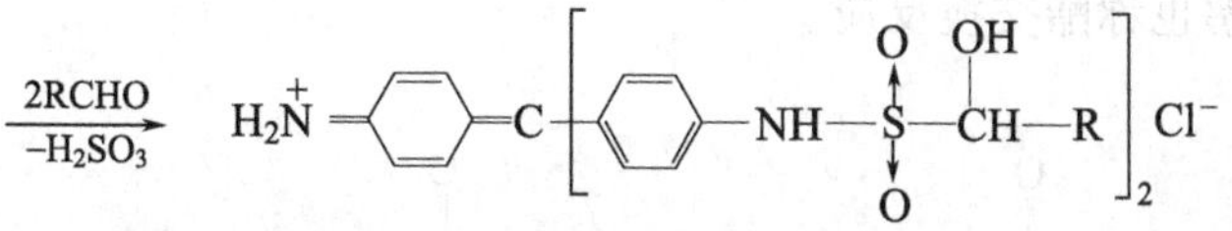

紫红色

② 吐伦（Tollen）试剂　Tollen试剂是银氨络合物的碱性水溶液，可以检验醛的存在，酮不发生反应。

$$(Ar)RCHO+2Ag(NH_3)_2OH \longrightarrow (Ar)RCOONH_4+2Ag\downarrow+3NH_3+H_2O$$

③ 费林（Fehling）试剂　Fehling试剂是由等体积的硫酸铜与酒石酸钾钠的氢氧化钠溶液混合而成的，脂肪醛能使铜离子还原成红色氧化亚铜沉淀，常用该试剂检验脂肪醛的存在。

$$RCHO+2Cu(OH)_2+NaOH \longrightarrow RCOONa+Cu_2O\downarrow+3H_2O$$

2. 含有羧基（—COOH）的化合物为羧酸，其通式为RCOOH，其中R—可以是烷基或芳基。羧酸的羟基被其他基团取代的化合物称为羧酸衍生物。包括：酰卤（RCOX）、酯（RCOOR′）、酰胺（$RCONH_2$）、酸酐［$(RCO)_2O$］等。与实验有关的化学反应如下。

（1）羧酸

$$RCOOH \xrightarrow{NaOH} RCOONa+H_2O\ \text{（酸性与成盐）}$$

$$RCOOH \xrightarrow[\triangle]{R'OH/H^+} RCOOR'+H_2O\ \text{（成酯）}$$

（2）羧酸衍生物

① 水解

$$R-\overset{\overset{O}{\|}}{C}-Cl+H-OH \longrightarrow R-\overset{\overset{O}{\|}}{C}-OH+HCl$$

$$R-\overset{\overset{O}{\|}}{C}-O-\overset{\overset{O}{\|}}{C}-R+H-OH \xrightarrow{\triangle} R-\overset{\overset{O}{\|}}{C}-OH+RCOOH$$

$$R-\overset{\overset{O}{\|}}{C}-OR'+H-OH \xrightarrow[\triangle]{H^+\text{或}OH^-} R-\overset{\overset{O}{\|}}{C}-OH+R'OH$$

$$R-\overset{\overset{O}{\|}}{C}-NH_2+H-OH \xrightarrow[\text{回流}]{H^+\text{或}OH^-} R-\overset{\overset{O}{\|}}{C}-OH+NH_3\ (\text{或}\ NH_4^+)$$

活性：$RCOX>(RCO)_2O>RCOOR'>RCONH_2$

② 醇解

$$R-\overset{\overset{O}{\|}}{C}-Cl+H-OR' \longrightarrow R-\overset{\overset{O}{\|}}{C}-OR'+HCl$$

$$R-\overset{\overset{O}{\|}}{C}-O-\overset{\overset{O}{\|}}{C}-R+H-OR' \xrightarrow{\triangle} R-\overset{\overset{O}{\|}}{C}-OR'+RCOOH$$

$$R-\overset{\overset{O}{\|}}{C}-OR'+H-OR'' \xrightarrow{\triangle} R-\overset{\overset{O}{\|}}{C}-OR''+R'OH$$

其中，酯的醇解也称酯交换反应。

③ 氨解

$$R-\overset{\displaystyle O}{\overset{\|}{C}}-Cl + 2H-NH_2 \longrightarrow R-\overset{\displaystyle O}{\overset{\|}{C}}-NH_2 + NH_4Cl$$

$$R-\overset{\displaystyle O}{\overset{\|}{C}}-O-\overset{\displaystyle O}{\overset{\|}{C}}-R + 2H-NH_2 \xrightarrow{\triangle} R-\overset{\displaystyle O}{\overset{\|}{C}}-NH_2 + RCOONH_4$$

$$R-\overset{\displaystyle O}{\overset{\|}{C}}-OR' + H-NH_2 \xrightarrow{\triangle} R-\overset{\displaystyle O}{\overset{\|}{C}}-NH_2 + R'OH$$

【仪器与试剂】

1. 烧杯，试管，玻璃棒，滴管等。

2. 2,4-二硝基苯肼，无水乙醇，甲醛，丁醛，丙酮，苯甲醛，二苯酮，3-戊酮，二氧六环，异丙醇，1-丁醇，品红醛试剂（Schiff 试剂），苯乙酮，吐伦（Tollen）试剂，费林（Fehling）试剂 A，费林（Fehling）试剂 B，甲酸，冰乙酸，草酸，刚果红试纸，苯甲酸，乙酰氯，乙酸酐，乙酰胺，红色石蕊试纸，乙酸乙酯。

3. 饱和亚硫酸氢钠，NaOH（10%，20%），碘-碘化钾溶液，HCl（10%，浓），$KMnO_4$（0.5%），H_2SO_4（10%，1+5，浓），硝酸银（5%，2%），氨水（10%）。

【实验步骤】

1. 醛酮的加成（加成-消去）反应

（1）2,4-二硝基苯肼试验　在 4 支小试管中，各加入 1mL 2,4-二硝基苯肼试剂，然后分别滴加 1～2 滴试样（丁醛、丙酮、苯甲醛、二苯酮。若试样为固体，则先向试管中加入 10mg 试样，滴 1～2 滴乙醇或二氧六环使之溶解[1]，再与 2,4-二硝基苯肼试剂作用），摇匀后静置片刻，观察结晶的颜色[2]（若无沉淀析出，微热 30s，摇匀后静置冷却，再观察之）。

（2）与饱和 $NaHSO_3$ 溶液加成　在 4 支小试管中分别加入 2mL 新配制的饱和亚硫酸氢钠溶液，然后分别滴加 1mL 试样（苯甲醛、丁醛、丙酮、3-戊酮），用力振荡摇匀后置于冰水中冷却数分钟[3]，观察并比较沉淀析出的相对速度[4]。

2. 醛、酮 α-H 的活泼性

碘仿试验：在 5 支试管中分别加入 1mL 蒸馏水和 3～4 滴试样（丁醛、丙酮、乙醇、异丙醇、3-戊酮。若试样不溶于水，则加入几滴二氧六环使之溶解），再分别滴加 1mL 10% NaOH 溶液，然后滴加碘-碘化钾溶液至溶液呈浅黄色（边滴边摇）；继续振荡，溶液的浅黄色逐渐消失，随之析出浅黄色沉淀。若未生成沉淀或出现白色乳浊液，可将试管放在 50～60℃水浴中温热几分钟（若溶液变成无色，应补加几滴碘-碘化钾溶液），观察结果[5]。

3. 醛、酮的区别

（1）希夫（Schiff）试验　在 3 支试管中分别加入 1mL 希夫试剂，然后分别滴加 2 滴试样（甲醛、丁醛、丙酮），振荡摇匀，放置数分钟。然后分别向溶液显紫红色的试管逐滴加入浓盐酸或浓硫酸，边滴边摇，仔细观察溶液颜色的变化[6]。

（2）吐伦（Tollen）试验　在 2 支干净的小试管中分别加入 1mL Tollen 试剂，然后分别加入 2 滴试样（丁醛、丙酮），摇匀后静置数分钟，若无变化可将试管放在 50～60℃的水浴中温热几分钟，观察银镜的生成[7]。

（3）费林（Fehling）试验　在 3 支试管中分别加入费林试剂 A 和费林试剂 B 溶液各

0.5mL，振荡后分别加 3～4 滴试样（丁醛、苯甲醛、丙酮），摇匀后置于沸水中加热 3～5min，注意观察有何变化。

4. 羧酸的性质

(1) 酸性试验　将甲酸、乙酸各 5 滴及草酸 0.2g 分别溶于 2mL 水中。然后用洗净的玻璃棒分别蘸取相应的酸液在同一条刚果红试纸[8]上画线，比较各线条的颜色和深浅程度。

(2) 成盐反应　取 0.2g 苯甲酸晶体放入盛有 1mL 水的试管中，逐滴加入 10%NaOH 溶液，边加边振荡注意观察现象。接着再加数滴 10%HCl 溶液，振荡并观察所发生的变化。

(3) 成酯反应　在一干燥的试管中加入 1mL 无水乙醇和 1mL 冰乙酸，再慢慢加入 0.2mL 浓硫酸，振荡均匀后浸在 60～70℃的热水浴中约 10min。然后将试管浸入冷水中冷却，最后向试管内再加入 5mL 水。试管中应有酯层析出并浮于液面上，注意所生成的酯的气味。

5. 羧酸衍生物与水的作用

(1) 酰氯与水的作用　在试管中加入 1mL 蒸馏水，再加入 3 滴乙酰氯[9]，观察现象。试管是否发热？反应结束后，加入 1～2 滴 2% $AgNO_3$ 溶液。有何现象？写出相关的反应方程式。

(2) 酸酐与水的作用　在试管中加入 1mL 蒸馏水，再加入 3 滴乙酸酐，乙酸酐溶解否？把试管略微加热，可嗅到什么气味？写出相关的反应方程式。

(3) 酯的水解　在 3 支干净的试管中，各加入 1mL 乙酸乙酯和 1mL 水。在第 2 支试管中再加入 3 滴 10% H_2SO_4；在第 3 支试管中再加入 3 滴 20% NaOH 溶液。摇动试管，观察 3 支试管中酯层消失的相对快慢。

(4) 酰胺的水解

① 碱性水解　取 0.1g 乙酰胺和 1mL 20% NaOH 溶液一起放入一小试管中，混合均匀并用小火加热至沸。用湿润的红色石蕊试纸在试管口检验所产生的气体的性质。写出相关反应方程式。

② 酸性水解　取 0.1g 乙酰胺和 2mL 10%的硫酸一起放入一小试管中，混合均匀，沸水浴加热沸腾 2min，注意有乙酸味产生。放冷并加入 20% NaOH 溶液至反应液呈碱性，再次加热。用湿润的红色石蕊试纸检验所产生气体的性质。写出相关的反应方程式。

【思考题】

1. 吐伦试剂为什么要现用现配？配制时应注意些什么？

2. 吐伦试验完毕后，应加入硝酸少许，立刻煮沸洗去银镜，为什么？

3. 设计简便的化学方法，鉴定下列各组化合物。

(1) 甲醛、丁醛、苯甲醛。

(2) 2-己醇、3-己醇、环己酮。

(3) 苯甲酸、对甲苯酚、苄醇。

【附注】

[1] 溶剂的量应尽可能少且不含醛，若乙醇溶液被空气氧化成醛，也会给出阳性反应。缩醛由于可被 2,4-二硝基苯肼试剂中的酸水解生成醛，烯丙醇和苄醇易被试剂氧化成相应的醛、酮，故也可与 2,4-二硝基苯肼生成沉淀。此外，强酸强碱有时也会使未反应的试剂沉淀析出。

[2] 析出的结晶一般为黄色、橙色或橙红色。非共轭的醛、酮生成黄色沉淀，共轭醛、酮生成橙红色沉淀，含共轭链的羰基化合物则生成红色沉淀。要搞清沉淀的真实颜色，可将沉淀分离出来并加以洗涤。

[3] 如无沉淀析出，可用玻璃棒摩擦试管壁或加 2～3mL 乙醇并摇匀，静置 2～3min，再观察现象。

[4] 醛及甲基酮易与 $NaHSO_3$ 发生加成反应。羰基化合物的结构和位阻对加成的反应速率影响很大。如乙醛、丙酮、丁酮与 $NaHSO_3$ 反应 30min，反应产率分别为 88%、47% 和 25%。同样，位阻较大的 2-戊酮、3-甲基-2-丁酮、3,3-二甲基-2-丁酮则分别为 14.8%、7.5%和 5.6%。

[5] 碘仿试验常可用来检验 $CH_3CH(OH)R$ 或 CH_3COR 两种结构的存在。具有 CH_3COCH_2COOR、$CH_3COCH_2NO_2$、CH_3COCH_2CN 的化合物没有碘仿反应。

[6] 希夫试剂与醛类作用后反应液显紫红色：

如试样中含有醛或其他可与二氧化硫作用的物质，都会使希夫试剂显紫红色。若样品是固体且不溶于水，则取 10～20mg 试样先溶于无醛乙醇中，再进行实验。

甲基酮如丙酮可与二氧化硫作用，故它与 Schiff 试剂接触后可使试剂脱去亚硫酸，反应液出现品红的桃红色。加入大量的无机酸（盐酸或硫酸），将使醛类与 Schiff 试剂的作用物分解而褪色；只有甲醛和 Schiff 试剂的作用在强酸存在下仍不褪色，据此可鉴别甲醛和其他的醛类。

[7] 所用试管最好依次用温热浓硝酸、水、蒸馏水洗净，使生成的银镜光亮。Tollen 试剂用来检验醛的存在，酮不发生反应。该试剂必须现用现配，其配制方法：在洁净的试管中，加入 2%硝酸银溶液 1mL，然后滴加 1 滴 10%NaOH 溶液，再滴加 10%氨水，边加边振荡，直至沉淀刚好完全溶解，得到澄清的硝酸银氨溶液，即为吐伦试剂。

[8] 刚果红试纸呈鲜红色。刚果红适用于作酸性物质的指示剂，变色范围 pH 为 3～5。刚果红与弱酸作用变蓝黑色，与强酸作用显稳定的蓝色，遇碱则又变红。pH 试纸也可以。

[9] 若乙酰氯纯度不够往往含有 $CH_3COOPCl_2$ 等磷化物，久置将产生浑浊或析出白色沉淀，从而影响实验结果。为此必须使用无色透明的乙酰氯进行有关的性质实验。

实验4　天然有机物性质及鉴定

【实验目的】

1. 学习糖、氨基酸、蛋白质等天然有机化合物的主要化学性质。
2. 掌握糖类、氨基酸和蛋白质的鉴定方法。

【实验原理】

1. 糖

糖类化合物也称碳水化合物，是自然界存在最多的一类有机化合物。从化学结构上看，它们是多羟基的醛、酮及其缩合物。糖类化合物根据能否水解和水解后的生成物分为三类。

单糖：不能水解的多羟基醛酮，如葡萄糖、果糖、核糖等。

低聚糖：也称寡糖，是由 2～10 个分子的单糖缩合而成的物质。能水解成两分子单糖的叫双糖（或二糖）。双糖是最重要的低聚糖，如蔗糖、麦芽糖等。

多糖：也称高聚糖。一分子多糖水解后可产生几百以至数千个单糖。多糖是许多单糖形成的天然高聚物，如淀粉、纤维素等。

糖类通常还可分为还原糖和非还原糖。还原糖的分子结构中，由于含有游离的半缩醛（酮）羟基，在水中能形成开链结构，所以具有还原性，可以使 Tollen 试剂、Fehling 试剂还原，呈阳性反应；而非还原糖不含半缩醛（酮）羟基，在水中不能形成开链结构，因此无还原性，不能使上述两种试剂还原。如葡萄糖、麦芽糖是还原性糖，而蔗糖是非还原性糖。

鉴定糖类物质的定性反应是莫利施（Molish）反应，即在浓硫酸作用下，糖与 α-萘酚作用生成紫色环。

间苯二酚反应（Seliwanoff 反应）用来区别酮糖和醛糖。酮糖与间苯二酚溶液生成鲜红色沉淀。

淀粉的碘试验是鉴定淀粉的灵敏方法。此外，糖脎的晶形、生成时间，糖类物质的比旋光度对鉴定糖类物质都有一定的意义。

2. 氨基酸和蛋白质

氨基酸以 α-氨基酸 $\text{R—}\underset{\text{NH}_2}{\underset{|}{\text{CH}}}\text{—COOH}$ 最常见。除甘氨酸（CH_2NH_2COOH）外，其余α-氨基酸都含手性碳原子，有旋光性。氨基酸兼有氨基（$—NH_2$）和羧基（—COOH）的性质，是两性化合物，具有等电点。它与某些试剂（如茚三酮等）发生不同的颜色反应。α-氨基酸是组成蛋白质的基本单元。

蛋白质是存在于细胞中的一种含氮的生物高分子化合物。在酸、碱存在下或受酶的作用，蛋白质水解成分子量大小不等的肽和氨基酸，而水解的最终产物为各种氨基酸。其中，又以 α-氨基酸为主。蛋白质和氨基酸一样，也是两性物质，与强酸或强碱也可生成盐。

蛋白质与水所形成的亲水胶体，在各种不同因素的影响之下，容易析出沉淀，如重金属盐、生物碱沉淀剂的存在。蛋白质还能发生二缩脲、黄蛋白、茚三酮等颜色反应。这些反应有助于对蛋白质的鉴别。

【仪器与试剂】

1. 烧杯，试管，玻璃棒，显微镜（80～100 倍）等。

2. 10%α-萘酚的 95%乙醇溶液，5%葡萄糖，5%果糖，5%麦芽糖，5%蔗糖，5%淀粉溶液，间苯二酚溶液，Fehling 试剂 A 和 B，10%苯肼盐酸盐溶液，淀粉，清蛋白溶液，饱和苦味酸溶液，茚三酮试剂。

3. 浓 H_2SO_4，$AgNO_3$ 溶液（5%），NaOH 溶液（10%），稀氨水（1＋9），乙酸（5%），乙酸钠（15%），浓盐酸，碘-碘化钾溶液，饱和硫酸铜，碱性乙酸铅，饱和硫酸铵溶液，浓硝酸，稀硫酸铜溶液（饱和硫酸铜溶液与水按 1∶30 比例稀释），硝酸汞试剂。

【实验步骤】

1. Molish 试验[1]——α-萘酚试验检出糖

在 3 支试管中分别加入 0.5mL 5%的葡萄糖、5%蔗糖、5%淀粉溶液，滴入 2 滴 10%α-萘酚的 95%乙醇溶液，混匀后，将试管倾斜 45°角，沿试管壁慢慢加入 0.5mL 浓硫酸（勿摇动），硫酸在下层，试液在上层，若两层交界处出现紫色环，表示溶液含有糖类化合物。若数分钟内无颜色，可在水浴中温热 3～5min，再观察结果如何。

2. 间苯二酚试验[2]

取 2 支试管，标号，分别加入间苯二酚溶液[3] 1mL，再分别加入 0.5mL 5%的果糖、5%葡萄糖溶液。混匀，于沸水浴中加热 1～2min，观察颜色有何变化。加热 20min 后，再观察，解释原因。

3. Fehling 试剂和 Tollen 试剂检出还原糖

（1）与 Fehling 试剂的反应　取 Fehling 试剂 A 和 B 各 3mL，混匀，等分为 5 份，分别置于 5 支试管中，标明号码。加热煮沸后，分别滴入 0.5mL 5%葡萄糖、5%果糖、5%麦芽糖、5%蔗糖、5%淀粉溶液，观察并比较结果，注意颜色变化及有无沉淀析出。

（2）与 Tollen 试剂反应　取一支大试管加入 2mL 5%硝酸银溶液、1 滴 10%的氢氧化钠溶液，振荡下滴加稀氨水，直到析出的氧化银沉淀恰好溶解为止，此即为 Tollen 试剂。将此 Tollen 试剂等分为 5 份，分别加入 5 支试管中，标明号码。再分别加入 0.5mL 5%葡萄糖、5%果糖、5%麦芽糖、5%蔗糖、5%淀粉溶液。将 5 支试管放在 60～80℃热水浴中加热几分钟。观察并比较结果，解释原因。

4. 糖脎的生成

在 4 只试管中分别加入 1mL 5%葡萄糖、5%果糖、5%蔗糖、5%麦芽糖溶液，再加入 0.5mL 10%苯肼盐酸盐溶液和 0.5mL 15%乙酸钠溶液，在沸水浴中加热，比较生成糖脎结晶的速度，记录成脎的时间，并在低倍显微镜（80～100 倍）下观察各糖脎的晶形[4]。

5. 淀粉的碘试验和酸性水解

（1）胶淀粉溶液的配制　用 8mL 冷水和 0.5g 淀粉充分混合成一均匀的悬浮物，勿使块状物存在。将此悬浮物倒入 67mL 沸水中，继续加热几分钟即得到胶淀粉溶液，留做下面试验。

（2）碘试验　向 1mL 胶淀粉溶液中加入 9mL 水，充分混合，向此稀溶液中加入 2 滴碘-碘化钾溶液。此时溶液中大约含有 $7\times10^{-4}g\cdot mL^{-1}$ 的淀粉，由于淀粉与碘生成分子复合物而呈蓝色。将此蓝色溶液每次稀释 10 倍（即每次用 1mL 溶液加 9mL 水），直至蓝色溶液变得很浅，粗略地推测此时溶液中的淀粉浓度大约是百万分之几。也就是说，当淀粉的浓度在百万分之几的浓度时，仍能给出碘试验的正性结果。

将碘试验呈正性结果的溶液加热，结果如何？放冷后，蓝色是否再现？请解释之。

（3）淀粉用酸水解　在 100mL 小烧杯中，加入 30mL 胶淀粉溶液，加 4～5 滴浓盐酸。在水浴上加热，每隔 5min 取少量液体做碘试验，直到不再与碘反应为止（约 30min）。用 10%氢氧化钠溶液中和，再用 Tollen 试剂试验。观察有何现象，解释之。

6. 蛋白质的沉淀

（1）用重金属盐沉淀蛋白质[5]　取 2 支试管，各盛 0.5mL 清蛋白溶液，分别加入 1～2 滴饱和硫酸铜、碱性乙酸铅溶液，观察有无沉淀析出。

（2）蛋白质的可逆沉淀[6]　取 2mL 清蛋白溶液，放在试管里，加入同体积的饱和硫酸铵溶液，将混合物稍加振荡，析出蛋白质沉淀使溶液变浑或呈絮状沉淀。再加入 1～3mL 水，振荡，蛋白质沉淀是否溶解？

（3）苦味酸沉淀蛋白质　在试管中加入 0.5mL 清蛋白溶液及数滴 5%乙酸溶液使之呈弱酸性，再滴加饱和苦味酸溶液，直到沉淀产生。

7. 蛋白质的颜色反应

（1）与茚三酮反应　在试管里加入清蛋白溶液 0.5mL，再滴加 2～3 滴茚三酮试剂，在沸水中加热 10～15min，观察有什么现象。

（2）黄蛋白反应[7]　于试管中加入 1mL 清蛋白溶液和 0.5mL 浓硝酸，呈现白色沉淀或浑浊。在灯焰上加热煮沸，此时溶液和沉淀是否都呈黄色？有时由于煮沸使析出的沉淀水解，而使沉淀全部或部分溶解，溶液的黄色是否变化？

(3) 二缩脲反应[8] 在试管中加入10滴清蛋白溶液和15～20滴10%NaOH溶液，混合均匀后，再加入3～5滴稀硫酸铜溶液，边加边摇动，观察有何现象产生。

(4) 蛋白质与硝酸汞试剂作用[9] 取1mL清蛋白溶液放入试管中，加硝酸汞试剂2滴，现象如何？小心加热，此时原先析出的白色絮状是否聚集成块状？是否显砖红色（有时溶液也呈红色）？用酪氨酸重复上述过程，现象如何？

【思考题】

1. 用间苯二酚反应来区别酮糖（果糖）和醛糖（葡萄糖），在实验操作中要注意什么？

2. 海藻糖是自然界分布较广的一种非还原性双糖，而纤维二糖具有还原性。设计用两种不同的方法来鉴别它们。

3. 在蛋白质的二缩脲反应中，为什么要控制硫酸铜溶液的加入量？过量的硫酸铜会导致什么结果？

【附注】

[1] Molish反应可能是糖类物质先与浓 H_2SO_4 反应，生成糠醛衍生物。后者与α-萘酚反应生成紫色络合物。

此颜色反应很灵敏。如果操作不慎，甚至将滤纸毛或碎片落于试管中，都会得到正性结果。但正性结果不一定都是糖。例如甲酸、丙酮、乳酸、草酸、葡萄糖酸、没食子酸、苯三酚与α-萘酚试剂也能生成有色环。但1,3,5-苯三酚与α-萘酚的反应产物用水稀释后，颜色即消失。但负性结果肯定不是糖。

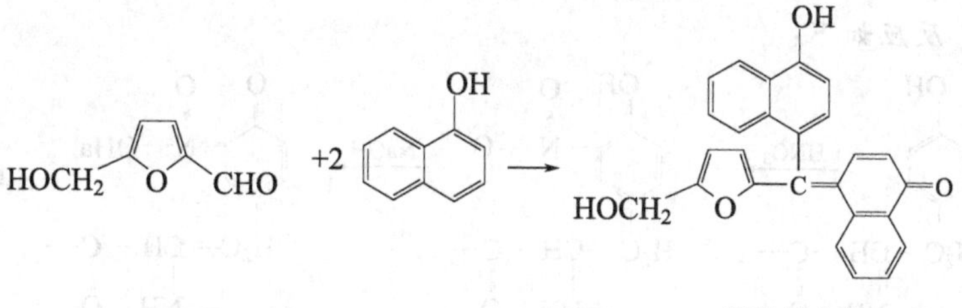

紫色络合物

[2] 酮糖与间苯二酚溶液反应生成鲜红色沉淀。它溶于酒精呈鲜红色。但加热过久葡萄糖、麦芽糖、蔗糖也呈正性反应。这是因为麦芽糖或蔗糖在酸性介质中水解，分别生成葡萄糖或果糖。葡萄糖浓度高时，在酸存在下能部分地转变成果糖。本实验应注意的是盐酸和葡萄糖浓度不要超过12%，观察颜色反应时，加热不要超过20min。

[3] 间苯二酚溶液的配制：0.01g间苯二酚溶于10mL浓盐酸和10mL水，混匀即成。

[4] 几种糖脎析出的时间、颜色、熔点和比旋光度见表4-3。

表4-3 几种糖脎析出的时间、颜色、熔点和比旋光度

糖的名称	析出糖脎所用时间/min	颜色	熔点/℃	比旋光度 $[\alpha]_D^{20}$
果糖	2	深黄色针状结晶	204	−92
葡萄糖	4～5	深黄色针状结晶	204	+47.7
麦芽糖	冷却后析出	黄色针状结晶		+129.0
蔗糖	30(转化后生成)	黄色结晶		+66.5
木糖	7	橙黄色结晶	160	+18.7
半乳糖	15～19	橙黄色针状结晶	196	+80.2

事实上，实验条件不同，反应速率也不同，但快慢次序不变。几种重要的糖脎晶形见图 4-2。

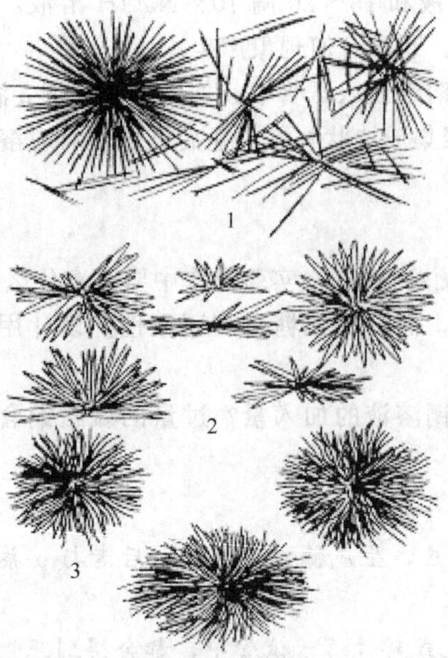

图 4-2　几种重要的糖脎

1—葡萄糖脎；2—麦芽糖脎；3—乳糖脎

[5] 重金属在浓度很小时就能沉淀蛋白质，与蛋白质形成不溶于水的类似盐的化合物。因此蛋白质是许多重金属中毒时的解毒剂。用重金属沉淀蛋白质和蛋白质加热沉淀均是不可逆的。

[6] 碱金属和镁盐在相当高的浓度下能使很多蛋白质从它们的溶液中沉淀出来（盐析作用）。硫酸铵具有特别显著的盐析作用。不论在弱酸性溶液中还是中性溶液中都能使蛋白质沉淀，其他的盐需要使溶液呈酸性反应才能盐析完全。蛋白质被碱金属和镁盐沉淀没有变性作用，所以这种沉淀（盐析）作用是可逆的，所得出的沉淀在加水时又溶解于溶液中，即又恢复原蛋白质。

[7] 黄蛋白反应显示蛋白质的分子中含有单独的或并合的芳香环，即含有 α-氨基-β-苯丙酸、酪氨酸、色氨酸等残基。这些物质中的芳香环与硝酸起硝化作用，生成多硝基化合物，结果显黄色。它们在碱性溶液中变成橙色是由于生成较深颜色的阴离子所致。以蛋白质分子中酪氨酸的残基与硝酸作用为例，反应如下：

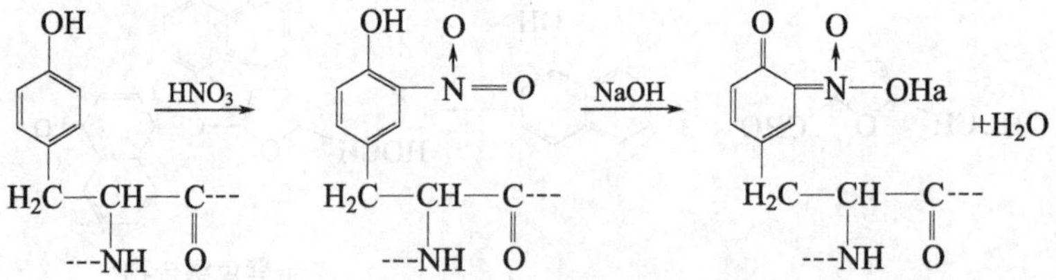

[8] 任何蛋白质或其水解中间产物均有二缩脲反应。这表明蛋白质或其水解中间产物均含有肽键。在蛋白质水解产物中，二缩脲反应的颜色与肽键数有关，一般说来：

蛋白质水解中间产物	肽键数目	所显颜色
缩二氨基酸	1	蓝色
缩三氨基酸	2	紫色
缩四氨基酸	3	红色

蛋白质在二缩脲反应中常显紫色，这显示缩三氨基酸的残基在蛋白质分子中较多，显色反应是由于生成了铜的配合物。

具有下列类型的二酰胺也可得到正性结果：

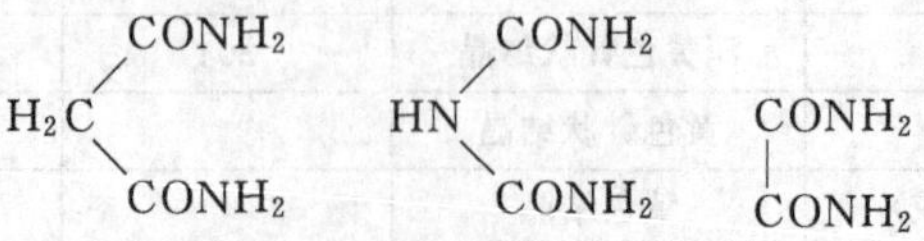

操作过程中应防止加入过多的铜盐。否则生成过多的氢氧化铜，有碍紫色或红色的观察。

[9] 只有结构中含有酚羟基的蛋白质，才能与硝酸汞试剂显砖红色。在氨基酸中只有酪

氨酸含有酚羟基，所以凡能与硝酸汞试剂显砖红色的蛋白质，其组成中必含有酪氨酸残基。

实验5　熔点的测定

【实验目的】

了解熔点测定的意义，掌握测定熔点的操作。

【实验原理】

见本教材 3.8.1 节熔点的测定。

【仪器与试剂】

1. Thiele 管，温度计，毛细管，表面皿。

2. 尿素（纯品的熔点 132.7℃），肉桂酸（纯品的熔点 133℃），未知样（尿素或肉桂酸），浓硫酸（或硅油）。

【实验步骤】

1. 已知样的测定

分别取少量样品（约 5～10mg）于表面皿上，用不锈钢铲或圆滑的玻璃棒顶端研磨成粉末，把样品密实地填入样品管，高约 2～3mm。按图 3-56 和图 3-57 装好仪器，加入浓硫酸或硅油至略高于 Thiele 管侧管（注意：用浓硫酸时应特别小心，不仅要防止灼伤皮肤，还要注意勿使样品或其他有机物触及硫酸），用橡皮圈把熔点管附在带有缺口塞子的温度计上，装有样品的毛细管部位应正对水银球的中部。把温度计放入 Thiele 管中，温度计水银球应在上、下侧管的中部。加热，测定样品的熔点（每个样品要有两次以上重复数据）。

2. 未知样的测定（尿素或肉桂酸）

取少量未知样与尿素或肉桂酸按 1∶9、2∶8、1∶1、8∶2、9∶1 等比例混合均匀，分别测定熔点，如无熔点下降即认为是与已知样同一物质，如熔点下降、熔程变长，则说明不是同一种物质。混合熔点法虽有极个别例外（如形成新化合物或固熔体），但对于鉴定化合物仍有很大的实用价值。

【思考题】

1. 若样品研磨不细，对装样以及熔点测定的数据有何影响？

2. 加热速度对熔点测定有何影响？

【附注】

X-4 数字显示显微熔点测定仪操作规程

① 将热台放置在显微镜底座 ϕ100 孔上，并使放入盖玻片的端口位于右侧，以便于取放盖玻片及药品。

② 将热台的电源线接入调压测温仪后侧的输出端，并将传感器插入热台孔，其另一端与调压测温仪后侧的插座相连；将调压测温仪的电源线与 AC220V 相连。

③ 取两片盖玻片，用蘸有酒精的脱脂棉擦拭干净。晾干后，取适量（不大于 1mg）烘干的待测物品放在一片盖玻片上并使药品分布薄而均匀，盖上另一片盖玻片，轻轻压实，然后放置在热台中心。

④ 盖上隔热玻片。

⑤ 松开显微镜的升降手轮，参考显微镜的工作距离（88～33mm），上下调节调焦手轮，

直至能清晰地看到待测物品的像为止。

⑥ 打开电源开关，调压测温仪显示出热台即时的温度值。根据被测物品熔点的温度值，控制调温手钮1或2（1为升温电压宽量调整；2为升温电压窄量调整）。在测定过程中，使前段升温迅速、中段升温渐慢、后段升温平缓。当温度接近待测物品熔点温度40℃左右时，使升温速度减慢。在被测物熔点值10℃左右时调整调温手钮，控制升温速度为每分钟1℃左右。

⑦ 观察被测物品的熔化过程，记录初熔和全熔时的温度值，用镊子取下隔热玻璃和盖玻片，即完成一次测试。如需重复测试，只需将散热器放在热台上，电压调为零或切断电源，使温度降至熔点值以下40℃即可。

⑧ 对已知熔点的物质，可根据所测物质的熔点值，适当调节调温旋钮，实现测量。对未知熔点的物质，可先用中、较高电压快速粗测一次，找到物质熔点的大约值，再适当调整精细测量精确值。

⑨ 精密测试时，对实测值进行多次测试，计算平均值。

⑩ 测试完毕，应及时切断电源，待热台冷却后，将仪器清理复原，用过的盖玻片用酒精擦拭干净，以备下次使用。

注意：

① 仪器应置于阴凉、干燥无尘的地方。

② 透镜表面保持干净，如有灰尘可用洗耳球吹去。

③ 非专业人员不要自行拆卸仪器，以免影响仪器性能。

实验6　有机物沸点的测定

【实验目的】

1. 了解测定沸点的意义。
2. 掌握微量法测定沸点的方法。

【实验原理】

将液体置于密闭容器中，液体的分子运动会使分子从液体表面逸出，在液体上部空间形成蒸气，同时蒸气中的分子也会返回到液体中。最后分子从液体中逸出的速度等于从蒸气中返回到液体的速度，即达到动态平衡。此时液面上的蒸气压称为饱和蒸气压。实验证明，一定温度下，每种液体都具有一定的饱和蒸气压，它与体系中的液体量及蒸气量无关。

在液体受热时，它的饱和蒸气压就增大。当液体的饱和蒸气压与外界大气压相等时，开始有大量的气泡不断地从液体内部逸出，液体呈沸腾状态，此时的温度就是该液体的沸点。通常说的沸点是指在101.325kPa下液体沸腾时的温度。纯液体都具有一定的沸点，而且沸点范围（沸程）很小（0.5～1℃）。因此，通过测定沸点可以鉴别液体有机化合物和判别物质的纯度[1]。

沸点的测定可以通过蒸馏的方法，用蒸馏法测沸点叫常量法。这种方法试剂用量为10mL以上，如果样品不多，可采用微量法。

【仪器与试剂】

1. 酒精灯，Thiele管，沸点管外管、内管，毛细管。
2. 四氯化碳（A. R.），液体石蜡。

【实验步骤】（微量法）

将内径 3～4mm，长 6～7cm，一端封闭的玻璃管，作为沸点管的外管，内径约 1mm，长 7～8cm，一端封闭的毛细管作为内管。用这两根粗细不同的毛细管按图 3-59 装配成微量法测定沸点的装置。

置液体样品四氯化碳于沸点管的外管中，液柱高约 1cm。再放入内管，开口端浸入样品中，缓缓加热[2]，至内管中会有气泡逸出[3]，当气泡连串快速逸出时，停止加热，观察并记录温度计的读数及温度计继续上升的读数，作为正式测定时提前撤灯的依据，即下次测定时撤灯的温度为："一连串气泡出现的温度"减去"继续上升增加的温度"。这样操作可使最高温度符合样品沸腾所需的温度，样品不容易被蒸干，降低样品的过热程度，测定结果容易重复。撤灯以后，余热使温度自动升至样品的沸腾温度，一连串气泡产生，样品虽然仍过热，但不严重，随后温度自行下降，气泡逸出的速度即渐渐减慢。在气泡不再冒出而液体刚要进入内管的瞬间（即最后一个气泡刚欲缩回至内管中时），表示毛细管内的蒸气压与外界压力相等，此时的温度即为该液体的沸点。

每个样品须重复测定 2～3 次，平行数据之差应不超过 1℃，取平均值为最终结果。

【思考题】

1. 什么叫沸点？液体的沸点和大气压有什么关系？
2. 如果液体具有恒定的沸点，能否认为它是纯物质？
3. 你所测得的某液体的沸点能否与文献值一致？为什么？

【附注】

[1] 某些有机化合物与其他物质按一定比例组成混合物，它们的液体组分与饱和蒸气的成分一样，这种混合物也有固定的沸点，称为共沸混合物或恒沸物。所以不是有固定沸点的液体就一定是纯净物。例如，乙醇-水的共沸组成为乙醇 95.6%（体积分数）、水 4.4%，共沸点 78.17℃；甲醛-水的共沸组成是甲醛 22.6%（体积分数）、水 74.4%，共沸点为 107.3℃。共沸混合物不能用蒸馏或分馏手段加以分离。

[2] 测定沸点时，加热不应过猛，尤其是在接近样品的沸点时，升温更要慢一些，否则沸点管内的液体会迅速挥发而来不及测定。

[3] 如果在加热测定沸点过程中，没能观察到一连串小气泡快速逸出，可能是沸点内管封口处没封好。此时，应停止加热，换一根内管，待导热液温度降低 20℃后即可重新测定。

实验 7　液态有机化合物折射率的测定

【实验目的】

1. 了解 Abbe 折光仪的构造和折射率测定的基本原理。
2. 掌握用 Abbe 折光仪测定液态有机化合物折射率的方法。

【实验原理】

见本教材 3.8.3 折射率的测定。

【仪器与试剂】

1. Abbe 折光仪，擦镜纸。
2. 丙酮，无水乙醇，正丁醇，乙酸乙酯，乙醚。

【实验步骤】

1. 将 Abbe 折光仪置于靠窗口的桌上或白炽灯前，但避免阳光直射，用超级恒温槽通入所需温度的恒温水于两棱镜夹套中，棱镜上的温度计应指示所需温度，否则应重新调节恒温槽的温度。

2. 松开锁钮，打开棱镜，滴 1～2 滴丙酮在毛玻璃面上，合上两棱镜，待镜面全部被丙酮湿润后再打开，用擦镜纸轻擦干净。

3. 折光仪校正与折射率的测定，详见本教材 3.8.3，每个样品重复 3 次，并记录。

【思考题】

1. 哪些因素影响物质的折射率？

2. 测定有机化合物折射率的意义是什么？

3. 使用 Abbe 折光仪应注意些什么？

4. Abbe 折光仪在测量时为什么会有“半明半暗”的现象？为什么要和恒温槽相连？

5. 怎样清洁棱镜？怎样擦干棱镜？能用滤纸擦吗？为什么？

【注释】

[1] 要特别注意保护棱镜镜面，滴加液体时防止滴管口划着镜面。

[2] 每次擦拭镜面时，只允许用擦镜纸轻擦，其他硬物均不得接触镜面。测定完毕，也要用丙酮洗净镜面，待自然干燥后才能合拢棱镜。

[3] 不能测量带有酸性、碱性或腐蚀性的液体，它们可用浸入式折光仪测定。

[4] 测量完毕，拆下连接恒温槽的橡胶管，棱镜夹套内的水要排尽。

[5] 若无恒温槽，所得数据要加以修正，通常温度升高 1℃，液态化合物折射率降低 $(3.5～5.5)\times10^{-4}$。

[6] 使用 Abbe 折光仪时，应避免日光直接照射或靠近热源，以免样品迅速挥发。仪器应避免强烈撞击，以免损伤光学零件，影响精密度。

[7] 折光仪不用时应放在木箱里，箱内有干燥剂。木箱应放在干燥和空气流通的实验室。

实验 8 有机物旋光度的测定

【实验目的】

1. 了解旋光度测定的意义，掌握旋光仪的使用方法。

2. 学习比旋光度的计算方法。

【实验原理】

见本教材 3.8.4 旋光度的测定。

【仪器与试剂】

1. 旋光仪。

2. 葡萄糖。

【实验步骤】

1. 样品液的配制

用分析天平准确称取 25g 葡萄糖，在 100mL 烧杯中加适量蒸馏水溶解后，全部转入

100mL 容量瓶中定容。放置一天后使用。

2. 盛液管装样

取干净的盛液管装样，先用被装的蒸馏水或样品液洗涤 2 次，然后让盛液管直立，将试样溶液加入盛液管中，使液面凸出管口，小心将玻璃盖板沿管口平推盖好，且勿有气泡。然后旋上帽盖，不能漏液，但也不能过紧，过紧会使玻璃盖板产生扭力，在管内产生空隙，影响测定结果。装液完毕，擦干盛液管。

装 3 个盛液管：蒸馏水管 1 个，长度不等的样品液管 2 个。

3. 零点的校正与旋光度的测定

参考本教材 3.8.4 旋光度的测定，进行旋光度的测定。

【思考题】

1. 什么是旋光度和比旋光度？测定旋光度的方法是什么？
2. 圆盘旋光仪的三分视场是怎样产生的？意义何在？
3. 使用圆盘旋光仪中的盛液管应注意什么？
4. 哪些因素影响物质的比旋光度？
5. 测定旋光度应注意哪些事项？
6. 糖的溶液为何要放置一天后再测定？

【注释】

[1] 装样时，盛液管内不能有气泡，管壁外不能有液滴。

[2] 盛液管螺帽不要旋得过紧，以不漏液滴为宜。

[3] 钠灯不宜长时间使用，一般连续测定时间不要超过 2h。

[4] 可以直接用蒸馏水将测定值调整为零点。

实验 9 相对密度的测定

【目的要求】

1. 学习密度测量的基本原理。
2. 熟悉测定密度的仪器及其操作方法。

【实验原理】

测定液体密度的方法有密度计法、密度瓶法等。密度计法简单易行，但准确度不如密度瓶法，所以实验室常用密度瓶法。测定时先用洗液和蒸馏水将密度瓶洗干净，干燥后在分析天平上准确称出其质量 m_0，然后用蒸馏水把它充满，置于 20℃的恒温槽中 15min，取出后将瓶中的液面调到密度瓶的刻度处。擦干，称量得 m_1，这样可求得瓶中蒸馏水 20℃时的质量。倾去水将瓶干燥。干燥后装入样品，在 20℃恒温槽中恒温 15min 后，调节瓶中液面到同一刻度，擦干，称量得 m_2，这样可求得与水同体积的液体样品在 20℃时的质量。样品与水质量之比，即为待测样品 20℃时的相对密度 d_{20}^{20}，可按下式计算：

$$d_{20}^{20}=\frac{m_2-m_0}{m_1-m_0}=\frac{20℃\text{时样品的质量}}{20℃\text{时同体积水的质量}}$$

测定时不必测定密度瓶中蒸馏水在 4℃时的质量，因为此温度通常低于室温很多，较难维持。只要用 20℃时水的质量除以 20℃时水的相对密度（$0.9982g\cdot cm^{-3}$），即可得到同样体积水在4℃时的质量，从而换算成相对密度 d_4^{20}。

$$d_4^{20}=d_{20}^{20}\times 0.9982$$

同理可以推出下列关系式：

$$d_4^t=d_t^t d_t$$

式中，d_4^t 为 t℃时物质的质量与4℃时同体积水的质量比；d_t^t 为 t℃时所测物质的质量与 t℃时同体积水的质量比；d_t 为 t℃时水的密度（见表4-4）。

表4-4　不同温度下水的密度 d_t

温度/℃	密度/g·cm^{-3}	温度/℃	密度/g·cm^{-3}	温度/℃	密度/g·cm^{-3}
0	0.99987	14	0.9993	20	0.9982
4	1.00000	15	0.9991	21	0.9980
10	0.9997	16	0.9990	22	0.9978
11	0.9996	17	0.9988	23	0.9976
12	0.9995	18	0.9986	24	0.9973
13	0.9994	19	0.9984	25	0.9971

【仪器与试剂】

仪器：密度计，密度瓶。

【实验步骤】

1. 密度计法[1]

密度计是基于浮力原理设计的，其上部细管内有刻度标签表示相对密度，下端球体内装有水银或铅粒。将密度计放入液体样品中即可直接读出其相对密度，该法操作简便迅速，适用于量大且准确度要求不高的测量。

测量时，先将密度计洗净擦干，使其慢慢沉入待测样品中，再轻轻按下少许，使密度计上端也被待测液湿润，然后任其自然上升，直到静止。从水平位置观察，密度计与液面相交处的刻度值即为该样品的相对密度。同时测量样品的温度。

2. 密度瓶法[2]

密度瓶是由带磨口的小锥形瓶和与之配套的磨口毛细管瓶塞组成（见图4-3）。当测量精度要求高或样品量少时可用此法。取洁净、干燥的密度瓶准确称其质量 m_0（精确至0.001g），装满蒸馏水，将毛细管瓶塞稍压至适当位置（此时应注意瓶内不得有气泡），将由毛细管溢出的液体用纸擦干，然后置于20℃恒温水槽中恒温15min。将瓶中液面调至密度瓶刻度处，擦干外壁，准确称其质量 m_1。将样品倒出，洗净密度瓶，将瓶用少量乙醇润洗两次，再用乙醚润洗一次，吹干，用同一密度瓶放入待测样品，在20℃恒温水槽中恒温15min，同样将瓶中液面调至密度瓶刻度处，擦干外壁，准确称其质量 m_2，按下式计算样品的相对密度：

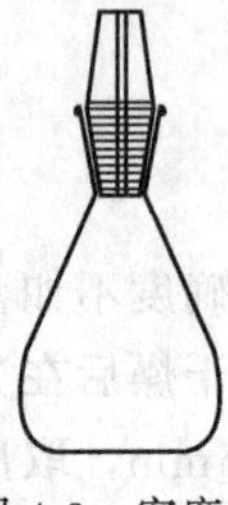

图4-3　密度瓶

$$d_4^{20}=\frac{m_2-m_0}{m_1-m_0}\times 0.9982$$

【附注】

[1] 密度计即为过去的比重计和比轻计。测量相对密度大于1的为比重计，小于1的为比轻计，使用时要注意密度计上注明的温度。

[2] 密度瓶即为过去的比重瓶，规格有5mL、10mL、25mL、50mL等。

第5章 物质的提取与鉴定

实验10　乙酰苯胺的重结晶

【实验目的】

1. 熟悉重结晶法提纯固态有机化合物的原理和方法。

2. 进一步掌握抽滤、热滤和脱色等基本操作。

【实验原理】

乙酰苯胺，$C_6H_5NHCOCH_3$，相对分子质量135.17，熔点114～116℃，沸点305℃，俗称退热水，为无色有闪光的鱼鳞状晶体。溶于热水及乙醇、乙醚、氯仿、丙酮、甘油、苯等有机溶剂，不易溶于冷水。主要应用于染料、制药、橡胶等工业，也可用作退热镇痛药。乙酰苯胺难溶于冷水，易溶于热水，可选水作为重结晶的溶剂，重结晶原理见3.6.2节。

【仪器与试剂】

1. 烧杯，表面皿，滤纸，吸滤瓶，酒精灯，电子天平，布氏漏斗，水循环真空泵，圆底烧瓶（100mL），回流冷凝管。

2. 粗乙酰苯胺，活性炭，乙醇（15%）。

【实验步骤】

1. 用单一溶剂水重结晶

称取粗乙酰苯胺2g，放入烧杯中，根据乙酰苯胺在水中的溶解度计算理论用水量，加入比理论量稍少的水[1]，边加热边搅拌，直至沸腾，观察乙酰苯胺溶解情况，若仍有固体或黄色油状物[2]，继续滴加水（保持微沸），直至乙酰苯胺固体完全溶解后（不溶性杂质除外），再多加20%的水，记下水的体积。停止加热，稍冷后加入少许活性炭[3]，加盖表面皿，保持微沸5～10min。

趁热过滤或抽滤[4]。如采用热抽滤，抽滤后需将滤液迅速倒入干净的烧杯中（如果滤瓶中有晶体析出，用少量水冲出后，须浓缩至原体积），慢慢冷却至室温。待晶体完全析出后，再进行抽滤，用少量冷水洗涤晶体两次，尽量抽干。取出晶体，放在预先称量的表面皿上，烘干，称量，计算回收率。

2. 用混合溶剂水-乙醇重结晶

称取粗乙酰苯胺2g，放入100mL圆底烧瓶中，加入30mL 15%乙醇溶液，投入1～2

粒沸石，装上回流冷凝管，小火加热，保持乙醇回流，观察乙酰苯胺溶解情况，若仍有固体或黄色油状物，可从冷凝管上口逐次补加15%乙醇溶液，每次5mL直至恰好完全溶解，再多加5mL 15%乙醇溶液[5]，移去热源，稍冷后加入少许活性炭，继续回流5～10min。

趁热抽滤，将滤液倒入干净的烧杯中，慢慢冷却至室温。待晶体完全析出后，再进行抽滤，用少量溶剂洗涤晶体两次，抽干。取出晶体，放在预先称量的表面皿上，烘干，称量，计算回收率。

【思考题】

1. 用作重结晶的溶剂应具备什么条件？
2. 重结晶所用溶剂太多或太少，对结果有什么影响？如何正确控制溶剂量？
3. 重结晶用活性炭脱色时为什么不能把活性炭加入到沸腾的溶液中？

【附注】

[1] 乙酰苯胺在水中的溶解度

温度/℃	20	25	50	80	100
溶解度/(g/100mL)	0.46	0.56	0.84	3.5	5.2

[2] 瓶底的黄色油状物为在83℃熔化尚未溶解于水的乙酰苯胺，可补加少量水溶之。

[3] 加活性炭之前，应移去热源，待溶液稍冷后，再加活性炭。切忌在溶液沸腾时加入，以免引起暴沸。

[4] 布氏漏斗和吸滤瓶均应在水浴锅中充分预热。

[5] 多加5mL乙醇溶液的目的是防止因操作过程中溶剂的损失，导致在热过滤时有晶体析出而影响收率。补加乙醇溶液时应先移开热源。

实验11　乙醇-水混合物的蒸馏

【实验目的】

1. 了解普通蒸馏的原理及意义。
2. 掌握蒸馏装置及操作方法。

【实验原理】

参见3.6.3节蒸馏。

【仪器与试剂】

1. 玻璃漏斗，圆底烧瓶，三角烧瓶，蒸馏头，接液管，直形冷凝管，温度计套管，温度计，量筒，胶管，沸石和电热套等。

2. 95%乙醇[1]。

【实验步骤】

1. 加料

将95%乙醇和水各15mL通过玻璃漏斗倒入50mL圆底烧瓶中，再加入1～2粒沸石，按图3-26(a)安好装置，接通冷却水[2]。

2. 加热

通好冷却水后加热，开始加热速度可快些，并注意观察蒸馏烧瓶中的现象和温度计读数的变化。记录温度计读数随时间的变化情况。当烧瓶内液体开始沸腾时，蒸气前沿逐渐上升，待蒸气达到温度计时，温度计读数急剧上升。这时应适当调小火焰，使温度略为下降，让水银球上液滴和蒸气达到平衡，然后再稍加大火焰进行蒸馏。记录下第一滴馏出液进入接收器时的温度[3]。

3. 收集馏出液

调节温度，控制流出的液滴以 1～2 滴/s 为宜。每收集 1mL 馏出液，记录一次温度。分别收集 77℃以下、77～79℃和 79℃以上的馏分[4]。

当瓶内只剩下少量（约 1mL）液体时，维持原来的加热速度，温度计读数会突然下降，即可停止蒸馏，不应将瓶内液体完全蒸干。停止蒸馏时，应先停火，后停冷却水。

4. 拆洗仪器

与安装时相反的顺序拆下接收器、冷凝管、圆底烧瓶等，洗净、收好。

5. 称量所收集主馏分的质量或量体积，并计算收率。画出整个蒸馏过程中温度计读数（T）随馏出液体积（V）的变化曲线，指出曲线中随体积的增加而温度计读数不变的几个温度点（℃），并说明哪一个是乙醇的沸点温度。

【数据记录及结果】

1. 数据记录

体积/mL	温度/℃	体积/mL	温度/℃	体积/mL	温度/℃	体积/mL	温度/℃
1		9		17		25	
2		10		18		26	
3		11		19		27	
4		12		20		28	
5		13		21		29	
6		14		22		30	
7		15		23		31	
8		16		24		32	

2. 收集的馏分记入下表：

温度	收集的馏液体积/mL
77℃以下	
77～79℃	
79℃以上	

【思考题】

1. 蒸馏时为什么蒸馏烧瓶所盛液体的量不应超过其容积的 2/3，也不应少于 1/3？

2. 蒸馏时加入沸石的作用是什么？如果蒸馏前忘记加沸石，能否立即将沸石加至将近沸腾的液体中？当重新进行蒸馏时，用过的沸石能否继续使用？

3. 为什么蒸馏时最好控制馏出液的速度为 1～2 滴/s？

4. 如果液体具有恒定的沸点，那么能否认为它是单纯物质？为什么？

【附注】

[1] 本实验也可选用丙酮-甲苯混合液。

[2] 冷却水的流速以能保证蒸气充分冷凝为宜，通常只需保持缓缓的水流即可。

[3] 蒸馏有机溶液均应用小口接收器，如三角烧瓶、圆底烧瓶等，避免馏出液挥发。如果接收器不干燥，则馏出的有机物将有水混入，使之不纯。

[4] 主馏分为 95%的乙醇和水的共沸混合物，而非纯物质，它具有一定的共沸点（沸

点 28.2℃)，不能用普通蒸馏法进行分离。因此，此法得不到纯乙醇。若要制得无水乙醇，需用生石灰法、金属钠法等化学方法制备。

实验 12 乙醇-水混合物的分馏

【实验目的】

1. 学习分馏的原理。

2. 掌握分馏的基本操作。

【实验原理】

分馏是通过对沸腾着的混合物蒸气进行一系列的热交换而将沸点不同的物质分离的操作。分馏装置和蒸馏装置的区别只在于分馏多了一个分馏柱。分馏柱效率的高低与柱的长径比、填充物的种类、分馏柱的绝热性能等因素有关。

【仪器与试剂】

1. 仪器：圆底烧瓶，韦氏分馏柱，温度计，蒸馏头，冷凝管，接液管，三角烧瓶。

2. 试剂：95%乙醇。

【实验步骤】

在 50mL 圆底烧瓶中，加入 95%乙醇和水各 15mL，加上 2～3 粒沸石，安装好分馏装置，打开冷凝水，用电热套加热至溶液沸腾，蒸气缓慢升入分馏柱，此时要调节并控制好温度，使蒸气缓慢上升，以保持分馏柱内有一个均匀的温度梯度，使蒸气慢慢上升到柱顶[1]，并控制馏出液的速度为 1d/2～3s。每收集 1mL 馏出液，记录一次温度。

开始蒸出的馏分中含有低沸点的组分（乙醇）较多，而高沸点组分（水）较少，随着低沸点组分的蒸出，混合液中高沸点组分含量逐渐升高，馏出液的沸点随之升高。将低于 80℃的馏出液收集在 1 号瓶中[2]。当蒸气温度发生持续下降时[3]，调换另一接收瓶，适当提高加热温度，蒸气温度重新升高，80～90℃馏出液收集在 2 号瓶中，当蒸气达到 95℃时，停止蒸馏，冷却几分钟，使分馏柱内的液体回流至烧瓶[2]。卸下烧瓶，将残液倒入 3 号烧瓶内，测量并记录各馏分的体积[4]。以柱顶温度（T）为纵坐标，馏出液体积（V）为横坐标，将实验结果绘成分馏曲线，讨论分馏效率。

【数据记录及结果】

1. 数据记录

体积/mL	温度/℃	体积/mL	温度/℃	体积/mL	温度/℃	体积/mL	温度/℃
1		9		17		25	
2		10		18		26	
3		11		19		27	
4		12		20		28	
5		13		21		29	
6		14		22		30	
7		15		23		31	
8		16		24		32	

2. 收集的馏液体积

温度	收集的馏液体积/mL
80℃以下	
80～95℃	
95℃以上	

【思考题】

1. 蒸馏和分馏在原理、装置以及用途上有什么异同？
2. 比较分馏和蒸馏操作的温度（T）随馏出液体积（V）的变化曲线有什么异同？
3. 含水乙醇为什么经过分馏也得不到无水乙醇？要得到无水乙醇，可以使用什么方法？

【附注】

[1] 分馏柱中的蒸气（又称蒸气环）未上升到温度计水银球处时，温度上升得很慢，此时不可加热过猛，一旦蒸气环升到温度计水银球处，温度计读数迅速上升。

[2] 由于未校正的温度计有一定误差，因此当观察到在78℃左右温度已稳定时，就应收集此馏分，并记下该温度。

[3] 当第一组分分馏将要结束时，由于乙醇蒸气断断续续上升，温度计水银球不能被乙醇蒸气充分包围，因此温度会出现下降或波动。

[4] 由于乙醇与水存在恒沸点（乙醇95.5%，水4.5%，恒沸点78.2℃），因此无论使用哪种分馏装置，都不会得到100%的纯乙醇，最高只能得到95.5%的乙醇。要得到纯度较高的乙醇，在实验室中用加入氧化钙（生石灰）加热回流的方法，使乙醇中的水与氧化钙作用，生成不挥发的氢氧化钙来除去水分。这样制得的无水乙醇，其纯度最高可以达到99.5%，已经能够满足实验室的一般需要。如果要得到纯度更高的绝对乙醇，可以用金属钠来处理。

实验13　橙油的提取和鉴定

【实验目的】

1. 了解从天然产物中提取有效成分及鉴定的方法。
2. 练习水蒸气蒸馏的操作技术。

【实验原理】

柑橘类水果的皮中含挥发油2%～4%，橙皮的精油为萜烯类化合物、柠檬醛和黄酮类化合物。萜烯类化合物占80%以上，其主要成分是分子式为$C_{10}H_{16}$的多种物质，它们均为无色液体，沸点、折射率都很相近，多具有旋光性。

$C_{10}H_{16}$液体	沸点/℃	折射率n_D^{25}	比旋光度$[\alpha]_D^{25}$
(+)-3,7,7-三甲基双环[4.1.0]-3-庚烯 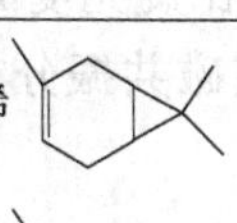	172	1.473	+17.7
(+)-3,7,7-三甲基双环[4.1.0]-2-庚烯 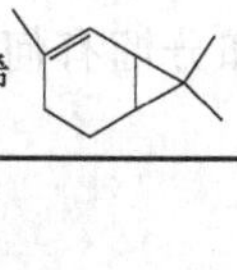	167	1.471	+62.2

续表

$C_{10}H_{16}$液体	沸点/℃	折射率 n_D^{25}	比旋光度$[\alpha]_D^{25}$
(+)-4-异丙烯基-1-甲基环己烯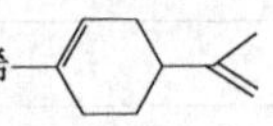	171	1.472	+125
3,7-二甲基-1,3,7-辛三烯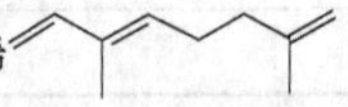	176～178	1.478	
4-异亚丙基-1-甲基环己烯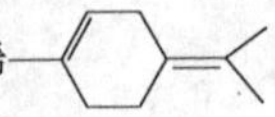	185	1.482	
(−)-7,7-二甲基-2-亚甲基双环[2.2.1]庚烯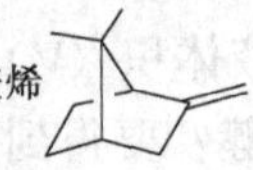	157～159	1.471	−32.2
(−)-5-异丙基-2-甲基环己二烯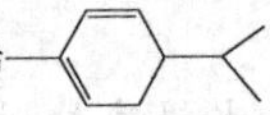	175～176	1.477	+44.4
(+)-6,8-二甲基-2-亚甲基双环[3.3.1.1]庚烯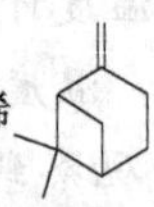	164～166	1.474	+28.6
(+)-1-异丙基-2-亚甲基双环[3.1.0]己烷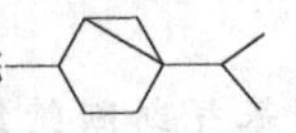	163～165	1.468	+89.1
癸烯-4-炔 $CH_3(CH_2)_4C\equiv CCH_2CH=CH_2$	73～74	1.444	

提取的挥发油对肠胃有温和的刺激作用，可以促进消化腺分泌，排除肠内积气；可使血压上升，血管收缩；使肾容量减少，有抑尿作用；还有刺激性祛痰作用。因此，橘类精油可作为医药、日用化工、食品工业的原料。

本实验可以通过测定折射率、旋光度对提取物进行初步鉴定。也可以采用气相色谱、红外光谱和核磁共振等，鉴定从橙油分离得到的主要组分。

【仪器与试剂】

1. 三颈瓶，水蒸气蒸馏装置，蒸馏装置，折光仪，旋光仪。

2. 两个橙皮或橘皮[1]，石油醚（60～90℃），无水硫酸钠。

【实验步骤】

1. 橙油的提取

在 250mL 三颈瓶中加入 60g 切成碎片的橙皮（或橘皮）。装好水蒸气蒸馏装置，进行水蒸气蒸馏。控制馏出速度为 1 滴/s，收集馏出液，直到无油滴产生为止。得到的馏出液水层油滴具有浓郁的橙香气味即为橙油。用 30mL 石油醚（60～90℃）萃取馏出液三次，合并萃取液于锥形瓶中，用无水硫酸钠干燥。用蒸馏装置蒸去溶剂[2]。称量，计算提取率。

2. 提取物的鉴定

测定所得橙油的折射率。

可将多组提取物混合后配成 5%的乙醇溶液进行比旋光度的测定。

如果条件允许还可通过气相色谱、红外光谱和核磁共振分析等确定产物的结构。

【思考题】

1. 水蒸气蒸馏的基本原理是什么？比普通蒸馏和分馏有何优点？

2. T 形管的用途是什么？

3. 水蒸气蒸馏操作中的注意事项是什么？

【附注】

[1] 新鲜橙子皮的效果较好，要剪成小碎片。

[2] 蒸馏除去溶剂时加热温度不要过高，以免影响产品质量。

实验14　薄层色谱用氧化铝的活性测定

【实验目的】

1. 掌握吸附剂活性测定的原理及方法。

2. 练习薄层色谱法及柱色谱法的基本操作。

【实验原理】

氧化铝是最常用的吸附剂，它的活性对分离效果有很大影响。为了使样品分离好，结果重现性好，就需要选用一定活性的氧化铝。

标定氧化铝的活性是利用一系列对氧化铝有亲和力的染料，根据染料被吸附的程度不同而定级。

【仪器与试剂】

1. 玻璃板，展开槽，毛细管。

2. 中性氧化铝，其他试剂如下：

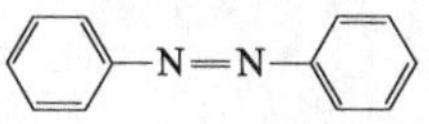

(1) 偶氮苯

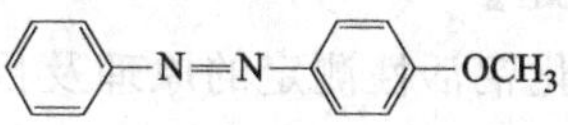

(2) 对甲氧基偶氮苯

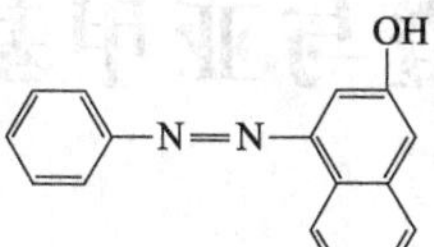

(3) 苏丹黄

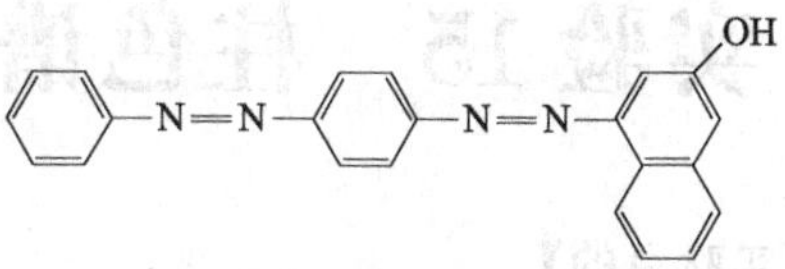

(4) 苏丹红

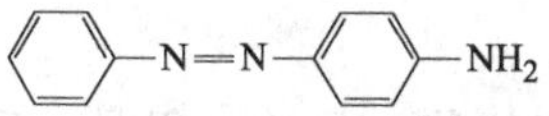

(5) 对氨基偶氮苯

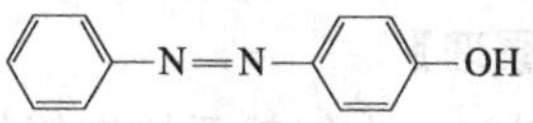

(6) 对羟基偶氮苯

各称取 20mg（偶氮苯 30mg），溶于 50mL 四氯化碳（经氢氧化钠干燥后重新蒸馏），配成染料溶液供测定点样用。

【实验步骤】

1. 薄层色谱测定法

(1) 制板　待测吸附剂为中性氧化铝，干法铺板。

(2) 点样　用毛细管将上述各染料溶液点在距离玻板下端 1.5～2cm 处，点距离 1cm 左右。点样的色点直径一般不得超过 0.5cm。如一次点样量不够，待溶剂挥干，再重复点加样品溶液 2～3 次，但注意防止色点扩散（偶氮苯需重复点加）。

(3) 展开　用上行倾斜法在密闭展开槽中进行。将展开板点有染料的一端置于展开剂四氯化碳中（展开剂不可浸没染料），另一端稍高，使其成 20°～30°倾斜。当展开剂展至薄层板的 2/3 时即可取出，立即画上溶剂前沿的位置，依染料的位置计算出 R_f 值。

(4) 氧化铝活度判断　将实验所得 R_f 值与表 5-1 中数据比较即得。

2. 毛细管测定法

用柱色谱法测定氧化铝活性，所需吸附剂、溶剂都较多且操作时间长，较繁琐。毛细管法简单易行，可看作是缩小了的柱色谱。

操作方法：取一根一端封闭的毛细管，似熔点法装入吸附剂（中性氧化铝）。或取一个在底部钻有一小孔的滴帽将毛细管开口端穿入滴帽内，然后将滴帽内装满氧化铝，轻轻拍打滴帽，氧化铝很快充满毛细管，装紧。滴一滴苯在毛细管开口端（防止氧化铝从毛细管中掉出），将毛细管倒转并切掉封闭端。滴有苯的一端在对氨基偶氮苯染料溶液中蘸一下（吸附一滴染料液），将毛细管放入含有 0.5mL 苯的小试管（或小三角烧瓶）中展开。展开完毕计算 R_f值，从表 5-1 中判断氧化铝活性级别。

表 5-1　氧化铝活性级别

级别	Ⅰ	Ⅱ	Ⅲ	Ⅳ	Ⅴ
R_f值	0	0.12	0.24	0.46	0.54
含水量/%	0	3	6	8	10

【思考题】

1. 氧化铝活性测定的原理及目的是什么？
2. 为何可用这些染料作标准来定级？

实验 15　柱色谱分离甲基橙与亚甲基蓝

【实验目的】

1. 理解柱色谱分离有机化合物的原理及在化合物分离中的应用。
2. 掌握柱色谱分离的操作步骤和方法。

【实验原理】

20 世纪初，人们就开始应用柱色谱法来分离复杂的有机物。目前，仍是一种分离复杂有机化合物的有效方法。柱色谱法涉及被分离的物质在液相和固相之间的分配，因此可以把它看作是一种固-液吸附色谱法。固定相是固体，液体样品通过固体时，由于固体表面对液体中各组分的吸附能力不同而使各组分分离开。

亚甲基蓝又称为美蓝或次甲基蓝，是碱性染料，呈蓝色粉末状，易溶于水和乙醇，能溶于氯仿，不溶于乙醚。亚甲基蓝可以含有 3～5 个结晶水。三水合物是暗绿色结晶，其稀的乙醇溶液为蓝色。

甲基橙是偶氮染料，也是一种酸碱指示剂。橙红色鳞状晶体或粉末，微溶于水，较易溶于热水，不溶于乙醇。0.1%的水溶液是常用的酸碱指示剂，变色范围是 pH 3.4～4.4，由红色变黄色。也用于印染纺织品。

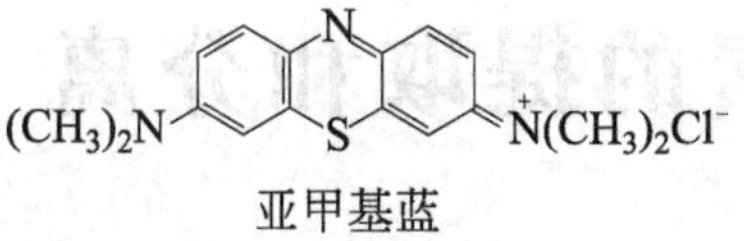

亚甲基蓝

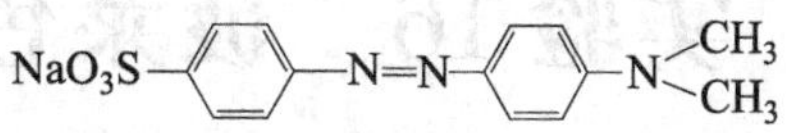

甲基橙

【仪器与试剂】

1. 色谱柱，量筒，烧杯，滴管，脱脂棉。

2. 纯水，95%乙醇，1%盐酸，石英砂，硅胶。

甲基橙-亚甲基蓝混合溶液：每毫升95%乙醇溶解0.5mg甲基橙和0.25mg亚甲基蓝。

【实验步骤】

本实验使用硅胶吸附剂，分别以水-95%乙醇（按体积比1∶1配制）和水-乙醇-盐酸混合液（1%HCl和95%乙醇按体积比1∶2配制）作为洗脱剂分步洗脱甲基橙和亚甲基蓝。

1. 装柱（湿法）

取一根色谱柱，把脱脂棉装到柱的底部，在脱脂棉上覆盖约5mm石英砂，向柱中倒入纯水至约为柱高的1/4处，敲打柱身排出里面的空气泡，然后再取6g左右硅胶（色谱用硅胶，100～160目）于烧杯中，加入30mL左右纯水，用玻璃棒搅匀调成浆状，排出硅胶中的空气。打开柱子下面的旋塞，使水流出，控制流出速度为1滴/4s，然后将调好的硅胶慢慢倒入柱子中。轻轻敲打色谱柱下部，使填装紧密，操作时一直保持上述流速，注意不能使液面低于硅胶的上层。硅胶面不再下降的时候，再加5mm厚的石英砂[1]。

2. 加样品

当溶剂液面刚好流至石英砂面时，关闭旋塞，把含有1mg水溶性甲基橙和5mg亚甲基蓝的95%乙醇溶液5滴滴入色谱柱内[2]，打开旋塞控制流出速度为1滴/4s，使混合溶液渗入硅胶柱顶部。

3. 洗脱

当混合物液面与柱顶部相近时，加入少量水-95%乙醇溶液，控制流出速度如前。这时甲基橙的谱带与被牢固吸附的亚甲基蓝谱带分离。继续加入水-95%乙醇溶液，使甲基橙全部从柱子里洗脱下来，用容器收集。待洗出液呈无色时，换水-乙醇-盐酸混合液作洗脱剂，这时亚甲基蓝立刻向柱子下部移动，当亚甲基蓝从柱子里洗脱下来换容器收集。整个过程都应有洗脱剂覆盖吸附剂[3]。

【思考题】

1. 柱色谱分离有机化合物的原理是什么？

2. 柱子中若有气泡或装填不均匀，将给分离造成什么样的结果？如何避免？

3. 洗脱剂的流速过快或过慢时，对分离效果有何影响？

【附注】

[1] 加入石英砂的目的是使加料时不致把吸附剂冲起，影响分离效果。

[2] 最好用滴管将欲分离溶液转移至柱中。

[3] 为了保持柱子的均一性，使整个吸附剂浸泡在溶剂或溶液中是必要的。否则当柱中溶剂或溶液流干时，就会使柱身干裂，影响渗滤和显色的效果。

实验16　菠菜色素的提取和分离

【实验目的】

1. 了解色谱法的基本原理及实用意义。
2. 练习用色谱法分离和鉴定化合物的操作技术。

【实验原理】

柱色谱（又称柱层析）是在色谱柱中装入作为固定相的吸附剂（硅胶或氧化铝），混合物以溶液状态加在柱的顶端，用一个适当的溶剂通过柱子淋洗，其组分以不同的速率往下移动，于是形成不同层次，分开的组分可以分别洗出收集。

绿色植物如菠菜叶中含有叶绿素（绿色）、胡萝卜素（橙色）和叶黄素（黄色）等多种天然色素。

叶绿素有两种相似的结构，即叶绿素 a 和叶绿素 b，其差别仅是叶绿素 a 中一个甲基被叶绿素 b 中的甲酰基所取代。它们都是吡咯衍生物与金属镁的络合物，是植物进行光合作用所必需的催化剂。植物中叶绿素 a 的含量通常是叶绿素 b 的 3 倍。尽管叶绿素分子中含有一些极性基团，但大的烃基结构使它易溶于乙醚、石油醚等一些非极性的溶剂。

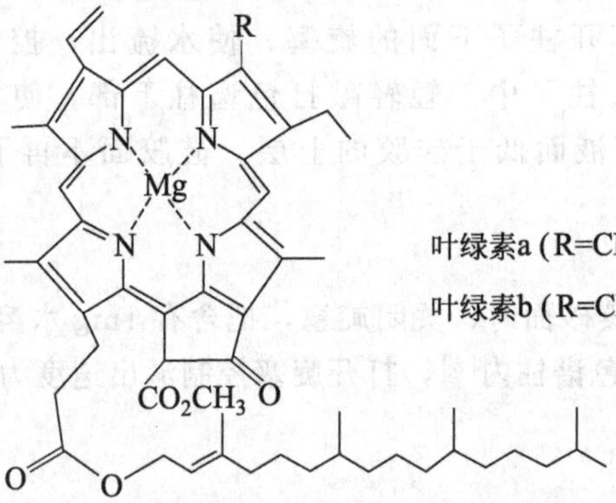

叶绿素a ($R=CH_3$)

叶绿素b (R=CHO)

胡萝卜素是具有长链结构的共轭多烯。它有三种异构体，即 α-、β-和 γ-胡萝卜素，其中 β-异构体含量最多，也最重要。生长期较长的绿色植物中，异构体中 β-胡萝卜素的含量多达 90%。β-异构体具有维生素 A 的生理活性，其结构是两分子维生素 A 在链端失去两分子水结合而成的。在生物体内，β-异构体受酶催化氧化即形成维生素 A。

α-胡萝卜素 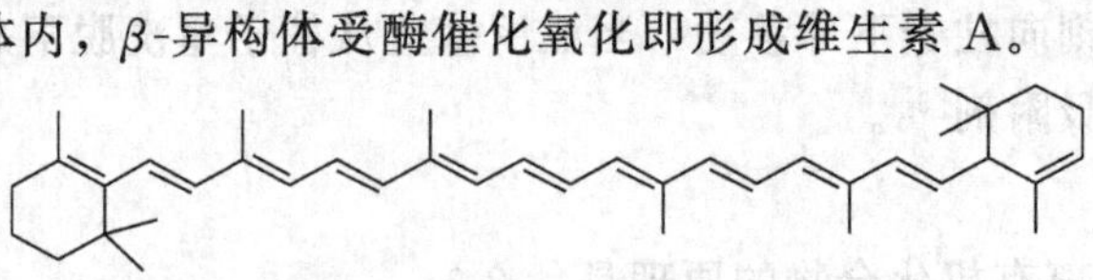

β-胡萝卜素 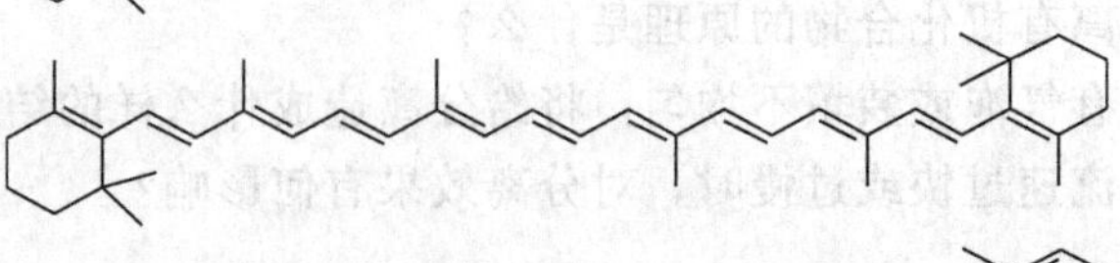

γ-胡萝卜素 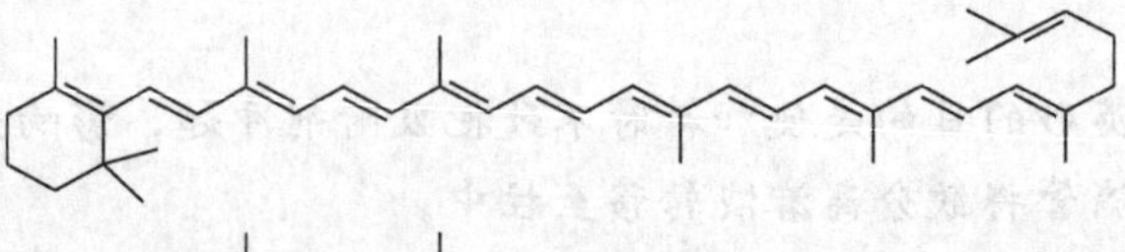

维生素A 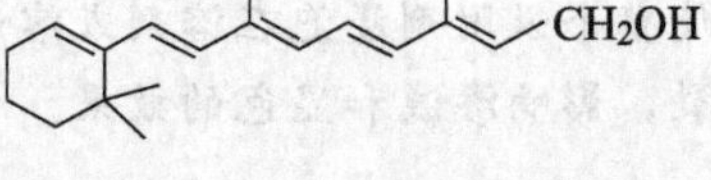

叶黄素（$C_{40}H_{56}O_2$）是胡萝卜素的羟基衍生物，它在绿叶中的含量通常是胡萝卜素的两倍，与胡萝卜素相比，叶黄素较易溶于醇而在石油醚中溶解度较小。

叶黄素
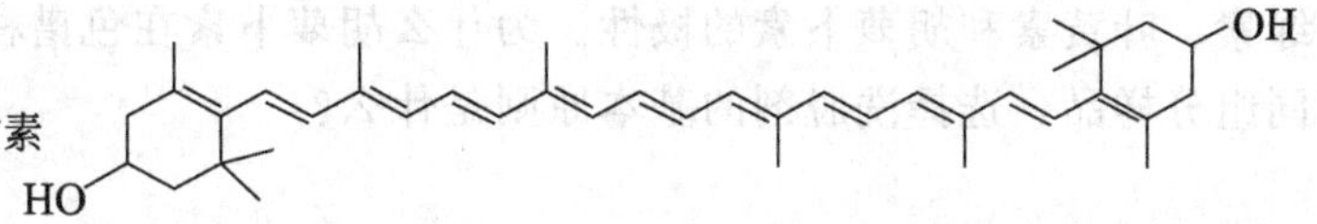

本实验将从菠菜中提取上述几种色素，并通过薄层色谱和柱色谱进行分离。有条件的可进行β-胡萝卜素的紫外光谱测定。

【仪器与试剂】

1. 色谱柱，分液漏斗，研钵，三角烧瓶，量筒，展开缸。

2. 绿色植物叶，95%乙醇，石油醚（60～90℃），丙酮，正丁醇，苯，硅胶 G，中性氧化铝，羧甲基纤维素钠水溶液（1%），无水硫酸钠，石英砂。

【实验步骤】

1. 样品的处理

取 5.0g 新鲜的绿色植物叶子于研钵中捣烂，用 30mL 2∶1 的石油醚-乙醇分几次浸取。把浸取液过滤[1]，滤液转移到分液漏斗中，加等体积的水洗一次。洗涤时要轻轻振荡，以防乳化。弃去下层的水-乙醇层，石油醚[2]层再用等体积的水洗两次，以除去乙醇和其他水溶性物质；有机相转移到锥形瓶中用无水硫酸钠干燥[3]。

2. 装柱

选择一支合适的色谱柱，洗净、晾干，取一薄层脱脂棉，用玻璃棒推至柱底，再加入 5mm 左右厚的石英砂，垂直固定在铁架台上，使砂层水平。关闭下端旋塞，下方置一烧杯接收流出的液体，向柱内加入石油醚-丙酮溶液（4∶1）至柱高 1/2 处。打开柱下端的旋塞，控制溶剂流出的速度约 2 滴/s。通过一只干燥的粗柄短颈漏斗从柱顶慢慢分批加入中性氧化铝 8g，边加边用带橡胶塞的玻璃棒或木棒轻轻敲击柱身下部，使吸附剂填装紧密、均匀[4]。操作时一直保持上述流速，注意切勿使液面低于氧化铝的柱面，不能使柱身变干[5]。流出的溶剂可重复使用。加完中性氧化铝后，将氧化铝表面理平，上面再加 5mm 石英砂[6]。

3. 加样

当柱内溶剂面刚好降至与顶层石英砂相平时，立即取处理好的样品提取液 1mL 沿柱壁用滴管慢慢加入柱内，当液面降至顶层石英砂层时，用少量溶剂冲洗柱壁上的有色物质，如此连续 2～3 次，直到洗净为止。

4. 洗脱

当液面降至顶层石英砂层时，继续用 10mL 石油醚-丙酮（4∶1）洗脱。观察色带的出现，待其降至柱底即将滴出时，用三角烧瓶接收，得橙色溶液（为胡萝卜素）。改用 7∶3 石油醚-丙酮溶液作洗脱剂，可分出第二个黄色带[7]（为叶黄素），再用 3∶1∶1 丁醇-乙醇-水洗脱叶绿素 a（蓝绿色）和叶绿素 b（黄绿色）。用三角烧瓶分别收集各色带的流出液。

5. TLC 分析

在 7.5cm×2.5cm 的硅胶板上，用分离后的胡萝卜素点样[8]，7∶3 的石油醚-丙酮展开，可出现 1～3 个斑点。用分离后的叶黄素点样，7∶3 的石油醚-丙酮展开，一般可呈现 1～4 个点。

取 4 块板，一边点色素提取液样点，另一边分别点柱色谱分离后的 4 个试液，用 8∶2 的苯-丙酮展开，或用石油醚展开，观察斑点的位置，计算 R_f 值，并依 R_f 由大到小的次序将胡萝卜素、叶绿素和叶黄素排列出来。

【思考题】

1. 比较叶绿素、叶黄素和胡萝卜素的极性。为什么胡萝卜素在色谱柱中移动得最快?

2. 分离不同组分样品，选择洗脱剂的基本原则是什么?

【附注】

[1] 若有必要，在液体倒入分液漏斗之前，可用玻璃棉过滤，以除去固体杂质。

[2] 石油醚属于易燃液体，使用要小心。

[3] 叶绿素等色素对光很敏感，尤其处于干燥状态下，因此，必须避免暴露在阳光及任何强光下。

[4] 色谱柱应装填得均匀紧密，不能有气泡，也不能出现松紧不匀和断层现象，否则将影响渗滤速度和色带的齐整。

[5] 为保持柱子内吸附剂的均一性，必须让吸附剂一直浸泡在溶剂或溶液中，否则当柱中溶剂或溶液流干时，会使吸附剂干裂，出现断层。

[6] 加入石英砂的目的是使加料时不致把吸附剂冲起，影响分离效果。

[7] 黄色带容易消失，须注意及时观察。

[8] 点样毛细管必须专用，不可弄混。

实验 17　从茶叶中提取咖啡因

【实验目的】

1. 通过从茶叶中提取咖啡因学会脂肪提取器的使用及连续固-液萃取的操作方法。

2. 了解升华的原理、意义，学习实验室常用的升华方法。

【实验原理】

茶叶中含有多种生物碱，其中咖啡因（又称咖啡碱）占1%～5%。还有单宁酸、色素、纤维素、蛋白质等。咖啡因是弱碱性化合物，味苦，易溶于氯仿（12.5%）、水（2%）及乙醇（2%）等，在苯中的溶解度为1%（热苯为5%）。单宁酸易溶于水和乙醇，不溶于苯。

咖啡因是杂环嘌呤的衍生物，又称1,3,7-三甲基-2,6-二氧嘌呤，结构如下：

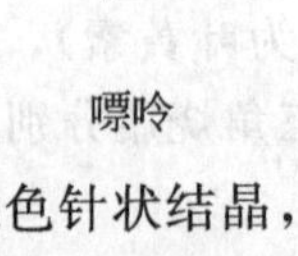

嘌呤

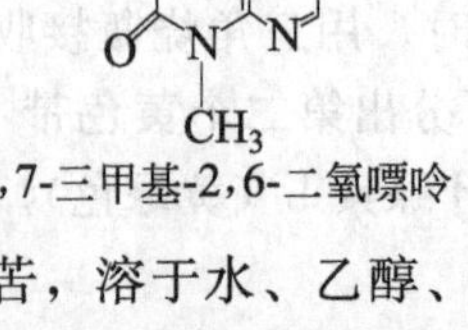

1,3,7-三甲基-2,6-二氧嘌呤

含结晶水的咖啡因系无色针状结晶，味苦，溶于水、乙醇、氯仿中，100℃失去结晶水，开始升华，120℃升华显著，178℃升华很快。无水咖啡因熔点为234.5℃。

提取茶叶中的咖啡因，往往利用适当的溶剂（氯仿、乙醇、苯等）在索式提取器中连续抽提，然后蒸去溶剂，再利用升华的方法，将咖啡因从其他一些生物碱和杂质中提取出来。

工业上，咖啡因主要通过人工合成制得。它具有刺激心脏、兴奋大脑神经和利尿等作用，因此可作为中枢神经兴奋药。它也是复方阿司匹林药物的组分之一。

【仪器与试剂】

1. 索氏提取器，圆底烧瓶，球形冷凝管，砂浴，蒸馏装置，蒸发皿，玻璃漏斗，大头针。

2. 95%乙醇，生石灰，茶叶[1]。

【实验步骤】

1. 提取

称取干茶叶10g，放入用滤纸卷好的套筒中[2]，放入索氏提取器的抽提筒中，轻轻压实。烧瓶内加入100mL 95%乙醇（约占烧瓶容积的1/2～2/3），加入沸石，加热乙醇至沸腾，连续萃取至烧瓶中液体变深、提取筒中的萃取液颜色变浅（约1h），当提取筒中液体流空时，立即停止加热。

稍冷后将仪器改装成蒸馏装置，加热回收乙醇，然后将残留液约10mL倒入蒸发皿中，拌入3～4g生石灰粉[3]，搅成糊状，在蒸气浴上蒸干，使其成粉状（不断搅拌，压碎块状物）。最后将蒸发皿移至铺有1cm厚细砂的石棉网上，用酒精灯小火加热，砂层温度不超过110℃，焙炒片刻，使水分全部除去[4]。冷却后，擦去沾在边上的粉末，以免升华时污染产品。

2. 升华

在蒸发皿上盖一张刺有许多小孔且孔刺向上的滤纸，取一只大小合适的玻璃漏斗，颈部塞一小团棉花，罩在蒸发皿上，用酒精灯隔着石棉网小心加热升华[5]。适当控制温度，尽可能使升华速度减慢，提高结晶纯度。如发现有棕色烟雾时，即升华完毕，停止加热。冷却后，揭开漏斗和滤纸，仔细地把附在纸上及器皿周围的咖啡因结晶用小刀刮下。残渣经搅拌后，在较高的温度下再加热片刻，使升华完全。合并两次升华收集的咖啡因，可测定熔点。

无水咖啡因的熔点为234.5℃。

【思考题】

1. 索氏提取器的萃取原理是什么？它与一般的浸泡萃取比较，有哪些优点？

2. 实验中生石灰起什么作用？

【附注】

[1] 红茶中含咖啡因约3.2%，绿茶含咖啡因约2.5%，实验可选红茶。

[2] 滤纸套筒大小既要紧贴器壁，又能方便取放，其高度不得超过虹吸管；滤纸包茶叶末时要严紧，防止漏出堵塞虹吸管，纸套上面折成凹形，以保证回流液均匀浸润被萃取物。

[3] 生石灰起吸水和中和作用，以除去单宁酸等酸性物质。

[4] 如水分未能除尽，在下一步加热升华开始时，漏斗内会出现水珠。若遇此情况，可用滤纸迅速擦干并继续升华。

[5] 在萃取回流充分的情况下，升华操作是实验成败的关键。升华过程中，始终都需用小火间接加热。温度太高，会把一些有色物质烘出来，使产物不纯。温度计横插在砂浴中部，使其正确反映出升华的温度。进行再升华时，加热温度也应严格控制，否则被烘物大量冒烟，导致产物不纯和损失。

实验18　从牛奶中分离酪蛋白和乳糖

【实验目的】

1. 学习乳品中蛋白质、乳糖的分离原理及分离技术。

2. 掌握酪蛋白、乳糖的鉴别方法。

【实验原理】

牛奶中主要的蛋白质是酪蛋白，并以酪蛋白酸钙-磷酸复合体胶粒存在，胶粒直径约为20～800nm，平均为100nm形成酪蛋白钙胶束，含量约为$35g \cdot L^{-1}$。在酸或凝乳酶的作用下酪蛋白会沉淀，加工后可制得干酪和干酪素。本实验利用加酸，达到酪蛋白的等电点pH=4.7时，酪蛋白沉淀，通过离心分离将酪蛋白从牛奶中析出。

牛奶中除去酪蛋白后剩下的液体为乳清，在乳清中含有乳白蛋白和乳球蛋白，还有溶解状态的乳糖。乳糖是还原性二糖，具有还原性和变旋现象，在平衡状态下，乳糖的比旋光度为+53.5°。乳糖不溶于乙醇，向乳清中加入乙醇即可析出乳糖。酪蛋白可以采用电泳或蛋白质的颜色反应进行鉴定，乳糖则可采用旋光仪、薄层色谱或成脎反应来鉴定。

【仪器与试剂】

1. 离心机，离心试管，试管，显微镜，玻璃棒，沸石，电热套，烧杯，蒸发皿，锥形漏斗，精密pH试纸，容量瓶（100mL），天平，旋光仪。

2. 脱脂乳或脱脂奶粉，乙酸-乙酸钠缓冲溶液（pH=4.7），乙醇（95%），乙醚，氢氧化钠生理盐水（$0.4mol \cdot L^{-1}$），氢氧化钠溶液（5%），硫酸铜溶液（1%），浓硝酸，茚三酮，碳酸钙粉末，苯肼试剂，活性炭。

【实验步骤】

1. 沉淀酪蛋白

在100mL烧杯中加入2g脱脂奶粉，再加入40mL 40℃的热水，搅拌使奶粉溶解。在搅拌下慢慢加入预热到40℃、pH=4.7的乙酸-乙酸钠缓冲溶液40mL，用精密pH试纸检验液体的pH值。静置冷却至室温，上层清液倾入小烧杯中，用作乳糖的分离与鉴定。

2. 分离酪蛋白

剩下的悬浮液分别装入两支离心试管中，放入离心机。调节转速为$2000r \cdot min^{-1}$，离心3～5min，取出试管，倾出上层清液（合并于小烧杯清液中），得酪蛋白粗品。

3. 纯化酪蛋白

在离心管中加入5mL蒸馏水，玻璃棒搅拌洗涤除水溶性杂质，离心弃去上层液，再用蒸馏水洗。加入5mL 95%乙醇，搅拌，离心倾析出乙醇，除磷脂。再用5mL乙醚洗涤，除去脂肪。酪蛋白沉淀物晾干，称量，并计算酪蛋白的收率。

4. 酪蛋白的颜色反应

取1g酪蛋白溶于10mL $0.4mol \cdot L^{-1}$氢氧化钠的生理盐水中，用于蛋白质的颜色反应。

（1）缩二脲反应　取1支洁净的试管，加入酪蛋白溶液4滴和5%氢氧化钠溶液4滴，摇匀后加入1%硫酸铜溶液1～2滴（硫酸铜要适量，否则生成氢氧化铜沉淀）。振荡试管，观察颜色变化，并解释原因。

（2）黄蛋白反应　取1支洁净的试管，加入酪蛋白溶液5滴和2滴浓硝酸，然后在水浴中加热，生成黄色的硝基化合物，溶液冷却后加入5%氢氧化钠溶液10滴，溶液呈橘黄色。

（3）茚三酮反应　取1支洁净的试管，加入酪蛋白溶液1mL，然后加入2滴茚三酮溶液，加热至沸腾，观察溶液颜色变化，并解释原因。

5. 分离乳糖

在除去酪蛋白的清液中，加入1.5g $CaCO_3$粉末，搅拌均匀后加热至沸。中和溶液的酸性，防乳糖水解，趁热过滤除去乳白蛋白沉淀。

6. 提纯乳糖

将滤液转入蒸发皿中，加入1～2粒沸石，加热浓缩至20mL，加入10mL 95%乙醇（注意离开火焰）和少量活性炭脱色，搅拌均匀，加热沸腾，趁热过滤，浓缩至约10mL，加95%乙醇适量，结晶。

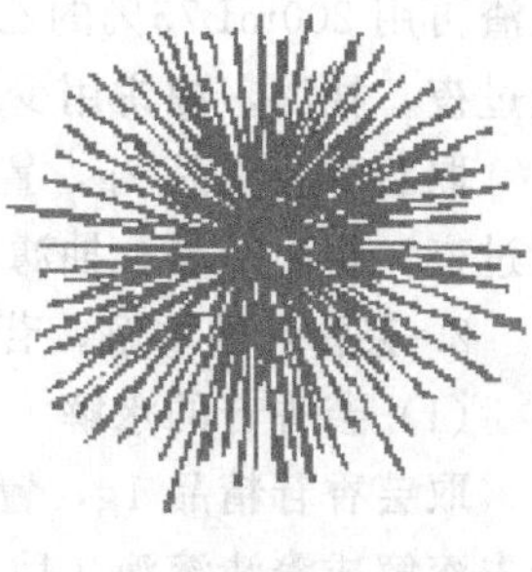

图5-1 乳糖脎的晶体

7. 糖脎制备

试管中加入1mL乳糖溶液、1mL苯肼试剂，摇匀。试管口用棉花塞住，在沸水浴中加热，并不时振摇。加热10～15min，放置冷却，乳糖脎成结晶析出，显微镜下观察为橙黄色针状结晶（图5-1）。

8. 测定乳糖比旋光度

精确称取一定量提取的乳糖溶于少量蒸馏水中，然后转入100mL容量瓶中定容，将溶液装入旋光管中，每隔1min测定一次，至少测定6次，在8min中内完成，记录下数据。10min后，每隔2min测定1次，至少测定8次，20min内完成。记录下数据，并计算其比旋光度。

【思考题】

1. 如何控制溶液的pH才能使牛乳中的酪蛋白沉淀完全？为什么？

2. 乳糖为什么具有变旋现象？

实验19 槐花米中芸香苷的提取和鉴定

【实验目的】

1. 以槐花米为例学习黄酮类成分的提取、分离方法。

2. 熟悉黄酮类化合物的一些性质。

3. 掌握苷类的水解，苷元和糖类的鉴定方法。

【实验原理】

槐花米是豆科植物槐花的花蕾，自古用作止血药物，治疗痔疮、子宫出血、吐血等症，其主要成分芸香苷（俗称芦丁）含量可达15%左右，有减少毛细血管的渗透性作用，临床上用作毛细血管止血药，作为高血压症的辅助治疗药物。

本实验用乙醇浸提槐花米中的黄酮成分芸香苷，在酸性条件下进行水解，分别得到苷元和糖，并对其进行色谱鉴定。

【仪器与试剂】

1. 圆底烧瓶（500mL），球形冷凝器，量筒（250mL），过滤装置，加热套，聚酰胺层析板，层析纸，烧杯（500mL）。

2. 槐花米，乙醇（50%，75%），蒸馏水，硫酸（2%溶液），氢氧化钡，葡萄糖，鼠李糖，正丁醇，乙酸。

【实验步骤】

1. 从槐花米提取云香苷

取槐花米60g，置500mL圆底烧瓶中，加200mL75%乙醇，加热回流1h，趁热过滤，滤渣再用200mL75%的乙醇加热回流1h，合并乙醇提取液，减压浓缩至原体积的1/4，放置过夜，抽滤，滤饼用少量石油醚、丙酮、冷乙醇依次洗涤，得粗品，自然晾干，称量。

取芸香苷粗品2g，置500mL烧杯中，加蒸馏水400mL，加热溶解，趁热过滤，滤液放置过夜，析出结晶，抽滤，滤饼自然晾干，得芸香苷精品，称量，测熔点，计算收率。

2. 芸香苷的水解，苷元和糖的鉴定

(1) 芸香苷的水解

取芸香苷精品1g，置250mL圆底烧瓶中，加150mL2%硫酸，加热回流1h，固体芸香苷先溶解成澄清溶液，后又很快析出黄色结晶苷元槲皮素，水解完毕后，反应液趁热过滤，收集滤液，备用。滤饼用水洗涤，得槲皮素粗品。粗品以150mL50%乙醇加热溶解，趁热过滤，滤液放置，析出晶体，过滤，减压干燥，得槲皮素。测定熔点，称量，计算收率，进行色谱鉴定。

(2) 芸香苷和槲皮素的聚酰胺色谱鉴定

样品：芸香苷和槲皮素的乙醇溶液。

展开剂：乙醇：水=7：3。

显色：可见光、紫外线、氨熏观察。

(3) 糖的纸色谱鉴定

样品：取上述水解滤液10mL，用固体氢氧化钡中和至pH 7，过滤除去硫酸钡，滤液浓缩至0.5mL，供点样用。

对照品：葡萄糖、鼠李糖水溶液。

纸：层析滤纸。

展开剂：正丁醇：乙酸：水=4：1：5，上行展开。

显色：苯胺-邻苯二甲酸盐试剂喷雾，105℃烘10min显色。

【思考题】

1. 芸香苷水解为何可以在酸性条件下进行？
2. 为什么芸香苷和槲皮素用聚酰胺板色谱鉴定？

实验20　米糠中糠醛的提取及检验

【实验目的】

1. 了解从米糠中提取糠醛的实验原理和方法。
2. 熟练掌握减压蒸馏、回流、水蒸气蒸馏的实验操作。
3. 学会用红外光谱法和紫外分光光度法分析产品的成分及含量。

【实验原理】

糠醛是呋喃环系最重要的衍生物，是一个由农副产品制得的重要产品。具有与苯甲醛类似的气味。无色液体，熔点−38.7℃，沸点161.7℃，相对密度1.1594（20℃/4℃）。在空气中容易变黑。在20℃可形成8.3%的水溶液，溶于乙醇、乙醚等有机溶剂。糠醛经氧化生成2-呋喃甲酸，经还原生成呋喃甲醇。糠醛与芳香醛的性质类似，在氰化钾的催化下，发生安息香缩合反应。其结构式为：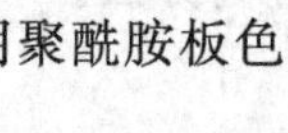

。

糠醛最早是从米糠中制取而得名。米糠中含有戊多糖，把米糠磨碎放进蒸煮器中加入稀硫酸，通过水蒸气加热处理，戊多糖水解成戊糖，戊糖进一步脱水为糠醛，随水蒸气馏出，经减压蒸馏可得97%以上的糠醛。

【仪器与试剂】

1. 阿贝折光仪，标准磨口玻璃仪器，循环水真空泵，减压蒸馏装置，水蒸气蒸馏装置，托盘天平，圆底烧瓶（250mL）。

2. 硫酸（10%），无水碳酸钠（A. R.），米糠（市场购买）。

【实验步骤】

1. 加料：在托盘天平上称取干净无霉变的米糠10g，投入到250mL圆底烧瓶中，加入60mL 10%硫酸[1]。

2. 回流：把圆底烧瓶置于水浴中，安装上冷凝管，接通冷凝水，加热至沸后，回流2h[2]。

3. 水蒸气蒸馏：改用水蒸气蒸馏至无油珠[3]。

4. 减压蒸馏：把收集到的混合液减压蒸馏，收集馏分，加入适量无水碳酸钠干燥。

5. 折射率检验：对干燥后的馏出液用阿贝折光仪测其折射率，纯糠醛的折射率为 n_D^{20} 1.160。

【思考题】

1. 加入硫酸的作用是什么？

2. 该反应的副反应有哪些？

3. 从天然原料中提取有机物还可以用哪些溶剂？

4. 糠醛的主要用途有哪些？

【附注】

[1] 硫酸在5%～10%之间都可，最佳是10%。

[2] 实验最佳回流时间是4h，作为学生实验时间不宜过长，所以选用2h，固液比为1∶6。

[3] 水蒸气蒸馏时接收器用100mL圆底烧瓶，这样便于下一步减压蒸馏（不用再转移液体）。

第6章 有机化合物结构的测定

实验21 红外光谱法测定有机化合物的结构

【实验目的】

1. 掌握红外分光光度法测定样品的制样方法。

2. 掌握红外光谱鉴别有机物官能团以及根据官能团确定未知组分主要结构的方法。

3. 掌握红外分光光度计的使用方法。

【实验原理】

1. 制样方法

在红外光谱法中，样品的制备及处理占有非常重要的地位。不同的样品状态（固体、液体、气体以及黏稠样品）需要相应的制样方法。制样方法的选择和制样技术的好坏直接影响谱带的频率、数目和强度。

(1) 液膜法　样品的沸点高于100℃可采用液膜法测定。黏稠的样品也可采用液膜法。这种方法比较简单，只要在两个盐片之间滴加1～2滴未知样品，使之形成一层薄的液膜。流动性较大的样品，可选择不同厚度的垫片来调节液膜的厚度。

(2) 液池法　样品的沸点低于100℃可采用液池法。选择不同的垫片尺寸可调节液池的厚度，对强吸收的样品用溶剂稀释后再测定。

(3) 糊状法　准确确定样品是否含OH基团（避免KBr中水的影响）时可采用糊状法。这种方法是将干燥的粉末研细，然后加入几滴悬浮剂，在玛瑙研钵中研磨成均匀的糊状，涂在盐片上测定。常用的悬浮剂有石蜡油和氟化煤油。

(4) 压片法　粉末样品常采用压片法。将研细的粉末分散在固体介质中，并用压片装置压成透明的薄片后测定，固体分散介质一般是金属卤化物（如KBr），使用时要将其充分研细，颗粒直径最好小于2μm（因为中红外区的波长是从2.5μm开始的）。

(5) 薄膜法　对于熔点低，熔融时不发生分解、升华和其他化学变化的物质，可采用加热熔融的方法压制成薄膜后测定。

2. 红外定性分析方法

红外光谱定性分析一般采用两种方法：一种是用已知标准物对照，另一种是标准图谱查对法。

（1）已知标准物对照应由标准品和被检物在完全相同的条件下，分别绘出其红外光谱进行对照，若图谱相同，则肯定为同一化合物。

（2）标准图谱查对法是一个最直接、可靠的方法。根据待测样品的来源、物理常数、分子式以及谱图中的特征谱带，查对标准谱图来确定化合物。常用的标准图谱集是萨特勒红外标准图谱集（Sadtler catalog of infrared standard spectra）。

在用未知物图谱查对标准谱时，必须注意：

① 由于测量所用仪器与绘制标准图谱在所用仪器分辨率与精度上的差别，可能导致某些峰的细微结构有差别。

② 未知物的测绘条件需与标准谱的条件一致，否则图谱会出现很大差别。当测定溶液样品时，溶剂的影响大，必须要求一致，以免得出错误结论。若只是浓度不同，只会影响峰的强度而每个峰之间的相对强度是一致的。

③ 必须注意引入杂质的吸收带的影响。如 KBr 压片可能吸水而引进了水的吸收带等。应尽可能避免引入杂质。

（3）图谱的解析大致步骤

① 先从特征频率区入手，找出化合物所含主要官能团。

② 指纹区分析，进一步找出官能团存在的依据。因为一个基团常有多种振动形式，所以，确定该基团就不能只依靠一个特征吸收，必须找出所有的吸收带才行。

③ 对指纹区谱带位置、强度和形状的仔细分析，确定化合物可能的结构。

④ 对照标准图谱，配合其他鉴定手段，进一步验证。

【仪器与试剂】

1. FTIR-8900 型傅里叶红外分光光度计，干压式压片机（包括压模等），红外灯，玛瑙研钵，可拆式液体池，盐片。

2. KBr（G. R.），无水乙醇（A. R.），石蜡油，滑石粉，苯甲酸，对硝基苯甲酸，苯乙酮，苯甲醛等。

【实验步骤】

1. 固体样品苯甲酸（或对硝基苯甲酸）红外光谱的测绘

取样品（已干燥）1～2mg，在玛瑙研钵中充分磨细后，再加入 400mg 干燥的 KBr[1]，继续研磨至完全混匀。颗粒的直径大小约为 2μm[2]。取出约 100mg 混合物装入干净的压模内（均匀铺洒在压模内），于压片机上在 29.4MPa 压力下压制 1min，制成透明薄片。将此片装于样品架上，放于分光光度计的样品池处。先粗测透光率是否超过 40%，若未达 40%，则重新压片。若达到 40%以上，即可进行扫谱。用纯 KBr 薄片为参比片，从 $4000cm^{-1}$ 扫至 $650cm^{-1}$ 为止。扫谱结束后，取下样品架，取出薄片，按要求将模具、样品架等擦净收好。

2. 纯液体样品苯乙酮（或苯甲醛）的红外光谱测绘

（1）可拆式液体样品池的准备　戴上指套，将可拆式液体样品池[3]的两盐片从干燥器中取出，在红外灯下用少许滑石粉混入几滴无水乙醇磨光其表面。用软纸擦净后，滴加无水乙醇 1～2 滴，用吸水纸擦洗干净。反复数次，然后将盐片放于红外灯下烘干备用。

（2）液体样品的测试　在可拆式液体池的金属池板上垫上橡胶圈，在孔中央位置放一盐片，然后滴半滴液体试样于盐片上。将另一盐片平压在上面（注意：不能有气泡），再将另一金属片盖上，对角方向旋紧螺丝，将盐片夹紧在其中。把此液体池放到红外分光光度计的样品池处，进行扫谱。

（3）扫谱结束后，取下样品池，松开螺丝，套上指套，小心取出盐片。先用软纸擦净液体，滴上无水乙醇，洗去样品（千万不能用水洗）。然后，再于红外灯下用滑石粉及无水乙醇进行抛光处理。最后，用无水乙醇将表面洗干净，擦干，烘干。两盐片收入干燥器中保存。

【结果处理】

1. 将红外谱图上的明显峰列表，查找出这些峰对应的官能团。

2. 根据有机化合物的元素分析数据，沸点，熔点等物理数据，指出该化合物的可能结构。

3. 把扫谱得到的谱图与标准谱进行对照，最后确定化合物的结构。

【思考题】

1. 为什么红外分光光度法要采取特殊的制样方法？

2. 测定溶液样品的红外光谱图时应注意什么问题？

【附注】

［1］固体样品压片法常采用 KBr 作为片基，其理由如下：

(1) 光谱纯 KBr 在 4000～400cm^{-1}范围内无明显吸收。

(2) KBr 易成型。

(3) 大部分有机化合物的折射率在 1.3～1.7，而 KBr 的折射率为 1.56，正好与化合物的折射率相近。片基与样品折射率差值越小，散射越小。

［2］固体颗粒受光照射时有散射现象。散射程度与颗粒的粒度、折射率、入射光波长有关。颗粒越大，散射越严重。但颗粒太细，晶体可能发生改变。故粒度应适中，一般颗粒粒度以 2μm 左右为宜。

［3］在红外光区，使用的光学部件和吸收池的材质是 NaCl 晶体，不能受潮。操作时应注意以下几点：

(1) 不要用手直接接触盐片表面；

(2) 不要对着盐片呼吸；

(3) 避免与吸潮液体或溶剂接触。

实验 22　红外光谱法测定药物的化学结构

【实验目的】

1. 进一步了解红外光谱的测绘方法及红外分光光度计的使用方法。

2. 掌握固体样品的制样方法。

【实验原理】

红外吸收光谱是由分子的振动-转动能级跃迁产生的光谱。化合物中每个官能团都有几种振动形式，在中红外区相应产生几个吸收峰，因而特征性强。除了极个别化合物外，每个化合物都有其特征红外光谱，所以，红外光谱是定性鉴别的有力手段。

由于红外光谱具有高度专属性，《中国药典》自 1977 年版开始，就采用红外光谱作为一些药物的鉴别方法。随着生产的发展，为了与我国药品质量监督体系相适应，药典委员会于 1995 年版药典中，将《药品红外光谱集》另编出版，使药品的鉴别更趋完善和成熟。

固体试样压片法常采用 KBr 作为片基，若药品为盐酸盐，为了避免研磨时发生离子交换反应，应改用 KCl 为片基，KCl 折射率为 1.47。如测定盐酸普鲁卡因（光谱号 397）的红外光谱时，用 KCl 为片基。我国药典所收载的药品，凡是盐酸盐，均以 KCl 为片基。

我国药典规定，所得的图谱各主要吸收峰的波数和各吸收峰间的强度比均应与对照的图谱一致。然而，供试品在固体状态测定时，可能由于同质多晶的影响，致使测得图谱与对照图谱不相符合。遇此情况，可按该药品光谱中备注的方法进行预处理，然后再绘制图谱进行比较。例如氢化可的松（光谱号 283），药典中规定：取供试品适量，加少量丙酮溶解，置水浴上蒸干，减压干燥后，用 KBr 压片法测定。

本实验以乙酰水杨酸（或肉桂酸）为例，学习固体样品的制备及红外光谱的测绘方法。药典规定，测定红外光谱时，扫描速度为 10～15min（4000～600cm^{-1}），基线应控制在 90%透光率以上，最强吸收峰在 10%透光率以下。

【仪器与试剂】

1. FTIR-8900 型傅里叶红外分光光度计，干压式压片机（包括压模等），玛瑙研钵，红外灯。

2. KBr(G.R.)，无水乙醇（A.R.），肉桂酸（A.R.），乙酰水杨酸（药用）。

【实验步骤】

称取干燥样品 1～2mg 和 KBr 粉末 200mg（事先干燥且过 200 目筛），置于玛瑙研钵中，在红外灯照射下，研磨均匀，将其倒入压片模具中，铺匀，装好模具，连接真空系统，置油压机上，先抽气 5min，以除去混在粉末中的湿气及空气，再边抽气边加压至 8MPa 并维持约 5min。除去真空，取下模具脱模，即得一均匀透明的薄片，置于样品架上，测定光谱图。

【结果处理】

1. 根据红外光谱图，找出特征吸收峰的振动形式，并由相关峰推测该化合物含有什么基团。

2. 与标准谱图对照，确定化合物结构。

【注意事项】

1. 样品研磨应在红外灯下进行，以防样品吸水。

2. 制样过程中，加压抽气时间不宜太长，除真空要缓缓除去，以免样片破裂。

3. 若使用不同型号的仪器，应首先用该仪器绘制聚苯乙烯红外光谱图，以检查其分辨率是否符合要求。分辨率高的仪器在 3100～2800cm^{-1} 区间能分出 7 个碳氢伸缩振动峰。

【思考题】

1. 测定红外光谱时对样品有什么要求？

2. 测定固体药品的红外谱图时，何时用 KBr 做片基，何时用 KCl 做片基？

实验 23　有机化合物的吸收光谱及溶剂的影响

【实验目的】

1. 学习紫外吸收光谱的绘制方法，利用吸收光谱进行化合物的鉴定。

2. 了解溶剂的性质对吸收光谱的影响。

3. 掌握紫外-可见分光光度计的使用方法。

【实验原理】

有机化合物的紫外吸收光谱一般只有少数几个简单而较宽的吸收带，没有精细结构，标志性较差。因此，依靠紫外吸收光谱很难独立解决化合物结构的问题。虽然不少化合物结构上差别很大，但只要分子中含有相同的发色团，它们的吸收光谱的形状就大体相似。为此紫外光谱对于判别有机化合物中发色团和助色团的种类、位置及其数目以及区别饱和与不饱和化合物、测定分子中共轭程度，进而确定未知物的结构骨架等方面有独到之处。

利用紫外吸收光谱进行定性分析，是将未知化合物与已知纯的样品用相同的溶剂，配制成相同浓度的溶液。在相同条件下，分别绘制它们的吸收光谱，比较两者是否一致。或者是将未知物的吸收光谱与标准图谱（如 Sadtler 标准紫外光谱图）比较。两种光谱图的 λ_{max} 和 ε_{max} 相同，表明它们是同一有机化合物。

影响有机化合物紫外吸收光谱的因素，有内因（分子内的共轭效应、位阻效应、助色效应等）和外因（溶剂的极性，酸碱性等溶剂效应）。极性溶剂对紫外吸收光谱的吸收峰的波长、强度及形状可能产生影响。极性溶剂存在会使 $n \to \pi^*$ 跃迁吸收带向短波移动，而使 $\pi \to \pi^*$ 跃迁吸收带向长波移动。

此外，在没有紫外吸收的物质中检查具有高吸收系数的杂质，也是紫外吸收光谱的重要用途之一。例如，检查乙醇中是否含有苯杂质，只需看在 256nm 处有无苯的吸收峰。

【仪器与试剂】

1. U-3010 紫外-可见分光光度计，石英比色皿，容量瓶（50mL）。

2. 亚异丙基丙酮，正己烷，氯仿，甲醇，邻甲苯酚，HCl（$0.1mol \cdot L^{-1}$），NaOH（$0.1mol \cdot L^{-1}$），乙醇，均为光谱纯试剂或经过提纯的试剂，乙醇试样。

【实验步骤】

1. 芳香化合物的鉴定

取未知试样的水溶液，用 1cm 石英比色皿，以去离子水为参比溶液，在 200～360nm 范围测绘吸收光谱。

2. 乙醇中杂质苯的检查

用 1cm 石英比色皿，以纯乙醇为参比溶液，在 230～280nm 波长范围测绘乙醇试样的吸收光谱。

3. 溶剂性质对吸收光谱的影响

（1）配制邻甲苯酚溶液（$0.124g \cdot L^{-1}$），其溶剂分别为：①$0.1mol \cdot L^{-1}$ HCl 溶液；②中性乙醇溶液；③$0.1mol \cdot L^{-1}$ NaOH 溶液。

（2）配制亚异丙基丙酮溶液（$5.2mg \cdot L^{-1}$），溶剂分别为正己烷、氯仿、甲醇、去离子水。

（3）用 1cm 石英比色皿，以相应的溶剂为参比溶液，测绘各溶液在 210～350nm 的吸收光谱。

【数据处理】

1. 记录未知化合物的吸收光谱条件，确定峰值波长。查找峰值波长时的 A，并计算其摩尔吸光系数，与标准图谱比较，确定化合物名称。

2. 记录乙醇试样的吸收光谱及实验条件，根据吸收光谱确定是否有苯吸收峰，峰值波长是多少。

3. 记录各邻甲苯酚溶液的吸收光谱和实验条件，比较吸收峰的变化。

4. 记录亚异丙基丙酮各溶液的吸收光谱及实验条件，比较吸收峰的波长随溶剂极性的变化规律。

【思考题】

1. 试样溶液浓度过大或过小，对测量有何影响？应如何调整？

2. 狭缝宽度大小对吸收光谱轮廓、波长位置及摩尔吸光系数有何影响？

3. 助色团—NH_2 将如何影响苯胺？质子化作用后，产生的苯胺阳离子将如何改变这种影响？

第7章

基础有机合成

实验24　环己烯的制备

【实验目的】

1. 掌握醇在浓硫酸催化下脱水制备烯的原理及方法，加深对消去反应的理解。

2. 初步掌握蒸馏、分馏、分液、液体干燥等实验技术。

【实验原理】

醇可用氧化铝或分子筛在高温（350～400℃）下进行催化脱水制备烯烃，也可用酸催化方法制备烯烃，常用的酸有硫酸、磷酸、对甲基苯磺酸及硫酸氢钾等。本实验用浓硫酸作催化剂，使环己醇脱去一分子水生成环己烯。

反应式：

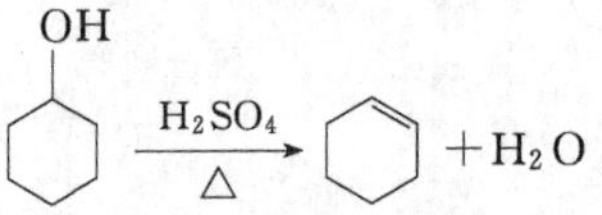

环己烯的用途广泛，是重要的精细化工原料。环己烯具有活泼的双键，是生产医药、染料、农药的中间体。

【仪器与试剂】

1. 电热套，圆底烧瓶，Vigreux 分馏柱，冷凝管，温度计，分液漏斗，三角烧瓶接液管，量筒。

2. 环己醇，浓硫酸，精盐，Na_2CO_3 溶液（5%），无水氯化钙等。

【实验步骤】

在 50mL 干燥的圆底烧瓶中，加入 10g 环己醇（10.4mL，约 0.1mol）及 2mL 浓硫酸，充分摇荡使两种液体混合均匀[1]。投入 2 粒沸石，按图 3-28(a) 安装分馏装置。分馏柱外面缠绕石棉绳起保温作用，用三角烧瓶作接收器，置于冰水浴里。

用电热套慢慢加热混合物至沸腾，以较慢速度蒸出生成的环己烯和水（浑浊液体）并控制分馏柱顶部温度不超过 90℃[2]。当无液体蒸出时，升高温度，继续蒸馏。当烧瓶中只剩下少量液体并出现阵阵白雾时立即停止加热。反应过程约 0.5～1h。馏出液为环己烯和水的浑浊液。

三角烧瓶中的馏出液用约 1g 精盐饱和，然后加入 3～4mL 5%碳酸钠溶液中和微量酸，将此液体倒入分液漏斗中，振摇后静置分层。放出下层的水层[3]，上层的粗产品转入干燥的三角烧瓶中，加入1～2g无水氯化钙干燥[4]，干燥时三角烧瓶要加塞子。

将干燥好的粗环己烯（溶液应为清亮透明）倒入干燥的50mL圆底烧瓶中[5]（干燥剂不能倒入）。加入2粒沸石后用电热套加热蒸馏，收集80～85℃的馏分。称量并计算产率。

产量：4～5g。

纯环己烯为无色透明液体，沸点83℃，d_4^{20} 0.8102，n_D^{20} 1.4465。其红外光谱如图7-1所示。

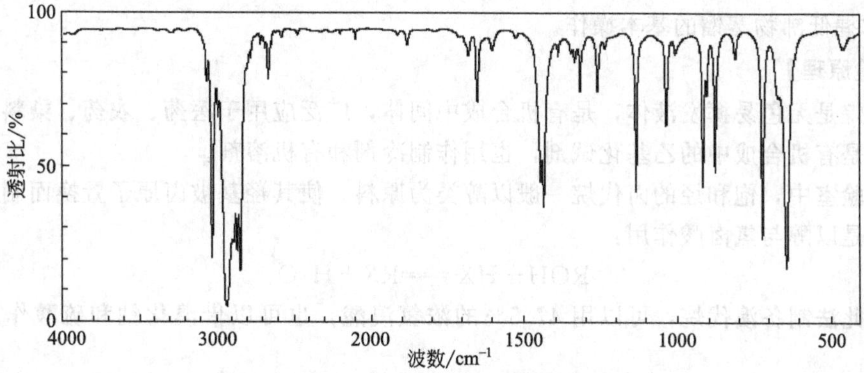

图7-1　环己烯的红外光谱

【思考题】

1. 当浓硫酸与环己醇混合时，为什么要充分摇匀？
2. 如果经干燥后蒸出的环己烯仍然浑浊，是何原因？
3. 在粗制环己烯中加入精盐使水层达到饱和的目的何在？
4. 写出下列醇与浓硫酸进行脱水的反应产物。

(1) 3-甲基-1-丁醇；(2) 3-甲基-2-丁醇；(3) 3,3-二甲基-2-丁醇。

5. 写出无水氯化钙吸水所起化学变化的反应式？为什么蒸馏前一定要将它过滤掉？
6. 分液漏斗在有机化学实验中有哪些应用？使用时应注意哪些事项？

【附注】

[1] 环己醇在室温下是黏稠液体（熔点25.15℃），若用量筒量取时，应注意转移的损失。浓硫酸与环己醇混合时应逐滴加入，并将圆底烧瓶放入冰水浴中冷却，以免局部发热而使环己醇炭化。本实验也可用4mL 85%磷酸作脱水剂，操作步骤相同。

[2] 环己醇和水、环己烯和水皆形成二元共沸混合物。

组　分	沸点/℃		共沸物的组成/%
	组分	共沸物	
环己醇	161.5	97.8	20
水	100.0		80
环己烯	83.0	70.8	90
水	100.0		10

[3] 水层应尽量分离完全，否则将增加无水氯化钙的用量。

[4] 用无水氯化钙干燥粗产品，还可除去少量未反应的环己醇。

[5] 蒸馏已干燥的环己烯时，所用蒸馏仪器均需无水干燥。

实验25　溴乙烷的制备

【实验目的】

1. 学习从醇制备卤代烃的原理和实验方法。

2. 加深对有机制备反应中可逆反应平衡移动方法的理解。

3. 掌握低沸物蒸馏的基本操作。

【实验原理】

溴乙烷是无色易挥发液体，是有机合成中间体，广泛应用于医药、农药、染料、香料等工业。它是有机合成中的乙基化试剂，也用作制冷剂和有机溶剂。

在实验室中，饱和烃的卤代烷一般以醇类为原料，使其羟基被卤原子置换而制得。最常用的方法是以醇与氢卤酸作用：

$$ROH + HX \rightleftharpoons RX + H_2O$$

若用此法制备溴代烷，可以用47.5%的浓氢溴酸，也可以借溴化钠和硫酸作用的方法制得。

主反应：

$$NaBr + H_2SO_4(浓) = HBr + NaHSO_4$$

$$CH_3CH_2OH + HBr \rightleftharpoons CH_3CH_2Br + H_2O$$

副反应：

$$2C_2H_5OH \xrightarrow[\triangle]{H_2SO_4} C_2H_5OC_2H_5 + H_2O$$

$$C_2H_5OH \xrightarrow[\triangle]{H_2SO_4} CH_2=CH_2 + H_2O$$

$$H_2SO_4 + 2HBr \rightleftharpoons SO_2 + 2H_2O + Br_2$$

制备溴乙烷的反应是可逆的，可以采用增加其中一种反应物浓度或设法使产物及时离开反应系统的方法，使平衡向右移动。本实验正是这两种措施并用，增加乙醇用量的同时，把反应中生成的低沸点的溴乙烷及时地从反应混合物中蒸馏出去，使反应顺利完成。

【仪器与试剂】

1. 圆底烧瓶，蒸馏头，直形冷凝管，接液管，温度计，分液漏斗，三角烧瓶。

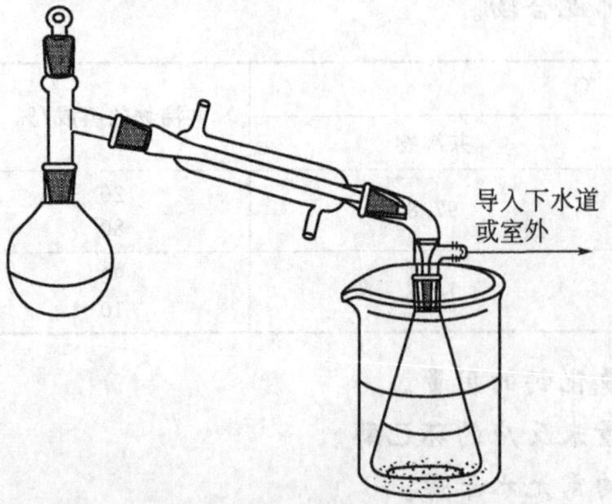

图7-2　溴乙烷制备装置

2. 95%乙醇，溴化钠（无水），浓硫酸（$d=1.84$），饱和亚硫酸氢钠溶液。

【实验步骤】

在100mL圆底烧瓶中加入10mL 95%（7.9g，0.165mol）乙醇及9mL水[1]，在不断振摇和冷水冷却下，慢慢加入19mL(0.34mol)浓硫酸，混合物冷至室温后，在搅拌下加入15g（0.15mol）研细的溴化钠[2]，振摇混合后，加入几粒沸石，安装成常压蒸馏装置如图7-2。将烧瓶用75°弯管或蒸馏头与直形冷凝管相连，冷凝管下端连接接液管。溴乙烷的沸点很低，为了避免挥发损失，在接收器中加少量冰水，放在冰水浴中冷却，并使接液管的末端稍浸没在接收器的水溶液中[3]，其支管用橡皮管导入下水道或室外。

用电热套小火加热烧瓶，应注意控制温度，使反应平稳地发生，控制馏出液速度1～2滴/s，油状物质逐渐蒸馏出去。约30min后慢慢升高温度到无油滴蒸出为止[4]。馏出物为乳白色油状物[5]，沉于瓶底。趁热将反应瓶内残液倒出，以免硫酸氢钠冷后结块，不易倒出。

将接收器中的馏出物倒入分液漏斗中。静置分层后，将下层的粗溴乙烷放入干燥的三角烧瓶中[6]。将三角烧瓶浸于冰水浴中冷却，往瓶中逐滴加入浓硫酸[7]，同时振荡，直到溴乙烷变得澄清透明，而且瓶底有液层分出（约需2mL浓硫酸）。用干燥的分液漏斗仔细地分去下层的硫酸层，将溴乙烷层从分液漏斗的上口倒入干燥的圆底烧瓶中。

装配蒸馏装置，加2～3粒沸石，用热水浴加热，蒸馏溴乙烷。收集35～40℃的馏分。收集产物的接收器要用冰水浴冷却。产量约10g。

纯溴乙烷为无色透明液体，沸点38.40℃，d_4^{20} 1.460，n_D^{20} 1.4239。其红外光谱如图7-3所示。

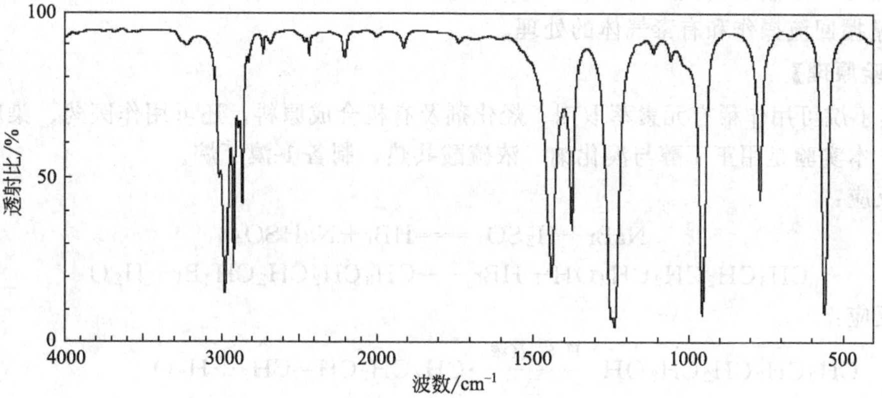

图7-3 溴乙烷的红外光谱

【思考题】

1. 制备溴乙烷时，反应混合物中如果不加水，会有什么结果？
2. 粗产物中可能有什么杂质？是如何除去的？
3. 本实验为提高产率采取了什么具体的措施？
4. 如果你的实验结果产率不高，试分析其原因。

【附注】

[1] 加少量水可防止反应进行时产生大量泡沫，减少副产物乙醚的生成和避免氢溴酸的挥发。

[2] 溴化钠要先研细，在搅拌下加入，以防止结块而影响反应进行。亦可用含结晶水的溴化钠（$NaBr \cdot 2H_2O$），其用量按物质的量进行换算，并相应地减少加入的水量。

[3] 溴乙烷在水中溶解度甚小（1∶100），在低温时又不与水作用，且沸点较低。为减少其挥发，常在接收器内预盛冰水，并使接液管末端稍浸入冰水中。在反应过程中应密切注意，防止接收器中的液体发生倒吸而进入冷凝管。一旦发生此现象，应暂时把接收器放低，使接液管的下端露出液面，然后稍稍升高温度，待有馏出液出来时再恢复原状。反应结束时，先移开接收器，再停止加热。

[4] 整个反应过程需0.5～1h。反应结束时，圆底烧瓶中残液由浑浊变为清亮透明。

[5] 加热不均或过热时，会有少量的溴分解出来使蒸出的油层带棕黄色。加少量饱和亚硫酸氢钠溶液洗涤可除去此棕黄色。

$$2NaBr+3H_2SO_4(浓)=\!=\!=Br_2+SO_2+2NaHSO_4+2H_2O$$

$$Br_2+3NaHSO_3=\!=\!=2NaBr+NaHSO_4+2SO_2+H_2O$$

[6] 尽可能将水分净，否则当用浓硫酸洗涤时，由于放热，使产品挥发损失。

[7] 加浓硫酸可除去乙醚、乙醇及水等杂质。溶有乙醚等的硫酸仍可用于制备溴乙烷，可回收。

实验26 1-溴丁烷的制备

【实验目的】

1. 学习从醇制备卤代烃的原理和实验方法。

2. 掌握回流操作和有毒气体的处理。

【实验原理】

1-溴丁烷可用作稀有元素萃取剂、烃化剂及有机合成原料，还可用作医药、染料和香料的原料。本实验是用正丁醇与溴化钠、浓硫酸共热，制备1-溴丁烷。

主反应：

$$NaBr+H_2SO_4=\!=\!=HBr+NaHSO_4$$

$$CH_3CH_2CH_2CH_2OH+HBr\longrightarrow CH_3CH_2CH_2CH_2Br+H_2O$$

副反应：

$$CH_3CH_2CH_2CH_2OH\xrightarrow[\triangle]{H_2SO_4(浓)}CH_3CH_2CH=CH_2+H_2O$$

$$2CH_3CH_2CH_2CH_2OH\xrightarrow[\triangle]{H_2SO_4(浓)}CH_3CH_2CH_2CH_2OCH_2CH_2CH_2CH_3+H_2O$$

与溴乙烷的制备不同，此反应较慢，需要在较高的温度下、长时间反应，所以需采用回流反应装置。反应完毕，除得到主产物1-溴丁烷外，还可能含有未反应的正丁醇和副反应物正丁醚。另外还有无机产物硫酸氢钠，用通常的分液方法不易除去，故在反应完毕再进行粗蒸馏，一方面使生成的1-溴丁烷分离出来，另一方面粗蒸馏过程可进一步使醇与氢溴酸的反应趋于完全。

粗产物中含有正丁醇、正丁醚等杂质，用浓硫酸洗涤，可将它们除去，如果产品中有正丁醇，蒸馏时会形成沸点较低的馏分（1-溴丁烷和正丁醇的共沸混合物沸点为98.6℃，含正丁醇13%）而导致精制品产率降低。

【仪器与试剂】

1. 圆底烧瓶，球形冷凝管，直形冷凝管，接液管，温度计，分液漏斗，玻璃弯管，三角烧瓶。

2. 正丁醇，无水溴化钠，浓硫酸，饱和亚硫酸氢钠溶液，饱和碳酸氢钠，无水氯化钙，5%氢氧化钠。

【实验步骤】

在100mL圆底烧瓶中加水10mL，在振荡冷却下慢慢加入浓硫酸12mL(0.22mol)，混匀后冷至室温，再加入正丁醇 7.5mL(0.08mol)、研细的无水溴化钠[1] 10g(0.10mol) 和几粒沸石。充分振摇后，装上球形冷凝管。冷凝管上端接一溴化氢吸收装置，用5%氢氧化钠作吸收液，反应装置如图 3-1(d) 所示，使漏斗口恰好接触水面，切勿浸入水中，以免倒吸。

加热回流 0.5h[2]，回流过程中不断摇荡烧瓶，促使溴化钠溶解。反应完毕，稍冷却，将回流装置改为蒸馏装置，重新加入几粒沸石，蒸出所有1-溴丁烷[3]。粗蒸馏液中除 1-溴丁烷外，常含有水、正丁醚、正丁醇，还有一些溶解的丁烯，液体还可能由于混有少量溴而带颜色[4]。

将粗产品移入分液漏斗中，用 10mL 水洗涤，把有机相（哪一层?）转入另一干燥的分液漏斗中[5]，用 5mL 浓硫酸洗一次，尽量分去硫酸层（哪一层?)。有机层再依次用等体积的水、饱和碳酸氢钠溶液[6]及水洗涤至呈中性。将 1-溴丁烷分出，放入干燥的三角烧瓶中，加 1～2g 块状的无水氯化钙干燥，间歇振荡锥形瓶，直至液体澄清为止。蒸馏收集 99～103℃馏分，产量 6～7g。

纯 1-溴丁烷为无色透明液体，沸点 101.6℃，d_4^{20} 1.277，n_D^{20} 1.4401。其红外光谱如图 7-4 所示。

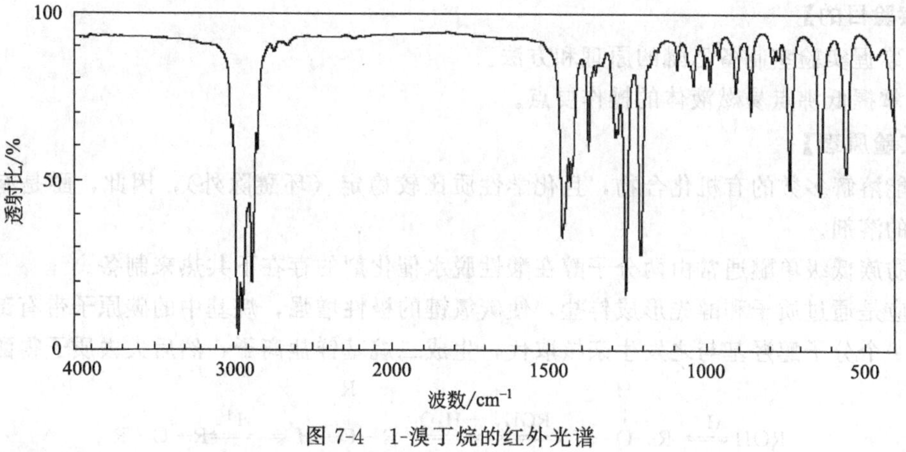

图 7-4　1-溴丁烷的红外光谱

【思考题】

1. 加料时，如不按实验操作中的加料顺序，先使溴化钠与浓硫酸混合，然后再加正丁醇和水，将会出现何现象?

2. 从反应混合物中分离出粗产品 1-溴丁烷时，为何用蒸馏分离，而不直接用分液漏斗分离?

3. 本实验有哪些副反应发生? 采取什么措施加以抑制?

4. 后处理时，各步洗涤的目的何在? 为什么要用浓硫酸洗一次? 为什么在用饱和碳酸氢钠水溶液洗涤前，首先要用水洗一次?

5. 回流在有机制备中有何优点? 为什么在回流装置中要用球形冷凝管?

【附注】

[1] 如用含结晶水的溴化钠 ($NaBr \cdot 2H_2O$)，可按物质的量换算，并相应地减少加入的水量。

[2] 一开始加热不要过猛，注意回流速度及冷凝管中气体的位置，否则回流时反应混合

物的颜色很快变深（橙黄或橙红色），甚至会产生少量炭化。操作情况良好时油层呈现浅黄色，冷凝管顶端也无溴化氢逸出。

[3] 1-溴丁烷是否蒸完，可从下列几方面判断：①馏出液是否由浑浊变为澄清；②反应瓶上层油层是否消失；③取一有少量水的表面皿，收集几滴馏出液，观察有无油珠出现，如无，表示馏出液中已无有机物，蒸馏完成。蒸馏不溶于水的有机物时，常可用此法检验。

蒸馏结束，烧瓶内的残液应趁热慢慢地倒入废液缸中，以免冷却后结块，不易倒出。

[4] 油层如呈红棕色，系含有游离的溴。此时可用少量饱和亚硫酸氢钠溶液洗涤以除去溴。

[5] 浓硫酸可溶解正丁醇、正丁醚及丁烯。分液时硫酸应尽量分干净。

[6] 用饱和碳酸氢钠溶液洗涤过程中，有大量 CO_2 放出。要防止溶液溅出，应正确使用分液漏斗，注意排气。

实验 27　乙醚的制备

【实验目的】

1. 掌握实验室制备乙醚的原理和方法。
2. 掌握低沸点易燃液体的操作要点。

【实验原理】

醚能溶解多数的有机化合物，且化学性质比较稳定（环醚除外），因此，醚是有机合成中常用的溶剂。

脂肪族低级单醚通常由两分子醇在酸性脱水催化剂的存在下共热来制备。

反应是通过质子和醇先形成鋅盐，使碳氧键的极性增强，烷基中的碳原子带有部分正电荷，另一个分子醇羟基与之发生亲核取代，生成二烷基鋅盐离子，然后失去质子得醚。

$$\mathrm{ROH} \xrightleftharpoons{\mathrm{H^+}} \mathrm{R{-}\overset{\displaystyle H}{\underset{+}{O}}{-}H} \xrightleftharpoons{\mathrm{ROH,\ -H_2O}} \mathrm{R{-}\overset{\displaystyle R}{\underset{+}{O}}{-}H} \xrightleftharpoons{\mathrm{-H^+}} \mathrm{R{-}O{-}R}$$

该反应是平衡反应，为了使反应向右进行，一是增加某一原料量，二是反应过程中不断蒸出产物。

反应产物与温度的关系很大，在较高温度（140℃左右）下，两个醇分子之间失水生成醚。在更高温度（大于 170℃）下，醇分子内脱水生成烯。为了减少副反应，在操作时必须特别控制好反应温度。然而无论在哪一条件下，副产物总是不可避免的。

对于一级醇，其分子间失水是双分子亲核取代反应（S_N2）。二级、三级醇一般按单分子亲核取代（S_N1）机理进行反应。不同结构的醇发生消除反应的倾向性为：

三级醇＞二级醇＞一级醇

因此用醇失水法制醚时，最好用一级醇，获得产率较高。此法适用于制备对称的醚即单醚。

在实验室中常用浓硫酸作催化剂，由于它有氧化作用，往往还生成少量氧化产物和二氧化硫，为了避免氧化反应，有时用芳香族磺酸作催化剂。

在制取乙醚时，反应温度（140℃）比原料乙醇的沸点（78℃）高得多，因此可先将催化剂加热至所需要的温度，然后再将乙醇直接加到催化剂中去，以避免乙醇的蒸出。由于乙醚的沸点（34.6℃）较低，当它生成后就立即从反应瓶中蒸出。

反应式：

$$C_2H_5OH + H_2SO_4 \xrightleftharpoons{100\sim130℃} C_2H_5OSO_2OH + H_2O$$

$$C_2H_5OSO_2OH + CH_3CH_2OH \xrightleftharpoons{135\sim145℃} C_2H_5OC_2H_5 + H_2SO_4$$

总反应：

$$2C_2H_5OH \xrightleftharpoons[H_2SO_4]{140℃} C_2H_5OC_2H_5 + H_2O$$

副反应：

$$C_2H_5OH \xrightarrow{H_2SO_4} \begin{cases} \xrightarrow{170℃} H_2C=CH_2 \\ \xrightarrow{[O]} CH_3CHO + SO_2\uparrow \end{cases}$$

$$CH_3CHO \xrightleftharpoons{H_2SO_4} CH_3COOH + SO_2\uparrow$$

【仪器与试剂】

1. 三颈瓶，蒸馏装置，分液漏斗，滴液漏斗，温度计，量筒。

2. 95%乙醇，浓硫酸，5%氢氧化钠溶液，饱和氯化钠溶液，饱和氯化钙溶液，无水氯化钙。

【实验步骤】

1. 乙醚的制备

在 100mL 的干燥三颈瓶中，放入 12mL 95%乙醇，将三颈瓶浸入冷水浴中，缓缓加入 12mL 浓硫酸，边加边摇。制备装置如图 7-5。滴液漏斗内盛 25mL 95%乙醇，漏斗颈末端和温度计的水银球必须浸入液面以下，距离瓶底约 0.5～1cm 处。用作接收器的三角烧瓶应浸入冰水浴中冷却，接收管的支管接上橡皮管通入下水道或室外。

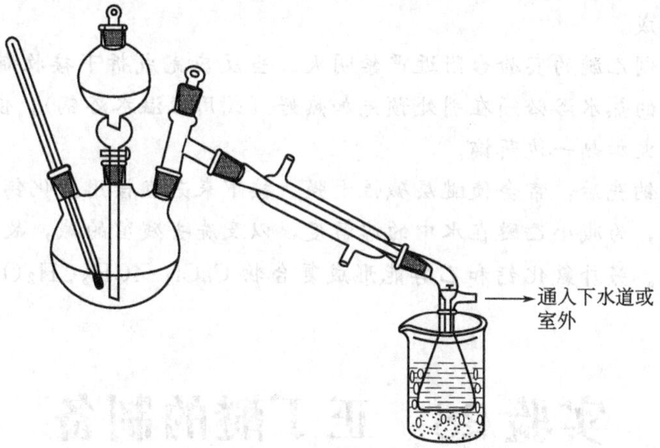

图 7-5　乙醚制备装置

将反应瓶加热，使反应液温度比较迅速地上升到 140℃（注意：接近 140℃时应适当放慢升温速度，防止温度过高，有机物炭化），开始由滴液漏斗慢慢滴加乙醇，控制滴入速度与馏出液速度大致相等[1]（1 滴/s），并维持反应温度在 135～145℃，约 30～45min 滴加完毕，再继续加热 10min，直到温度上升到 160℃时，去掉热源[2]，停止反应。

2. 乙醚的精制

将馏出液转入分液漏斗，依次用 8mL 5%的氢氧化钠溶液、8mL 饱和氯化钠溶液[3]洗涤，最后用 8mL 饱和氯化钙溶液洗涤 2 次。

分出醚层，用无水氯化钙干燥（注意容器外仍需用冰水冷却）。当瓶内乙醚澄清时，则将它小心地转入圆底烧瓶中，加入沸石，按图 3-26（d）安装低沸点易燃物的蒸馏装置，在预热过的热水浴上（60℃）蒸馏，收集 33～38℃馏分，产量 7～9g（产率约 35%）。

纯乙醚的沸点 34.5℃，d_4^{20} 0.7138，n_D^{20} 1.3526。其红外光谱如图 7-6 所示。

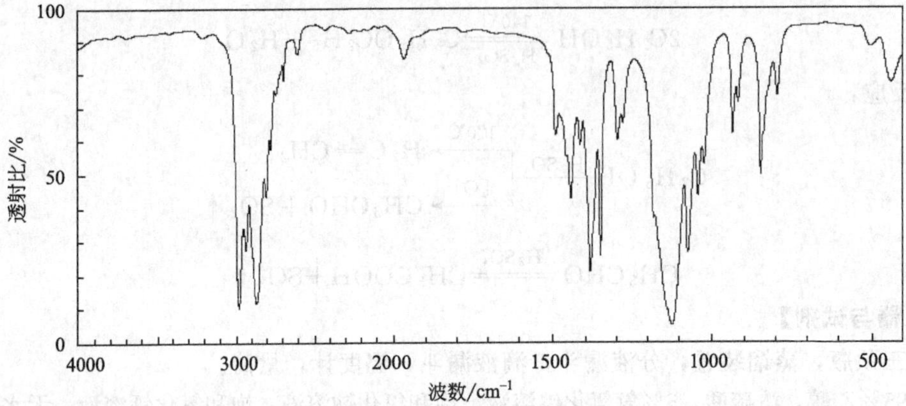

图 7-6　乙醚的红外光谱

【思考题】

1. 温度过高或过低对制取乙醚有什么影响？

2. 本实验中采用了哪些措施除去粗制乙醚里的杂质？

【附注】

[1] 若滴加速度明显超过馏出速度，不仅乙醇未作用已被蒸出，而且会使反应液的温度骤降，减少醚的生成。

[2] 使用或精制乙醚的实验台附近严禁明火。当反应完成拆下接收瓶之前必须先灭火。同样，精制乙醚时的热水浴必须在别处预先加热好（或用恒温水浴锅），使其达到所需温度，而绝不能一边用明火加热一边蒸馏。

[3] 用氢氧化钠洗后，常会使醚层碱性太强，接下来若直接用氯化钙溶液洗涤时，会有氢氧化钙沉淀析出，为减小乙醚在水中的溶解度，以及洗去残留的碱，故在用氯化钙洗以前先用饱和氯化钠洗。另外氯化钙和乙醇能形成复合物 $CaCl_2 \cdot 4CH_3CH_2OH$，未作用的乙醇也可以被除去。

实验 28　正丁醚的制备

【实验目的】

1. 掌握醇的分子间脱水制备单纯醚的原理和方法。

2. 掌握分水器的实验操作。

【实验原理】

正丁醚是一种优良的溶剂，它对许多天然及合成的油脂、树脂、橡胶、有机酸酯、生物碱等都有很强的溶解能力，可用于萃取树脂、油脂、有机酸、酯、蜡、生物碱、激素等，也用作分离稀土元素、有机合成反应的溶剂，还可用于 CD-ROM 光盘清洗。

本实验采用两分子正丁醇在酸性脱水催化剂的存在下共热的方法制备正丁醚。

主反应：

$$2CH_3CH_2CH_2CH_2OH \xrightarrow{H_2SO_4,\ 135℃} CH_3CH_2CH_2CH_2OCH_2CH_2CH_2CH_3 + H_2O$$

副反应：

$$CH_3CH_2CH_2CH_2OH \xrightarrow{H_2SO_4} CH_3CH{=}CHCH_3 + H_2O$$

在制取正丁醚时，由于原料正丁醇（沸点 117.7℃）和产物正丁醚（沸点 142℃）的沸点都较高，故可使反应在装有分水器的回流装置中进行，控制加热温度，并将生成的水或水与有机物的共沸物不断蒸出。虽然蒸出的水中会夹有正丁醇等有机物，但是由于正丁醇等在水中溶解度较小，相对密度比水小，浮于水层之上，因此借分水器可使绝大部分的正丁醇自动连续地返回反应瓶中，而水则沉于分水器的下部。根据蒸出的水的体积，可以估计反应的进行程度。

【仪器与试剂】

1. 三颈瓶，分水器，球形冷凝管，分液漏斗，温度计，圆底烧瓶，蒸馏装置等。
2. 正丁醇，浓硫酸，50%硫酸，无水氯化钙。

【实验步骤】

在 100mL 三颈瓶中加入 15.5mL（0.17mol）正丁醇，冷却下将 2.2mL 浓硫酸分批加入，每加入一批即充分振摇，加完后再充分用力摇匀，然后投入 2 粒沸石，按图 3-3(b) 安装仪器。先将三颈瓶安装在铁架台上，三颈瓶一侧口装上温度计，温度计水银球应浸入液面以下，中间口装分水器，塞住另一侧口。沿分水器支管口对面的内壁小心地贴壁加水。待水面上升至恰与分水器支管口下沿相平时为止。小心开启活塞，放出 2mL 水[1]，在分水器上口接一回流冷凝管。

用电热套小火加热三颈瓶，使反应物微沸并开始回流[2]。随着反应进行，回流液经冷凝管冷凝后收集于分水器内，由于相对密度不同，水层沉于下层，上层有机相积至分水器支管时，即可返回三颈烧瓶中。平稳回流至烧瓶内反应物温度达 135℃左右（约需 20min），控制回馏冷凝液 1～2 滴/s，保持温度 135～140℃之间反应约 1h。当分水器中水面上升至支管口，球形冷凝管回馏冷凝液不再有油滴出现，即可停止反应。若继续加热，则反应液变黑并有较多副产物烯生成。

反应物冷却后将瓶内和分水器中的液体一并倒入盛有 25mL 水的分液漏斗中，充分振荡，静置，弃去下层水相。用两份 8mL 50%冷硫酸溶液洗涤上层粗醚两次[3]，充分洗涤，分出上层有机相，弃去酸层。最后用 10mL 水洗[4]，分尽水层，将粗产物自漏斗上口倒入一干燥的小锥形烧瓶中，加入 1～2g 无水氯化钙，紧塞瓶口干燥。干燥好的粗产物滤入 50mL 圆底烧瓶中蒸馏，收集 139～142℃馏分，产量 4.5～5g。

纯正丁醚为无色液体，沸点 142.4℃，d_4^{20} 0.7689，n_D^{20} 1.3992。其红外光谱如图 7-7 所示。

【思考题】

1. 假如正丁醇的用量为 80g，试计算在反应中生成多少体积的水。
2. 如何得知反应已经比较完全？
3. 能否用本实验方法由乙醇和 2-丁醇制备乙基仲丁基醚？你认为应用什么方法？

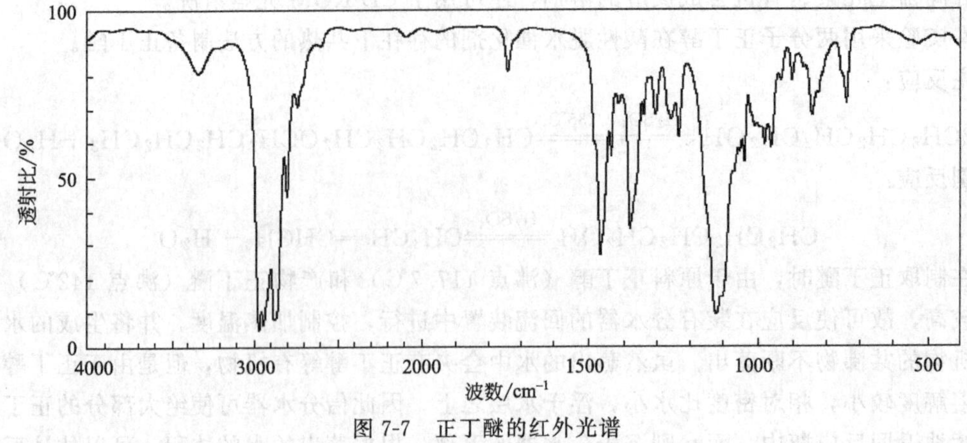

图 7-7　正丁醚的红外光谱

【附注】

[1] 本实验根据理论计算生成水的量为 1.52g，实际上分出水层的体积要略大于计算量，否则产率很低。故分水器放满水后要先放掉约 2mL 水。

[2] 制备正丁醚的适宜温度是 130℃，但开始回流时，这个温度很难达到，因为正丁醇、正丁醚和水可能生成以下几种共沸混合物：

共沸混合物		共沸点/℃	组成的质量分数/%		
			正丁醚	正丁醇	水
二元	正丁醇-水	93.0		55.5	45.5
	正丁醚-水	94.1	66.6		33.4
	正丁醇-正丁醚	117.6	17.5	82.5	
三元	正丁醇-正丁醚-水	90.6	35.5	34.6	29.9

故应在 100～115℃之间反应 20min 后才可达到 130℃以上。

本实验正是利用共沸混合物蒸馏将反应生成的水不断从反应物中除去，共沸混合物冷凝后分层，上层主要是正丁醇和正丁醚，下层主要是水。在反应过程中利用分水器使上层液体不断返回到反应器中。

[3] 这是根据正丁醇可溶在 50%硫酸中，而正丁醚微溶。

[4] 水洗时应轻轻振荡分液漏斗，不要用力，否则有机层易乳化。

实验29　1,2-二溴乙烷的制备

【实验目的】

1. 学习以醇为原料通过烯烃制备邻二卤代烃的实验原理。
2. 学会安装和使用洗气装置。
3. 进一步巩固蒸馏的基本操作和分液漏斗的使用方法。

【实验原理】

1,2-二溴乙烷为无色有甜味的液体，可用作溶剂，是有机合成中间体，可制造杀虫剂、药品等。1,2-二溴乙烷还可作汽油抗爆剂的添加剂。

反应式：

$$CH_3CH_2OH + H_2SO_4 \xrightarrow{170℃} CH_2 = CH_2 + H_2O$$

$$H_2C = CH_2 + Br_2 \longrightarrow BrCH_2CH_2Br$$

【仪器与试剂】

1. 三颈瓶，安全瓶（抽滤瓶），恒压滴液漏斗，分液漏斗，温度计，具支试管，试管，三角烧瓶，烧杯，蒸馏装置。

2. 液溴，粗砂，乙醇（95%），浓硫酸，氢氧化钠溶液（10%），无水氯化钙。

【实验步骤】

在 250mL 三颈瓶 A（乙烯发生器）一侧口插上温度计（接近瓶底），中间装上恒压滴液漏斗，另一侧口通过导气管与安全瓶 B（抽滤瓶）相连，B 内装有少量水，插入安全管[1]。安全瓶 B 与洗瓶 C（抽滤瓶或三角烧瓶）相连，洗瓶 C 内盛有 10%氢氧化钠溶液以便吸收反应中产生的二氧化硫[2]。洗瓶 C 与盛有 3mL 液溴[3]的具支试管 D 连接（管内盛有 2～3mL 水以减少溴的挥发），试管置于盛有冷水的烧杯中[4]，具支试管 D 与盛有稀碱液的小三角烧瓶连接，以吸收溴的蒸气，反应装置如图 7-8 所示。装置要严密，切不可漏气[5]。

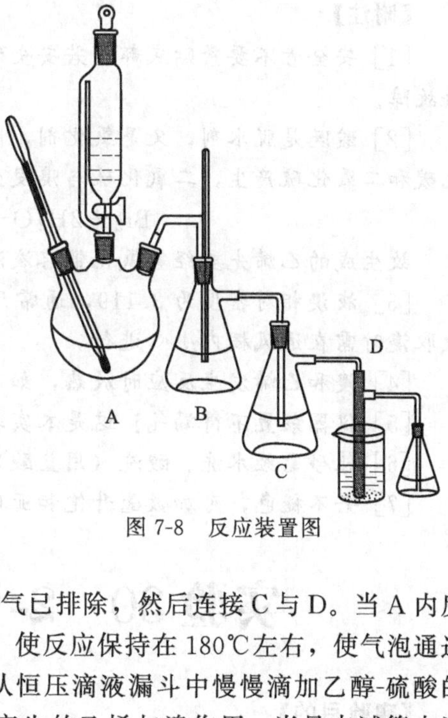

图 7-8　反应装置图

为了避免反应产生泡沫而影响反应进行，向三颈瓶内加入 7g 粗砂[6]。在冰水浴冷却下，将 30mL 浓硫酸慢慢加入 15mL 95%乙醇中，摇匀，然后取出 10mL 混合液加入三颈瓶 A 中，剩余部分倒入恒压滴液漏斗。加热前，先将 C 与 D 连接处断开，待温度升到约 120℃，此时体系内大部分空气已排除，然后连接 C 与 D。当 A 内反应温度升至 160～180℃，即有乙烯产生，调节温度，使反应保持在 180℃左右，使气泡通过洗瓶 C 的液层，但并不汇集成连续的气泡流。然后从恒压滴液漏斗中慢慢滴加乙醇-硫酸的混合液，保持乙烯气体均匀地通入具支试管 D 中，产生的乙烯与溴作用，当具支试管中溴液褪色或接近无色，反应即可结束，反应时间约 0.5h。先拆下具支试管 D，然后停止加热。（为什么？）

将粗品移入分液漏斗，分别用水、10%氢氧化钠溶液各 10mL 洗涤至完全褪色[7]，再用水洗涤两次，每次 10mL，产品用无水氯化钙干燥。然后蒸馏收集 129～133℃馏分，产量 7～8g。

纯 1,2-二溴乙烷为无色液体，沸点为 131.3℃，d_4^{20} 2.1792，n_D^{20} 1.5387。其红外光谱见图 7-9。

【思考题】

1. 影响 1,2-二溴乙烷产率的因素有哪些？试从装置和操作两方面加以说明。

2. 本实验装置的恒压滴液漏斗、安全瓶、洗气瓶和吸收瓶各有什么用处？

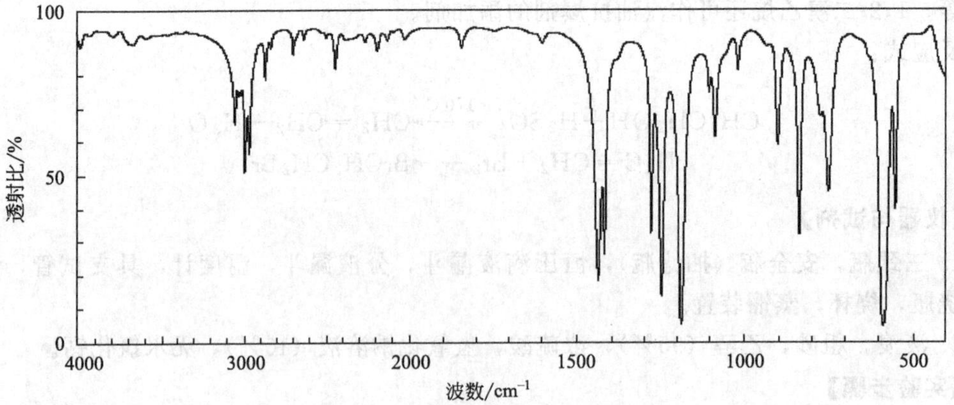

图 7-9 1,2-二溴乙烷的红外光谱

【附注】

[1] 安全管不要紧贴底部。若安全管水柱突然上升，表示体系发生了堵塞，必须立即排除故障。

[2] 酸既是脱水剂，又是氧化剂，因此反应过程中，伴有乙醇被硫酸氧化的副产物二氧化碳和二氧化硫产生，二氧化硫与溴发生反应：

$$Br_2 + 2H_2O + SO_2 \xlongequal{} 2HBr + H_2SO_4$$

故生成的乙烯先要经氢氧化钠溶液洗涤，以除去这些酸性气体杂质。

[3] 液溴相对密度为 3.119，通常用水覆盖。液溴对皮肤有强烈的腐蚀性，蒸气有毒，故取溴时需在通风橱内小心进行。

[4] 溴和乙烯发生反应时放热，如不冷却，会导致溴大量逸出，影响产量。

[5] 仪器装置不得漏气！这是本实验成败的重要因素。

[6] 粗砂需经水洗、酸洗（用盐酸），然后烘干备用。

[7] 若不褪色，可加数毫升饱和亚硫酸氢钠溶液洗涤。

实验 30　2-甲基-2-丁醇的制备

【实验目的】

1. 掌握 2-甲基-2-丁醇制备的原理及方法。
2. 掌握 Grignard 试剂的性质与制备方法。
3. 掌握 Grignard 反应在有机合成中的应用。
4. 掌握滴液、搅拌、回流、萃取、低沸物的蒸馏、无水操作等实验技术。

【实验原理】

醇是有机合成中应用极为广泛的一类化合物。它的来源方便，不但可作溶剂，而且是一类重要的化工原料。

醇的制备方法很多，在工业上，醇主要是利用水煤气合成、淀粉发酵、羧酸酯或脂肪的高压氢化及石油裂解气中烯烃部分催化加水和烷烃部分卤化水解等方法来制备。在实验室中，除了用醛、酮、羧酸和羧酸酯的羰基还原和烯烃的硼氢化-氧化等方法来制备外，利用 Grignard 反应则是制备结构上较为复杂的醇的重要方法。

Grignard 试剂，即烃基卤化镁，是由卤代烃或溴代芳烃与金属镁在无水乙醚中反应而得的。Grignard 试剂的化学性质非常活泼，可与醛、酮、羧酸衍生物、环氧化物、二氧化碳及腈等发生反应，生成相应的醇、羧酸和酮等化合物。

Grignard 反应必须在无水和无氧条件下进行，所用仪器和试剂均需干燥，因为微量水分的存在不但阻碍卤代烃和镁之间的反应，而且会破坏形成的 Grignard 试剂而影响产率。Grignard 试剂遇水后按下式分解：

$$RMgX + H_2O \longrightarrow RH + Mg(OH)X$$

此外，Grignard 试剂尚能与氧作用及与活泼的卤代烃发生偶合反应：

$$RMgX + O_2 \longrightarrow ROMgX$$

$$RMgX + RX \longrightarrow R{-}R + MgX_2$$

因此，反应最好在惰性气体（氮、氦气）保护下进行。一般用乙醚作溶剂时，由于乙醚的挥发性大，也可以借此赶走反应瓶中的空气。用活泼的卤代烃和碘化物制备 Grignard 试剂时，偶合反应是主要的副反应，可以采取搅拌、控制卤代烃的滴加速度和降低溶液浓度等措施减少副反应的发生。

Grignard 反应是放热反应，反应进行过程中，有热量放出，所以卤代烃的滴加速度不宜过快，必要时可用冷水冷却。在制备 Grignard 试剂时，必须先加入少量卤代烃和镁作用，待反应引发后，再将其余的卤代烃逐滴加入。调节滴加速度，使醚溶液保持微沸为宜。对活性较差的卤化物或反应不易发生时，可加热或加入少许碘粒引发反应发生。

Grignard 试剂与醛、酮等所形成的加成物，在酸性条件下进行水解，即可使有机化合物游离出来。如通常用稀盐酸或稀硫酸以使产生的碱式卤化镁转变成易溶于水的镁盐，便于乙醚溶液和水溶液分层。由于水解时放热，故要在冷却下进行，由冷的无机酸水解。对遇酸极易脱水的醇可用氯化铵溶液进行水解。

本实验就是利用 Grignard 试剂与酮的作用来制备 2-甲基-2-丁醇的。

反应式：

$$CH_3CH_2Br + Mg \xrightarrow{\text{无水乙醚}} CH_3CH_2MgBr$$

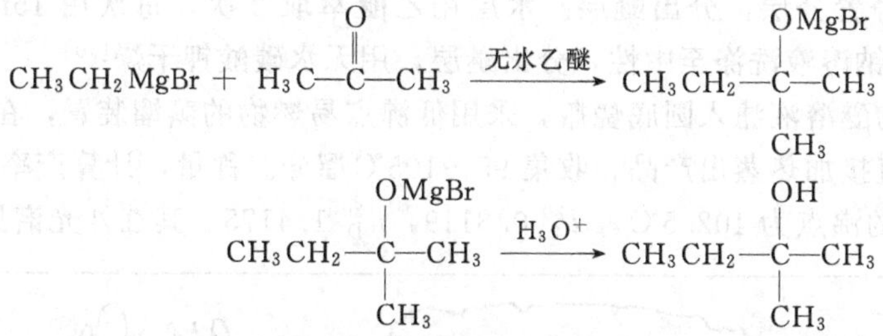

2-甲基-2-丁醇是无色挥发性液体，有樟脑刺激气味，是有机合成的中间体、溶剂、增塑剂，用作合成香料、农药的原料，用于制化学药品、非铁金属的浮选剂及彩色胶片的成色剂。

【仪器[1]与试剂[2]】

1. 三颈瓶，机械搅拌装置，回流冷凝管，恒压滴液漏斗，干燥管，分液漏斗，温度计，蒸馏装置等。

2. 镁屑，溴乙烷，丙酮，无水乙醚，乙醚，硫酸溶液（20%），碳酸钠溶液（5%），无水碳酸钾，无水氯化钙，碘等。

【实验步骤】

1. 乙基溴化镁的制备

在 100mL 三颈瓶上分别装置搅拌器[3]、球形冷凝管及恒压漏斗，在球形冷凝管的上口装上无水氯化钙干燥管，恒压漏斗加盖以防空气中的湿气侵入。实验装置见图 7-10。

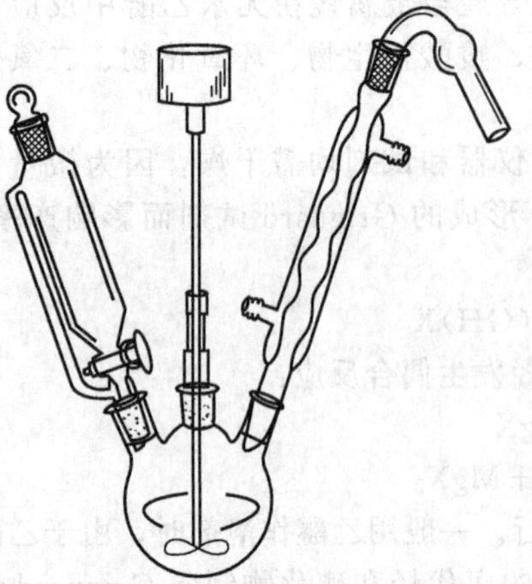

图 7-10 乙基溴化镁制备装置

在三颈瓶内放入 2.4g(0.1mol) 镁屑[4]或除去氧化膜的镁条及一小粒碘，在恒压漏斗中加入 9mL(13g，0.12mol) 溴乙烷和 20mL 经过干燥处理的无水乙醚，混合均匀。从恒压漏斗中放出约 5mL 混合液于三颈瓶中，数分钟后即见溶液呈微沸状态，碘的颜色消失。若不发生反应，可用温水浴加热[5]。反应一旦开始，立即除去温水浴，因为反应比较剧烈，必要时可用冷水浴冷却。待反应缓和后，开动搅拌器[6]，慢慢滴入剩余的溴乙烷和无水乙醚混合溶液，控制好滴加速度，保持微沸[7]。如果反应进行得太剧烈，可暂时停止滴加，并用冷水浴将三颈瓶稍微冷却。若发现反应物呈黏稠状，可补加适量的无水乙醚。滴加完毕，继续搅拌，用水浴加热回流 20min 至镁屑几乎完全消失。瓶中有灰白或灰黑色稠状固体析出。

2. 与丙酮的加成反应

将制好的 Grignard 试剂在冰水浴冷却和搅拌下，从恒压漏斗中缓缓滴加 7mL(0.1mol) 丙酮和 10mL 经过干燥处理的无水乙醚的混合液，随着每滴溶液的加入，会发生剧烈的反应，形成白色沉淀[8]，控制滴加速度，勿使反应过于剧烈。加完混合液后，在室温下继续搅拌 10min。

3. 加成物的水解和产物的提取

将反应瓶在冰水浴冷却和搅拌下，从恒压漏斗中小心滴入 40mL 20%硫酸溶液（预先配好，置于冰水中冷却）以分解加成产物[9]。反应剧烈，首先生成白色絮状沉淀，随着稀硫酸的继续加入，沉淀又溶解（开始滴入速度宜慢，以后可逐渐加快）。待分解完全后，将溶液转入分液漏斗中，静置分层，分出醚层。水层用乙醚萃取 2 次，每次用 15mL。合并醚层，用 10mL 5%碳酸钠溶液洗涤至中性，分出醚层，用无水碳酸钾干燥[10]。

将干燥后的粗产物醚溶液滤入圆底烧瓶，采用低沸点易燃物的蒸馏装置，在温水浴上蒸去乙醚，在电热套上直接加热蒸出产品，收集 95～105℃馏分。称量，计算产率。

纯 2-甲基-2-丁醇的沸点为 102.5℃，d_4^{20} 0.8119，n_D^{20} 1.4175。其红外光谱见图 7-11。

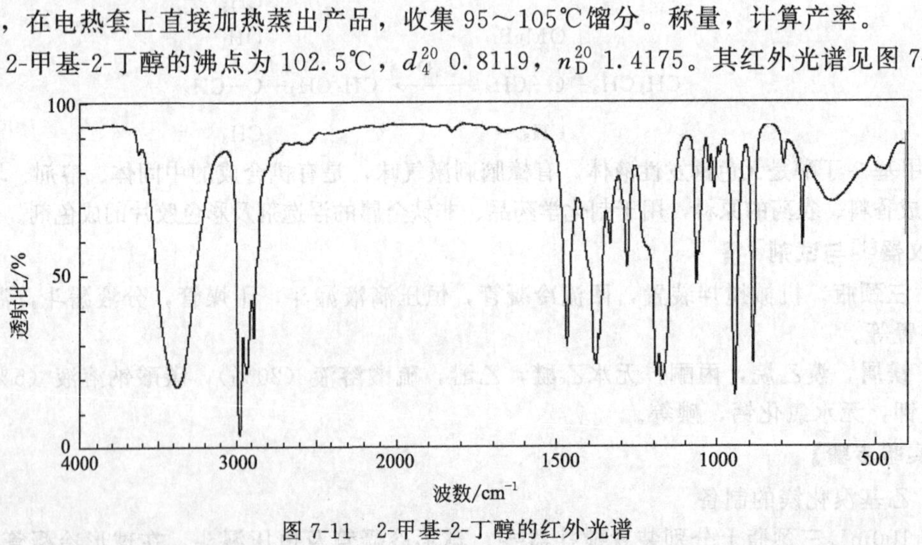

图 7-11 2-甲基-2-丁醇的红外光谱

【思考题】

1. 本实验为什么使用的药品仪器均需绝对干燥？为此应采取什么措施？

2. 如反应未开始前，加入大量溴乙烷有什么不好？

3. 乙醚在本实验各步骤中的作用是什么？使用乙醚应注意哪些安全问题？

4. 为什么碘能促使反应发生？卤代烷与格氏试剂反应的活性顺序如何？

5. 本实验有哪些可能的副反应？如何避免？

6. 为什么本实验得到的粗产物不用无水氯化钙干燥？

【附注】

[1] 本实验所用的合成反应仪器必须严格干燥处理，否则反应很难进行，并可使生成的Grignard试剂分解。为此本实验所用仪器，应在烘箱中烘干，让其稍冷后，取出放在干燥器中冷却待用。或者将仪器取出后，在开口处用氯化钙干燥管塞紧，以免在冷却过程中空气中的水分吸附到仪器的玻璃内壁上。

[2] 本实验所用的合成反应的试剂在实验前必须进行无水处理，溴乙烷用无水氯化钙干燥，蒸馏纯化；丙酮用无水碳酸钾干燥，蒸馏纯化；无水乙醚若为市售，需用压钠机向瓶内压入钠丝，瓶口用带有无水氯化钙干燥管的橡皮塞塞紧，放置24h（放在远离火源的阴凉黑暗处保存），直至无氢气泡放出。

[3] 安装搅拌器时要注意瓶口处的搅拌棒应密封不漏气，若采用简易密封装置，应用甘油润滑之。并且应注意：①搅拌棒应保持垂直，其末端不要触及瓶底；②装好后先用手旋动搅拌棒，试验装置无阻碍后，方可开动搅拌器。

[4] 镁条表面有一层灰黑色氧化膜，必须除去。使用前用细砂纸将其表面擦亮，用剪刀剪碎，越碎反应越完全。若是镁屑，可将镁屑放在布氏漏斗上，用很稀的盐酸冲洗，同时抽滤，使盐酸不致与镁屑接触太久，然后依次用水、乙醇、乙醚洗涤，抽干并立即使用。

[5] 也可以用手心接触瓶底温热，反应开始后将手移开。

[6] 为了使开始时溴乙烷局部浓度较大，易于发生反应，搅拌应在反应开始后进行。

[7] 滴加速度太快，反应过于剧烈不易控制，并会增加副产物的生成。

[8] 若反应物中含杂质较多，白色固体加成物就不易生成，产物只变成有色的黏稠物质。

[9] 也可用氯化铵溶液（将17g NH_4Cl 溶于水，稀释至70mL）或稀盐酸水解。

[10] 2-甲基-2-丁醇与水能形成共沸物，因此必须彻底干燥，否则前馏分将大大增加。

实验31　己二酸的制备

【实验目的】

1. 掌握己二酸制备的实验原理与方法。

2. 掌握浓缩、过滤、重结晶等操作技术和有毒气体（二氧化氮）的处理方法。

【实验原理】

氧化反应是制备羧酸的常用方法。制备脂肪族羧酸，可用伯醇或醛为原料，用高锰酸钾氧化。

仲醇、酮或烯烃的强烈氧化，也能得到羧酸，同时发生碳链断裂。例如，工业上用硝酸氧化环己醇或环己酮制备己二酸，同时还产生一些碳数较少的二元羧酸。己二酸是合成尼龙-66 的主要原料之一，实验室可用硝酸或高锰酸钾氧化环己醇或环己酮制备。

芳香族羧酸通常用芳香烃的氧化制备。芳香烃的苯环比较稳定，难于氧化，而环上的支链不论长短，只要有 α-氢，在强烈氧化时，最后都变成羧基：

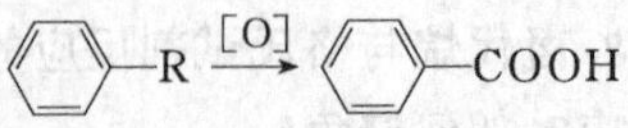

制备羧酸采用的是比较强烈的氧化条件，而氧化反应一般都是放热反应，所以控制反应温度是非常重要的。如果反应温度失控，不但要破坏产物，使产率降低，有时还会发生爆炸。

本实验采用硝酸氧化环己醇制备己二酸。反应式：

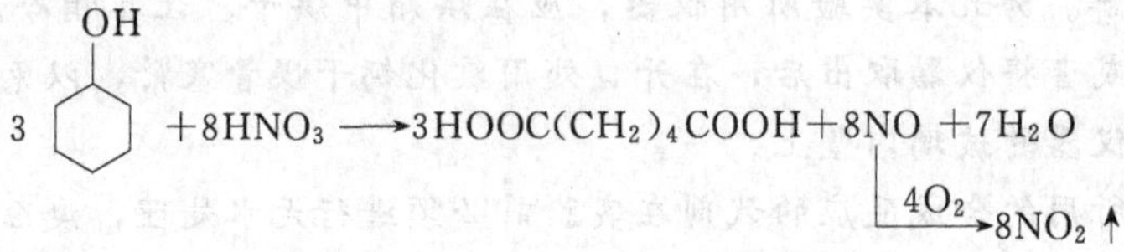

【仪器与试剂】

1. 三颈瓶，回流冷凝管，恒压漏斗，气体吸收装置，温度计，抽滤装置。

2. 环己醇，硝酸（50%），偏钒酸铵，氢氧化钠溶液（10%）。

【实验步骤】

方法一　硝酸氧化法

本实验必须在通风橱内进行，做实验时必须严格遵照规定的反应条件。

在 100mL 的三颈瓶中，加入 6mL 50% 硝酸[1]（7.9g，0.06mol）和 1 小粒偏钒酸铵（约 0.01g）[2]。瓶口分别安装温度计、回流冷凝管和恒压漏斗，加塞子盖好恒压漏斗上口。冷凝管上端接一气体吸收装置，用 10% 氢氧化钠溶液吸收反应中产生的二氧化氮气体[3]，用量筒取 2mL（约 2g，0.02mol）环己醇[4]备用。将三颈瓶在水浴中预热到反应液 50℃左右，移去水浴，先用滴管滴入 5～6 滴环己醇，并振摇反应瓶，至反应开始瓶内有二氧化氮红棕色气体产生（一定看到红棕色气体产生），将剩余的环己醇转移至恒压漏斗中，再缓慢滴入三颈瓶中（速度一定要慢!）[5]，调节滴加速度，使瓶内温度维持在 50～60℃之间，滴加时经常摇动反应瓶。若温度过高或过低时，可用冷水浴或热水浴加以调节。滴加完毕后（约需 5min)，继续振摇，并用 80～90℃的热水浴加热 10min，至红棕色气体不再产生为止。趁热将反应液小心倾入 50mL 烧杯中，冷水冷却后析出己二酸，抽滤收集析出的晶体，用少量冰水洗涤[6]，干燥，粗产物约 2g。

粗制的己二酸可以用水重结晶[7]，产量约 1.7g。

方法二　高锰酸钾氧化法

在 250mL 三颈烧瓶中，加入 2.6mL（0.027mol）环己醇和碳酸钠水溶液（3.8g 碳酸钠溶于 35mL 温水[8]）。在磁力搅拌下[9]，分四批加入研细的 12g（0.015mol）高锰酸钾，约需 2.5h。加入时，控制反应温度始终高于 30℃[10]。加完后继续搅拌，直至反应温度不再上升为止，然后在 50℃水浴中加热并搅拌 0.5h，反应过程中有大量的二氧化锰沉淀产生。

将反应混合物抽滤，用 10mL 10% 的碳酸钠溶液洗涤滤渣[11]。在搅拌下，慢慢向滤液中滴加浓硫酸，直到溶液呈强酸性，己二酸沉淀析出，冷却，抽滤，晾干。产量约 2.2g（产率约 62%）。

纯己二酸为白色棱状晶体，熔点 153℃。其红外光谱见图 7-12。

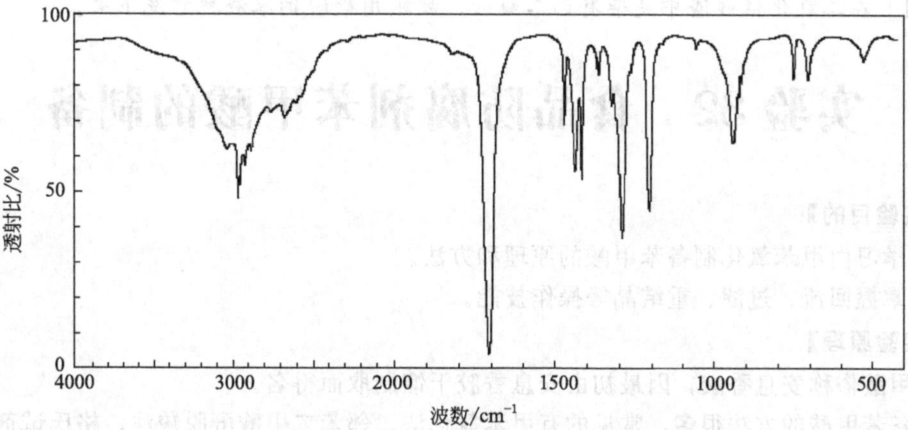

图 7-12　己二酸的红外光谱

【思考题】

1. 为什么必须控制反应温度和环己醇的滴加速度?

2. 为防止二氧化氮有毒气体的逸散，本实验采取了哪些措施?

3. 方法二的反应体系中加入碳酸钠有何作用?

【附注】

[1] 环己醇与浓硝酸不可用同一量筒量取，因为50% HNO_3 与残留的环己醇会剧烈反应，同时放出大量的热，容易发生意外事故。

[2] 偏钒酸铵不可多加，否则产品发黄。

[3] 本实验最好在通风橱中进行。因产生的二氧化氮是有毒气体，不可逸散在实验室内。仪器装置要求严密不漏，如发现漏气现象，应立即暂停实验，改正后再继续进行。

[4] 环己醇熔点为24℃，室温时可能熔化为黏稠液体。为减少转移时的损失，可用0.5mL 水冲洗量筒，并加入恒压漏斗中，以减少环己醇因黏稠带来的损失，同时也可避免反应过于剧烈。

[5] 此反应为强烈放热反应，滴加速度不宜过快，以避免反应过于剧烈而引起爆炸。

[6] 不同温度下己二酸在水中的溶解度如下表，粗产物须用冰水洗涤，如浓缩母液，可回收少量产物。

温度/℃	15	34	50	70	87	100
溶解度/(g/100mL)	1.44	3.08	8.46	34.1	94.8	100

[7] 先加入少量水（可根据查得的溶解度数据或溶解度实验方法所得结果稍少的适量水），加热到沸腾，然后逐渐地添加水（加水后，再加热煮沸），直到固体全部溶解为止。但应注意，不要因为重结晶的物质中含有不溶解的杂质而加入过量的水。记下所用水的量，然后再多加20%水将溶液稀释，否则在热过滤时，由于水的挥发和温度的降低而析出结晶，但如果水过量太多，则难以析出结晶，需将溶剂蒸出。

[8] 水太少将影响搅拌效果，使高锰酸钾不能充分反应。

[9] 可手摇代替搅拌操作。

[10] 加入高锰酸钾后，反应可能不立即开始，可用水浴温热。当温度升到30℃时，必须立即撤开温水浴，该放热反应自动进行。

[11] 在二氧化锰残渣中夹杂有己二酸盐，故须用碳酸钠溶液把它洗下来。

实验32 食品防腐剂苯甲酸的制备

【实验目的】

1. 学习由甲苯氧化制备苯甲酸的原理和方法。

2. 掌握回流、过滤、重结晶等操作技能。

【实验原理】

苯甲酸俗称安息香酸，因最初由安息香胶干馏制取而得名。

制备苯甲酸的方法很多，常见的有甲苯氯化法、邻苯二甲酸酐脱羧法、格氏试剂法和甲苯氧化法。本实验采用甲苯氧化法制备苯甲酸。

苯环不易被氧化，但苯环上有侧链后侧链就容易被氧化。一般情况下往往用甲苯和高锰酸钾反应制备苯甲酸。由于在酸性条件下反应过分剧烈，因而本实验在水溶液中进行，然后再酸化。

反应式：

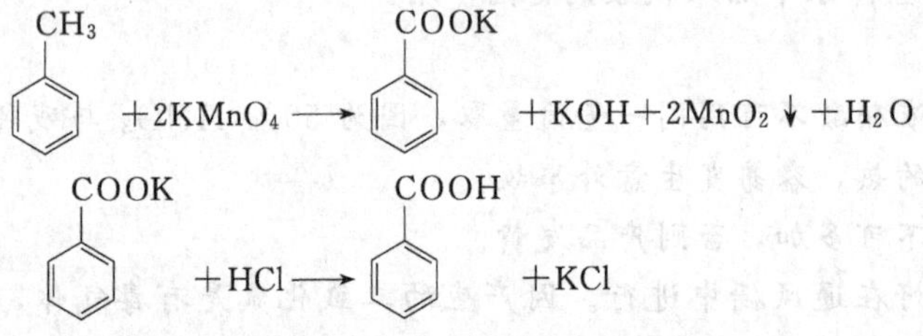

【仪器与试剂】

1. 圆底烧瓶，球形冷凝管，抽滤装置，烧杯。

2. 甲苯，高锰酸钾，浓盐酸，活性炭。

【实验步骤】

在250mL圆底烧瓶中加入2.7mL(2.30g，0.025mol) 甲苯和100mL水，瓶口装球形冷凝管，用电热套加热至沸。从冷凝管上口分数次加入8.5g (0.054mol) 高锰酸钾[1]，每次加入后需摇动烧瓶，至反应缓和然后再加，最后用少量水将沾附在冷凝管内壁的高锰酸钾冲入瓶内。继续煮沸并时常摇动烧瓶，直到甲苯层消失，回流液不再有明显油珠为止（约需4h）。

将反应混合物趁热减压过滤，用少量热水洗涤滤渣二氧化锰。合并滤液和洗涤液[2]，放在冷水浴中冷却，然后用浓盐酸酸化，直到溶液呈酸性（pH 3～4），苯甲酸全部析出为止。

将析出的苯甲酸减压过滤，用少量冷水洗涤，挤去水分。把制得的苯甲酸放在表面皿上晾干、称量，计算产率，可得粗产品约1.7g。

若要得到纯净产物，可在水中进行重结晶[3]。

纯苯甲酸为无色针状晶体，熔点122.4℃。其红外光谱见图7-13。

【思考题】

1. 在氧化反应中，影响苯甲酸产量的主要因素是哪些？

2. 为什么高锰酸钾要分批加入？

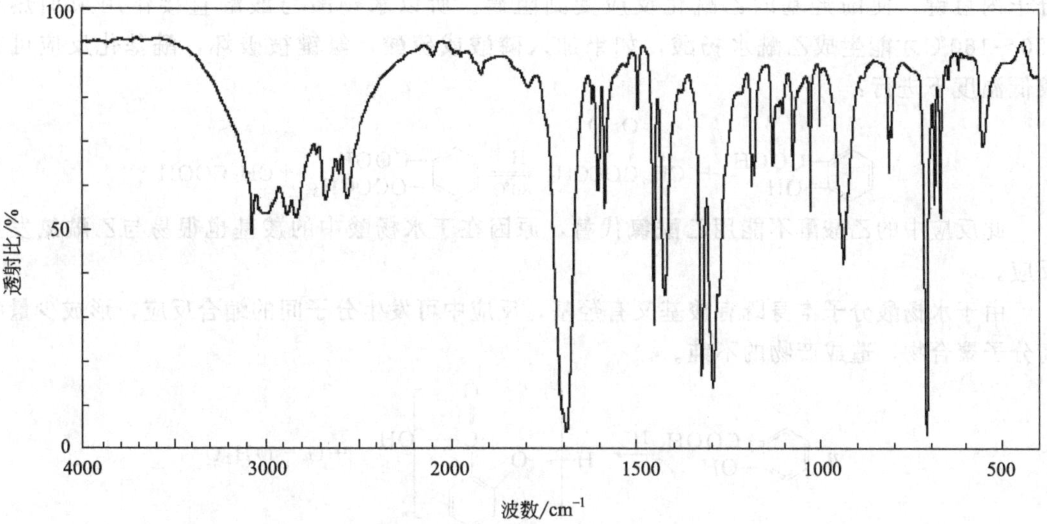

图 7-13　苯甲酸的红外光谱

3. 反应完毕后，如果滤液呈紫色，为什么要加亚硫酸氢钠？

4. 精制苯甲酸还有什么方法？

【附注】

[1] 每次加料不宜太多，否则摇动烧瓶时反应异常剧烈；加料过程中有时会发生管道堵塞现象，可用一细长玻璃棒疏通。

[2] 滤液如果呈紫色，可用滴管慢慢滴加饱和亚硫酸氢钠溶液，边滴加边搅拌，直至紫色刚好褪去，并将抽滤瓶洗涤干净重新减压过滤。如颜色较淡可不进行处理。

[3] 苯甲酸在水中的溶解度为：

温度/℃	4	18	75
溶解度/(g/100mL)	0.18	0.27	2.2

实验 33　阿司匹林的制备

【实验目的】

1. 学习制备阿司匹林。熟练重结晶及熔点测定。

2. 了解反应进程的跟踪方法，培养科学的思想方法。

【实验原理】

阿司匹林（aspirin）化学名称为乙酰水杨酸，是一种应用最早、最广和最普通的解热镇痛药和抗风湿药[1]。它与“非那西汀”(phenacetin)、“咖啡因”(caffeine) 一起组成的“复方阿司匹林”(APC) 是最广泛使用的复方解热止痛药。

阿司匹林是由水杨酸发生酰基化反应制得的。水杨酸，化学名称邻羟基苯甲酸，是一个具有双官能团的化合物，一个是酚羟基，一个是羧基。酚羟基由于直接与苯环相连，不能直接与羧酸成酯，只能通过与酸酐或酰卤成酯。同时酚羟基与羧基处于邻位形成了分子内氢键，使酚羟基的乙酰化反应受到阻碍。所以水杨酸与酸酐直接作用须加热至150~160℃才能生成乙酰水杨酸，如果加入磷酸或硫酸，氢键被破坏，酰基化反应可在较低温度下进行：

$$\underset{OH}{\underset{|}{\bigcirc}}-COOH + CH_3COCCH_3 \xrightleftharpoons[80℃]{H^+} \underset{OCOCH_3}{\underset{|}{\bigcirc}}-COOH + CH_3COOH$$

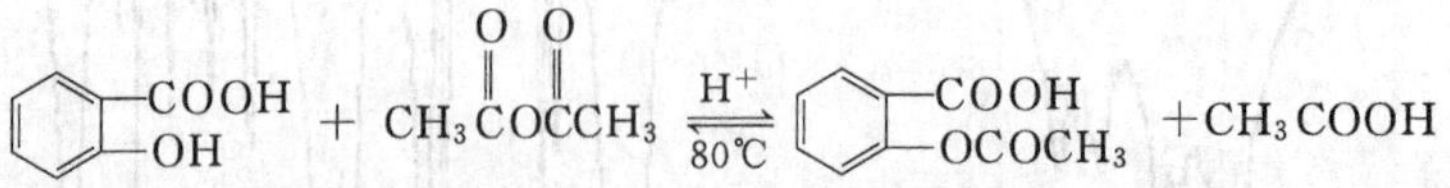

此反应中的乙酸酐不能用乙酰氯代替，原因在于水杨酸中的羧基也很易与乙酰氯发生反应。

由于水杨酸分子本身既有羧基又有羟基，反应中可发生分子间的缩合反应，形成少量的高分子聚合物，造成产物的不纯。

$$n \underset{OH}{\underset{|}{\bigcirc}}-COOH \xrightarrow{H^+} H-\left[O-\underset{\bigcirc}{\overset{O}{\overset{||}{C}}}-OH \right]_n +(n-1)H_2O$$

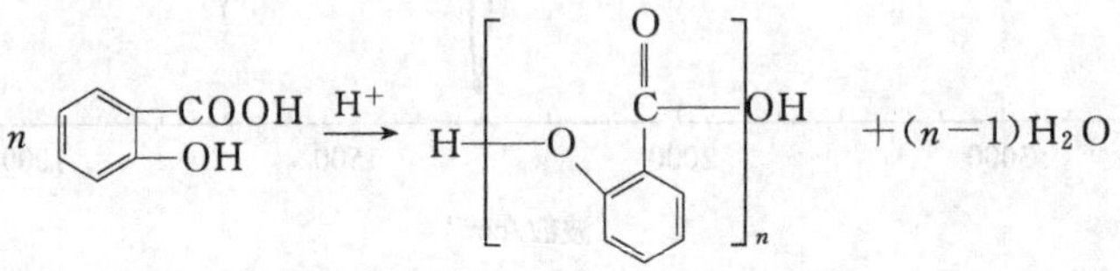

为了除去这部分杂质，可使乙酰水杨酸与碳酸氢钠反应生成水溶性的钠盐，利用高聚物不溶于水的特点将它们分开，达到分离的目的。

产品中最可能的杂质还会有水杨酸，它也许是由于乙酰化反应不完全，也许是产物在分离操作中水解产生的。它可以与碳酸氢钠反应生成可溶性的钠盐，酸化时再一起结晶析出而混入最终产品中。但一般情况下它可以通过重结晶除去。

是否存在残余的水杨酸，可以通过三氯化铁进行检测。由于酚羟基可与三氯化铁水溶液反应形成深紫色的溶液，所以未反应的水杨酸与稀的三氯化铁溶液反应呈正结果，而纯净的阿司匹林不会产生紫色。

【仪器与试剂】

1. 锥形瓶，抽滤瓶，布氏漏斗，温度计，表面皿。
2. 水杨酸，乙酸酐（新蒸），浓磷酸（85%）。

【实验步骤】

将 2.00g(0.0415mol) 干燥的水杨酸放入干燥的 125mL 锥形瓶中，加入 5mL(5.4g，0.053mol) 乙酸酐，摇动锥形瓶并加入 5 滴 85% 的磷酸。继续摇动使水杨酸全部溶解后，在 85~90℃ 的水浴[2] 上加热 10min，并用玻璃棒不断搅拌。将锥形瓶放在通风橱内冷却至室温，即有乙酰水杨酸结晶析出。如无结晶析出，可放入冰水中冷却或用玻璃棒摩擦锥形瓶壁促使其结晶产生。当结晶析出时加入 50mL 水[3]，继续在冰水中冷却，直至结晶全部析出为止，减压过滤，用少量冰水洗涤布氏漏斗中的晶体，继续减压尽可能抽干。

将粗产品放在 150mL 的烧杯中，边搅拌边加入 25mL 饱和的碳酸氢钠溶液，搅拌到没有二氧化碳气体放出为止。检验 pH 值为碱性后，减压过滤，除去聚合物固体。将滤液慢慢倒入预先盛有 5mL 浓盐酸和 10mL 水的烧杯中，搅拌均匀，检验 pH 值为强酸性，析出乙酰水杨酸晶体。在冰浴中冷却，使结晶析出完全后，减压过滤，结晶用干净玻璃钉或玻璃塞压紧，尽量抽去母液，再用冷水洗涤 2~3 次，尽量抽去水分，将结晶移至表面皿上干燥，测定熔点并计算产率。

纯乙酰水杨酸为白色有光泽晶体，熔点 133~135℃[4]。

为了检验产品纯度，可取少量结晶加入 1% 三氯化铁溶液中，观察有无颜色反应。

为了得到更纯的产品，可将上述结晶加入到少量热苯（甲苯或乙酸乙酯）中，安装冷凝管，在水浴上加热回流。如有不溶物出现，可用预热过的玻璃漏斗趁热过滤（注意：避开火源，以免着火），待滤液冷至室温，此时应有结晶析出。如结晶很难析出，可加入少许石油醚摇匀，把混合溶液稍微在冰水中冷却（注意：冷却温度不要低于5℃，因苯的凝固点为5℃）。减压过滤，干燥，测定熔点。

【反应进程的追踪】

在制备（合成）反应实验中，某个具体的反应过程需要多长时间才能完成有时并不清楚，此时就需要跟踪反应进程，看看反应已经进行到何种程度。尤其是开始一个新的未知反应时，更应该跟踪反应进程。

在有机化学教学实验中，反应时间往往已经规定，或者因为教学实验是要掌握实验原理、学习实验操作技术、训练动手能力，而不过于追求产物的产率和合理的反应时间，因此反应控制这个概念往往不被学生重视或印象淡漠。

用来跟踪反应进程的方法很多，例如，简单的颜色变化将提示一个反应何时结束，尤其当原料有颜色，而产物无色时。在有酸或碱参加的反应中，试剂的消耗程度可以根据反应混合物的pH值来判断，也可以取少量反应介质来进行滴定。滴定也可以用来跟踪氧化反应的进程。通常是将处理后的试样加入到碘化钾溶液中，氧化产物碘的含量可以用硫代硫酸钠（$Na_2S_2O_3$）溶液来标定。因此，在实验中，应当仔细观察并随时记录反应发生的任何变化，例如有无颜色改变、有无气体放出、有无沉淀产生等。

如今，TLC、IR、NMR、GC、HPLC或其他任何一种能快速测定的技术都可以广泛用来跟踪一个有机化学反应的进程。这些分析技术只需要极少量的样品，只要在一定的时间间隔下从反应体系中提取少量的反应混合物，分析其中的成分，就可以知道反应进行的情况。

在50mL烧杯中依次加入1.4g水杨酸、2.8mL乙酐、1滴85%磷酸，混合均匀，用表面皿盖好烧杯。将烧杯移入微波炉的托盘上，加热功率设置为30%，加热2min后，取少许反应物，用三氯化铁溶液检查水杨酸[5]，如果反应液中仍有水杨酸，继续微波辐射2min，再取样检查一次，如此反复辐射和检验直到水杨酸消失为止，即反应终点。取出烧杯，冷却至室温，析出无色晶体。抽滤出晶体。

用甲苯重结晶，测产物熔点。用TLC分析产物组成。

测IR谱（见图7-14）。

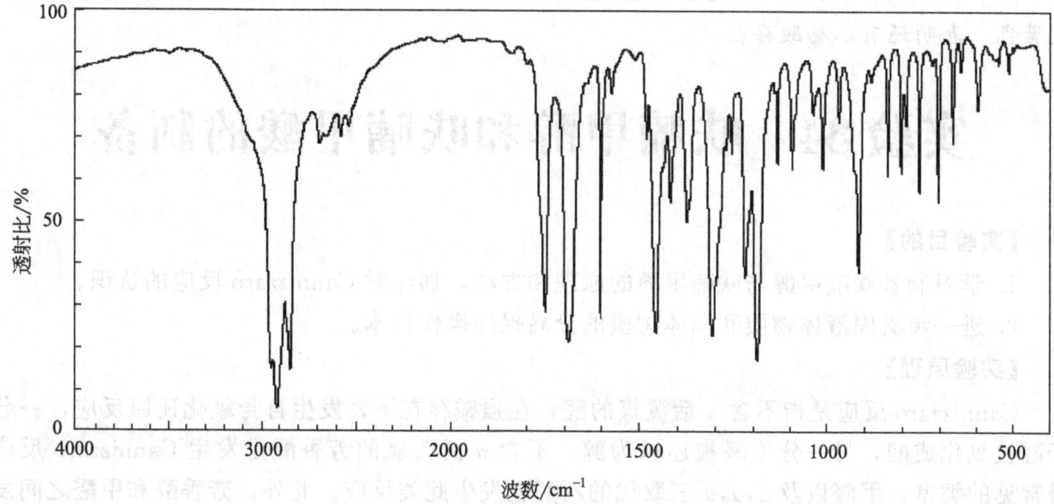

图7-14　乙酰水杨酸的红外光谱

【思考题】

1. 为什么阿司匹林的合成中要用干燥的锥形瓶和新蒸的乙酸酐？

2. 为什么要将反应温度控制在85～90℃？

3. 粗产品中可能含有哪些物质？为什么水杨酸聚合物不能和碳酸氢钠反应生成水溶性物质？

【附注】

[1] 阿司匹林的历史开始于18世纪。人们首先发现柳树皮的提取物是一种强效的止痛、退热及抗炎消肿药，不久就分离、鉴定其有效成分为水杨酸，随后发明了化学方法大规模生产，供医用。但后来发现它酸性强（$pK_a=2.98$，其酸性比苯甲酸 $pK_a=4.21$ 和对羟基苯甲酸 $pK_a=4.56$ 都强），严重刺激口腔、食道及胃黏膜，故试图改进。先制成水杨酸钠，发现虽然改善了它的酸性及刺激性，但却有令人不愉快的甜味，大多数患者不愿意服用。1893年，合成了乙酰水杨酸，既保持了水杨酸的药效又降低了刺激性，口味较好。Bayer公司将这个新产品命名为aspirin。aspirin的产生历史是目前使用的许多药品发现的典型代表，即开始都以植物的粗提取物或民间药物为基础，再由化学家分离其中的活性成分，测定结构并加以改造，变成比原来更好的药物。

[2] 反应温度不宜过高（不超过90℃），否则将会增加副产物水杨酰水杨酸酯和乙酰水杨酰水杨酸酯的生成。

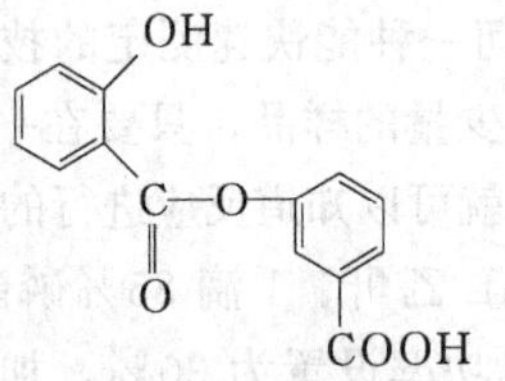

水杨酰水杨酸酯

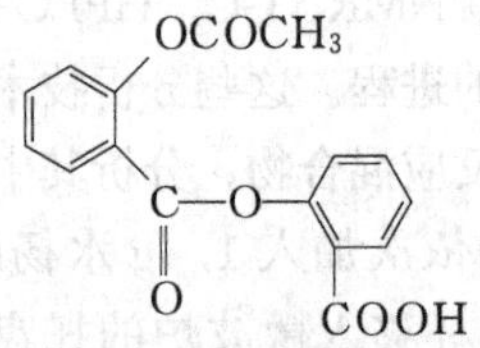

乙酰水杨酰水杨酸酯

[3] 注意此时反应瓶变热，甚至使反应物沸腾，这是因为过剩的乙酸酐遇水立即分解并大量放热所致。

[4] 乙酰水杨酸易受热分解，因此熔点不是很明显，它的分解温度为128～135℃。在测定熔点时，可先将载体加热至120℃左右，然后放入样品测定。

[5] 在小试管中加入少量 $FeCl_3$ 溶液，用细滴管蘸一点反应混合物插入小试管中，如出现紫色，表明还有水杨酸存在。

实验34 呋喃甲醇和呋喃甲酸的制备

【实验目的】

1. 学习制备呋喃甲醇与呋喃甲酸的原理和方法，加深对Cannizzaro反应的认识。

2. 进一步巩固液体物质和固体物质的分离提纯操作技术。

【实验原理】

Cannizzaro反应是指不含α-活泼氢的醛，在强碱存在下，发生自身氧化还原反应，一分子醛被氧化成酸，另一分子醛被还原为醇。不含α-活泼氢的芳香醛是发生Cannizzaro反应最常见的类型，甲醛以及α,α,α-三取代的乙醛也发生此类反应。此外，芳香醛和甲醛之间发生交叉的Cannizzaro反应，在这种反应中常常是甲醛被氧化成甲酸，而芳香醛则被还原成醇。

呋喃甲酸和呋喃甲醇就是通过呋喃甲醛在浓 NaOH 作用下制得的。

反应式：

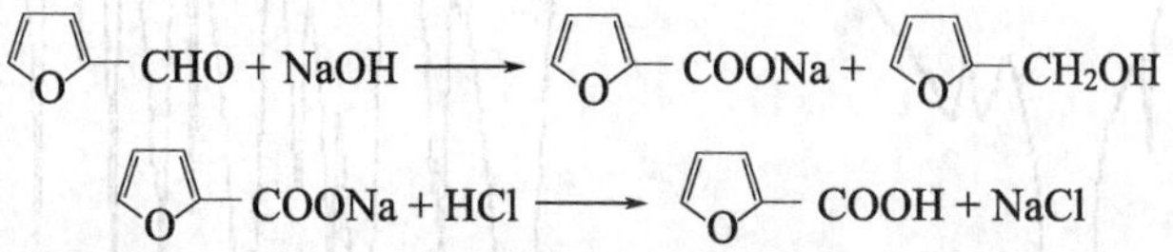

呋喃甲酸和呋喃甲醇都是有机合成原料。呋喃甲酸广泛用作医药、香料的中间体，也可作防腐剂和杀菌剂。呋喃甲醇可以制成各种呋喃树脂，用于铸造工业的砂芯黏合剂，也可以用于制造防腐涂料、增塑剂，应用广泛。

【仪器与试剂】

1. 滴管，分液漏斗，蒸馏装置，温度计，吸滤装置。

2. 呋喃甲醛（新蒸），氢氧化钠（43%），乙醚，盐酸，无水硫酸镁。

【实验步骤】

将 6mL 43%氢氧化钠溶液置于小烧杯中，烧杯置于冰水浴中，使液温下降到 5℃左右。不断搅拌下[1]滴入 6.6mL 新蒸馏过的呋喃甲醛（约用 10min 加完）[2]，使反应温度保持在 8～12℃之间[3]。加完后继续于冰水浴中搅拌 20min。反应过程中析出黄色浆状物。

在搅拌下加入约 10mL 水，使浆状物恰好完全溶解[4]。此时溶液呈暗红色。用乙醚分三次（15mL、10mL、5mL）萃取[5]，合并乙醚萃取液（水层保留，留作下面的实验），用 2g 无水硫酸镁干燥。在热水浴上蒸出乙醚，然后蒸馏呋喃甲醇，收集 169～172℃的馏分。产量约 2.4g（产率约 61%）。

纯呋喃甲醇为无色透明液体，沸点 171℃，d_4^{20} 1.1296，n_D^{20} 1.4868。其红外光谱见图 7-15。

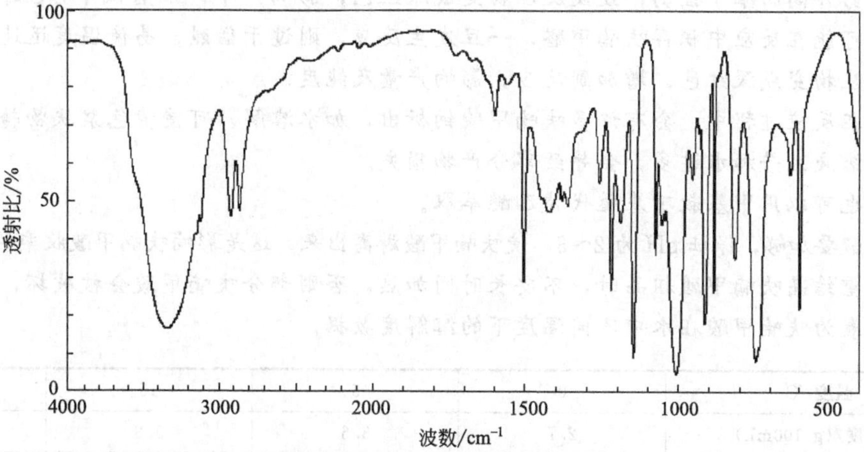

图 7-15　呋喃甲醇的红外光谱

经乙醚萃取过的水溶液（主要含呋喃甲酸钠），用约 14mL 浓盐酸酸化至 pH 为 2～3[6]，冷却使呋喃甲酸完全析出，用布氏漏斗抽滤，用少量水洗涤。粗呋喃甲酸用水进行重结晶[7]，产量约 3g（产率约 56%）。

纯呋喃甲酸为白色针状晶体，熔点 133～134℃。其红外光谱见图 7-16。

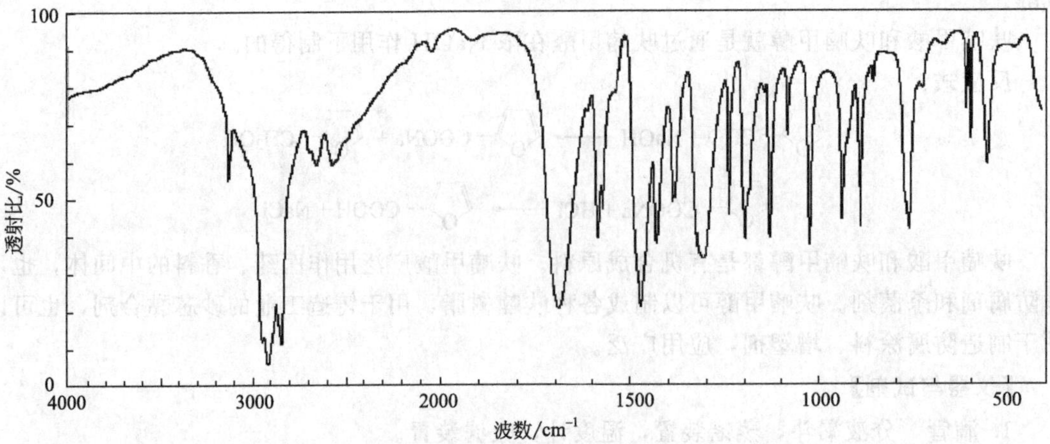

图 7-16　呋喃甲酸的红外光谱

【思考题】

1. 本实验根据什么原理来分离和提纯呋喃甲醇和呋喃甲酸这两种产物？

2. 为什么要使用新鲜的呋喃甲醛？长期放置的呋喃甲醛含有什么杂质？如不除去对本实验有何影响？

【附注】

[1] 这个反应是在两相间进行的，欲使反应正常进行，必须充分搅拌。

[2] 纯呋喃甲醛为无色或浅黄色液体，但长期储存易变成棕褐色。使用前需要蒸馏，收集155～162℃的馏分。最好在减压下蒸馏，收集54～55℃/2266Pa(17mmHg)的馏分。

[3] 反应开始后很剧烈，同时放出大量的热，溶液颜色变暗。若反应温度高于12℃，则温度极易升高而难于控制，致使反应物变成深红色，影响产率；但若低于8℃时，反应又过慢，有可能在反应中积存呋喃甲醛，一旦发生反应，则过于猛烈，易使温度迅速升高，最终也使反应物变成深红色，增加副反应，影响产量及纯度。

[4] 在反应过程中，会有许多呋喃甲酸钠析出，加水溶解，可使黄色浆状物转为酒红色透明状的溶液。若加水过多，会导致部分产物损失。

[5] 也可以用甲基叔丁基醚代替乙醚萃取。

[6] 酸要加够，保证pH为2～3，使呋喃甲酸游离出来。这是影响呋喃甲酸收率的关键。

[7] 重结晶呋喃甲酸粗品时，不要长时间加热，否则部分呋喃甲酸会被破坏，出现焦油状物。下表为呋喃甲酸在水中不同温度下的溶解度数据。

温度/℃	0	5	15	100
溶解度/(g/100mL)	2.7	3.6	3.8	25.0

实验35　安息香的辅酶合成

【实验目的】

1. 学习辅酶催化合成安息香的反应原理及其合成方法。

2. 掌握结晶、有机溶剂重结晶的实验操作技术。

【实验原理】

安息香（二苯羟乙酮）在有机合成中常常被用作中间体，因为它既可以被氧化成 α-二酮，又可以在各种条件下被还原而生成二醇、烯、酮等各种类型的还原产物。同时，二苯羟乙酮既有羟基又有羰基，作为双官能团化合物能发生许多化学反应。

苯甲醛在氰化钠（钾）的作用下，于乙醇中加热回流，两分子的苯甲醛之间即发生缩合反应，生成二苯羟乙酮，俗称安息香。人们把芳香醛的这一类缩合反应称为安息香缩合反应。该反应机理类似于羟醛缩合反应，也是碳负离子对羰基的亲核加成反应，氰化钠（钾）是催化剂。

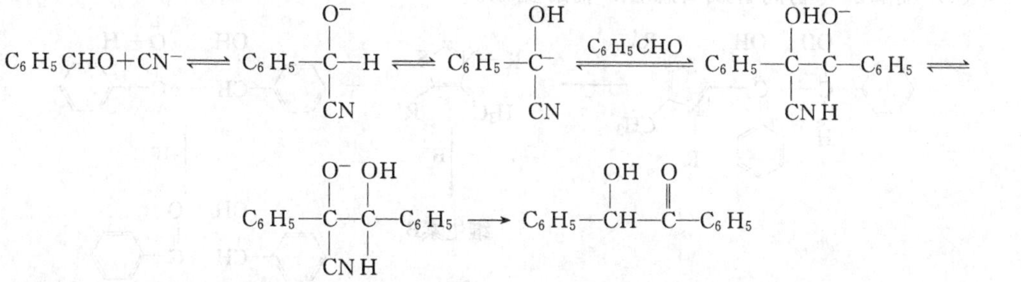

在氰负离子催化缩合机理的启发下，20 世纪 70 年代末，化学家发现维生素 B_1 可以代替氰负离子作为安息香缩合的催化剂，可避免使用有剧毒的氰化钠或氰化钾。该反应条件温和，无毒，产率较高。

有生物活性的维生素 B_1 是一种辅酶，酶与辅酶均是生物化学反应催化剂，在生命过程中起着重要的作用。其化学名称为硫胺素或噻胺，维生素 B_1 的结构式为：

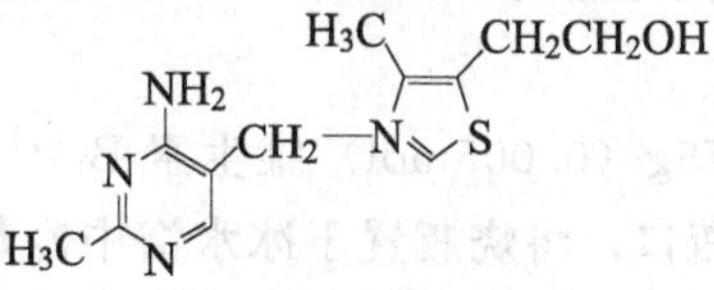

维生素B_1

其主要作用是使 α-酮酸脱羧和形成 α-羟基酮。

反应机理如下（以下反应中只写噻唑环的变化，其余部分相应用 R 和 R′表示）：在反应中，维生素 B_1 噻唑环上的氮和硫的邻位氢在碱作用下被夺走，成为碳负离子，形成反应中心。

(1) 在碱作用下，碳负离子和邻位正氮原子形成一个稳定的邻位两性离子叶立德(ylid)。

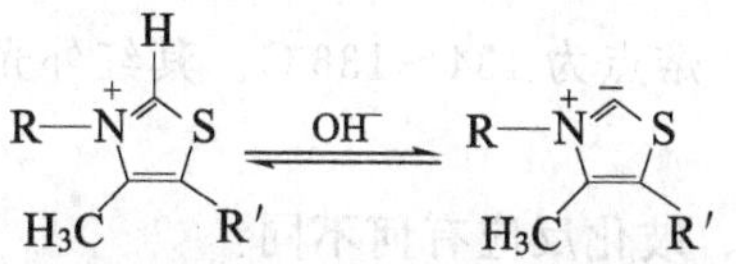

维生素B_1　　ylid

(2) 噻唑环上碳负离子与苯甲醛的羰基碳作用形成烯醇加合物，环上的正氮原子起了调节电荷的作用。

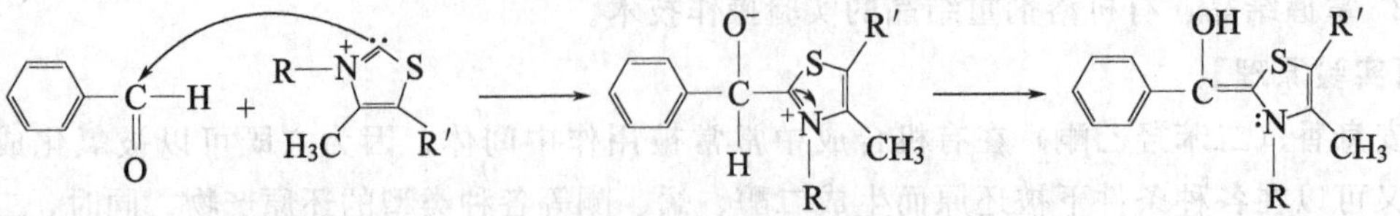

（3）烯醇加合物再与苯甲醛作用，形成一个新的辅酶加合物。

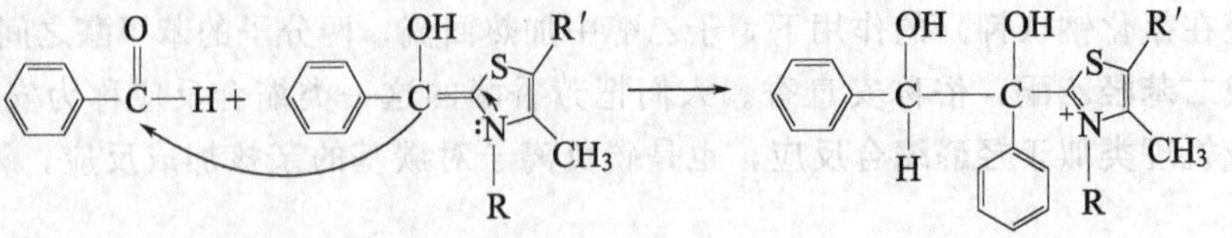

（4）辅酶加合物离解成安息香，辅酶复原。

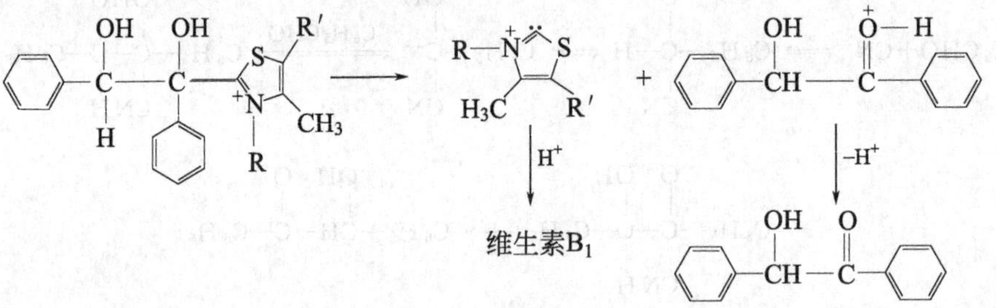

反应式：

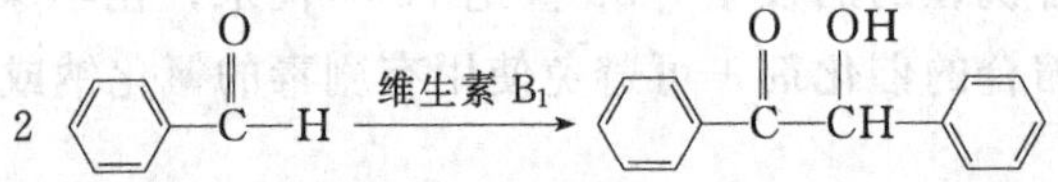

【仪器与试剂】

1. 圆底烧瓶，回流冷凝管，温度计，分液漏斗，三角烧瓶，量筒。

2. 苯甲醛，维生素 B_1（盐酸硫胺素），乙醇（95%），氢氧化钠（10%），蒸馏水。

【实验步骤】

50mL 圆底烧瓶中加入 1.75g（0.005mol）维生素 B_1[1]、3.5mL 蒸馏水和 15mL 95% 乙醇，摇匀溶解后用塞子塞上瓶口，将烧瓶置于冰水浴中冷却，同时取 5mL 10%氢氧化钠溶液于试管中，也置于冰水浴中冷却。在冰水浴冷却下，将冷透的氢氧化钠溶液[2]逐滴加入反应瓶中，然后加入 10mL（10.5g，0.1mol）新蒸的苯甲醛[3]，充分摇匀，调节反应液的 pH 为 9～10[4]。移走冰水浴，加入几粒沸石，装上回流冷凝管，将混合物置于 60～75℃ 水浴中温热 1.5h[5]（反应后期可将水浴温度升高到 80～90℃），其间注意摇动反应瓶且保持反应液的 pH 为 9～10[6]（必要时可滴加 10% NaOH 溶液），等反应混合物冷至室温后将烧瓶置于冰水中使结晶完全析出[7]。抽滤[8]并用少量冷水洗涤结晶，干燥，称量。

粗产物可用 95% 乙醇重结晶，必要时可加入少量活性炭脱色，产量为 6g（产率为 60%），测定熔点。

纯安息香为白色针状结晶，熔点为 134～136℃。其红外光谱见图 7-17。

【思考题】

1. 安息香缩合、羟醛缩合、歧化反应有何不同？

2. 为什么加入苯甲醛后，反应混合物的 pH 要保持在 9～10？溶液的 pH 过低或过高有什么不好？

3. 为什么要向维生素 B_1 溶液中加入稀 NaOH 溶液？若用浓碱，将发生什么变化？

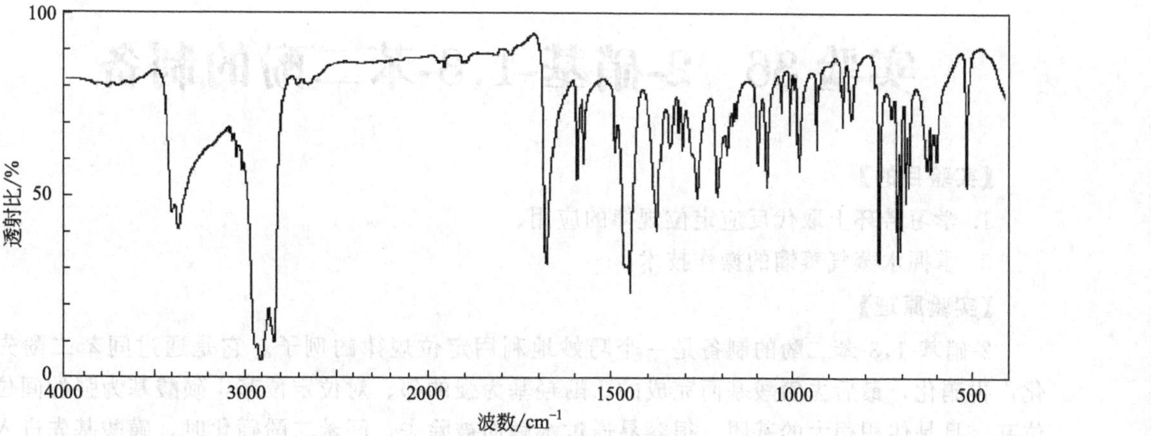

图 7-17　安息香的红外光谱

【附注】

［1］应使用新开瓶或原封的、保存良好的维生素 B_1；用不完的应尽快密封保存在阴凉处。

［2］维生素 B_1 在酸性条件下是稳定的，但易吸水，在水溶液中易被空气氧化失效。遇光和 Cu、Fe、Mn 等金属离子均可加速氧化。在 NaOH 溶液中噻唑环易开环失效，因此维生素 B_1 溶液、NaOH 溶液在反应前必须用冰水充分冷透，否则维生素 B_1 在碱性条件下会被分解，这是本实验成败的关键。

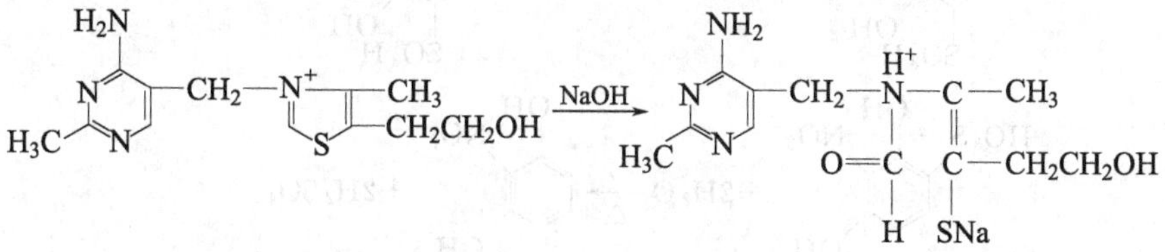

［3］苯甲醛极易被空气中的氧所氧化，如发现实验中所使用的苯甲醛有固体物苯甲酸存在，则必须重新蒸馏后使用。

［4］调节 pH＝9～10，用精密 pH 试纸控制 pH，碱性强易使噻唑环开环，维生素 B_1 失效，碱性弱又无法使质子离去产生负碳作为反应中心，形成苯偶姻。最好调至 pH＝10。

［5］水浴温度小于 75℃，过热易使噻唑环开环，维生素 B_1 失效。

［6］在保温的过程中间，可以再进行 pH 调节使之在 9～10。在不到保温时间就有产物析出，属正常现象。若在反应时间到后仍无结晶析出，可以将反应液冷却后看有无产物，若仍无产物，可以在反应液内再加维生素 B_1，并调 pH＝9～10 后放至下次实验看结果。

［7］若冷却太快，产物易呈油状析出，可重新加热溶解后再慢慢冷却重新结晶，必要时可用玻璃棒摩擦瓶壁诱发结晶。

［8］抽滤后的母液不要弃去，可以先放置，尤其在析出晶体少的情况下。可以再调 pH＝9～10（甚至可以再加维生素 B_1），放置至下周抽滤。

实验 36　2-硝基-1,3-苯二酚的制备

【实验目的】

1. 学习芳环上取代反应定位规律的应用。
2. 掌握水蒸气蒸馏的操作技术。

【实验原理】

2-硝基-1,3-苯二酚的制备是一个巧妙地利用定位规律的例子。它是通过间苯二酚先磺化，再硝化，最后去磺酸基而完成的。酚羟基为强的邻、对位定位基，磺酸基为强的间位定位基，且是体积很大的基团，很容易通过水解而被除去。间苯二酚磺化时，磺酸基先进入最容易起反应的 4 和 6 位，接着再硝化时，受定位规律支配，硝基只能进入 2 位，将硝化后的产物水解，即可得到 2-硝基-1,3-苯二酚。因此，在反应中磺酸基同时起了占位和定位的双重作用。

反应式：

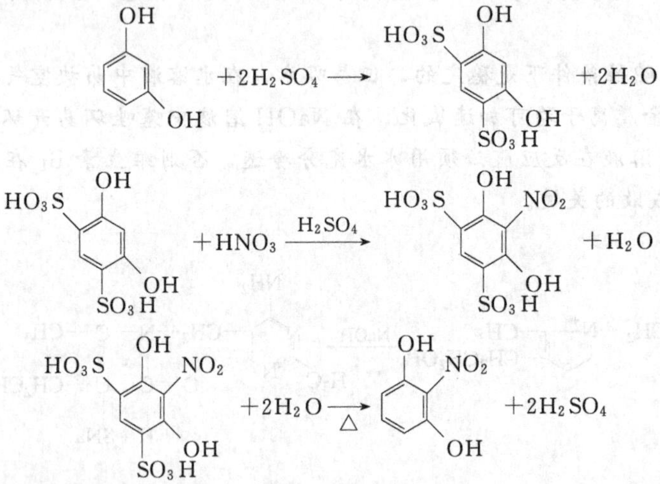

【仪器与试剂】

1. 三颈瓶，小烧杯，圆底烧瓶，直形冷凝管，滴管，温度计，水蒸气蒸馏装置。
2. 间苯二酚，浓硫酸，浓硝酸，乙醇，尿素，冰。

【实验步骤】

在 100mL 烧杯中放置 2.8g(0.025mol) 粉状的间苯二酚[1]，在充分搅拌下小心地加入 13mL(0.24mol)98%浓硫酸，此时反应放热，生成白色的磺化产物后[2]，充分搅拌下水浴缓慢加热到 50～60℃反应 15min，然后在冰水浴中冷至 0～10℃。

在小烧杯中加入 2mL 浓硝酸，在搅拌下加入 2.8mL 浓硫酸制成混酸，并置于冰水浴中冷却。用滴管将冷却好的混酸慢慢滴加到上述磺化后的反应物中，并不停搅拌，控制反应温度于 30℃±5℃，此时反应物呈黄色黏稠状（不应为棕色或紫色）[3]。滴加完毕后，在室温搅拌 15min。

在盛有硝化产物的烧杯中小心加入 6mL 冰水稀释，边加边搅拌，控制反应温度不超过 50℃。将稀释物转移到 100mL 三颈瓶中，然后用 1mL 冰水冲洗烧杯，溶液并入三颈瓶，再

加入约 0.1g 尿素[4]。然后可利用图 7-18 的装置进行水蒸气蒸馏。在冷凝管壁和馏出液中有橘红色固体产生[5]，至冷凝管壁上无橘红色固体时，即可停止蒸馏。将馏出液在水浴中冷却后，减压抽滤，粗产物用乙醇-水（约需 5mL 50%乙醇）重结晶，得橘红色片状晶体，产量约 0.5g。

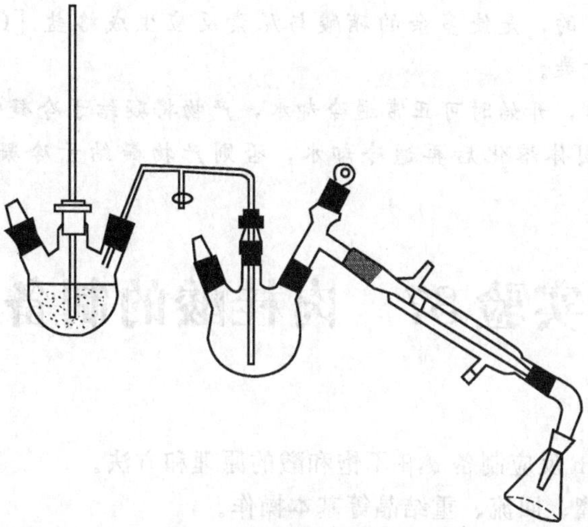

图 7-18　水蒸气蒸馏装置

纯 2-硝基-1,3-苯二酚的熔点为 84～85℃。其红外光谱见图 7-19。

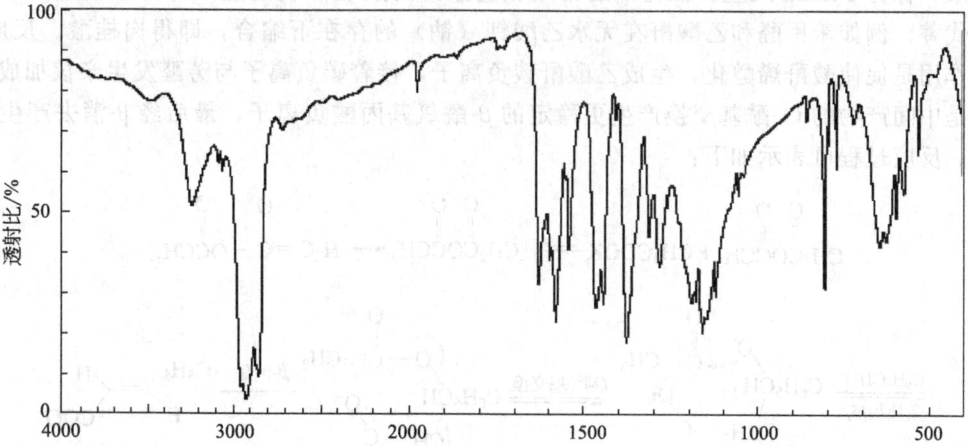

图 7-19　2-硝基-1,3-苯二酚的红外光谱

【思考题】

1. 2-硝基-1,3-苯二酚能否用间苯二酚直接硝化来制备？为什么？
2. 本实验硝化反应温度为什么要控制在 30℃以下？温度偏高有什么不好？
3. 进行水蒸气蒸馏前为什么先要用冰水稀释？

【附注】

[1] 间苯二酚需在研钵中研成粉状，否则磺化不完全。间苯二酚有腐蚀性，注意勿接触皮肤。

[2] 酚的磺化在室温下就可进行，如果反应太慢，10min 无白色磺化产物形成，可用

60℃的水温热，加速反应。

[3] 硝化反应比较快，因此硝化前，磺化混合物要先在冰水浴中冷却，混酸也要冷却，最好在10℃以下；硝化时，也要在冷却下，边搅拌，边慢慢滴加混酸，控制反应温度于(30±5)℃，否则，反应物易被氧化而变成灰色或黑色。

[4] 加入尿素的目的，是使多余的硝酸与尿素反应生成络盐 [$CO(NH_2)_2 \cdot HNO_3$]，减少二氧化氮气体的污染。

[5] 水蒸气蒸馏时，开始时可正常通冷却水，产物将凝结于冷凝管壁时，可将冷却水控制得很小或关闭，待固体熔化后再通冷却水，否则产物凝结于冷凝管壁的上端，会造成堵塞。

实验37　肉桂酸的制备

【实验目的】

1. 学习利用Perkin反应制备α,β-不饱和酸的原理和方法。
2. 巩固水蒸气蒸馏、回流、重结晶等基本操作。

【实验原理】

芳香醛和酸酐在碱性催化剂作用下，可以发生类似羟醛缩合的反应，生成α,β-不饱和芳香酸，称为Perkin反应。催化剂通常是相应酸酐的羧酸钾或钠盐，有时也可用碳酸钾或叔胺代替，例如苯甲醛和乙酸酐在无水乙酸钾（钠）的存在下缩合，即得肉桂酸。反应时，碱的作用是促使酸酐烯醇化，生成乙酸酐碳负离子，接着碳负离子与芳醛发生亲核加成，第三步是中间产物的O-酰基交换产生更稳定的β-酰氧基丙酸负离子，最后经β-消去产生肉桂酸盐。反应过程可表示如下：

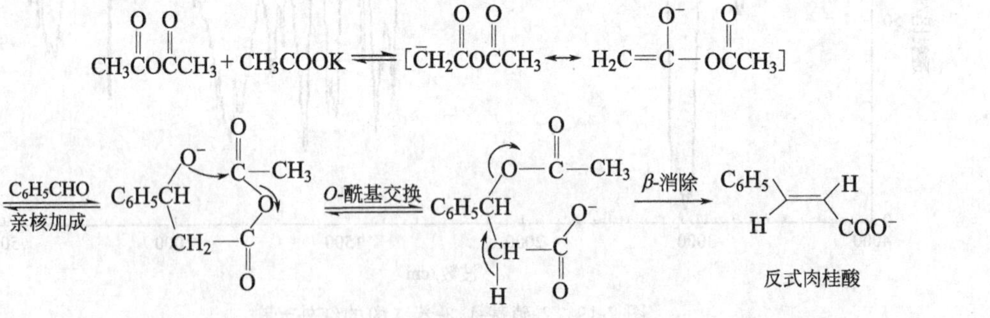

Perkin反应只得到反式肉桂酸（熔点135.6℃）。顺式异构体（熔点68℃）不稳定，在较高的反应温度下很容易转变为热力学更稳定的反式异构体。

当用无水碳酸钾代替乙酸钾时，试剂酸酐的用量需增加一倍，反应的时间明显缩短，反应中产生大量固体。与乙酸盐催化不同，碳酸钾参加了反应但没有再生，故将其称作催化剂是欠妥的，但为了方便，仍称之为催化剂。

反应式：

$$C_6H_5CHO + 2CH_3\overset{O}{\overset{\|}{C}}O\overset{O}{\overset{\|}{C}}CH_3 + K_2CO_3 \xrightarrow{170\sim180℃} C_6H_5CH{=}CHCOOK + CH_3COOK + 2CH_3COOH + CO_2$$

【仪器与试剂】

1. 三颈瓶，圆底烧瓶，回流冷凝管，温度计，水蒸气蒸馏装置，抽滤装置。

2. 苯甲醛，无水碳酸钾，乙酸酐，10%氢氧化钠，浓盐酸，活性炭。

【实验步骤】

在干燥的 100mL 三颈瓶[1] 中加入 1.5mL（0.015mol）新蒸过的苯甲醛、4mL（0.036mol）新蒸过的乙酸酐[2]以及 2.2g(0.016mol) 研细的无水碳酸钾，振荡使三者混合均匀。三颈瓶上分别装配空气冷凝管和插到反应混合物中的温度计，然后，在电热套上加热，升温不要太快，由于有二氧化碳放出，反应初期有泡沫产生，维持反应温度在 170～180℃回流 0.5h。

反应完毕后，向三颈瓶中加 10mL 热水，用玻璃棒轻轻捣碎瓶中的固体，将装置改为水蒸气蒸馏装置[3]，进行水蒸气蒸馏直至无油状物蒸出为止（将馏出液倒入指定的回收瓶内）。

待三颈瓶冷却后，加入约 10mL 10%氢氧化钠溶液至碱性，以保证生成的肉桂酸形成钠盐而溶解。抽滤，将滤液倾入烧杯中，冷却至室温，在搅拌下用浓盐酸酸化至刚果红试纸变蓝，再用冷水浴冷却。待肉桂酸完全析出时，抽滤析出的晶体。晶体用少量水洗涤，挤压除去水分，晾干，称量。粗产物约 1.5g。

粗产物可用热水或 5：1 的水-乙醇溶液重结晶[4]。

肉桂酸有顺、反异构体，通常以反式形式存在，为无色晶体，熔点 135～136℃。其红外光谱见图 7-20。

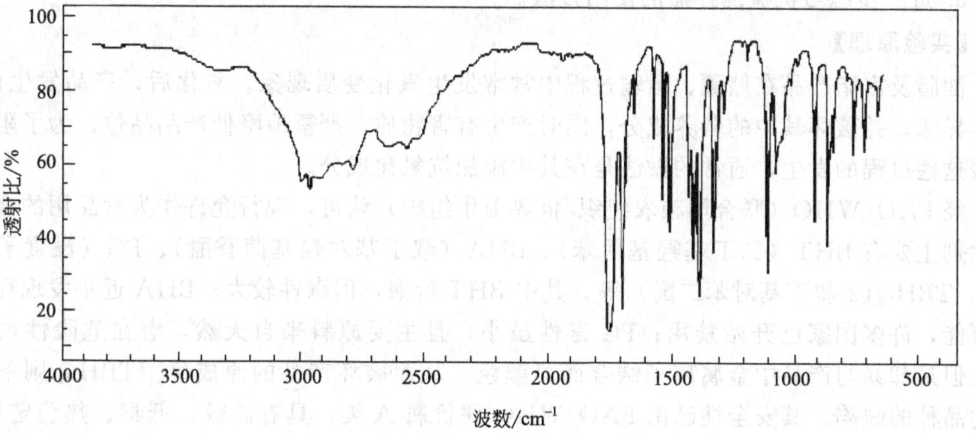

图 7-20　肉桂酸的红外光谱图

【思考题】

1. 具有何种结构的醛能进行 Perkin 反应？

2. 苯甲醛与丙酸酐在无水碳酸钾存在下相互作用后得到什么产物？

3. 本实验中水蒸气蒸馏除去什么？

【附注】

[1] 选用较大的三颈瓶是为了方便下面进行的水蒸气蒸馏操作。

[2] 久置的苯甲醛含苯甲酸，故需蒸馏除去。久置的乙酸酐含乙酸，也需要除去。

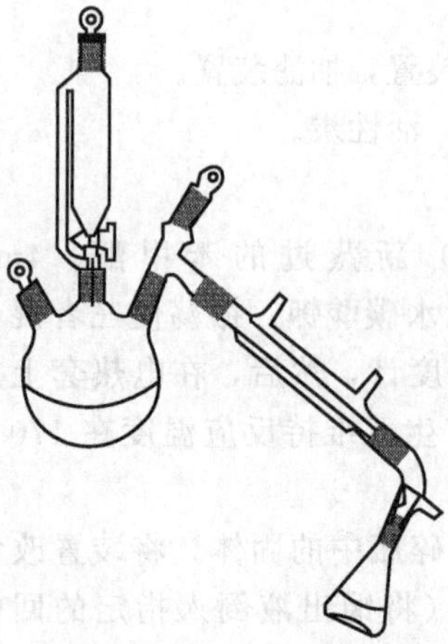

图 7-21 简易水蒸气蒸馏装置

［3］也可按照下面两种简易方法进行水蒸气蒸馏。

方法一：如图 7-21 所示，恒压漏斗中加入适量热水，进行水蒸气蒸馏，控制水的滴加速度与馏出液的速度基本相等。

方法二：在反应容器三颈瓶中加入 50mL 的热水，用玻璃棒轻轻捣碎瓶中的固体，直接加热进行水蒸气蒸馏。此方法对本实验效果较好。

［4］也可用其他溶剂进行重结晶，参见下表：

温度/℃	肉桂酸溶解度/g·(100g 水)$^{-1}$	肉桂酸溶解度/g·(100g 无水乙醇)$^{-1}$	肉桂酸溶解度/g·(100g 糠醛)$^{-1}$
0			0.6
25	0.06	22.03	4.1
40			10.9

实验38 食品抗氧化剂 TBHQ 的制备

【实验目的】

1. 学习食品抗氧化剂 TBHQ 的制备方法。
2. 巩固水蒸气蒸馏的操作。
3. 进一步练习机械搅拌器的使用方法。

【实验原理】

油脂及富脂产品在储藏、运输过程中常常发生氧化变质现象。氧化后，产品发生色变，产生异味，并破坏其中的营养成分，同时产生有害物质，严重地降低产品品位。为了阻止或延缓这些过程的发生，通常的做法是在其中添加抗氧化成分。

经 FAO/WHO（联合国粮农组织/世界卫生组织）认可，现行允许作为食品用的合成抗氧化剂主要有 BHT（二丁基羟基甲苯）、BHA（叔丁基对羟基茴香醚）、PG（没食子酸丙酯）、TBHQ(2-叔丁基对苯二酚）等。其中 BHT 价廉，但毒性较大；BHA 近年发现存在致癌可能，许多国家已开始禁用；PG 毒性虽小，且主要原料来自天然，潜在危险性也比较小，但是却易与产品中金属离子结合而显颜色，从而破坏产品的原成色。TBHQ 则不存在上述品种的缺陷。其安全性已由 FAO/WHO 评价属 A 类，具有高效、低毒、热稳定性好、遇铁不变色的优点，能抑制多种危害人体健康的微生物及产生的毒素，而且 TBHQ 对植物性油脂抗氧化性有特效，也是美国 FDA 认可的添加剂。同时还有良好的抗细菌、霉菌、酵母菌的能力，属于新型高效食用抗氧化剂。在美国，TBHQ 需求量正以每年 5%递增。我国科学工作者从 20 世纪 90 年代中后期开始对其生产方法进行研究，TBHQ 已被我国列为重点开发利用的油脂抗氧化剂品种。

TBHQ 的化学名为 2-叔丁基对苯二酚或 2-叔丁基氢醌，它不仅是有机合成的中间体，也可以用作橡胶、塑料、化妆品生产的添加剂，还可以用作感光剂，但是其最重要的用途是作为食用油脂的抗氧化剂。

叔丁醇和对苯二酚合成邻叔丁基对苯二酚的反应属于在苯环上引入烷基的亲电取代反应，可用路易斯酸作为催化剂，反应在较高的温度下进行，化学反应方程式为：

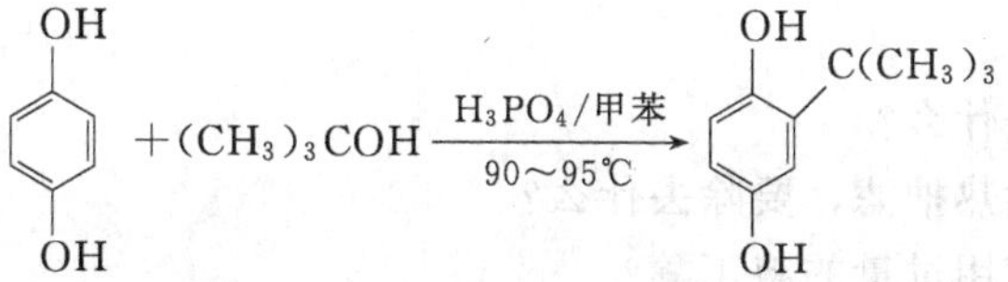

【仪器与试剂】

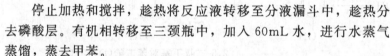

1. 三颈瓶，回流冷凝管，温度计，抽滤装置，机械搅拌器，水蒸气蒸馏装置，恒压漏斗，分液漏斗。

2. 对苯二酚，磷酸（85%），叔丁醇，甲苯。

【实验步骤】

在100mL三颈瓶中装配上温度计、搅拌器、回流冷凝管和恒压漏斗，如图7-22所示。加入5.6g(0.05mol)对苯二酚、20mL 85%的磷酸和20mL甲苯。启动搅拌器。缓慢升温至90℃[1]，缓慢滴加5mL(0.05mol)叔丁醇，反应温度在90～95℃[2]，于30～45min内滴加完毕。继续保温并搅拌至固体完全溶解，约需15min。

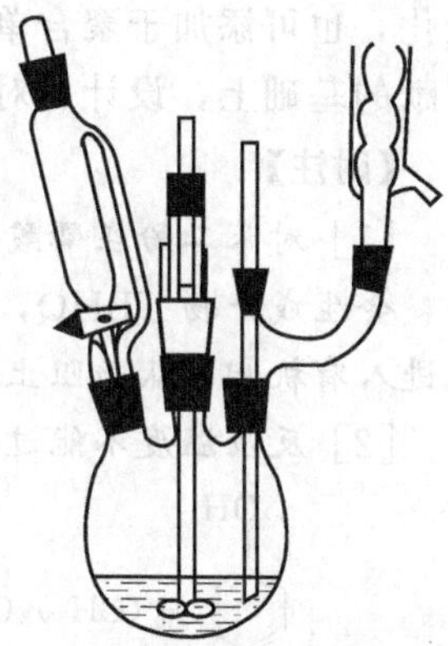

图7-22　TBHQ制备装置

停止加热和搅拌，趁热将反应液转移至分液漏斗中，趁热分去磷酸层。有机相转移至三颈瓶中，加入60mL水，进行水蒸气蒸馏，蒸去甲苯。

蒸馏完毕，将残留物趁热抽滤，将滤液移至烧杯中，充分冷却，使晶体完全析出，抽滤，用少量冷水洗涤晶体，晾干后得无色针状结晶。产物可在水中进行重结晶提纯。

纯2-叔丁基对苯二酚为无色针状结晶，熔点129℃。其红外光谱见图7-23。

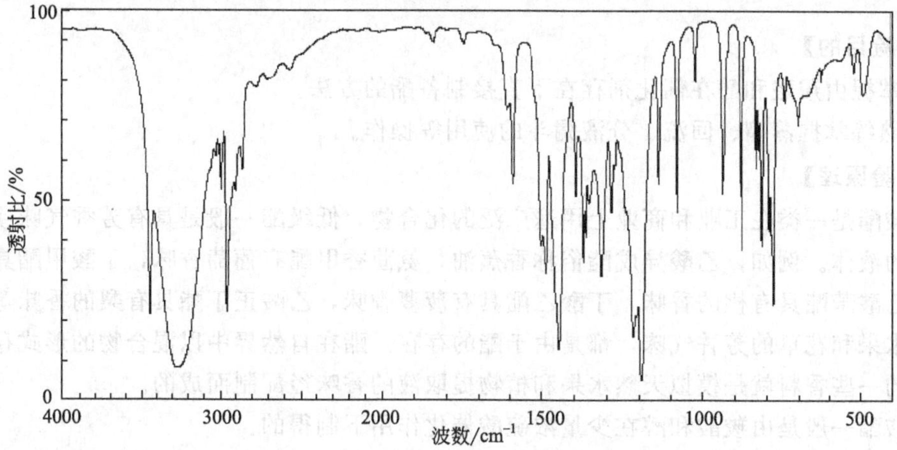

图7-23　2-叔丁基对苯二酚的红外光谱

【主要试剂及产物的物理常数】

名称	相对分子质量	存在状态	熔点/℃	沸点/℃	相对密度	溶解度/g·(100mL H_2O)$^{-1}$
对苯二酚	110	无色针状结晶	172.5	285		6
叔丁醇	74	无色液体	25	83	0.7887	易溶
TBHQ	166	无色针状结晶	129			易溶于热水，微溶于冷水
DTBHQ	212	白色闪亮结晶	219			难溶于热水

【思考题】

1. 水蒸气蒸馏蒸去什么？

2. 水蒸气蒸馏后趁热抽滤，要除去什么？

3. 该反应中可否使用过量的叔丁醇？

4. 请在查阅文献的基础上提出制备 TBHQ 的新方法。

5. DTBHQ（2,5-二叔丁基对苯二酚）也是一种抗氧剂，它可以用于橡胶、塑料中抗老化，也可添加于聚合单体中作阻聚剂，只是使用范围比 TBHQ 相对小一些。请在查阅文献的基础上，设计出对 DTBHQ 脱色及提高纯度的方法。

【附注】

[1] 对苯二酚在磷酸中的溶解度大于在甲苯中的溶解度，滴入叔丁醇后，在磷酸的催化下，会生成产物 TBHQ，而 TBHQ 在甲苯中的溶解度要大于在磷酸中的溶解度，因而会迅速进入有机相，从而阻止了其进一步被取代。

[2] 反应温度不能过高和过低，过高会导致二取代和多取代产物的生成。

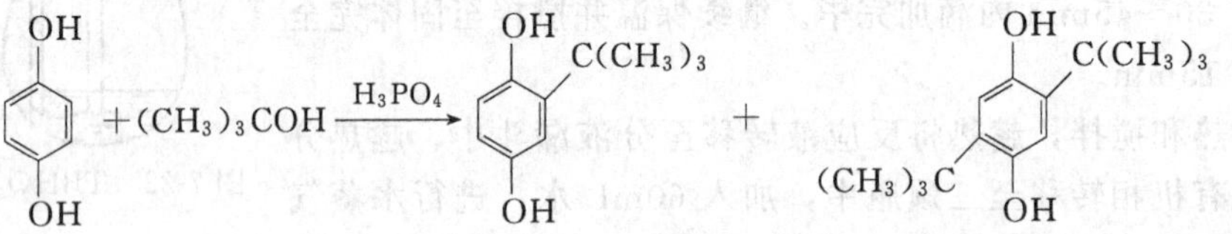

2,5-二叔丁基对苯二酚(DTBHQ)

实验 39　乙酸乙酯的制备

【实验目的】

1. 掌握由羧酸和醇在催化剂存在下直接制备酯的方法。

2. 熟练掌握蒸馏、回流、分液漏斗的使用等操作。

【实验原理】

羧酸酯是一类在工业和商业上用途广泛的化合物。低级酯一般是具有芳香气味或特定水果香味的液体。例如，乙酸异戊酯俗称香蕉油，氨茴香甲酯有葡萄香味，丁酸甲酯具有苹果香味，乙酸苄酯具有桃的香味，丁酸乙酯具有菠萝香味，乙酸正丁酯具有梨的香味等。自然界许多水果和花草的芳香气味，都是由于酯的存在。酯在自然界中以混合物的形式存在，人工合成的一些香料就是模拟天然水果和植物提取液的香味经配制而成的。

羧酸酯一般是由羧酸和醇在少量浓硫酸催化作用下制得的：

$$RCOOH + R'OH \xrightleftharpoons{H_2SO_4} RCOOR' + H_2O$$

这里的浓硫酸是催化剂，酸的作用是使羰基质子化从而提高羰基的反应活性。除了浓硫酸以外，酯化反应常用的催化剂还有盐酸、磺酸、强酸性阳离子交换树脂等。在制备甲酸酯时，因为甲酸本身是一个强酸，所以不需加酸催化。

酯化反应是一个平衡反应，如果用等摩尔的原料进行反应，达成平衡后，只有 2/3 的羧酸及醇转化为酯。为了提高酯的产量，通常采用：①使反应物羧酸或醇过量；②不断将生成的酯和水分离出去，降低生成物浓度。有时两者同时采用，使平衡向右移动。实验中究竟采用哪种方法，取决于原料来源的难易，反应物和产物的性质以及操作等因素。例如，在制备乙酸乙酯时用过量的乙醇，这是因为乙醇价廉；而在制备乙酸正丁酯时，则使用过量的乙酸。

除去酯化反应中的产物酯和水，一般都是借形成低沸点共沸物来进行的。例如在制备乙酸乙酯时，酯和水形成二元共沸混合物（沸点 70.4℃），比乙醇（沸点 78℃）和乙酸（沸点 118℃）的沸点都低，因此乙酸乙酯很容易被蒸出。在制备苯甲酸乙酯时，因为这个酯的沸点较高（213℃），很难蒸出，所以采用加入苯的方法，使苯、乙醇和水组成一个三元共沸物（沸点 64.6℃），以除去反应中生成的水。

乙酸乙酯的合成是经典的反应，它在有机合成中占有重要的地位。

主反应：

$$CH_3COOH + C_2H_5OH \underset{\text{回流}}{\stackrel{H_2SO_4}{\rightleftharpoons}} CH_3COOC_2H_5 + H_2O$$

副反应：

$$2C_2H_5OH \xrightarrow{H_2SO_4} C_2H_5-O-C_2H_5 + H_2O$$

【仪器与试剂】

1. 圆底烧瓶，回流冷凝管，蒸馏装置，分液漏斗。

2. 乙醇（95%），浓硫酸，冰乙酸，饱和碳酸钠溶液，饱和氯化钠溶液，饱和氯化钙溶液，无水硫酸镁。

【实验步骤】

在 50mL 圆底烧瓶中加入 9.5mL（约 0.2mol）无水乙醇和 6mL（约 0.1mol）冰乙酸，在振荡和冷却下加入 2.5mL 浓硫酸，混匀后，投入几粒沸石，装上回流冷凝管。

小火加热反应瓶，缓缓回流 0.5h[1]，待反应物冷却后，将回流装置改成蒸馏装置，接收瓶用冷水冷却，加热蒸出生成的乙酸乙酯，直到馏出液体积约为反应液总体积的 1/2 为止。

在馏出液中慢慢加入饱和碳酸钠溶液，并不断振荡，直至不再有二氧化碳气体产生（或调至石蕊试纸不再显酸性）。然后将混合液转入分液漏斗，分去下层水溶液，有机层用 5mL 饱和食盐水洗涤[2]，再用 5mL 饱和氯化钙洗涤，最后用水洗一次，分去下层液体。有机层倒入一干燥的三角烧瓶中，用无水硫酸镁干燥[3]。将干燥后的粗产物蒸馏，收集 73～78℃ 的馏分，产量约 4.2g（产率约 48%）。

纯乙酸乙酯为无色而有香味的液体，沸点 77.06℃，d_4^{20} 0.9003，n_D^{20} 1.3723。其红外光谱见图 7-24。

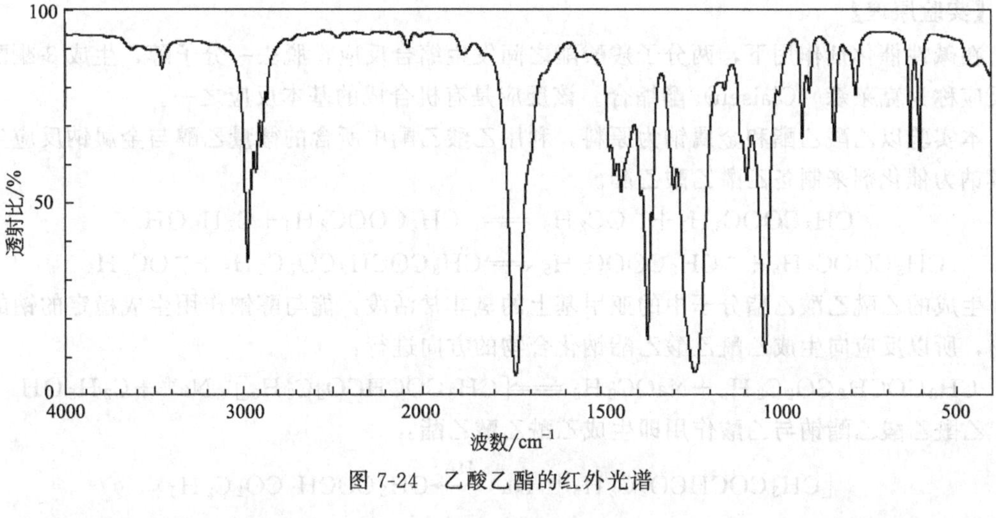

图 7-24 乙酸乙酯的红外光谱

【思考题】

1. 酯化反应有什么特点？本实验如何创造条件促使酯化反应尽量向生成物方向进行？
2. 本实验中若采用乙酸过量的做法是否适合？为什么？
3. 能否用浓氢氧化钠溶液代替饱和碳酸钠溶液来洗涤馏出液？
4. 为什么要用饱和食盐水洗涤？

【附注】

[1] 温度不宜过高，否则会增加副产物乙醚的含量。

[2] 当有机层用碳酸钠洗过后，若紧接着就用氯化钙溶液洗涤，有可能产生絮状碳酸钙沉淀，使进一步分离变得困难，故在两步操作间必须用水洗一下。由于乙酸乙酯在水中有一定的溶解度，为了尽可能减少由此造成的损失，实际上用饱和食盐水进行洗涤。

[3] 由于水与乙醇、乙酸乙酯形成二元或三元共沸物，且水和乙醇在乙酸乙酯中有一定的溶解度故在未干燥前已是清亮透明溶液，因此，不能以产品是否透明作为是否干燥好的标准，应以干燥剂加入后吸水情况而定，并放置30min，其间要不时摇动，若洗涤不净或干燥不够，会使沸点降低，影响产率。

乙酸乙酯与水或醇形成二元和三元共沸物的组成及沸点如下表：

沸点/℃	组成/%		
	乙酸乙酯	乙酸	水
70.2	82.6	8.4	9.0
70.4	91.9		8.1
71.0	69.0	31.0	

实验40 乙酰乙酸乙酯的制备

【实验目的】

1. 学习克莱森（Claisen）酯缩合反应制备乙酰乙酸乙酯的原理和方法。
2. 学习减压蒸馏的原理及方法。

【实验原理】

在碱性催化剂作用下，两分子羧酸酯之间发生缩合反应，脱去一分子醇，生成β-酮酸酯的反应称为克莱森（Claisen）酯缩合。该反应是有机合成的基本反应之一。

本实验以乙酸乙酯和金属钠为原料，利用乙酸乙酯中所含的微量乙醇与金属钠反应生成乙醇钠为催化剂来制备乙酰乙酸乙酯。

$$CH_3COOC_2H_5 + {}^-OC_2H_5 \rightleftharpoons {}^-CH_2COOC_2H_5 + C_2H_5OH$$

$$CH_3COOC_2H_5 + {}^-CH_2COOC_2H_5 \rightleftharpoons CH_3COCH_2CO_2C_2H_5 + {}^-OC_2H_5$$

生成的乙酰乙酸乙酯分子中的亚甲基上的氢非常活泼，能与醇钠作用生成稳定的钠的化合物，所以反应向生成乙酰乙酸乙酯钠化合物的方向进行：

$$CH_3COCH_2CO_2C_2H_5 + NaOC_2H_5 \rightleftharpoons [CH_3COCHCO_2C_2H_5]^- Na^+ + C_2H_5OH$$

乙酰乙酸乙酯钠与乙酸作用即生成乙酰乙酸乙酯：

$$[CH_3COCHCO_2C_2H_5]^- Na^+ \xrightarrow{HAc} CH_3COCH_2CO_2C_2H_5$$

总反应式：

$$2CH_3COOC_2H_5 \xrightarrow{C_2H_5ONa} [CH_3COCHCO_2C_2H_5]^- Na^+ \xrightarrow{HAc} CH_3COCH_2CO_2C_2H_5$$

乙酰乙酸乙酯是酮式和烯醇式的平衡混合物，在室温时含有 92.5％的酮式及 7.5％的烯醇式：

$$CH_3\overset{O}{\overset{\|}{C}}CH_2CO_2C_2H_5 \rightleftharpoons CH_3\overset{OH}{\overset{|}{C}}{=}CHCO_2C_2H_5$$

酮式92.5％　　烯醇式7.5％

沸点41℃(＜266.644Pa)　　沸点33℃(266.644Pa)

若无催化剂存在，即使在高温下两种异构体间的互变也是缓慢的。只要有微量的碱性催化剂存在，这种互变就会迅速达到平衡。当一种异构体因反应消耗而减少时，另一种异构体迅速转变成可反应的异构体继续维持反应，直至全部乙酰乙酸乙酯被消耗掉。乙酰乙酸乙酯兼具酮式和烯醇式的反应，化学性质非常活泼，在合成中有广泛的应用。

乙酰乙酸乙酯被广泛应用于医药、染料、农药等领域，也用于食品添加剂和香精香料中。乙酰乙酸乙酯最大的用途是用来合成医药及其中间体，主要是合成 γ-乙酰丁内酯（维生素 B 的重要中间体)、4-甲基-7-羟基香豆素（一种抗敏药的中间体)。乙酰乙酸乙酯与氯苄缩合得到 α-乙酰基苯丙酸乙酯，这是止咳药止咳酮的中间体。乙酰乙酸乙酯与苯甲酰氯缩合得到苯甲酰乙酸乙酯，这是中枢兴奋药山梗菜碱盐酸盐的中间体。乙酰乙酸乙酯与硫脲环合，即制得抗甲状腺药物甲硫氧嘧啶（是冠脉扩张剂潘生丁的中间体)。乙酰乙酸乙酯也用于合成 4-羟基香豆素，进而制造抗凝血药物新抗凝。乙酰乙酸乙酯与 1,3-溴氯丙烷环合得到 2-甲基-3-乙氧羰基-5,6-二氢吡喃，这是血管扩张药己酮可可碱的中间体。乙酰乙酸乙酯还用于合成双氯苯唑青霉素钠、羟氨苄青霉素、选择性冠脉扩张剂延通心和唑嘧啶。乙酰乙酸乙酯与苯肼缩合形成的吡唑酮衍生物和染料的中间体，被用来制备乙酰乙酰邻氯苯胺(合成 1,3,5-吡唑酮及汉沙黄色淀的中间体)、乙酰基乙酰邻甲基苯胺（用来合成包装增效颜料黄）等染料的中间体。在国外它在不饱和聚酯共促进剂以及合成香料如芳樟醇、紫罗兰酮和大环香料等方面也有应用。乙酰乙酸乙酯也作为溶剂使用，还是检测铊、氧化钙、氢氧化钙和铜的试剂。

【仪器与试剂】

1. 圆底烧瓶，回流冷凝管，干燥管，蒸馏装置，减压蒸馏装置。

2. 乙酸乙酯（A.R.)[1]，金属钠，干燥的二甲苯，无水氯化钙干燥剂乙酸（50％），饱和氯化钠溶液，无水硫酸钠。

【实验步骤】

在干燥的 50mL 圆底烧瓶中，加入 8mL 干燥的二甲苯和 0.9g（约 0.04mol）清除表面氧化膜的金属钠，装上回流冷凝管。将混合物加热直至金属钠熔融成银白色液珠状时，停止加热，拆下烧瓶，立即用橡皮塞塞紧瓶口，然后将其包在毛巾中用力上下振荡，金属钠即被撞碎成细粒状钠珠，使钠尽可能成为小而均匀的小珠[2]。随着二甲苯逐渐冷却，钠珠迅速固化。冷却的钠珠为银灰色分散的细粒。如过早停止振荡，则会黏结成蜂窝状或凝聚成块状。块状钠必须重新加热回流熔融，重新制备成钠珠；蜂窝状的一般不必重新制备。待二甲苯冷却至室温后，将二甲苯倾去，立即加入 10mL（约 0.1mol）乙酸乙酯，重新装上回流冷凝管，并在冷凝管上口安装氯化钙干燥管，如图 3-1(c)。反应立即开始，有氢气泡冒出。若反应不立即开始，可用电热套加热，促使反应开始。若反应过于剧烈，则用冷水稍微冷却一下。待剧烈反应阶段过后，保持反应体系一直处于微沸状态，控制回流冷凝液 1～2 滴/s，至金属钠全部作用完毕（约需 2h）[3]。反应结束时，整个体系为一红棕色的透明溶液，有时也可能夹带少量黄白色沉淀[4]。

待反应物稍冷后，将圆底烧瓶取下。然后一边振荡一边小心加入 50% 的乙酸，直至整个体系呈弱酸性（pH 5～6）为止，此时，所有的固体物质均应溶解，共用 8mL 左右[5]。将混合物转入分液漏斗中，加入等体积饱和食盐水，用力振摇后静置分层。将下层黄色液体从下口放出；上层红色液体自漏斗上口倒入干燥锥形瓶中，加入适量无水硫酸钠，塞住瓶口干燥半小时以上。

将已充分干燥的粗产物转入蒸馏烧瓶中，水浴蒸去未作用的乙酸乙酯。当馏出液温度升至 95℃时停止蒸馏。

将瓶中残留液转入 50mL 圆底烧瓶，安装减压蒸馏装置（图 3-33）进行减压蒸馏。注意先收集低沸点馏分，再收集高沸点的乙酰乙酸乙酯。收集馏分的沸点范围视压力而定[6]，产量约为 1.8g（产率约为 35%）。

纯乙酰乙酸乙酯的沸点为 180.4℃（同时分解），d_4^{20} 1.0282，n_D^{20} 1.4194。其红外光谱见图 7-25。

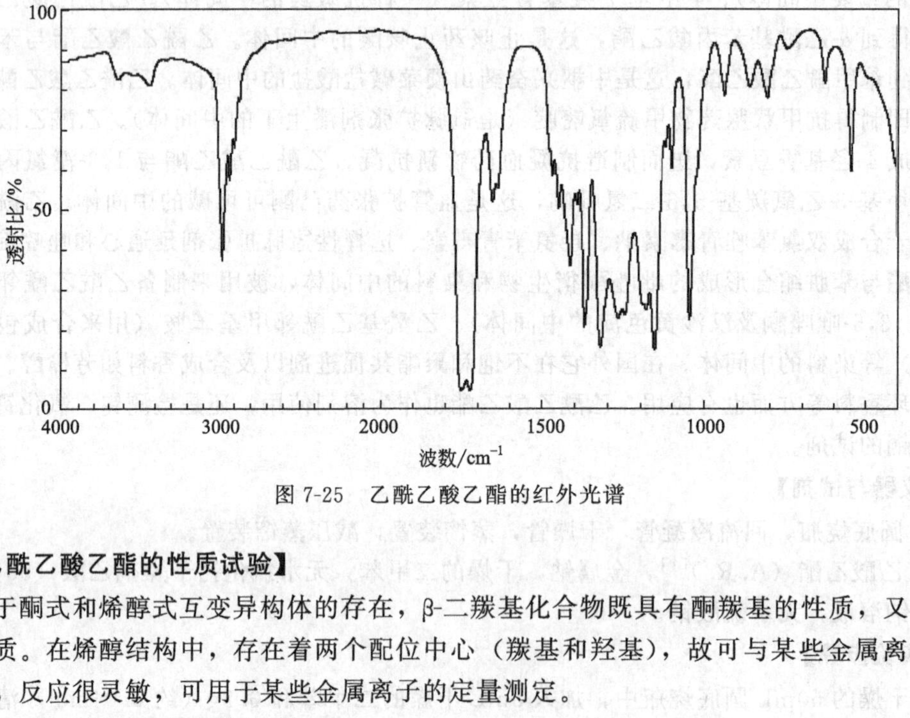

图 7-25　乙酰乙酸乙酯的红外光谱

【乙酰乙酸乙酯的性质试验】

由于酮式和烯醇式互变异构体的存在，β-二羰基化合物既具有酮羰基的性质，又具有烯醇的性质。在烯醇结构中，存在着两个配位中心（羰基和羟基），故可与某些金属离子形成螯合物，反应很灵敏，可用于某些金属离子的定量测定。

1. 乙酰乙酸乙酯酮式的性质试验

（1）与 2,4-二硝基苯肼的反应　在试管中加入 1mL 新配制的 2,4-二硝基苯肼试液，然后加入 4～5 滴乙酰乙酸乙酯，振荡，观察现象。

（2）与饱和亚硫酸氢钠水溶液的加成反应　在试管中加入 2mL 乙酰乙酸乙酯，然后滴加 0.5mL 新配制的饱和亚硫酸氢钠水溶液，充分振荡，观察现象。

2. 乙酰乙酸乙酯烯醇式的性质试验

（1）与三氯化铁的反应　在试管中滴入 1 滴乙酰乙酸乙酯，再加入 2mL 水，混匀后滴入几滴 1%三氯化铁溶液，振荡，观察溶液的颜色。用 1～2 滴 5%的苯酚溶液和丙酮做对比实验。

(2) 与溴的反应　在试管中滴入 1 滴乙酰乙酸乙酯，再加入 1mL 四氯化碳，在摇荡下滴加 2%溴的四氯化碳溶液，至溴很淡的红色在 1min 内保持不变。放置 5min 后再观察颜色又发生了什么变化。试解释这一变化的原因。

(3) 与乙酸铜的反应　在试管中加入 0.5mL 乙酰乙酸乙酯和 0.5mL 饱和乙酸铜溶液，生成蓝绿色的螯形结晶络合物。

【思考题】

1. Claisen 酯缩合反应的催化剂是什么？本实验为什么可以用金属钠代替？

2. 本实验中加入 50%乙酸溶液和饱和氯化钠溶液的目的何在？

3. 什么叫互变异构现象？如何用实验证明乙酰乙酸乙酯是两种互变异构体的平衡混合物？

4. 什么叫减压蒸馏？什么情况下使用减压蒸馏？

5. 物质的沸点与外界压力有什么关系？如何用压力-温度关系图找出某有机物在一定压力下的沸点？

6. 减压蒸馏装置由几部分组成？各部分的功能是什么？

7. 为何减压蒸馏操作中，必须先抽真空后加热？

8. 在减压蒸完所要的化合物后，应如何停止减压蒸馏？为什么？

【附注】

[1] 通常以酯和金属钠为原料，并以过量的酯作为溶剂，利用酯中含有的微量醇与金属钠反应来生成醇钠，随着反应的进行，由于醇的不断生成，反应能不断地进行下去，直至金属钠消耗完毕。但作为原料的酯中含醇量过高又会影响到产品的纯度，故一般要求酯中含醇量在 3%以下。乙酸乙酯的精制方法是：在分液漏斗中将普通乙酸乙酯与等体积饱和氯化钙溶液混合并剧烈振荡，洗去其中所含的部分乙醇。经这样 2～3 次洗涤后的酯层用高温烘焙过的无水碳酸钾进行干燥，最后经蒸馏截取 76～78℃的馏分，即符合要求（含醇量 1%～3%）。如果用分析纯的乙酸乙酯则可直接使用。

[2] 金属钠的颗粒大小将直接影响缩合反应的速率，为提高产率，常采用：

(1) 将金属钠制成钠珠。

(2) 用压钠机（如右图所示）将金属钠压成丝。可直接向干燥的 50mL 圆底烧瓶中压入 0.9g 钠丝，立即加入 10mL 乙酸乙酯使之反应，以后的操作相同。

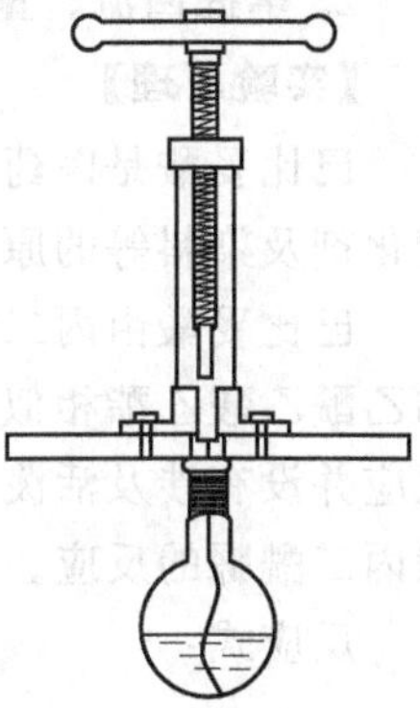

压钠机

金属钠遇水即剧烈反应，甚至爆炸，故全部实验仪器应充分干燥。金属钠暴露于空气中的时间应尽可能短，以避免吸收水汽，在反应过程中也要避免水汽侵入。操作中应避免金属钠接触皮肤，切下的氧化皮应放回原来的储钠瓶中，绝对不可丢入水槽。

[3] 一般金属钠会全部被消耗掉，但极少量未反应完的金属钠的存在并不妨碍进一步操作。

[4] 黄白色固体为部分析出的乙酰乙酸乙酯钠盐。

[5] 滴加稀乙酸时，需特别小心，如果反应物内杂有少量未反应的金属钠，会发生剧烈反应。

用乙酸中和的目的是将乙酰乙酸乙酯钠盐转化成乙酰乙酸乙酯。加入乙酸时，开始有固体析出，继续加酸并不断振荡，固体物逐渐消失，最后得到澄清的液体。若溶液已呈弱酸性(pH 5～6)，尚有少量固体未溶解，可加少量水溶解。这步中和操作中，乙酸量不可多加，否则会增加乙酰乙酸乙酯在水中的溶解度而影响产率。另外，当酸度过高时，会促进副产物“去水乙酸”的生成，因而降低产品产率。去水乙酸的结构为：

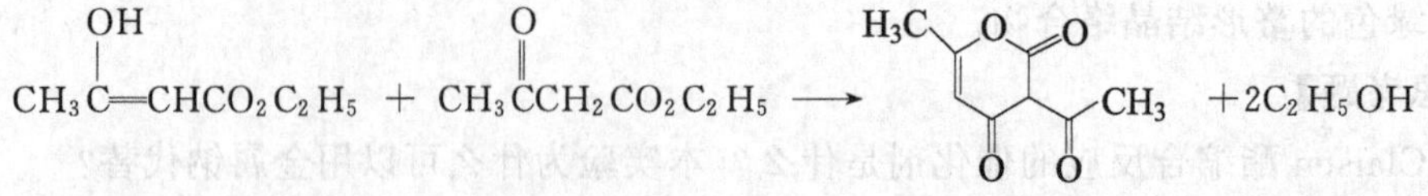

烯醇式　　　　　　酮式　　　　　　　　去水乙酸

[6] 乙酰乙酸乙酯在常压下很容易分解，分解产物为“去水乙酸”，这样会影响产率，故应采用减压蒸馏法，其沸点与压力的关系如表7-1所示。

表7-1　乙酰乙酸乙酯沸点与压力的关系

压力/mmHg①	760	80	60	40	30	20	18	14	12	10	5
沸点/℃	181	100	97	92	88	82	78	74	71	68	63

① 1mmHg＝133.322Pa。

实验41　医药中间体巴比妥酸的制备

【实验目的】

1. 学习丙二酸二乙酯与尿素在碱催化下的缩合成环反应。

2. 掌握回流、重结晶等实验操作方法。

【实验原理】

巴比妥酸是医药合成中间体，用于苯巴比妥、维生素 B_{12} 等药物的合成，也是生产聚合催化剂及染料等的原料。

巴比妥酸由丙二酸二乙酯和尿素反应制得，是由著名化学家拜尔合成的。丙二酸二乙酯和乙酰乙酸乙酯相似，具有活泼亚甲基，可以很容易地进行烷基化、酰基化等反应。但这个反应并没有涉及活泼亚甲基，而是丙二酸二乙酯与尿素在碱催化下消除2mol醇缩合形成环状丙二酰脲的反应。

反应式：

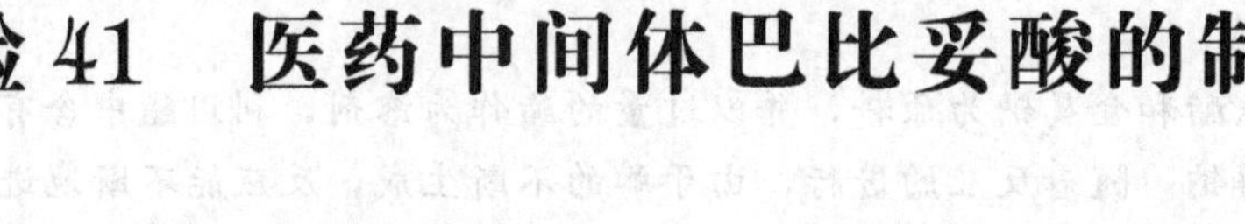

巴比妥酸

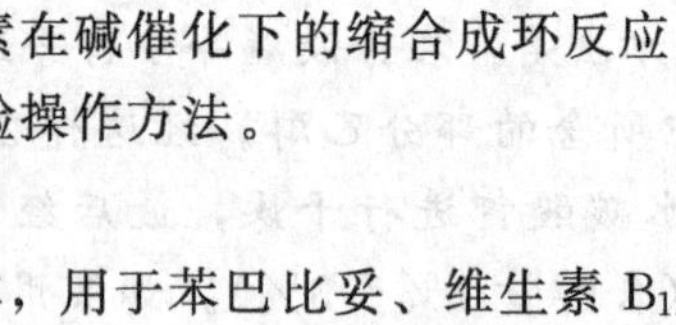

这个反应也可以推广到应用烷基化的丙二酸酯来制备巴比妥类药物。巴比妥类药物是巴比妥酸的二烃基取代衍生物，具有镇静、催眠作用。但是，巴比妥酸本身无医疗作用，只有活泼亚甲基上的两个氢原子被烃基取代后，才呈现药理活性。

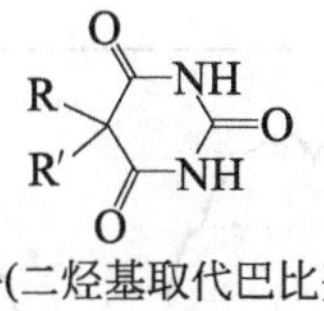

巴比妥(二烃基取代巴比妥酸)

根据烃基的不同可分为苯巴比妥、异丙巴比妥、烯戊巴比妥等，可用相应的原料和方法合成得到，它们有着不尽相同的药效。如二乙基巴比妥酸是镇静药，当用量增加到 3～4 倍时成为催眠药，药量再增加就成为麻醉剂，过量服用就会中毒甚至引起死亡。这类药物的合成是利用丙二酸酯亚甲基上的活泼氢与醇钠作用形成丙二酸酯碳负离子，再与卤代烃进行亲核取代，生成二取代丙二酸酯，后者用尿素进行氨解，得到巴比妥药物：

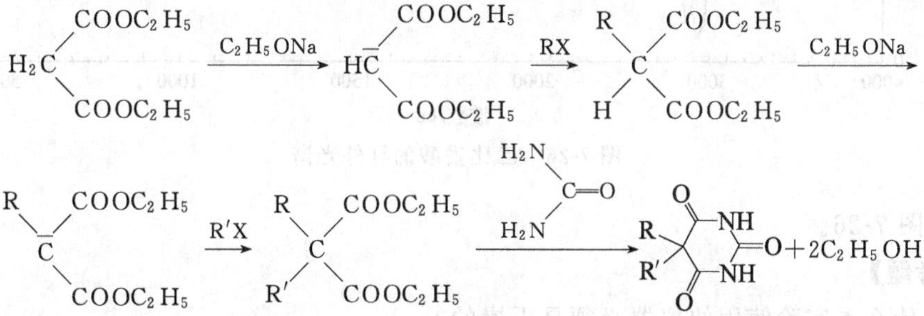

另外，也可用硫脲代替尿素与丙二酸二乙酯缩合得到相应的硫代巴比妥酸，它也是一种较好的镇静催眠药。

【仪器与试剂】

1. 圆底烧瓶，回流冷凝管，干燥管，抽滤装置，磁力搅拌器，电热套，三颈瓶，锥形烧瓶，蒸馏装置。

2. 丙二酸二乙酯，金属钠，尿素（干燥过），无水乙醇，无水氯化钙，盐酸，邻苯二甲酸二乙酯。

【实验步骤】

1. 绝对无水乙醇的制备

在 100mL 干燥的三颈瓶中[1]加入 40mL 无水乙醇[2]，参照图 3-1(c) 安装回流装置，放入几粒沸石，分批加入切成片状的 1g 金属钠[3]。加热回流 30min 后，加入 2g 邻苯二甲酸二乙酯，继续回流 1h。冷却后改成图 3-26(b) 蒸馏装置，进行蒸馏，用干燥的 50mL 锥形烧瓶接收。蒸馏后立即用玻璃塞塞严瓶口[4]。

检验乙醇是否有水分，常用的方法是：取一支干燥试管，加入制得的绝对无水乙醇 1mL，随即加入少量无水硫酸铜粉末。如乙醇中含水分，则无水硫酸铜变为蓝色硫酸铜。

2. 巴比妥酸的制备

在 100mL 干燥的圆底烧瓶[5]中，加入 20mL 绝对无水乙醇，装好冷凝管。从冷凝管上口分数次加入 1g(0.043mol) 切成小块的金属钠[6]，一定使反应不可过热，待其全部溶解后，再加入 6.5mL(0.04mol) 丙二酸二乙酯[7]，摇荡均匀。然后慢慢加入 2.4g (0.04mol) 干燥过的尿素[8]和 12mL 绝对无水乙醇预先配好的尿素-乙醇溶液（如不溶解可加热），在冷凝管上端装一氯化钙干燥管，搅拌下回流 2h。

冷却反应物，得黏稠的白色半固体物。加入 30mL 热水，再用盐酸调节 pH 值至 3，得澄清溶液。过滤除去少量杂质。滤液用冰水冷却，析出晶体，过滤，用少量冰水洗涤数次，得白色棱柱状结晶[9]。晾干，称量，产品质量 2～3g。熔点：244～245℃。其红

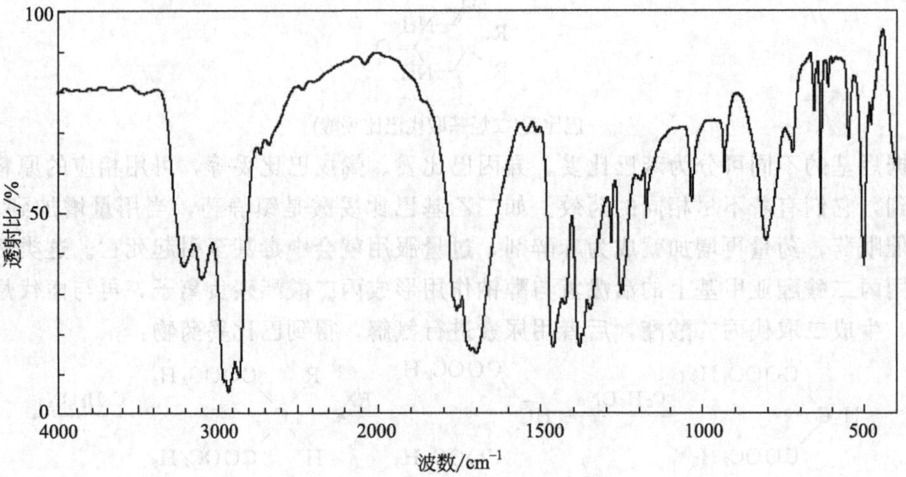

图 7-26 巴比妥酸的红外光谱

外光谱见图 7-26。

【思考题】

1. 为什么本实验使用的仪器必须是干燥的？

2. 反应完成后用浓盐酸酸化的目的是什么？

3. 制备无水试剂时应注意什么事项？

【附注】

[1] 本实验所用仪器必须彻底干燥，操作过程中严防水汽进入系统。

[2] 需用 99.5%以上的无水乙醇（取 0.5mL 回流液放到干燥的试管中，加入一粒高锰酸钾晶体，液体不呈紫色表示乙醇中水含量不超过 0.5%）。

绝对无水乙醇的制备原理：

$$2H_2O + 2Na = 2NaOH + H_2\uparrow$$

$$CH_3CH_2OH + Na \longrightarrow CH_3CH_2ONa + H_2\uparrow$$

$$H_2O + CH_3CH_2ONa \longrightarrow CH_3CH_2OH + NaOH$$

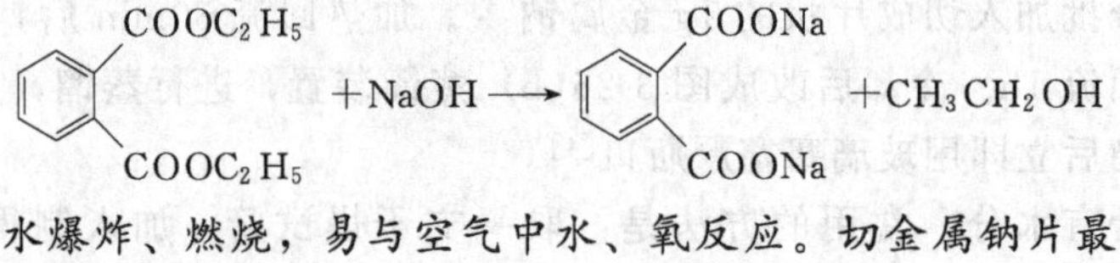

[3] 金属钠遇水爆炸、燃烧，易与空气中水、氧反应。切金属钠片最好在惰性溶剂中，或用钠丝机压入惰性溶剂中再用。

[4] 可在塞柱上绕一层聚四氟乙烯膜，然后转动盖紧。

[5] 所用仪器及药品均应保证无水。

[6] 由于钠可与醇顺利地反应，故金属钠无须切得太小，以免暴露太多的表面，在空气中会迅速吸水转化为氢氧化钠而皂化丙二酸二乙酯。

[7] 若丙二酸二乙酯的质量不够好，可进行一次减压蒸馏，收集 82～84℃/1.07kPa (8mmHg) 或 90～91℃/2.00kPa(15mmHg) 的馏分。

[8] 尿素须在 110℃烘箱中烘烤 45min 以上，放到干燥器中冷却、备用。

[9] 反应产物在水溶液中析出时为光泽结晶，放置长久会转化为粉末状，粉末状产物有较好的熔点。

实验 42　氯噻酮中间体对氯苯甲酰苯甲酸的制备

【实验目的】

1. 通过本实验掌握付-克反应的操作及原理。

2. 掌握产物从反应液中分离结晶的方法及熔点测定。

3. 掌握实验室中腐蚀性气体（如 HCl、SO_2）的吸收方法。

【实验原理】

在无水三氯化铝催化剂存在下，氯苯与邻苯二甲酸酐作用，氯苯对位上的氢原子被邻羧基苯甲酰基取代，生成对氯苯甲酰苯甲酸（俗称 CBB）。这个反应是付-克反应（Friedel-Crafts Reaction）的一种类型，属 C-酰化反应。对氯苯甲酰苯甲酸是利尿药氯噻酮的中间体。

反应式：

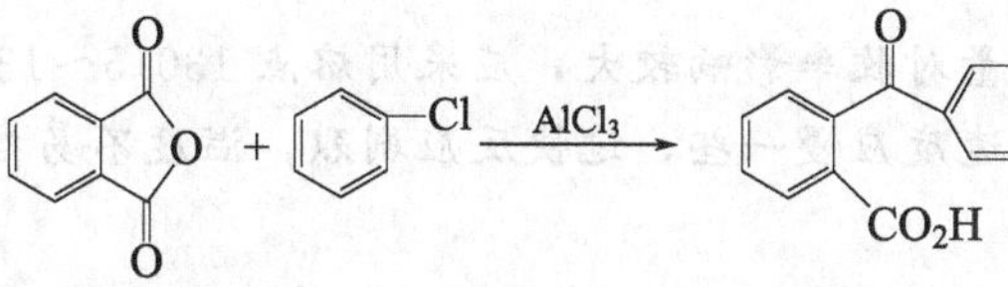

【仪器与试剂】

1. 四口烧瓶（250mL），搅拌器，温度计（100℃），球形回流冷凝管，干燥管，氯化氢吸收装置，分液漏斗，滴液漏斗，熔点测定仪，加热套。

2. 邻苯二甲酸酐[1]（熔点 130.5～131.5℃），氯苯（无水，沸点 131～135℃），三氯化铝（无水，粉末），盐酸（10%，浓），氢氧化钠溶液（5%），无水氯化钙。

【实验步骤】

于干燥的 250mL 四口烧瓶中，装上搅拌器、温度计、回流冷凝管（冷凝管上口接氯化钙干燥管，并与氯化氢吸收装置连接），另一口作加料口。先将氯苯 90g(0.8mol) 和无水三氯化铝 32g(0.24mol) 迅速投入，开搅拌，加热至 70℃，再从加料口缓缓[2]加入邻苯二甲酸酐 14.8g(0.1mol)，加料温度控制在 75～80℃[3]，加料毕，继续在 75～80℃反应 2.5h，得到透明红棕色黏稠液体。

将此反应液缓缓倒入装有 170g 碎冰和 5mL 浓盐酸的 500mL 烧杯中，搅拌 30min，静置分层，分去上层水液，氯苯层用水洗涤 2 次，每次用水 170mL。所得氯苯层加 5%氢氧化钠溶液 90g，搅拌 30min，使对氯苯甲酰苯甲酸成为钠盐溶解于水中，静置分层，将分离的氯苯层再用 5%氢氧化钠溶液 20mL 同样操作一次，两次水相合并。

在此含有对氯苯甲酰苯甲酸钠盐的水溶液中，搅拌下滴加 10%盐酸溶液酸化，温度控制在 10℃以下，酸化至反应液 pH 2～3[4]，继续搅拌至 pH 不再升高为止。抽滤，滤饼用冷水洗涤至 pH 3.5 以上，烘干，称量，计算收率。测熔点（合格熔点143～148℃）。对氯苯甲酰苯甲酸的红外光谱如图 7-27 所示。

【思考题】

1. 本反应为什么需无水条件下进行。

2. 反应水解时，为什么要加入一些浓盐酸？

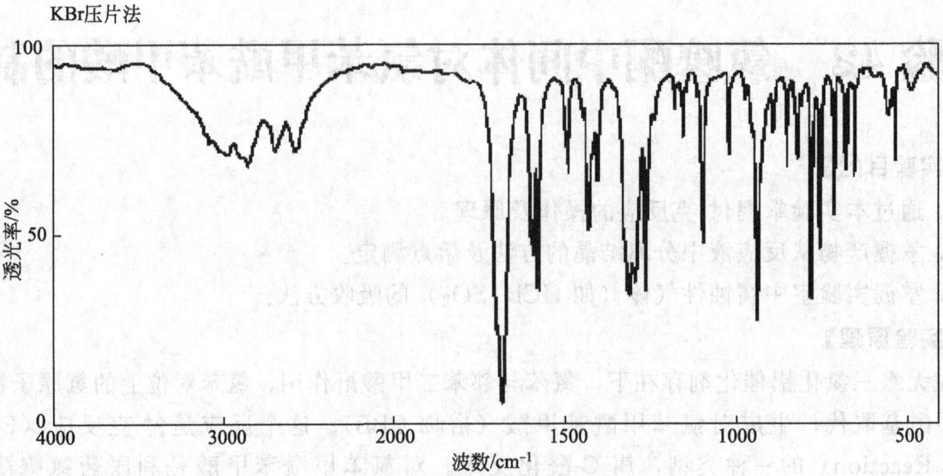

图 7-27　对氯苯甲酰苯甲酸的红外光谱

【附注】

[1] 邻苯二甲酸酐的质量对收率影响较大，应采用熔点 130.5～131.5℃的原料。

[2] 邻苯二甲酸酐加入速度应慢一些，过快反应剧烈，温度不易控制，大量氯化氢气体溢出，有冲料危险。

[3] 反应温度须控制在 70～80℃之间，过低反应不完全，太高反应物容易破坏，影响收率。

[4] 酸化时酸度应控制在 pH3 以下，否则，可能有氢氧化铝一起析出，影响成品质量。酸化温度在 10℃以下，滴加酸的速度宜慢，这样可使成品结晶均匀，不易结块或成胶状物。

实验 43　无水无氧法合成三苯基甲醇

【实验目的】

1. 学习格氏反应原理，掌握格氏试剂的制备及无水无氧的操作技术。
2. 学习和掌握重结晶、水蒸气蒸馏等操作技术。

【实验原理】

三苯基甲醇是一种无色结晶，它既可以由格氏试剂苯基溴化镁和二苯甲酮反应制得，也可以用苯基溴化镁与苯甲酸乙酯作用获得。从本质上讲，这两种方法都是一致的，只是后者比前者多消耗 1mol 的格氏试剂。究竟采取哪一种方法，要视原料性质、价格等因素而定。本实验采用第一种方法。

反应式：

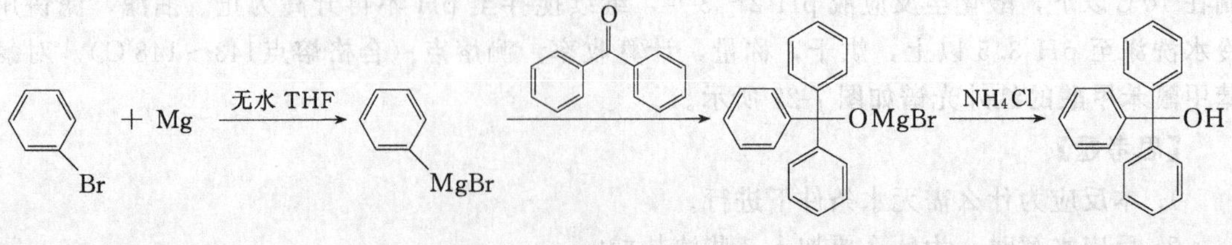

【仪器与试剂[1]】

1. 仪器：三颈瓶、回流冷凝管、恒压滴液漏斗、干燥管、机械搅拌器、水蒸气蒸馏装置、抽滤装置等。

2. 试剂：溴苯、镁屑、二苯甲酮、四氢呋喃、碘、氯化铵。

【实验步骤】

1. 格氏试剂苯基溴化镁的制备

在100mL三颈瓶上分别安装机械搅拌器、回流冷凝管和恒压滴液漏斗，回流冷凝管上口安装氯化钙干燥管。将除去氧化膜的镁条0.49g（0.020mol）及一小粒碘加入三颈瓶中，滴液漏斗中加入1.8mL（0.017mol）溴苯及6.7mL无水四氢呋喃，混匀。从滴液漏斗中滴入少量的混合液，溶液呈棕黄色，数分钟后可见溶液微沸，碘的颜色消失（若不消失，可用温水浴温热），开动搅拌器[2]，继续滴加剩余的溴苯及无水四氢呋喃的混合液，溶液出现灰黑色，控制滴加速度保持反应液微沸。滴加完毕后，热水浴加热回流搅拌30min，使镁屑几乎反应完全。

2. 格氏试剂与二苯甲酮的加成

将三颈瓶置冰水浴中，搅拌下从恒压滴液漏斗慢慢滴加二苯甲酮3g（0.016mol）和8.5mL无水四氢呋喃的混合液，溶液由灰黑色变为紫色。加毕，于热水浴中回流搅拌30min，使反应完全，反应溶液颜色逐渐加深且黏稠。

3. 三苯甲醇的制备

将三颈瓶置冰水浴中，搅拌下从恒压滴液漏斗中滴加饱和氯化铵溶液14mL，分解加成物生成三苯甲醇。此过程溶液由紫色变为黄绿色，最后变为浅黄色，滴加完毕停止搅拌，静置后分为两层[3]。

将反应装置改为蒸馏装置，热水浴加热除去四氢呋喃，再将剩余物进行水蒸气蒸馏，以除去未反应的溴苯及副产物联苯等[4]。冷却，烧瓶中出现微黄色的固体，抽滤，得到粗产品。粗品用石油醚和95%乙醇混合溶液（体积比为1∶3）进行重结晶[5]，得到白色长方形片状晶体，产率为86.8%。测定熔点为148～150℃。三苯甲醇的红外光谱见图7-28。

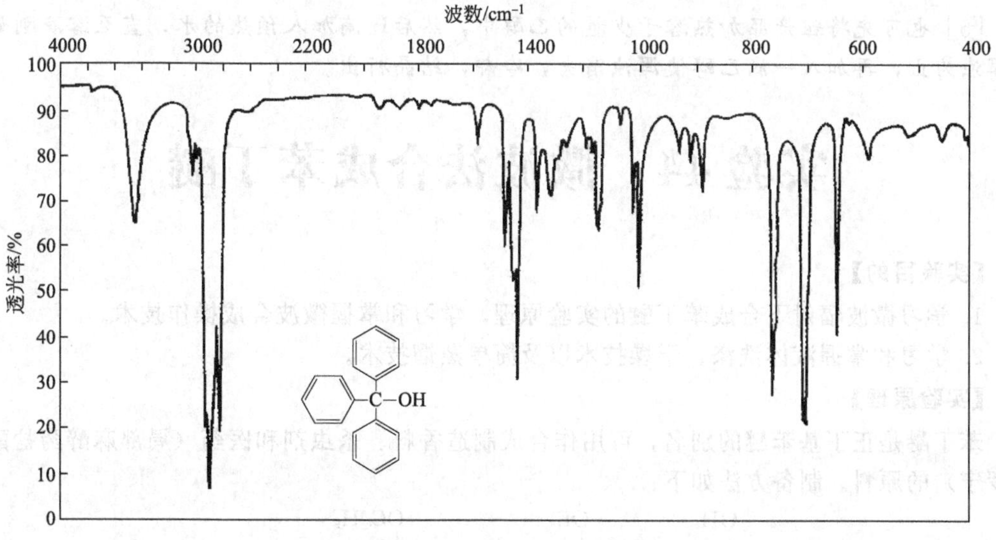

图7-28　三苯甲醇的红外光谱

【思考题】

1. 在本实验中溴苯滴入或一次加入，有什么不同？

2. 本实验为什么要用饱和氯化铵溶液分解加成产物？除此之外还有什么试剂可代替？

3. 本实验中水蒸气蒸馏的作用是什么？

【附注】

[1] 格氏试剂的制备过程要求无水无氧操作，所用试剂和仪器均需无水处理。仪器在使用时应预先在烘箱内烘干。药品的无水处理方法如下。

(1) 四氢呋喃的无水处理方法：在四氢呋喃中加入少量新压的金属钠丝回流1～2h，用二苯甲酮作指示剂，变蓝即可，在65℃蒸出（前5mL及最后5mL作为废液舍弃），加入无水硫酸镁并封口保存备用。学生实验也可采取如下方法简单处理，同样能保证实验效果：将市售的500mL瓶装分析纯无水四氢呋喃的外盖取下，用针将内盖刺上一些小孔，再将少量金属钠丝加入到瓶内，盖上内盖，摇晃后静置，放置过夜。摇晃没有气泡产生即可，如果还有气泡生成，则需要再加入金属钠丝进行处理（四氢呋喃也可用无水乙醚替代，实验效果一样，无水乙醚的处理方法请参阅实验30 2-甲基-2-丁醇的制备）。

(2) 溴苯如果不是新买的，也需要进行蒸馏提纯，加入适量无水硫酸镁保存。

(3) 分析纯二苯甲酮无需处理，可以直接使用。

[2] 保持卤代烃在反应液中局部高浓度，有利于引发反应，因而在反应初期不用搅拌。但是，如果在整个反应过程中始终保持高浓度卤代烃，则易发生偶联副反应：

$$RMgBr + RBr \longrightarrow R—R + MgBr_2$$

[3] 如絮状氢氧化镁未全溶，可加入少许稀盐酸，促使全部溶解。

[4] 三苯甲醇的后处理可以采用两种方法。第一种方法：先将水解后的反应液进行低沸点蒸馏，除去四氢呋喃，再进行水蒸气蒸馏，以蒸除未反应的溴苯以及联苯等副产物。第二种方法：因副产物易溶于石油醚，将水解后的反应液进行低沸点蒸馏除去四氢呋喃后，在剩余物中加入适量石油醚，搅拌数分钟，抽滤也可除去杂质。使用水蒸气蒸馏可以有效地减少副产物，产品晶型好，纯度高。当杂质较少时，可以采用第二种方法，不用经过水蒸气蒸馏，操作简单，节省实验时间。

[5] 也可先将粗产品加热溶于少量的乙醇中，然后逐滴加入预热的水，直至溶液刚好出现浑浊为止，再加入一滴乙醇使浑浊消失，冷却，结晶析出。

实验44 微波法合成苯丁醚

【实验目的】

1. 学习微波辐射下合成苯丁醚的实验原理，学习和掌握微波合成操作技术。

2. 学习和掌握液体洗涤、干燥技术以及简单蒸馏技术。

【实验原理】

苯丁醚是正丁基苯醚的别名，可用作合成制造香料、杀虫剂和医药（局部麻醉药盐酸达克罗宁）的原料。制备方法如下：

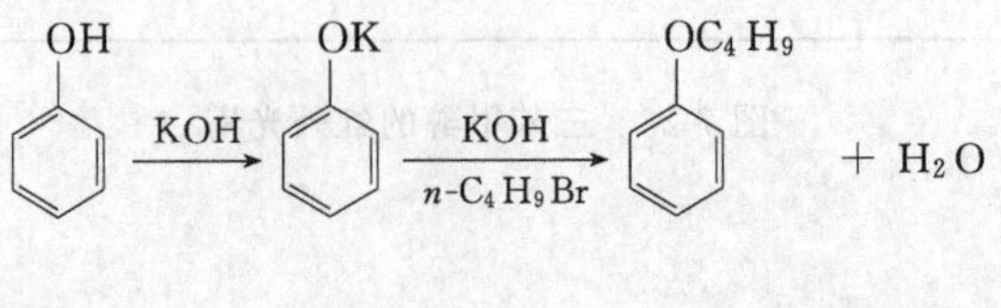

除了主反应外，还有如下副反应：

$$C_4H_9Br + NaOH \xrightarrow{H_2O} C_4H_9OH + NaBr$$

$$C_4H_9Br \xrightarrow[乙醇]{NaOH} C_4H_8 + HBr$$

在处理反应混合物过程中，用水可洗涤溴化钠，用稀碱可除溴化氢。

【仪器与试剂】

1. 仪器：WD800 型格兰仕微波炉（佛山市格兰仕微波炉电器有限公司），锥形瓶，分液漏斗。

2. 试剂：苯酚，1-溴丁烷，无水乙醇，聚乙二醇-400（PEG-400），氢氧化钾，无水硫酸钠。

【实验步骤】

向 250mL 锥形瓶中分别加入 20mL 无水乙醇、2.8g（0.03mol）苯酚[1]和 3.4g 氢氧化钾，振摇锥形瓶，使固体溶解，然后加入 1g PEG-400[2]和 9.6mL（0.09mol）1-溴丁烷，振摇混合均匀。将锥形瓶置于微波炉内[3]，调节微波炉功率为 160W，辐射 4min。

反应完毕，打开微波炉，取出反应瓶，冷却至室温后，加入适量水，使析出的固体完全溶解。将混合液转移至分液漏斗，分出水层。分别用水、5%碳酸氢钠水溶液、水洗涤有机层直至呈中性[4]。再将有机层倒入另一干净的锥形瓶中，用无水硫酸钠干燥。

将干燥后的溶液滤入蒸馏烧瓶中，用简单蒸馏法对溶液进行蒸馏[5]。收集 200～210℃馏分[6]，称重，测折射率并计算产率。苯丁醚为无色液体，沸点 210℃，d_4^{20} 0.9351，n_D^{20} 1.4969。记录苯丁醚的红外光谱，并与图 7-29 作比较。

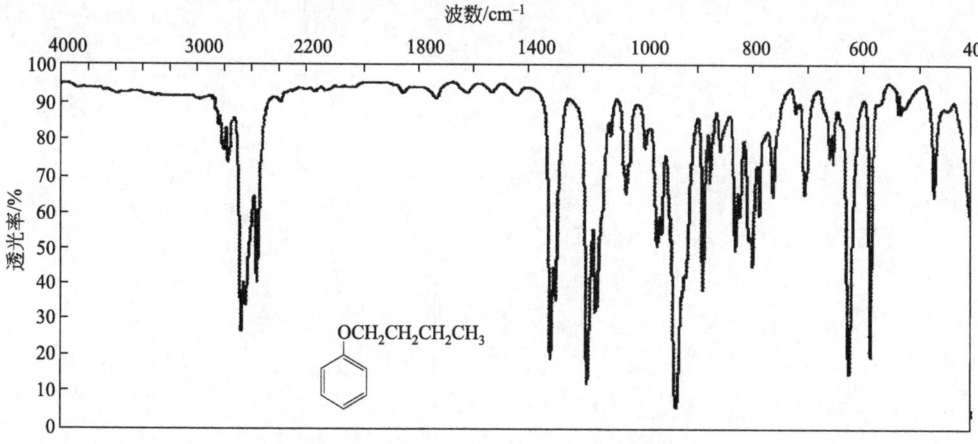

图 7-29　苯丁醚的红外光谱图（液膜法）

【思考题】

1. 以溴苯和正丁醇为原料，采用威廉逊制醚法合成苯丁醚的路线是否合理，为什么？如果采取苯酚和正丁醇直接进行分子间脱水法制备苯丁醚会得到什么结果？

2. 实验中，锥形瓶中析出的固体是什么？如何去除？

3. 在微波有机合成实验中，应如何防范由微波辐射所带来的安全问题？

【附注】

[1] 苯酚熔点 43℃，当室温较低时通常为固体，量取前可将试剂瓶浸入温水浴中温热，

使苯酚熔化。温水浴时，试剂瓶盖微开。注意：苯酚有腐蚀性，若不慎触及皮肤，应立刻用肥皂和水冲洗，再用酒精棉擦洗。

[2] PEG-400 即相对分子质量为 400 左右的聚乙二醇，当 PEG 呈弯曲状时，形如冠醚，对一些金属离子具有一定的配合能力。由于它同时具有一定的亲水性和亲油性，故常用作相转移催化剂。本实验使用 PEG-400 就是为了增强氢氧化钾在有机相中的溶解性，促进有机反应。

[3] 本实验由于加热时间不长，可使用锥形瓶作反应器直接置放在未经改装的普通家用微波炉中加热，免除配置回流装置。注意：反应瓶中不得放金属物，如不锈钢角匙或搅拌棒，否则在微波辐射下易产生火花并引起有机物着火。

[4] 碳酸钠水溶液对酸性反应混合液洗涤前，一定要先用水洗涤，以避免剧烈的酸碱反应产生大量的泡沫，影响洗涤和分离。经水洗涤后再用碳酸钠水溶液洗涤有机相，也要注意随时放气，以免发生二氧化碳气体和洗涤混合液从分液漏斗瓶口处喷出。醚类化合物的相对密度比水小，故水层通常在下层。若一时不能判明水层和有机层，可加入少许水来判别：若加入的水穿过上层液面溶入下层，则下层为水层。

[5] 当化合物沸点高于 140℃时，在常压下进行普通蒸馏，应采用空气冷凝管。

[6] 因产物沸点较高，也可采用减压蒸馏方法收集产品。苯丁醚 90℃/10mmHg (1.33kPa)，120℃/50mmHg (6.67kPa)。

第8章 多步骤综合性有机合成实验

实验 45 磺胺药物的合成

磺胺药物是含磺胺基团的合成抗菌药物的总称，是一种广谱性抑菌剂，对葡萄球菌和链球菌有特效，可用于防治多种病菌感染。磺胺药曾在保障人类生命健康方面发挥过重要作用，在抗生素问世后，虽然失去了先前作为普遍使用的抗菌药剂的唯一性，但在医疗中仍然广泛使用。

磺胺系列药物的结构可以用通式 p-NH_2PhSO_2NHR 来表示。除了最简单的磺胺（SN，R=H）外，还有磺胺噻唑、磺胺吡啶、磺胺嘧啶、磺胺胍以及长效磺胺（结构式见表8-1）。它们对各自某种或某几种细菌有特效。

表 8-1 磺胺系列药物的名称及结构式

名 称	结构式	名 称	结构式
磺胺	SN,R=H	磺胺胍	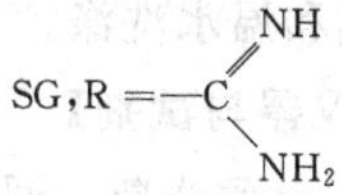
磺胺噻唑	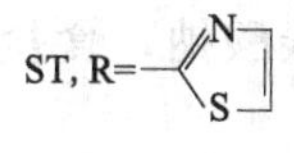	磺胺嘧啶	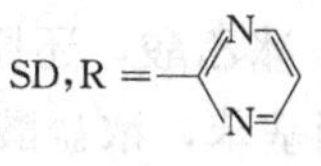
磺胺吡啶	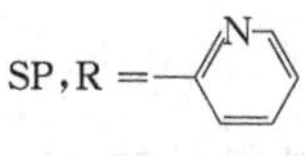	长效磺胺	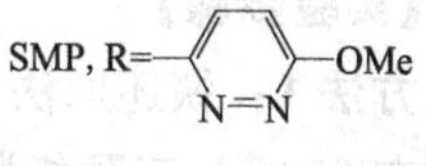

细菌的生长需要以叶酸为辅酶来进行酶催化反应。合成叶酸的原料之一是对氨基苯甲酸（p-$NH_2PhCOOH$），磺胺药物的结构与对氨基苯甲酸相似，可以假乱真干扰叶酸的合成，从而使细菌不能生长繁殖，这就是磺胺药的药理作用。

以苯胺为原料合成磺胺即对氨基苯磺酰胺，需经过四步反应。

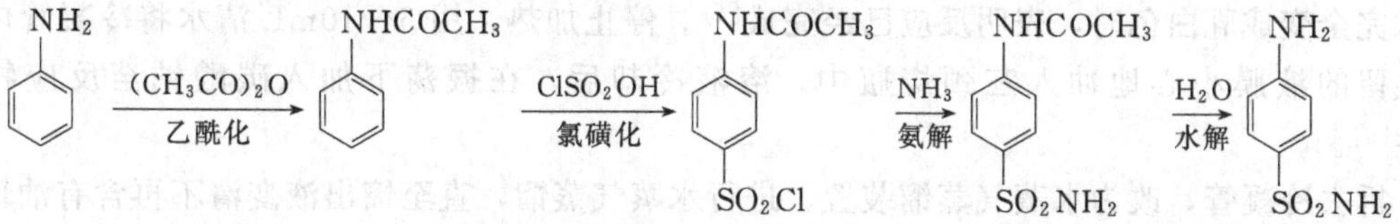

Ⅰ. 苯胺的制备

【实验目的】

1. 掌握硝基苯还原生成苯胺的实验原理和方法。
2. 巩固水蒸气蒸馏的基本操作。
3. 了解硝基化合物与胺类化合物的毒性，了解绿色化学的研究方向。

【实验原理】

苯胺是制备染料、橡胶促进剂、磺胺药物的重要原料。

苯胺的制取不能以任何直接的方法将氨基（—NH$_2$）导入苯环上，而是经过间接的方法来制取，芳香硝基化合物还原是制备芳胺的主要方法。实验室常用的方法是在酸性溶液中用金属进行化学还原，常用的还原剂有锡-盐酸、二氯化锡-盐酸、铁-盐酸、铁-乙酸及锌-乙酸等。用锡-盐酸作还原剂时，反应速率较快，产率较高，不需搅拌，但锡的价格较贵，同时盐酸、碱用量较多。铁的缺点是反应时间较长，但成本低廉，酸的用量仅为理论量的1/4，如用乙酸代替盐酸，还原时间能显著缩短。铁作为还原剂曾在工业上广泛应用，但因残渣铁泥难以处理，并污染环境，已被催化氢化所代替。

锡-盐酸法：

$$2 \langle \bigcirc \rangle\text{—NO}_2 + 6Sn + 24HCl \longrightarrow \left[\langle \bigcirc \rangle\text{—NH}_3\right]_2^+ SnCl_4^{2-} + 5H_2SnCl_4 + 4H_2O$$

$$\left[\langle \bigcirc \rangle\text{—NH}_3\right]_2^+ SnCl_4^{2-} + 6NaOH \longrightarrow 2 \langle \bigcirc \rangle\text{—NH}_2 + Na_2SnO_2 + 4NaCl + 4H_2O$$

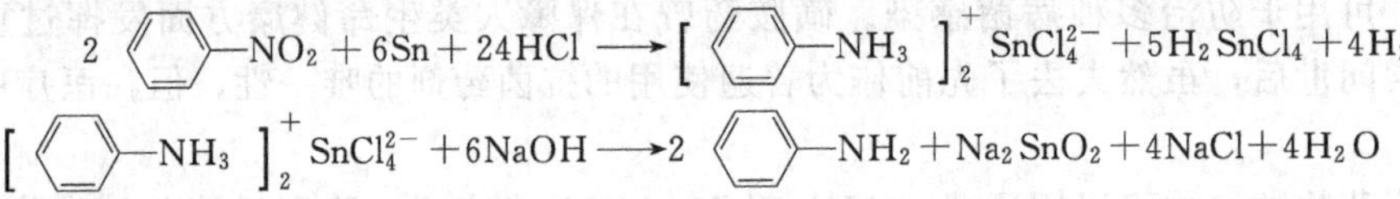

铁-乙酸法：

$$4 \langle \bigcirc \rangle^{NO_2} + 9Fe + 4H_2O \xrightarrow{H^+} 4 \langle \bigcirc \rangle^{NH_2} + 3Fe_3O_4$$

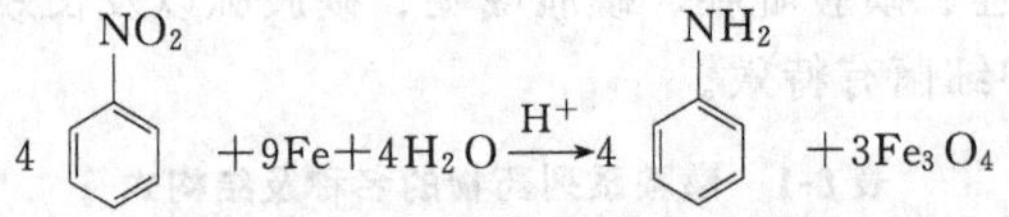

苯胺有毒，操作时应避免与皮肤接触或吸入其蒸气。若不慎触及皮肤，先用水冲洗，再用肥皂和温水洗涤。

【仪器与试剂】

1. 三颈烧瓶，回流冷凝管，水蒸气蒸馏装置，分液漏斗，蒸馏装置。
2. 冰乙酸，还原铁粉（40～100目），硝基苯，碳酸钠，食盐，乙醚，无水碳酸钾，锡粒，硝基苯，浓盐酸，氢氧化钠溶液（50%）。

【实验步骤】

方法 1：铁还原法

在 250mL 三颈烧瓶中投放 20g（0.36mol）还原铁粉、20mL 水和 1mL 冰乙酸，振摇混匀。在三颈烧瓶中口安装回流冷凝管，塞住两侧口，小火加热煮沸 5min[1]。稍冷后将 10.5mL（12.5g，0.1mol）硝基苯分成数批自冷凝管上端加入三颈烧瓶中，每加入一批用力摇动，待剧烈反应过后再加后一批[2]。全部加完后重新加热回流 50～60min，回流过程中要经常用力振摇反应物[3]。注意观察冷凝管内壁上由气雾凝成的液珠的颜色变化，当黄色液珠完全变成乳白色时，表明反应已经完成[4]。停止加热，用 5～10mL 清水将冷凝管内壁上残留的液膜小心地冲入三颈烧瓶中。溶液冷却后，在振荡下加入碳酸钠至反应物呈碱性[5]。

拆去冷凝管，改为水蒸气蒸馏装置，进行水蒸气蒸馏，直至馏出液变清不再含有油珠为止[6]。将馏出液转入分液漏斗中，用食盐饱和[7]，静置后分出有机层。每次用 10mL 乙醚反复萃取水层三次，合并醚层和有机层，用无水碳酸钾干燥。

将干燥好的溶液滤入干燥的圆底烧瓶中，用水浴加热蒸出乙醚。待乙醚蒸出后加入少许锌粉[8]，改用电热套加热，空气冷凝管冷却，蒸馏收集 180～185℃馏分。产量 6～6.5g，产率 64%～70%。

苯胺纯品为无色油状液体，熔点 −6.2℃，沸点 184.4℃，d_4^{20} 1.022，n_D^{20} 1.5863。

方法 2：锡还原法

在 250mL 三颈烧瓶中投放 9g 锡粒、硝基苯 4mL，中口安装回流冷凝管，塞住两侧口。将 20mL 浓盐酸分数批自冷凝管上口加入。每加一批即用力振荡反应混合物，待剧烈反应过后再加后一批。如果反应过于剧烈，可用冷水浴冷却三颈烧瓶使其反应平稳。全部盐酸加完后，加热回流，直至冷凝管内壁上凝结的油珠全部为乳白色为止。待反应物冷至室温，在摇动下缓缓加入 50%氢氧化钠溶液，直至反应混合物呈碱性。改为水蒸气蒸馏装置，进行水蒸气蒸馏。以后的操作同方法 1。产量 2.3～2.5g，产率 63%～69%。

苯胺的红外光谱见图 8-1。

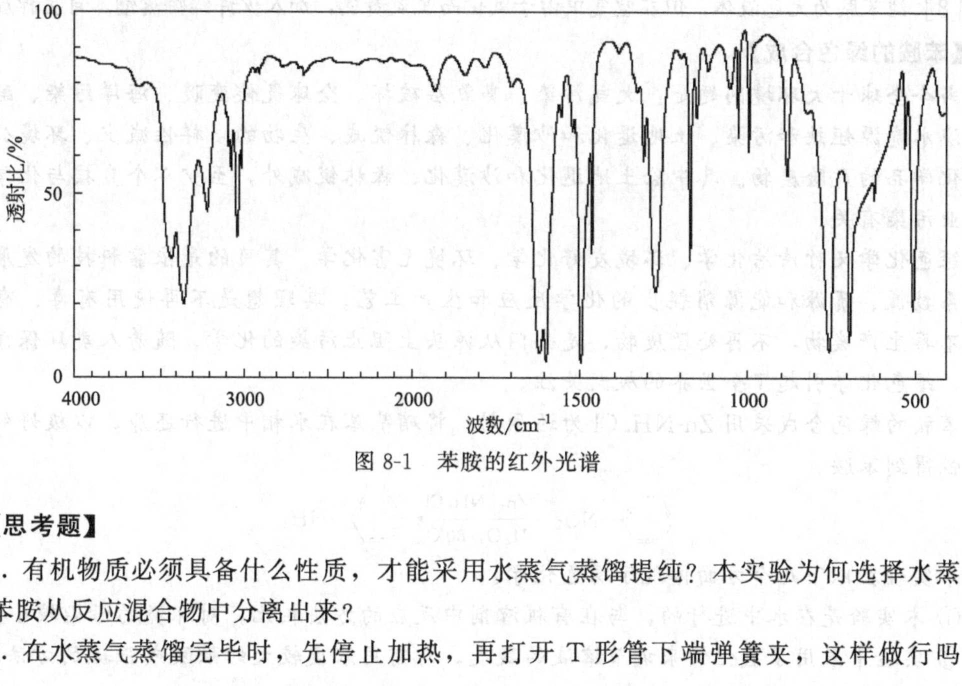

图 8-1 苯胺的红外光谱

【思考题】

1. 有机物质必须具备什么性质，才能采用水蒸气蒸馏提纯？本实验为何选择水蒸气蒸馏把苯胺从反应混合物中分离出来？

2. 在水蒸气蒸馏完毕时，先停止加热，再打开 T 形管下端弹簧夹，这样做行吗？为什么？

3. 如果最后制得的苯胺中含有硝基苯，应如何加以分离提纯？

【附注】

[1] 加热煮沸的作用在于使铁粉活化，与乙酸作用产生乙酸亚铁。铁实际是主要的还原剂，并可使铁转变为碱式乙酸铁的过程加速，缩短反应时间。

$$Fe + 2HAc \longrightarrow Fe(Ac)_2 + H_2\uparrow$$

$$2Fe(Ac)_2 + [O] + H_2O \longrightarrow 2Fe(OH)(Ac)_2$$

$$6Fe(OH)(Ac)_2 + Fe + H_2O \longrightarrow Fe(Ac)_2 + 2Fe_3O_4 + 10HAc$$

碱式乙酸铁与铁及水作用后，生成乙酸亚铁和乙酸可以再起上述反应。所以总的来看，反应中主要是水作为供质子剂提供质子，铁提供电子完成还原反应。

［2］本实验是一个放热反应，当每次加入硝基苯时均有一阵猛烈的反应发生，故要审慎加入，及时振摇与搅拌。

［3］反应物硝基苯与盐酸互不相溶，而这两种液体与固体铁粉接触机会很少，因此充分振摇反应物，是使还原作用顺利进行的操作关键。

［4］黄色液珠是未作用的硝基苯，乳白色液珠是混有少量水的苯胺，所以当不再有黄色液珠时，表明反应已经完全。反应物变黑时，也可以表明反应基本完成。欲检验，可吸取反应液滴入盐酸中摇振，若完全溶解表示反应已完成，（为什么?）残留的硝基苯在后步操作中不易除去，影响产品纯度，所以此步回流的时间应适当长一些，以使其反应完全，一般需回流 1h 左右。

［5］生成的苯胺有一部分与乙酸形成盐，故需加碱使苯胺游离出来。

［6］在水蒸气蒸馏过程中，如果反应瓶内积水过多，可在瓶下加热蒸出一些，使瓶内积水量约在 30～40mL 之间，以减少苯胺的溶解损失。操作结束后，一些铁的氧化物（黑褐色）会黏附在瓶壁上，可用 1＋1 的盐酸（体积比）荡洗，必要时可稍稍加热。

［7］在 20℃时，每 100mL 水可溶解 3.4g 苯胺，为了减少苯胺损失，根据盐析原理，加入精盐使馏出液饱和，原来溶于水中的绝大部分苯胺成油状物析出。

［8］纯苯胺为无色液体，但在空气中由于氧化而呈淡黄色，加入少许锌粉蒸馏，可去掉颜色。

【苯胺的绿色合成】

当今全球十大环境问题是：大气污染、臭氧层破坏、全球气候变暖、海洋污染、酸雨蔓延、淡水资源短缺和污染、土地退化和沙漠化、森林锐减、生物的多样性减少、环境公害和有毒化学品的危险废物。其中除土地退化和沙漠化、森林锐减外，至少八个直接与化学和化工工业污染有关。

绿色化学又称清洁化学、环境友好化学、环境无害化学。其目的是依靠科技的发展创造污染系数低、资源和能源消耗少的化学反应和生产工艺。其理想是不再使用有毒、有害物质，不再生产废物，不再处理废物，是一门从源头上阻止污染的化学。随着人类环保意识的增强，绿色化学引起了全世界的极大关注。

苯胺的绿色合成采用 Zn-NH_4Cl 为还原剂，将硝基苯在水相中进行还原，以极好的化学选择性得到苯胺。

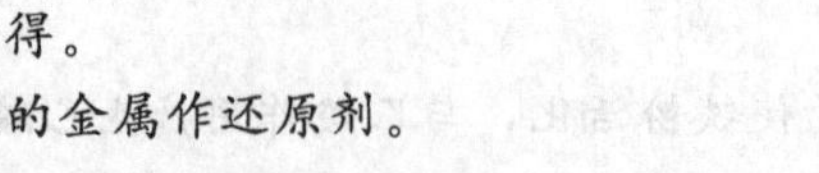

本实验在以下几个方面体现了绿色化学：

① 本实验是在水中进行的，与在有机溶剂中反应的方法相比，对环境的污染较小。

② 实验中采用了氯化铵来调节溶液的酸度，与需用浓度较大的强酸或强碱的方法相比，实验后废弃物排放对环境的污染更小。

③ 在常压下进行反应，不同于催化氢化必须在高压下反应。

④ 锌粉和氯化铵廉价易得。

⑤ 避免使用昂贵而敏感的金属作还原剂。

（1）仪器与试剂

① 电动搅拌器，三颈烧瓶，直形冷凝管，分液漏斗，温度计，减压蒸馏装置。

② 氯化铵，锌粉，硝基苯，无水硫酸镁，乙酸乙酯。

（2）合成步骤

在 250mL 三颈烧瓶中加入 26.2g（0.4mol）锌粉和 70mL 水，开始搅拌。分次加入 10.7g 氯化铵固体，加入 10.2mL 硝基苯，反应液温度会自动上升，待反应剧烈期过后，加热并搅拌，使反应液保持80℃继续反应1～1.5h。反应结束后，冷却至室温，抽滤，并用少量的乙酸乙酯洗涤固体。将滤液转移到分液漏斗中，将水层用乙酸乙酯萃取3次，每次25mL，合并有机相，用等体积的饱和氯化钠溶液洗涤，无水硫酸镁干燥。蒸除溶剂乙酸乙酯，再用减压蒸馏进行提纯，得无色液体苯胺。

Ⅱ. 乙酰苯胺的制备

【实验目的】

1. 掌握苯胺的乙酰化反应原理和实验操作。

2. 巩固分馏和重结晶操作技术。

【实验原理】

芳香族伯胺可用几种方法乙酰化，乙酰化试剂可以是乙酰氯、乙酸酐和冰乙酸。其中以冰乙酸作乙酰化试剂反应最慢，但其价格便宜，操作方便，对环境不会造成污染。

胺的乙酰化反应在有机合成中是非常重要的。它常用来保护芳香环上的氨基，使其不被反应试剂所破坏。例如苯胺在与具有氧化性的硝酸、氯气等反应时，需要把氨基乙酰化保护起来，以防其被氧化。氨基经乙酰化保护之后，尽管其定位效应不改变，但芳环的活化能力降低了，因而使反应由多元取代变为一元取代；同时也由于乙酰氨基的空间效应，往往使乙酰氨基对位的反应活性较邻位高，主要生成对位取代产物。

本实验是以冰乙酸作乙酰化试剂，利用增加反应物冰乙酸的量和移去生成物水的方法来提高乙酰苯胺的产率的。

反应式：

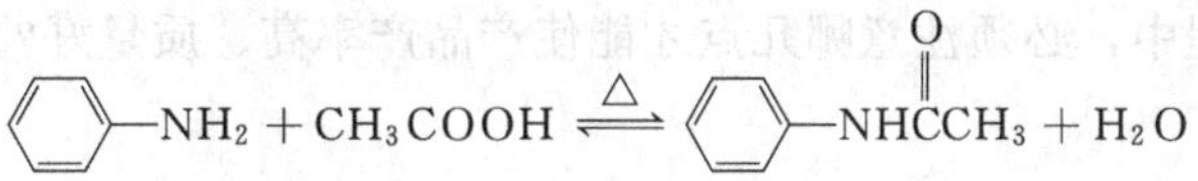

【仪器与试剂】

1. 圆底烧瓶，韦氏分馏柱，蒸馏头，温度计，烧杯，接液管，三角烧瓶，吸滤瓶，布氏漏斗。

2. 苯胺（新蒸馏），冰乙酸，锌粉和活性炭。

【实验步骤】

在50mL圆底烧瓶中放入5mL新蒸馏过的苯胺[1]、7.5mL冰乙酸和0.05g锌粉[2]，装一支分馏柱，柱顶插上温度计，用小量筒或三角烧瓶收集蒸出的水及乙酸，如图8-2所示。

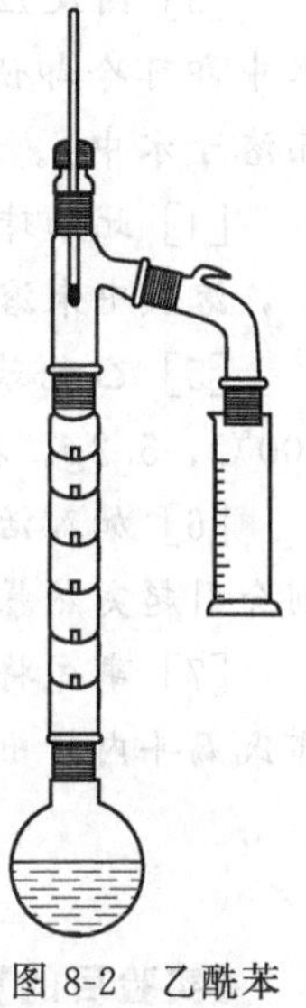

图8-2　乙酰苯胺的制备装置

圆底烧瓶用小火加热至沸腾。控制温度，保持温度计读数在105℃左右。约经过40～50min，反应所生成的水（含少量乙酸）被蒸出。当温度计的读数发生上下波动时（有时反应瓶中出现白雾），反应即达终点，停止加热。

在不断搅拌下把反应混合物趁热慢慢倒入盛100mL水的烧杯中[3]。继续剧烈搅拌，并冷却烧杯，使粗乙酰苯胺成细粒状完全析出。用布氏漏斗抽滤析出的固体。用玻璃棒把固体压碎，再用5～10mL冷水洗涤以除去残留的酸液。把粗乙酰苯胺放入100mL热水中，加热至沸腾。如果仍有未溶解的油珠[4]，需补加热水，直到油珠完全溶解为止[5]。稍冷后加入约0.5g粉末状活性炭[6]，用玻璃棒搅拌并煮沸 2～5min。稍冷趁热用预热好的布氏漏斗和吸滤瓶减压过滤[7]。在烧杯中冷却滤液，乙酰苯胺呈白色片状晶体析出。减压过滤，尽量挤压以除去晶体中的水分。产物放在表面皿上晾干，称量，产量约 5g。

纯乙酰苯胺是白色有光泽鳞片状晶体，熔点 114～116℃。其红外光谱见图 8-3。

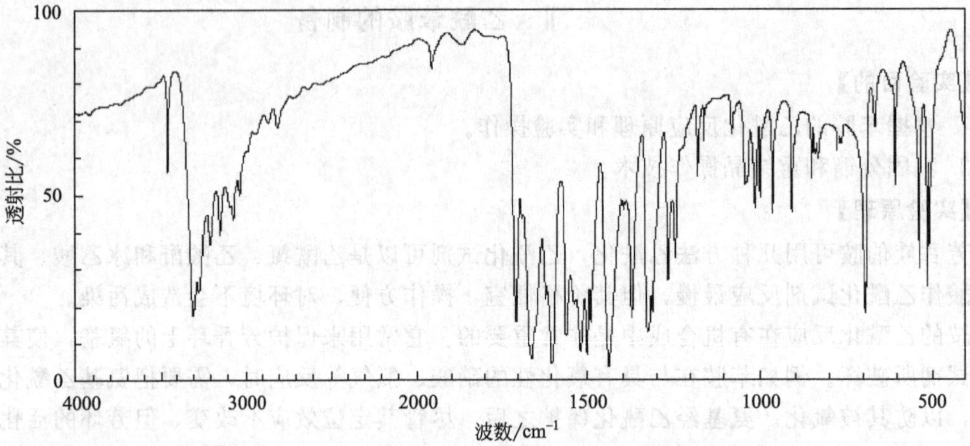

图 8-3　乙酰苯胺（固态，KBr 压片）的红外光谱

【思考题】

1. 为什么反应时要控制分馏柱顶温度在 105℃左右，若高于此温度有什么不好？
2. 本实验利用什么原理来提高乙酰苯胺的产率？
3. 在重结晶过程中，必须注意哪几点才能使产品产率高、质量好？

【附注】

[1] 久置的苯胺色深有杂质，会影响生成的乙酰苯胺的质量。

[2] 锌粉的作用是防止苯胺在反应过程中氧化。但不能加得过多，否则会增加杂质，产品颜色发灰。

[3] 因反应物冷却后会产生结晶，沾在烧瓶壁上不易处理，所以要趁热倒出，放入冷水中即可冷却使结晶析出，又可除去未反应的乙酸及苯胺（苯胺与乙酸生成苯胺乙酸盐而溶于水中）。

[4] 此油珠是熔融状态的含水的乙酰苯胺（83℃时含水 13%）。如果溶液温度在 83℃以下，溶液中未溶解的乙酰苯胺以固态存在。

[5] 乙酰苯胺在不同温度下 100mL 水中的溶解度为：25℃，0.563g；80℃，3.5g；100℃，5.2g。在以后各步加热煮沸时，会蒸发掉一部分水，需随时补加热水。

[6] 加入活性炭的量是以苯胺颜色的深浅而定的。切勿在沸腾的溶液中加入活性炭，否则会引起突然暴沸，致使溶液冲出容器。

[7] 事先将布氏漏斗和吸滤瓶放在水浴锅中预热。这一步若没做好，乙酰苯胺晶体将在布氏漏斗内析出，引起操作上的麻烦和造成损失。

Ⅲ. 对乙酰氨基苯磺酰氯的制备

【实验目的】

1. 学习对乙酰氨基苯磺酰氯的制备原理和方法。

2. 学习气体捕集的方法和操作。

【实验原理】

对乙酰氨基苯磺酰氯是制备对氨基苯磺酰胺的中间体，可以通过乙酰苯胺的氯磺化反应制得。氯磺化分两步进行。首先生成对乙酰氨基苯磺酸，此步反应较快，是放热反应，故必须降低温度（在冰浴中进行），以保证反应顺利进行。当有过量的氯磺酸存在时，才能使对乙酰氨基苯磺酸转变为对乙酰氨基苯磺酰氯，此步为吸热反应，需加热才能有利于对乙酰氨基苯磺酰氯的生成。

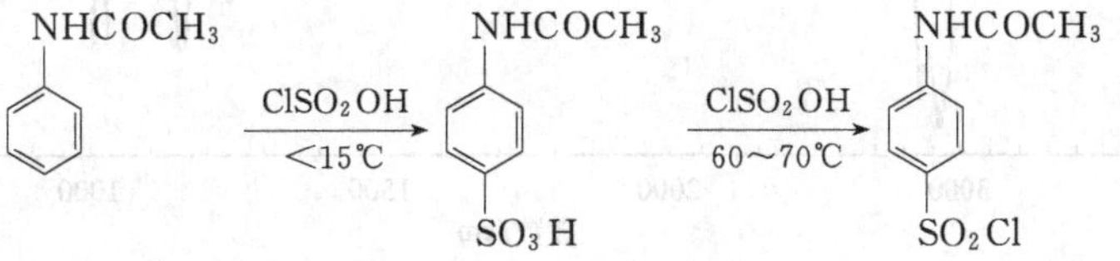

即

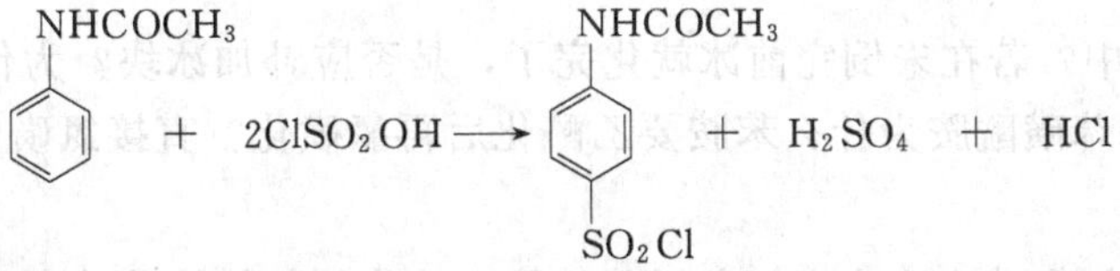

【仪器与试剂】

1. 锥形瓶，量筒，烧杯，气体吸收装置等。

2. 乙酰苯胺，氯磺酸，冰。

【实验步骤】

用一只 100mL 的锥形瓶和一只盛有少量水的 250mL 抽滤瓶，按照图 8-4 所示安装好氯化氢气体吸收装置（注意防止倒吸）。

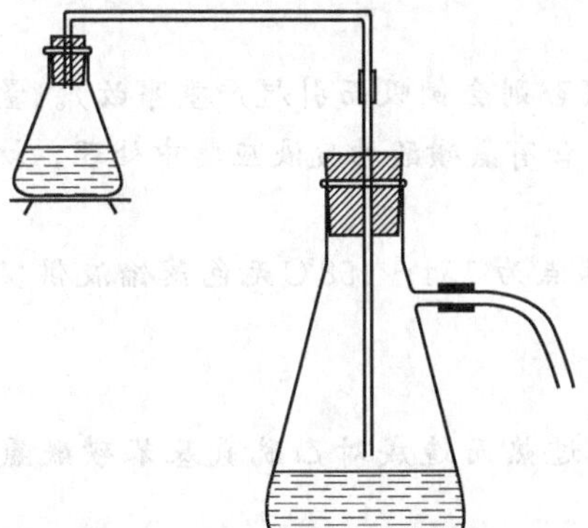

图 8-4 制备对乙酰氨基苯磺酰氯装置

拆下锥形瓶，加入 5g（0.037mol）干燥的乙酰苯胺，在电热套上用小火微微加热熔融[1]，并转动烧瓶使乙酰苯胺在烧瓶底部形成薄膜，用胶塞塞住瓶口冷至接近室温，再用冰水冷却备用。

用干燥的量筒准确量取 13mL 氯磺酸[2]，迅速加入到乙酰苯胺中，反应即刻开始，立即塞上带有玻璃导管的塞子，将锥形瓶装回原位，有大量白色气雾（HCl）产生，气雾经导管进入抽滤瓶被水吸收。不断振摇三角烧瓶使反应物充分接触，保持反应温度在 15℃以下。当大部分乙酰苯胺固体已经基本溶解时，将锥形瓶在水浴上温热至 60～70℃，待全部固体消失后，再温热 10min[3]。

撤去热水浴，室温放置片刻后再用冰浴冷却 10min。在通风橱内将反应液缓缓倒入盛有 70～100g 碎冰的烧杯中，边倒边用玻璃棒用力搅拌[4]。用约 10g 冰水荡洗锥形瓶，荡洗液一并倒入烧杯中。继续搅拌数分钟，有白色或粉红色固体析出。抽滤，用少量冷水洗涤 2～3 次，压干，得对乙酰氨基苯磺酰氯粗品，尽快用于下步反应[5]。对乙酰氨基苯磺酰氯的红外光谱见图 8-5。

【思考题】

1. 为什么在氯磺化反应完成以后处理反应混合物时，必须移到通风橱中，且在充分搅

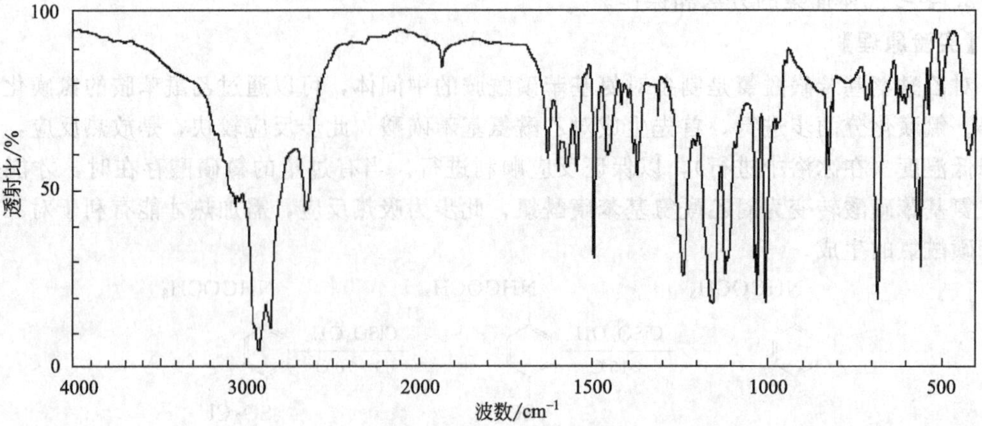

图 8-5　对乙酰氨基苯磺酰氯的红外光谱

拌下缓缓倒入碎冰中？若在未倒完前冰就化完了，是否应补加冰块？为什么？

2. 制备对氨基苯磺酰胺为什么苯胺要乙酰化后再氯磺化？直接氯磺化行吗？

【附注】

[1] 乙酰苯胺与氯磺酸的反应相当剧烈，将乙酰苯胺加热熔融的目的在于使其冷却结块以减缓与氯磺酸的反应速率。同时在熔融温度下残留在乙酰苯胺中的水被蒸发掉，以免氯磺酸水解。若蒸发出的水汽在瓶口处凝结，应揩净后再进行下步操作。

[2] 氯磺酸对皮肤和衣服都有很强的腐蚀性，遇水会发生猛烈的水解反应，甚至引起爆炸，在空气中会吸收水汽而产生大量氯化氢气体，所以取用时应十分小心。若溅在皮肤上，应立即用大量的水冲洗，再以3%～5%的 $NaHCO_3$ 溶液处理，最后用水冲洗，擦干后涂上烫伤油膏。

反应器皿应充分干燥，导气管不可插入吸收液中（否则会倒吸而引起严重事故）。量取氯磺酸的量筒不可立即用水冲洗或直接量取其他试剂。含有氯磺酸的废液应集中处理，切忌倒入水槽。

若氯磺酸不纯或呈棕黑色，则应蒸馏精制，收集沸点为154～158℃无色蒸馏液供实验使用。

[3] 温度不宜过高，否则易产生较多二取代产物。

[4] 倾倒要缓慢，搅拌要充分，否则会由于局部过热而造成对乙酰氨基苯磺酰氯的水解。

[5] 纯净的对乙酰氨基苯磺酰氯较稳定，但此粗晶中含有未洗净的残酸，易水解不宜久置，因此，固体应尽量洗净、压干，且在1～2h内即进行下一步反应，转变为磺胺类化合物。如欲制纯品，可用体积比为1∶1的丙酮-氯仿混合溶剂重结晶。纯品熔点149℃。

Ⅳ. 对氨基苯磺酰胺的制备

【实验目的】

1. 通过对氨基苯磺酰胺的制备，掌握苯磺酰氯的氨解和乙酰氨基衍生物的水解反应。

2. 了解并熟悉磺胺药物的合成原理和方法，进一步掌握多步骤有机合成的技巧。

【实验原理】

用对乙酰氨基苯磺酰氯制备对氨基苯磺酰胺经过两步反应。

(1) 氨解　如同酰氯的氨解产生酰胺一样，对乙酰氨基苯磺酰氯在浓氨水中氨解生成对乙酰氨基苯磺酰胺，同时产生 HCl，它与氨作用生成 NH_4Cl。因此，必须有过量的氨才能使反应顺利进行。

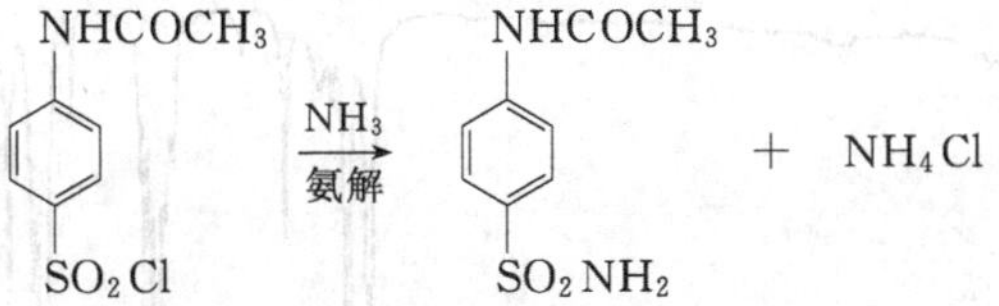

(2) 水解　对乙酰氨基苯磺酰胺在酸性或碱性条件下可发生水解。对乙酰氨基苯磺酰胺既是乙酰胺又是磺酰胺，这两种酰胺基团都易发生水解作用，但乙酰胺的酸水解作用大大地快于磺酰胺的酸水解作用。因此，可在稀盐酸溶液中使乙酰氨基水解为氨基，磺酰胺不水解而生成对氨基苯磺酰胺。为使水解迅速、安全，应在回流装置中进行。在盐酸溶液中磺胺以盐酸盐的形式存在于溶液中，当用 Na_2CO_3 中和至弱碱性（pH≈8）时，对氨基苯磺酰胺即全部游离结晶出来。

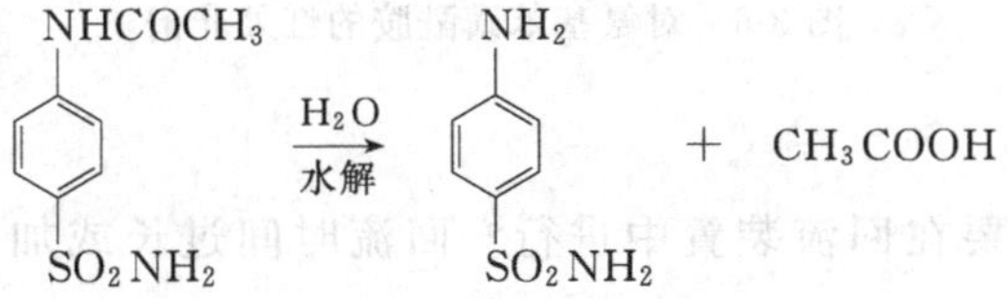

【仪器与试剂】

1. 烧杯，抽滤装置，圆底烧瓶，回流冷凝管。

2. 对乙酰氨基苯磺酰氯（自制），浓氨水，10%盐酸，活性炭，碳酸钠。

【实验步骤】

1. 对乙酰氨基苯磺酰胺的制备（氨解）

将对乙酰氨基苯磺酰氯粗品放入 100mL 烧杯中，在通风橱内于不断搅拌下[1]慢慢加入 35mL 浓氨水（28%，相对密度 0.9），立即起放热反应产生白色稠状固体，滴完氨水后继续搅拌 15min。然后加入 20mL 水，在 70℃水浴中搅拌加热 10min，以除去多余的氨[2]。冷却、抽滤，用冷水洗涤、抽干，得粗对乙酰氨基苯磺酰胺，不必精制，即可进行下面的水解实验。

若鉴定产品，可以取少许粗产品用乙醇或水重结晶，然后测定其熔点，纯对乙酰氨基苯磺酰胺为无色针状晶体，熔点 219～220℃。

2. 对氨基苯磺酰胺的制备（水解）

将上述的粗对乙酰氨基苯磺酰胺放入 50mL 圆底烧瓶中，加入 20mL10%盐酸，投入沸石后装上回流冷凝管，然后用小火加热回流，待全部产品溶解后（约半小时），冷却至室温，应得一几乎澄清的溶液。若有固体析出，则测一下溶液的酸碱性，不呈酸性时酌情再加少量盐酸[3]，并继续加热回流约 15min，于稍冷后的回流液中加约 0.5g 活性炭，继续回流 5min。回流液趁热过滤，用一干净的 100mL 的烧杯收集滤液，冷却，在不断搅拌下慢慢加入碳酸钠固体至 pH=7～8（约 6g）[4]。此时应有大量白色固体对氨基苯磺酰胺析出，烧杯置于冰水浴中冷却，抽滤，用少量水洗涤、压干，即得粗产品对氨基苯磺酰胺。产量约 4g。

粗产品可用水重结晶。将制得的粗对氨基苯磺酰胺固体转入 100mL 的干净烧杯中，加适量水（一般按粗产品质量 8 倍量来加），小火加热使其全部溶解（如溶液有色，可加活性炭脱色）。趁热抽滤，滤液室温放置任其自然冷却，即可得对氨基苯磺酰胺晶体。抽滤，干燥，可测其熔点。

纯对氨基苯磺酰胺为无色透明（或白色）的针状晶体，熔点 164～166℃。其红外光谱见图 8-6。

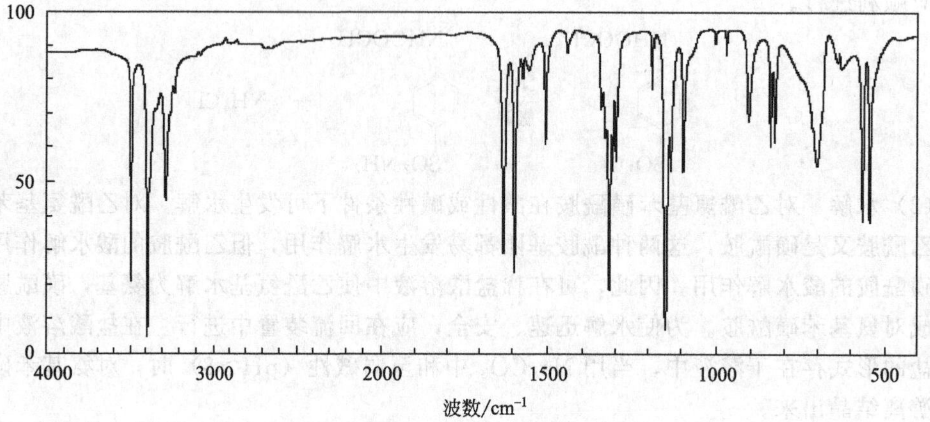

图 8-6　对氨基苯磺酰胺的红外光谱

【思考题】

水解时为什么一定要在回流装置中进行？回流时间过长或加热温度太高对产物有何影响？

【附注】

[1] 此步是由一种固体化合物转变成另一种固体化合物，若搅拌不充分，会有一些未反应物包夹在产物中。若有结块，应予破碎。

[2] 对乙酰氨基苯磺酰胺可溶于过量的浓氨水中，若冷却后结晶析出不多，可加入稀硫酸至刚果红试纸变色，则对乙酰氨基苯磺酰胺就几乎全部沉淀析出。

[3] 加入盐酸的作用首先是使对乙酰氨基苯磺酰胺水解为对氨基苯磺酰胺，然后又与对氨基苯磺酰胺形成盐酸盐而溶于水，所以应维持反应液的强酸性以确保水解完全。如果水解已经完全，则在强酸性条件下冷却应无晶体析出。

[4] 对氨基苯磺酰胺为两性化合物，既溶于酸又溶于碱，在中性条件下溶解度最小。中和过程会产生大量二氧化碳气体，所以加入碳酸氢钠粉末时应少量多次并充分搅拌，防止溶液溢出。当接近中性时应改加其溶液以免过量。

实验 46　酸碱指示剂甲基橙的合成

甲基橙是偶氮染料，也是一种酸碱指示剂。

偶氮染料迄今为止仍然是普遍使用的最重要的染料之一。它是指偶氮基(—N═N—)连接两个芳环形成的一类化合物。为了改善颜色和提高染色效果，偶氮染料必须含有成盐的基团，如酚羟基、氨基、磺酸基和羧基等。

Ⅰ. 对氨基苯磺酸的制备

【实验目的】

1. 掌握磺化反应的基本操作及原理。

2. 滤液浓缩的操作练习。

【实验原理】

对氨基苯磺酸是染料、香料、食品色素、医药、农药、增白剂、建材等行业的理想原料中间体。

苯胺与浓硫酸反应首先生成苯胺硫酸盐，加热脱水生成磺酸基苯胺，再重排成对氨基苯磺酸。

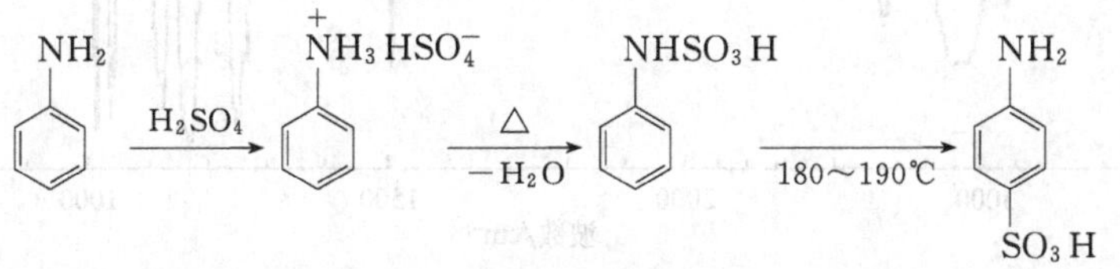

在对氨基苯磺酸分子中，同时含有酸性的磺酸基和碱性的氨基，因此分子内能形成盐，称为内盐。

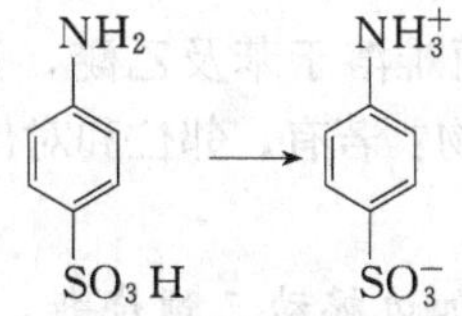

该产品是一种白色至灰白色粉末，100℃时即失去结晶水，在冷水中微溶，溶于沸水，微溶于乙醇、乙醚和苯，有明显的酸性，能溶于氢氧化钠溶液和碳酸钠溶液。

反应式：

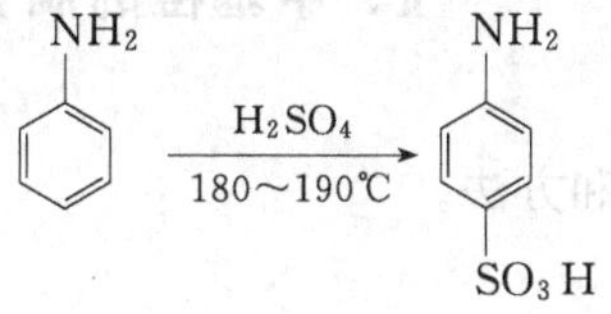

【仪器与试剂】

1. 三颈烧瓶，空气冷凝管，温度计，抽滤装置。
2. 苯胺，浓硫酸，活性炭。

【实验步骤】

在 100mL 三颈烧瓶中加 5mL（0.055mol）新蒸馏的苯胺，在冷却下分批加入 9mL 浓硫酸[1]，每次加 1～2mL，产生白色固体物质即苯胺硫酸盐。分别装上空气冷凝管、温度计，水银球浸入液面，另一口用塞子塞紧。慢慢升温至 180～190℃，反应约 1h，取两滴反应液，放入水中，没有油珠，表示反应已完成。

反应物冷至约 50℃，在不断搅拌下倒入盛有 50mL 冰水的烧杯中，析出灰白色对氨基苯磺酸，冷却至室温抽滤，得粗品。

粗品用沸水重结晶[2]。将粗品转移至烧杯中，加入适量的热水，加热煮沸，如果粗品未全溶，补加热水，至全溶，再多加 20％的水，如粗品颜色深，则加活性炭脱色。趁热抽滤，得滤液，完全冷却至室温，有大量晶体析出，抽滤，收集产品，晾干。

将重结晶后的母液浓缩至原体积的 1/3，冷却后又有结晶析出，抽滤，洗涤，晾干。两批产品合并，产量约 4g。

纯对氨基苯磺酸为白色片状结晶，熔点 365℃。其红外光谱见图 8-7。

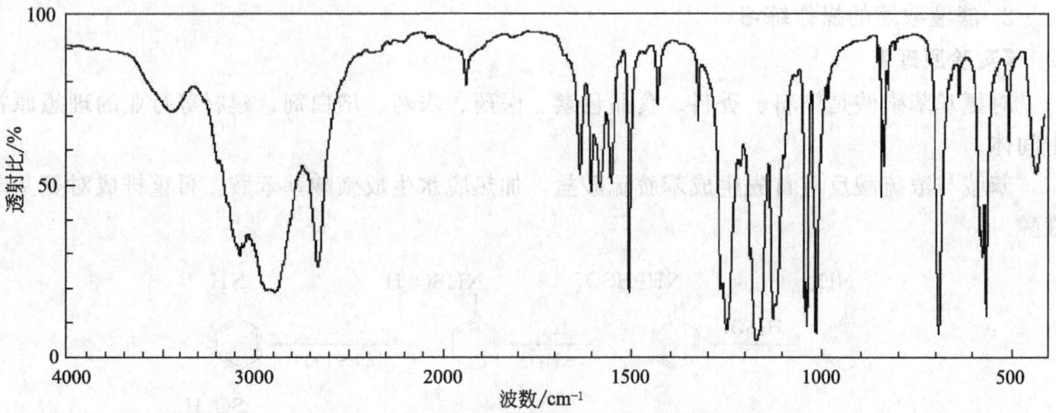

图 8-7 对氨基苯磺酸的红外光谱图

【思考题】

1. 对氨基苯磺酸较易溶于水，而难溶于苯及乙醚，试解释。

2. 反应产物中是否会有邻位取代物？若有，邻位和对位取代产物哪一种较多？说明理由。

【附注】

[1] 浓 H_2SO_4 要分批加入，边加边摇动三颈烧瓶，并用冷水冷却，防止原料炭化。加料时可安装上空气冷凝管。

[2] 100℃时可溶对氨基苯磺酸 6.67g，20℃时可溶对氨基苯磺酸 1.08g。

Ⅱ. 甲基橙的制备

【实验目的】

1. 学习偶联反应的实验原理和方法。

2. 掌握低温反应操作技术。

【实验原理】

偶氮染料可通过重氮化合物与酚类或芳胺的偶联反应来制备，反应速率受溶液 pH 值影响颇大。重氮盐与酚的偶联反应宜在中性或弱碱性介质中进行，有时也可在弱酸介质中进行（pH＝5～9）；与芳胺偶联反应时，宜在中性或弱酸性介质中（pH＝3.5～7）进行，通过加入缓冲剂乙酸钠来加以调节。根据偶联反应的难易程度及重氮盐稳定性高低选适当的反应温度。

甲基橙是由对氨基苯磺酸重氮盐与 *N,N*-二甲基苯胺的乙酸盐，在弱酸性介质中偶合得到的。偶合首先得到的是嫩红色的酸式甲基橙，称为酸性黄，在碱中酸性黄转变为橙黄色的钠盐，即甲基橙。

合成甲基橙的反应式为：

$$H_2N \!\!-\!\!\!\bigcirc\!\!\!-\!\! SO_3H + NaOH \longrightarrow H_2N \!\!-\!\!\!\bigcirc\!\!\!-\!\! SO_3Na + H_2O$$

$$H_2N \!\!-\!\!\!\bigcirc\!\!\!-\!\! SO_3Na \xrightarrow[\text{HCl}]{\text{NaNO}_2} \left[HaO_3S \!\!-\!\!\!\bigcirc\!\!\!-\!\! \overset{+}{N} \!\!=\!\! N \right] Cl^- \xrightarrow[\text{HAc}]{}$$

$$\left[HaO_3S \!\!-\!\!\!\bigcirc\!\!\!-\!\! N \!\!=\!\! N \!\!-\!\!\!\bigcirc\!\!\!-\!\! \underset{H}{\overset{CH_3}{N}}\!\!\!\overset{CH_3}{} \right]^+ Ac^- \xrightarrow{\text{NaOH}}$$

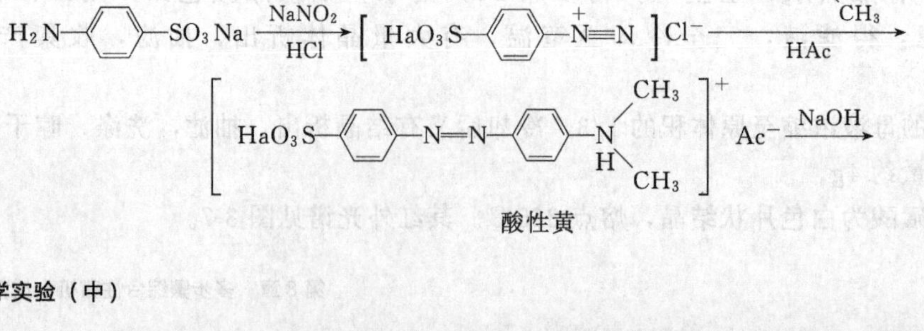

酸性黄

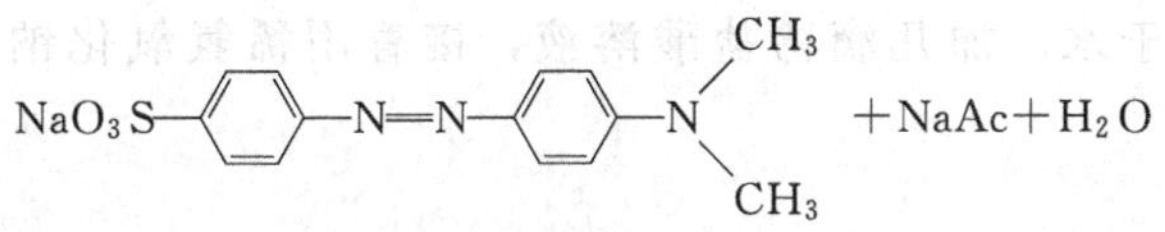

甲基橙

甲基橙的变色范围是 pH＝3.1～4.4。

【仪器与试剂】

1. 烧杯，吸滤瓶，布氏漏斗，量筒。

2. 对氨基苯磺酸，亚硝酸钠，浓盐酸，*N*,*N*-二甲基苯胺，氢氧化钠（5%，10%），淀粉-碘化钾试纸，冰乙酸，尿素。

【实验步骤】

1. 对氨基苯磺酸重氮盐的制备

在 100mL 烧杯中，加入 10mL 5%氢氧化钠溶液和 2.1g 对氨基苯磺酸晶体，温热使晶体溶解[1]，使其冷却至室温。另在一试管中配制 0.8g 亚硝酸钠和 6mL 水的溶液，将此配制溶液在搅拌下加入到上述烧杯中。在搅拌下慢慢将该混合物用滴管滴加到盛有 3mL 浓盐酸与 10mL 水的烧杯中，温度始终保持在 5℃以下，反应液由橙黄色变为乳黄色并有白色沉淀产生[2]，滴加完毕继续在冰水浴中反应 15min，使反应完全[3]。

2. 偶合

在一支试管内加入 1.3mL *N*,*N*-二甲基苯胺（0.01mol）和 1mL 冰乙酸，振荡使之混合。在不断搅拌下，将此溶液慢慢加到上述冷却的对氨基苯磺酸重氮盐溶液中。加完后，继续搅拌 10min，此时有红色的酸性黄沉淀，然后在冷却搅拌下慢慢加入 10% 氢氧化钠溶液[4]，直至反应物呈碱性，这时产物变为橙色。粗制的甲基橙呈细粒状沉淀析出。

将反应物在沸水浴上加热 5min[5]，使固体陈化。冷至室温后，再在冰水浴中冷却，使甲基橙晶体完全析出。抽滤，收集晶体。用饱和氯化钠水溶液冲洗烧杯两次，每次用 10mL，并用这些冲洗液洗涤产品，挤压去水分。

若要得到较纯的产品，可用沸水进行重结晶[6]，待结晶完全析出后，抽滤收集晶体并依次用少量乙醇、乙醚洗涤[7]，得到橙色的片状甲基橙晶体，产率约 70%～80%。其红外光谱见图 8-8。

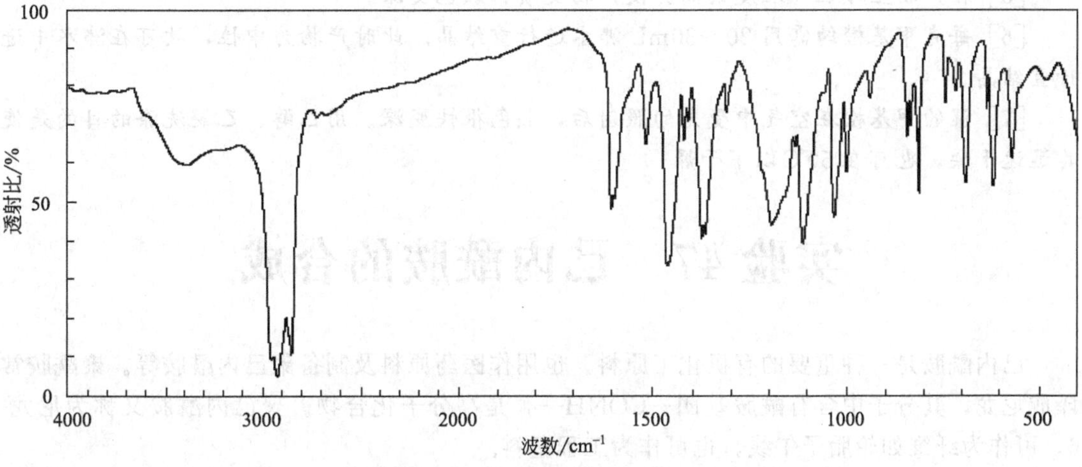

图 8-8 甲基橙的红外光谱图

取少量甲基橙溶于水，加几滴稀盐酸溶液，接着用稀氢氧化钠溶液中和，观察颜色变化。

【思考题】

1. 对氨基苯磺酸重氮化时，为什么要先加碱变成钠盐？

2. 重氮盐中如果有过量亚硝酸未经除去就进行偶合反应，对实验结果有何影响？

3. 在本实验中，偶合反应是在什么介质中进行的？

4. 本实验如改成下列操作步骤：先将对氨基苯磺酸与盐酸混合，再滴加亚硝酸钠溶液进行重氮化，可以吗？为什么？

5. 设计由 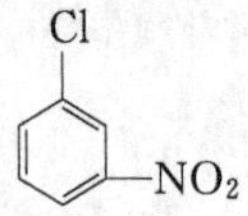 制备 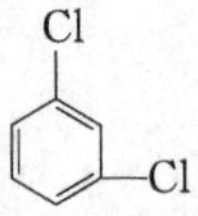 的实验方案。

【附注】

[1] 对氨基苯磺酸是两性化合物，但其酸性比碱性强，故能与碱作用生成盐，而溶于氢氧化钠溶液，这时溶液呈碱性（用石蕊试纸检验），否则需再补加1～2mL氢氧化钠溶液。

[2] 对氨基苯磺酸的重氮盐往往在此析出。这是因为重氮盐在水中可以电离，形成中性内盐：

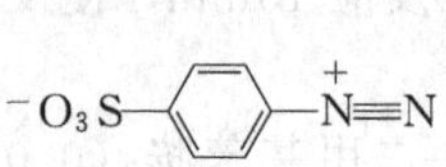

在低温时难溶于水而形成细小晶体析出。

[3] 用淀粉-碘化钾试纸检验溶液，若试纸显蓝色，表明亚硝酸过量。

$$2HNO_2+2KI+2HCl \longrightarrow I_2+2NO+2H_2O+2KCl$$

析出的碘遇淀粉显蓝色。

这时应加少量尿素除去过量的亚硝酸，亚硝酸过多会引起一系列副反应。

$$H_2N-\overset{\overset{\displaystyle O}{\|}}{C}-NH_2+2HNO_2 \longrightarrow CO_2\uparrow+N_2\uparrow+3H_2O$$

[4] 若反应中含有未作用的 *N*,*N*-二甲基苯胺乙酸盐，在加入氢氧化钠后，会有难溶于水的 *N*,*N*-二甲基苯胺析出，影响产物的纯度。

[5] 粗产物呈碱性，温度太高会使产物变质，颜色变深。

[6] 每克甲基橙约需用20～30mL沸水进行重结晶。此时产物为中性，故可在沸水中进行重结晶。

[7] 湿的甲基橙在空气中受光的照射后，颜色很快变深。用乙醇、乙醚洗涤的目的是使其迅速干燥，也可在50℃以下干燥。

实验 47　己内酰胺的合成

己内酰胺是一种重要的有机化工原料，也用作医药原料及制备聚己内酰胺等。聚酰胺常译成尼龙，其分子中含有酰胺基团—CONH—，是高分子化合物。聚己内酰胺又称为尼龙-6，可作为纤维如轮胎子午线，也可作为工程塑料。

己内酰胺有多种合成方法。本实验是从环己醇开始，通过三步反应合成己内酰胺。首先将环己醇氧化成环己酮，环己酮再和盐酸羟胺反应生成肟，然后通过贝克曼重排成己内酰胺。

Ⅰ. 环己酮的制备

【实验目的】

1. 学习次氯酸氧化法、铬酸氧化法制备环己酮的原理和方法。

2. 巩固分液和蒸馏基本操作。

【实验原理】

环己酮是制取己内酰胺和己二酸的主要中间体。也可用于医药、涂料、染料、橡胶及农药等工业，可用作皮革脱脂剂等。

醇的氧化是制备醛酮的重要方法之一，六价铬是将伯、仲醇氧化成相应的醛酮的最重要和最常用的试剂，氧化反应可在酸性、碱性或中性条件下进行。在酸性条件下进行氧化，可用水、丙酮、乙酸、二甲亚砜、二甲基甲酰胺等或由它们组成的混合溶剂作溶剂。仲醇形成铬酸酯，然后被萃取到水相，酮生成后被萃取到有机相，从而避免了酮的进一步氧化。将铬酸滴加到伯醇中以避免氧化剂过量，或将反应生成的醛通过分馏柱及时从反应体系中蒸馏出来，则醛的产率将提高。

铬酸长期存放不稳定，需要时可将重铬酸钠（或钾）或三氧化铬与过量的酸（硫酸或乙酸）反应制得。铬酸与硫酸的水溶液叫 Jones 试剂。

铬酸和它的盐价格较贵，且会污染环境，20 世纪 80 年代发展了使用次氯酸钠或漂白粉精［有效成分 $Ca(ClO)_2$］氧化醇的方法，可避免这些缺点，产率也较高。

反应式：

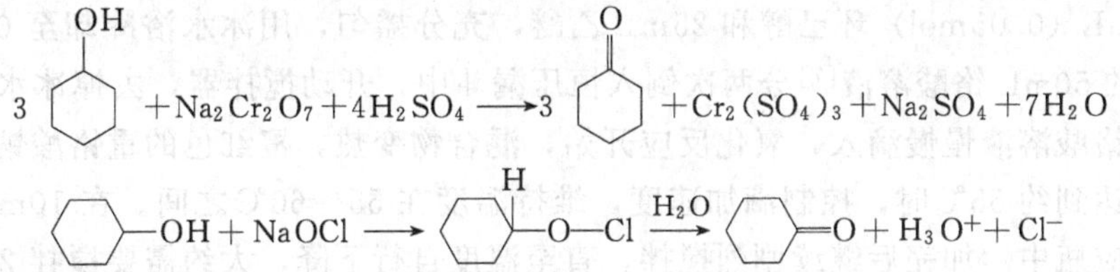

【仪器与试剂】

1. 三颈瓶，恒压漏斗，冷凝管，干燥管，温度计，分液漏斗，蒸馏装置，量筒。

2. 环己醇，次氯酸钠溶液（浓度约 $1.8mol \cdot L^{-1}$），乙酸，无水碳酸钠，饱和亚硫酸氢钠溶液，氧化铝，碳酸氢钠，氯化钠，重铬酸钠，浓硫酸。

【实验步骤】

方法 1：用次氯酸作氧化剂

将 5.2mL（5g，0.05mol）环己醇和 25mL 乙酸加入 100mL 三颈瓶中，安装反应装置，并在冷凝管上口接一装有粒状碳酸氢钠的干燥管[1]。开动搅拌器，在冰水浴冷却下，将 38mL 次氯酸钠水溶液（约 $1.8mol \cdot L^{-1}$）[2]通过恒压漏斗逐滴加入反应瓶中，控制滴加速度使反应温度保持在 30～35℃。滴加完毕，反应混合物呈黄绿色，继续搅拌 5～6min，观察反应混合物是否不褪色，或用淀粉-碘化钾试纸检查[3]。如果反应混合物不呈黄绿色，继续滴加直至用淀粉-碘化钾试纸检验呈蓝色。然后再加入 5mL 使次氯酸钠溶液过量。在室温下继续搅拌 30min，滴加饱和亚硫酸氢钠溶液（1～5mL）使反应混合物对淀粉-碘化钾试纸不显蓝色为止。

把反应装置改成蒸馏装置，加入 30mL 水、3g 氯化铝[4]和几粒沸石，蒸馏收集 100℃ 以前的馏分（约 25mL）[5]。

在搅拌下分批向馏出液中加入无水碳酸钠，直至无气体产生，反应液呈中性为止

(约需无水碳酸钠 3.2～3.5g)，再加入约 5g 氯化钠[6]，搅拌 15min，使溶液饱和。用分液漏斗分出环己酮，用无水硫酸镁干燥。蒸馏收集 150～155℃馏分，产量约 3.0～3.4g。

纯的环己酮沸点为 155.6℃，d_4^{20} 0.9478，n_D^{20} 1.4507。其红外光谱见图 8-9。

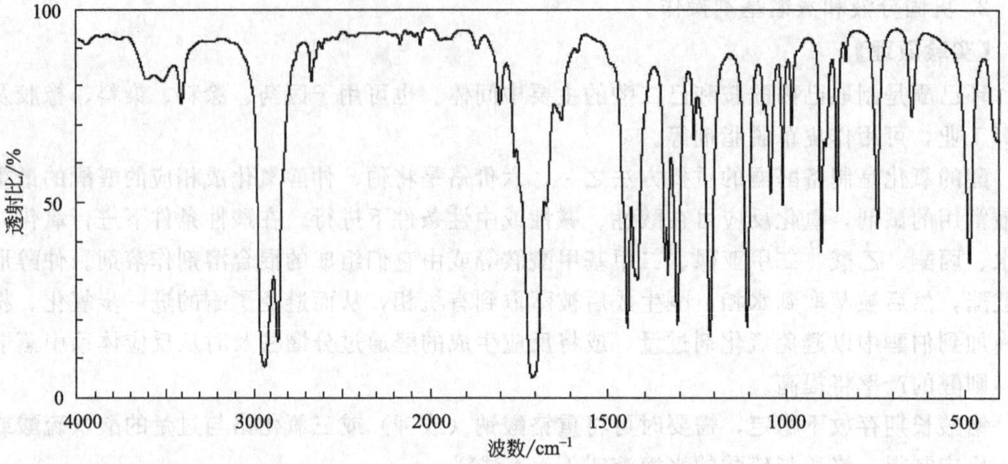

图 8-9　环己酮的红外光谱

方法 2：用铬酸作氧化剂

在 250mL 三颈烧瓶上分别装上搅拌器、回流冷凝管和恒压滴液漏斗。向三颈烧瓶中依次加入 5.3mL (0.05mol) 环己醇和 25mL 乙醚，充分摇匀，用冰水浴冷却至 0℃。然后将已冷至 0℃的 50mL 铬酸溶液[7]分两次倒入恒压漏斗中，开动搅拌器，去掉冰水浴，在剧烈搅拌下，将铬酸溶液慢慢滴入，氧化反应开始，混合物变热，橙红色的重铬酸钠溶液变成绿色。当温度达到约 55℃时，控制滴加速度，维持温度在 55～60℃之间。在 10min 内将铬酸溶液滴入反应瓶中。加完后继续剧烈搅拌，直至温度自行下降，大约需要搅拌 20min，此时溶液变为墨绿色。

将反应液倒入分液漏斗中，进行分液，上层红棕色为醚层，下层墨绿色是水层，分出醚层[8]保留，水层用无水乙醚萃取两次，每次需要 15mL，合并醚溶液，用 15mL 5%的碳酸钠溶液洗涤 1 次。然后用 60mL 水分 4 次洗涤，用无水硫酸钠干燥，用 50～55℃的热水浴蒸馏回收乙醚。改用电热套加热，将直形冷凝管改为空气冷凝管，继续蒸馏，收集 152～155℃的馏分，产量约为 3.2～3.6g，产率为 66%～72%。

方法 3：无溶剂铬酸氧化法

在 100mL 三颈烧瓶上分别装上搅拌器、温度计及 Y 形管，在 Y 形管上分别装上回流冷凝管和恒压滴液漏斗。

向三颈烧瓶中加入 30mL 冰水，边摇边滴加 5mL 浓硫酸，充分摇匀，小心加入 5.3mL (0.05mol) 环己醇。在恒压漏斗中加入刚刚配好的 5.3g 重铬酸钠 ($Na_2Cr_2O_7 \cdot 2H_2O$, 0.018mol) 和 3mL 水的溶液 (重铬酸钠应溶解)。待反应瓶内的溶液温度降至 30℃以下后开动搅拌器，将重铬酸钠水溶液慢慢滴入，氧化反应开始，混合物变热，橙红色的重铬酸钠溶液变成绿色。当温度达到约 55℃时，控制滴加速度，维持温度在 55～60℃。加完后继续搅拌，直至温度自行下降。然后加入少量草酸 (约 0.25g)，使溶液变为墨绿色，以破坏过量的重铬酸盐。

在反应瓶内加入 25mL 水，加 2 粒沸石，改为蒸馏装置，将环己酮和水一起蒸出，共沸蒸出温度为 95℃[9]。直至馏出液不再浑浊，再多蒸出 5～7mL[10]。向馏出液中加入氯化钠使溶液饱和，用分液漏斗分出有机层，用无水碳酸钾干燥有机相，用空气冷凝管进行常压蒸馏，收集 150～156℃的馏分，产率约为 60%。

【思考题】

1. 计算 11%次氯酸钠溶液中有效氯的含量。

2. 除用固体碳酸氢钠吸收氯外，还有什么办法可吸收氯？

3. 重铬酸钠-硫酸氧化环己醇的反应体系中，深绿色物中所含铬的化合物是什么？该反应是否可以使用碱性高锰酸钾氧化？会得到什么产物？

4. 重铬酸钠-浓硫酸混合物为什么需冷至 0℃以下使用？

5. 方法 3 中，氧化反应结束后为什么要加入草酸？

【附注】

[1] 碳酸氢钠吸收可能放出的氯。

[2] 在通风橱中转移次氯酸钠溶液。

[3] 用玻璃棒或滴管蘸少许反应混合物，点到淀粉-碘化钾试纸上，如果立即出现蓝色表明有过量的次氯酸钠存在。

[4] 加氯化铝可预防蒸馏时发泡。

[5] 环己酮-水共沸点 95℃，低于 100℃的馏分主要是环己酮、水和少量乙酸。

[6] 环己酮在水中的溶解度：31℃时 $2.4g\cdot(100gH_2O)^{-1}$。加入精盐是为了降低环己酮的溶解度并有利于环己酮的分层。

[7] 将 20g(0.066mol) $Na_2Cr_2O_7\cdot 2H_2O$ 溶于 60mL 水中，在搅拌下慢慢加入 14.8mL (26.8g，0.268mol) 98%的浓硫酸，最后稀释至 100mL，即得铬酸溶液，冷至室温后将其放入冰水浴中冷却至 0℃备用。

重铬酸钠是强氧化剂且有毒，应避免与皮肤接触，反应残余物不得随意乱倒，应放入指定处，以防污染环境。

[8] 由于上下两层颜色很深，不易看清水相有机相的界面，加少量乙醚或水，迎着光观察分液漏斗，则易看清。

[9] 加水蒸馏产品实际上是简化了的水蒸气蒸馏。

[10] 水的馏出量不宜过多，否则即使使用盐析，仍不可避免少量环己酮溶于水中。

Ⅱ. 己内酰胺的制备

【实验目的】

1. 学习由环己酮与羟胺反应合成环己酮肟的原理。

2. 掌握环己酮肟在酸性条件下发生 Beckmann 重排，生成己内酰胺的原理。

3. 熟练掌握减压蒸馏操作。

【实验原理】

醛、酮类化合物能与羟胺反应生成肟。肟是一类具有一定熔点的结晶型化合物，易于分离和提纯。因此醛、酮常常利用所生成的肟进行定性鉴别。

$$\rangle C{=}O + NH_2OH \longrightarrow \rangle C{=}NOH + H_2O$$

肟在酸（如硫酸、五氯化磷）作用下，发生分子内重排生成酰胺的反应称为 Beckmann

重排。其机理为：

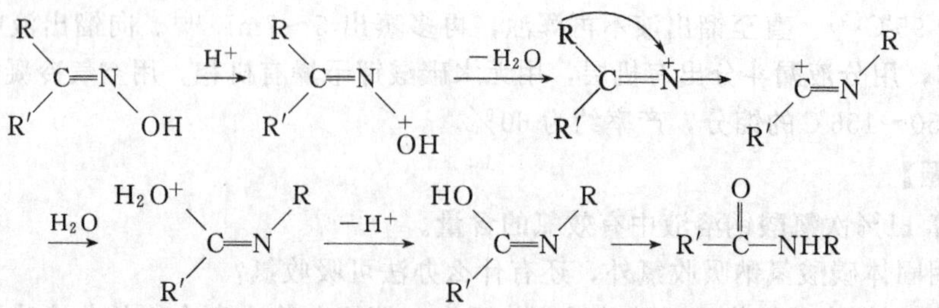

贝克曼重排反应不仅可以用来测定酮的结构，而且有广泛的应用。如环己酮与羟胺反应生成环己酮肟，环己酮肟重排得到己内酰胺，后者经开环聚合得到尼龙-6。

反应式：

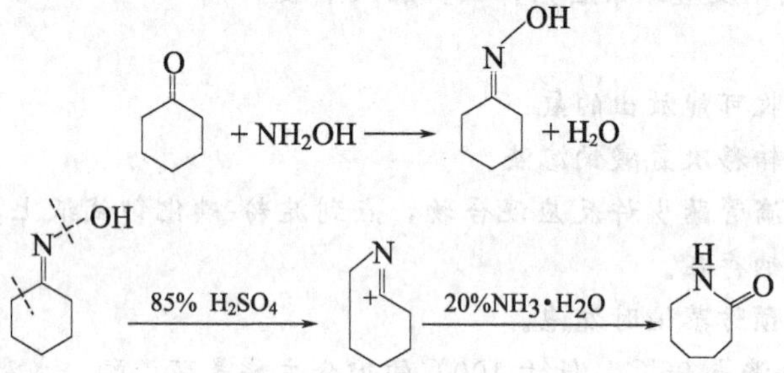

【仪器与试剂】

1. 三角烧瓶，烧杯，搅拌器，滴液漏斗，减压蒸馏装置。

2. 环己酮，盐酸羟胺，结晶乙酸钠，20%氨水，浓硫酸，二氯甲烷，无水硫酸钠。

【实验步骤】

1. 环己酮肟的制备

在100mL三角烧瓶中，将3g（约0.043mol）盐酸羟胺及5g结晶乙酸钠溶于15mL水中，温热此溶液至35～40℃。分批加入3.7mL（3.5g，0.036mol）环己酮，边加边摇荡，此时即有固体析出。加完后，用橡胶塞塞紧瓶口，剧烈振摇2～3min，环己酮肟呈白色粉状结晶析出[1]。把三角烧瓶放入冰水浴中冷却后抽滤，粉状固体用少量水洗涤，尽量抽干水分，取出滤饼置表面皿中晾干，或在50～60℃下烘干，产量约3.5g。产物可直接用于贝克曼重排实验。

纯环己酮肟为无色棱柱晶体，熔点89～90℃。

2. 环己酮肟重排制备己内酰胺

在250mL烧杯[2]中加入2.0g（0.017mol）干燥的环己酮肟，再加入4mL 80%硫酸，摇匀。小心边加热边搅拌至有气泡时，立即离开热源，此时会发生强烈的放热反应，几秒钟内即可完成。冷却至室温后再放入冰水浴中冷却。在冷却下，边搅拌边小心地滴加约25mL 20%氨水至pH=8。滴加过程中控制温度不超过10℃[3]。将反应液倒入分液漏斗中分出有机层，水层用二氯甲烷萃取两次，每次10mL。合并有机层，并用等体积水洗涤两次后，用无水硫酸钠干燥，水浴蒸馏，浓缩至黏稠。趁热将浓缩液转移至一预热过的小锥形瓶中，放置冷却，析出白色结晶，抽滤得产品。晾干称量，产量约0.8～1.2g。

纯己内酰胺为无色小叶状晶体，熔点69～70℃[4]。其红外光谱见图8-10。

【思考题】

1. 在制备环己酮肟时，为什么要加入乙酸钠？

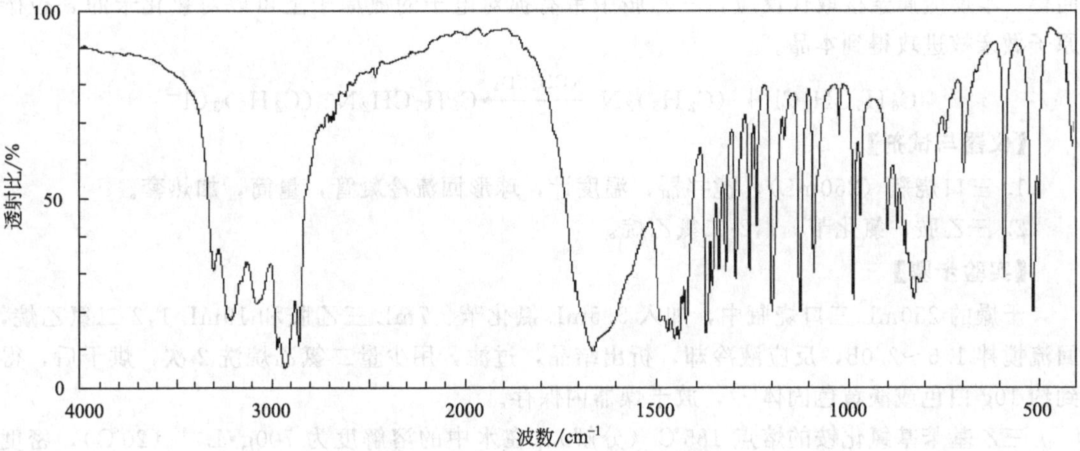

图 8-10　己内酰胺的红外光谱图

2. 如果用氨水中和时，反应温度过高，将发生什么反应？

3. 反式甲基乙基酮肟（ $CH_3-C(=N-OH)-C_2H_5$ ）经 Beckmann 重排得到什么产物？

【附注】

[1] 与羟胺反应时温度不宜过高。加完环己酮以后，充分摇荡反应瓶使反应完全，刚开始振荡要注意及时打开瓶塞放气。若环己酮肟呈白色小球状，则表示反应未完全，需继续振摇。

[2] 贝克曼重排反应激烈，故用大烧杯以利散热。

[3] 用氨水中和时会大量放热，此时溶液较黏，发热很厉害，故开始滴加氨水时尤其要放慢滴加速度。中和反应温度控制在10℃以下，避免在较高温度下己内酰胺发生水解。

[4] 主要试剂及产品的物理常数（文献值）：

名称	相对分子质量	性状	熔点/℃	沸点/℃	溶解度/(g/100mL 溶剂)		
					水	醇	醚
己内酰胺	113.16	白色粉末	69.2(凝固点)	268.5℃(101325Pa)	易溶	易溶	易溶

实验 48　扁桃酸的合成与拆分

Ⅰ. 三乙基苄基氯化铵的制备

【实验目的】

1. 通过本实验掌握季铵盐类相转移催化剂的制备原理与操作。

2. 了解季铵盐类化合物具有强的吸湿性，掌握其保存方法。

【实验原理】

三乙基苄基氯化铵（简称 TEBA），是常用的相转移催化剂，它由三乙胺与氯化苄反应而得。本反应属亲核取代反应，三乙胺中带有孤对电子的氮原子上可以对氯化苄的 α-位碳原子做亲核进攻得到本品。

$$C_6H_5CH_2Cl + (C_2H_5)_3N \xrightarrow{(CH_2Cl)_2} C_6H_5CH_2N^+(C_2H_5)_3Cl^-$$

【仪器与试剂】

1. 三口烧瓶（250mL），搅拌器，温度计，球形回流冷凝管，量筒，加热套。

2. 三乙胺，氯化苄，1,2-二氯乙烷。

【实验步骤】

干燥的 250mL 三口烧瓶中，加入 5.5mL 氯化苄、7mL 三乙胺和 19mL 1,2-二氯乙烷，回流搅拌 1.5～2.0h，反应液冷却，析出结晶，过滤，用少量二氯乙烷洗 2 次，烘干后，得到约 10g 白色或淡黄色固体[1]，放干燥器内保存。

三乙基苄基氯化铵的熔点 185℃（分解），在水中的溶解度为 $700g\cdot L^{-1}$（20℃），密度 $1.08g\cdot mL^{-1}$（25℃），折射率 n_D^{20} 1.479。三乙基苄基氯化铵的红外光谱见图 8-11。

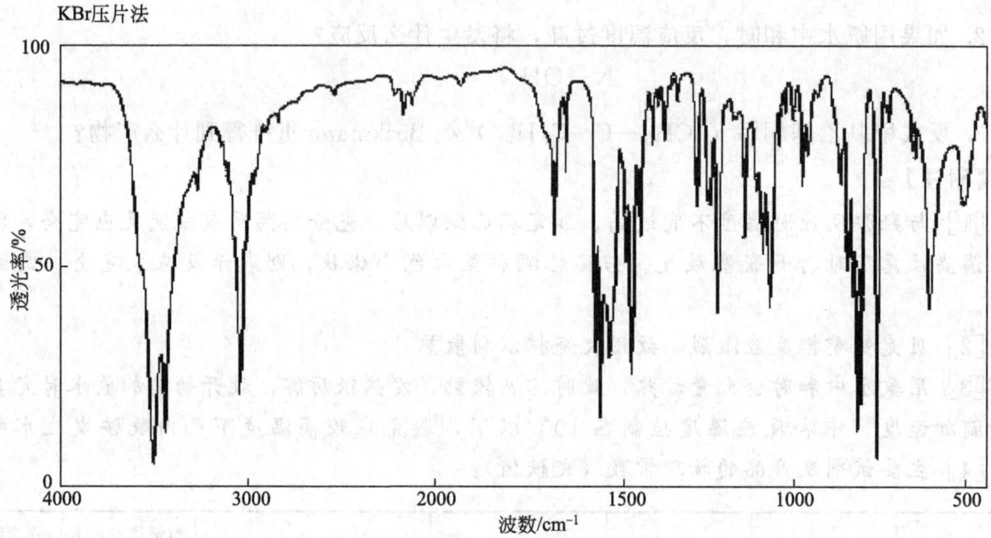

图 8-11　三乙基苄基氯化铵的红外光谱

【思考题】

1. 为什么制得的三乙基苄基氯化铵必须在干燥器中保存？

2. 本实验用 1,2-二氯乙烷为溶剂，还有哪些溶剂可以替代 1,2-二氯乙烷而不影响反应进行。

【附注】

[1] 后处理操作应尽量快，以防产品吸湿变黏。

Ⅱ. 扁桃酸（苦杏仁酸）的合成

【实验目的】

1. 通过本实验，掌握相转移催化剂制备扁桃酸的原理和操作方法。

2. 掌握苯甲醛与氯仿的反应原理。

【实验原理】

扁桃酸（又名苦杏仁酸、苯乙醇酸，mandelic acid），化学名称为 α-羟基苯乙酸。是一种较为典型的羟基羧酸。其合成路线很多，其中之一是采用相转移催化合成法来制备，即由苯甲醛与氯仿在碱及相转移催化条件下合成。在此反应中，由于苯甲醛不可能自己缩合，故重点应避免苯甲醛的歧化反应。该反应操作简便，条件温和，产率较高，可合成得到 *dl*-扁桃酸。反应方程式如下：

$$PhCHO+CHCl_3 \xrightarrow[TEBA]{NaOH} \xrightarrow{H^+} dl\text{-}PhCH(OH)COOH$$

【仪器与试剂】

1. 四口烧瓶（250mL），搅拌器，温度计（100℃），球形回流冷凝管，抽滤装置，滴液漏斗，分液漏斗，量筒，加热套。

2. 苯甲醛（C. P.），氯仿（C. P.），氢氧化钠溶液（19g 水＋19g 氢氧化钠），TEBA（三乙基苄基氯化铵，自制），无水乙醇（C. P.），乙醚（C. P.），甲苯（C. P.），无水硫酸钠（C. P.），硫酸（50%）。

【实验步骤】

在装有搅拌器、温度计和回流冷凝管及滴液漏斗的 250mL 四口烧瓶中，加入 10mL（0.1mol）苯甲醛、1g TEBA 和 16mL（0.2mol）氯仿，在搅拌下，慢慢加热反应液，当温度达到 56℃以后，开始滴加氢氧化钠水溶液，并将温度维持在 60～65℃（不得超过 70℃），滴加约需 1h（$3min \cdot mL^{-1}$），加完后控制温度在 65～70℃之间继续反应 1h，当反应液 pH 值近中性时，方可停止反应（否则须延长时间至反应液 pH 值为中性）（加碱量要准确）。将反应液用 200mL 水稀释，乙醚提取（20mL×2），合并有机相，水相用 50% 硫酸酸化至 pH 2～3，乙醚提取（40mL×3），合并有机相，以无水硫酸钠干燥，蒸出乙醚（最后在减压下尽可能地抽干乙醚），得到橙黄色稠状液，放置过夜，有结晶析出，重约 11.5g，收率 76%。

以每克粗品用 1.5mL 甲苯的比例进行重结晶，趁热过滤，滤除残渣，母液于室温条件下慢慢结晶，产品呈白色结晶，熔点 118～119℃。

【思考题】

1. 扁桃酸合成结束时，为何反应液的 pH 值必须达到中性？

2. 重结晶的原理是什么？

Ⅲ. *dl*-扁桃酸拆分

【实验目的】

1. 了解非对映异构体结晶拆分法的原理和操作。

2. 学习化合物旋光度的测定方法。

【实验原理】

dl-扁桃酸含有羧基，可与光学纯的氨基化合物作用，形成 2 种非对映体的盐，根据这两种盐的溶解度的差异，用结晶方法可将扁桃酸的两种对映体分离。本实验用 *l*-麻黄碱通过非对映异构体结晶来拆分，而得到光学活性的扁桃酸。

$$\underset{(dl)\text{-扁桃酸}}{dl\text{-}PhCH(OH)COOH} + 2l\text{-麻黄碱} \longrightarrow \begin{cases} d\text{-扁桃酸-}l\text{-麻黄碱（溶液中）} \\ l\text{-扁桃酸-}l\text{-麻黄碱（结晶）} \end{cases}$$

$$d\text{-扁桃酸-}l\text{-麻黄碱（溶液中）} \xrightarrow{\text{盐酸}} d\text{-扁桃酸} + l\text{-麻黄碱盐酸盐}$$

$$l\text{-扁桃酸-}l\text{-麻黄碱（结晶）}\xrightarrow{\text{盐酸}} l\text{-扁桃酸}+l\text{-麻黄碱盐酸盐}$$

【仪器与试剂】

1. 四口烧瓶（250mL），搅拌器，温度计（100℃），球形冷凝管，抽滤装置，滴液漏斗，分液漏斗，量筒，加热套，旋光仪，熔点测定仪。

2. 麻黄素盐酸盐（A. R.），无水乙醇（A. R.），氢氧化钠（A. R.），乙醚（A. R.），浓盐酸（A. R.），苯（A. R.）。

【实验步骤】

1. 拆分剂 *l*-麻黄碱的制备

取 4g 麻黄素盐酸盐，用 20mL 水溶解，溶液若浑浊，应滤去不溶物，加 1g 氢氧化钠，使溶液呈碱性，用乙醚提取 3 次，每次 20mL，醚层用无水硫酸钠干燥，蒸去乙醚，得 *l*-麻黄碱。

2. 非对映异构体的制备及分离

将制得的 *l*-麻黄碱用 20mL 无水乙醇溶解后，慢慢加入到 *dl*-扁桃酸的溶液中（3g *dl*-扁桃酸溶于 5mL 无水乙醇），在 70～75℃水浴上加热回流 1h，让溶液慢慢冷却，再用冰浴冷却，析出白色晶体，过滤（保留母液，下一步将用它来分离 *d*-扁桃酸-*l*-麻黄碱）。析出的晶体用无水乙醇重结晶，干燥，测熔点（文献值 170℃）。

3. 拆分得 *l*-扁桃酸

l-扁桃酸-*l*-麻黄碱晶体溶于 20mL 水，再滴加约 1mL 浓盐酸，使其溶解（溶液呈酸性），用乙醚提取 *l*-扁桃酸，每次用 20mL，提取三次，醚层经无水硫酸钠干燥后，蒸去乙醚，得 *l*-扁桃酸，干燥（也可用苯重结晶），测其熔点及比旋光度。

4. 拆分得 *d*-扁桃酸

将上述含有 *d*-扁桃酸-*l*-麻黄碱的母液蒸去乙醇后，加入 20mL 水，再滴入约 1.5mL 浓盐酸，使溶液澄清，则盐分解，游离出扁桃酸，用乙醚提取三次，每次用 20mL，醚层经无水硫酸钠干燥后，蒸去乙醚，将残留的黄色黏状物静置，待它结晶后用苯重结晶，可得 *d*-扁桃酸，测其熔点及比旋光度。

5. 旋光度的测定

称取 0.5g 样品（准确至 0.1mg）于 50mL 小烧杯中，用 10mL 蒸馏水使样品完全溶解，转入 25mL 容量瓶中，再用少量蒸馏水多次洗涤烧杯，最后加水至刻度。

$$[\alpha]_{\mathrm{D}}^{t}=\frac{\alpha}{Lc}$$

式中，[α] 为比旋光度；D 为钠光谱 D 线；t 为测定时的温度；L 为测定管长度，dm；α 为测得的旋光度；c 为每毫升溶剂中含有被测物质的质量，$\mathrm{g \cdot mL^{-1}}$。

【思考题】

1. 拆分得光学活性扁桃酸后，其光学活性的麻黄碱应如何回收？

2. 扁桃酸的拆分原理是什么？

附　录

附录 1　常见有机溶剂物理常数表

名称	沸点/℃	相对密度 d_4^{20}	折射率 n_D^{20}	名称	沸点/℃	相对密度 d_4^{20}	折射率 n_D^{20}
甲醇	64.96	0.7914	1.3288	甲苯	110.6	0.8669	1.4961
乙醇	78.5	0.7893	1.3611	邻二甲苯	144.4	0.8802	1.5055
乙醚	34.51	0.7138	1.3526	间二甲苯	139.1	0.8642	1.4972
丙酮	56.2	0.7899	1.3588	对二甲苯	138.4	0.8611	1.4958
乙酸	117.9	1.0492	1.3716	氯仿	61.7	1.4832	1.4459
乙酐	139.55	1.0820	1.3901	四氯化碳	76.54	1.5940	1.4601
乙酸乙酯	77.06	0.9003	1.3723	二硫化碳	46.25	1.2632	1.6319
二氧六环	101.1	1.0337	1.4224	硝基苯	210.8	1.2037	1.5562
苯	80.1	0.8786	1.5011	正丁醇	117.25	0.8098	1.3993
二甲基亚砜	189	1.1014	1.4770	四氢呋喃	66	0.8892	1.4050
乙腈	81.6	0.783	1.3441	吡啶	115.6	0.983	1.5095
N,*N*-二甲基甲酰胺	149～156	0.9487	1.4303	二氯乙烷	83.5	1.253	1.4448

附录 2　不同温度时水的饱和蒸气压

温度/℃	*p*/mmHg	温度/℃	*p*/mmHg	温度/℃	*p*/mmHg	温度/℃	*p*/mmHg
0	4.579	15	12.788	30	31.824	85	433.600
1	4.926	16	13.634	31	33.695	90	525.760
2	5.294	17	14.530	32	35.663	91	546.050
3	5.685	18	15.477	33	37.729	92	566.990
4	6.101	19	16.477	34	39.898	93	588.600
5	6.543	20	17.535	35	42.175	94	610.900
6	7.013	21	18.650	40	55.324	95	633.900
7	7.513	22	19.827	45	71.880	96	657.620
8	8.045	23	21.068	50	92.510	97	682.070
9	8.609	24	22.377	55	118.040	98	707.270
10	9.209	25	23.756	60	149.380	99	733.240
11	9.844	26	25.209	65	187.540	100	760.000
12	10.518	27	26.739	70	233.700		
13	11.231	28	28.349	75	289.100		
14	11.987	29	30.043	80	355.100		

附录3　常用有机溶剂和试剂的纯化

有机化学实验离不开溶剂，溶剂不仅作为反应介质，在产物的纯化和后处理中也经常会用到。市售的有机溶剂有工业纯、化学纯和分析纯等各种规格，纯度愈高，价格愈贵。在有机合成中，常常根据反应的特点和要求，选用适当规格的溶剂，以便使反应能够顺利地进行而又符合勤俭节约的原则。某些有机反应（如 Grignard 反应等），对溶剂要求较高，即使微量杂质或水分的存在，也会对反应速率、产率和纯度带来一定的影响。由于有机合成中使用溶剂的量都比较大，若仅依靠购买市售纯品，不仅价格较贵，有时还不一定能满足反应的要求。因此了解有机溶剂的性质及纯化方法，是十分重要的。有机溶剂的纯化，是有机合成工作的一项基本操作，这里介绍了市售的普通溶剂在实验室条件下常用的纯化方法。

1. 无水乙醚（absolute ether）

沸点 34.51℃，n_D^{20} 1.3526，d_4^{20} 0.7138。

普通乙醚中常含有一定量的水、乙醇及少量过氧化物等杂质，这会影响到要求以无水乙醚作溶剂的反应（如 Grignard 反应），而且还易发生危险。试剂级的无水乙醚，往往也不合要求，且价格较贵，因此在实验中常需自行制备。制备无水乙醚时首先要检验有无过氧化物。为此取少量乙醚与等体积的 2%碘化钾溶液，加入几滴稀盐酸一起振摇，若能使淀粉溶液呈紫色或蓝色，即证明有过氧化物存在。此时，可在分液漏斗中加入普通乙醚和相当于乙醚体积 1/5 的新配制硫酸亚铁溶液以除去过氧化物，剧烈摇动后分去水溶液。除去过氧化物后，按照下述操作进行精制。

在 250mL 的圆底烧瓶中，放置 100mL 除去过氧化物的普通乙醚和几粒沸石，装上冷凝管。冷凝管上端通过一带有侧槽的橡皮塞，插入盛有 10mL 浓硫酸的滴液漏斗。通冷却水，将浓硫酸慢慢滴入乙醚中，由于脱水作用所产生的热，乙醚会自行沸腾。加完后摇动反应物。

待乙醚停止沸腾后，拆下冷凝管，改成蒸馏装置。在收集乙醚的接收瓶支管上连一氯化钙干燥管，并用与干燥管连接的橡皮管把乙醚蒸气导入水槽。加入沸石后，用事先准备好的水浴加热蒸馏。蒸馏速度不宜太快，以免乙醚蒸气冷凝不下来而逸散室内。当收集到约 70mL 乙醚，且蒸馏速度显著变慢时，即可停止蒸馏。瓶内所剩残液，倒入指定的回收瓶中，切不可将水加入残液中。

将蒸馏收集的乙醚倒入干燥的锥形瓶中，加入 1g 钠屑或 1g 钠丝，然后用带有氯化钙干燥管的软木塞塞住，或在木塞中插入一末端拉成毛细管的玻璃管，这样可以防止潮气侵入并可使产生的气体逸出。放置 24h 以上，使乙醚中残留的少量水和乙醇转化为氢氧化钠和乙醇钠。如不再有气泡逸出，同时钠的表面较好，则可储放备用。如放置后，金属钠表面已全部发生作用，需重新压入少量钠丝，放置至无气泡发生。这种无水乙醚可符合一般无水要求。

2. 绝对乙醇（absolute ethylalcohol）

沸点 78.5℃，n_D^{20} 1.3611，d_4^{20} 0.7893。

市售的无水乙醇一般只能达到 99.5%的纯度，在许多反应中需要用到纯度更高的绝对乙醇，这也经常需自己制备。通常工业用的 95.5%的乙醇不能直接用蒸馏法制取无水乙醇，因 95.5%乙醇和 4.5%的水会形成恒沸点混合物。要把水除去，第一步是加入氧化钙（生石灰）煮沸回流，使乙醇中的水与生石灰作用生成氢氧化钙，然后再将无水乙醇蒸出。这样得到的无水乙醇，纯度最高约 99.5%。纯度更高的无水乙醇可用金属镁或金属钠进行处理。

$$2CH_3CH_2OH + Mg \longrightarrow (CH_3CH_2O)_2Mg + H_2\uparrow$$

$$(CH_2CH_2O)_2Mg + 2H_2O \longrightarrow 2CH_3CH_2OH + Mg(OH)_2$$

或

$$2CH_3CH_2OH + 2Na \longrightarrow 2CH_3CH_2ONa + H_2\uparrow$$

$$CH_3CH_2ONa + H_2O \longrightarrow CH_3CH_2OH + NaOH$$

(1) 无水乙醇（含量99.5%）的制备　在500mL圆底烧瓶中，放置200mL 95%乙醇和50g生石灰，用木塞塞紧瓶口，放置至下次实验。

下次实验时，拔去木塞，装上回流冷凝管，其上端接一氯化钙干燥管，在水浴上回流加热2～3h，稍冷后取下冷凝管，改成蒸馏装置。蒸去前馏分后，用干燥的吸滤瓶或蒸馏瓶作接收器，其支管接一氯化钙干燥管，使之与大气相通。用水浴加热，蒸馏至几乎无液滴流出为止。

(2) 绝对乙醇（含量99.95%）的制备

① 用金属镁制取　在250mL圆底烧瓶中，放置0.6g干燥纯净的镁条、20mL 99.5%的无水乙醇，装上回流冷凝管，并在冷凝管上端附加一只无水氯化钙干燥管。在沸水浴上或直接加热至微沸，移去热源，立刻加入几粒碘片（此时注意不要振荡），顷刻即在碘粒附近发生作用，最后可以达到相当剧烈的程度。有时作用太慢则需加热，如果在加碘之后，作用仍不开始，则可再加入数粒碘（一般讲，乙醇与镁的作用是缓慢的，如所用乙醇含水量超过0.5%，则作用尤其困难）。待全部镁已经作用完毕后，加入100mL 99.5%乙醇和几粒沸石。回流1h，蒸馏，产物收存于玻璃瓶中，用一橡皮塞或磨口塞塞住。

② 用金属钠制取　在250mL圆底烧瓶中放置2g金属钠和100mL纯度至少为99%的乙醇，加入几粒沸石。加热回流30min后，加入4g邻苯二甲酸二乙酯，再回流10min。取下冷凝管，改成蒸馏装置，按收集无水乙醇的要求进行蒸馏。产品储于带有磨口塞或橡皮塞的容器中。

3. 无水甲醇（absolute methylalcohol）

沸点64.96℃，n_D^{20} 1.3288，d_4^{20} 0.7914。

市售的甲醇，系由合成而来，含水量不超过0.5%～1%。由于甲醇和水不能形成共沸混合物，为此可借高效的精馏柱将少量水除去。精制甲醇含有0.02%的丙酮和0.1%的水，一般已可应用。如要制得无水甲醇，可用镁的方法（见无水乙醇）。若含水量低于0.1%，亦可用3A或4A型分子筛干燥。甲醇有毒，处理时应避免吸入其蒸气。

4. 无水无噻吩苯（benzene）

沸点80.1℃，n_D^{20} 1.5011，d_4^{20} 0.8786。

普通苯含有少量的水（可达0.02%），由煤焦油加工得来的苯还含有少量噻吩（沸点84℃）。为制得无水、无噻吩的苯，可采用下列方法：

在分液漏斗内将普通苯及相当苯体积15%的浓硫酸一起摇荡，摇荡后将混合物静置，弃去底层的酸液，再加入新的浓硫酸，这样重复操作直到酸层呈现无色或淡黄色，且检验无噻吩为止。分去酸层，苯层依次用水、10%碳酸钠溶液、水洗涤，用氯化钙干燥，蒸馏，收集80℃的馏分。若要高度干燥，可加入钠丝（见“无水乙醚”）进一步去水。由石油加工得来的苯一般可省去除噻吩的步骤。

噻吩的检验：取5滴苯于小试管中，加入5滴浓硫酸及1～2滴1% α，β-吲哚醌-浓硫酸溶液，振荡片刻。如呈墨绿色或蓝色，表示有噻吩存在。

5. 丙酮（acetone）

沸点 56.2℃，n_D^{20} 1.3588，d_4^{20} 0.7899。

普通丙酮中往往含有少量水及甲醇、乙醛等还原性杂质，可用下列方法精制：

（1）在 100mL 丙酮中加入 0.5g 高锰酸钾回流，以除去还原性杂质，若高锰酸钾紫色很快消失，需要加入少量高锰酸钾继续回流，直到紫色不再消失为止。蒸出丙酮，用无水碳酸钾或无水硫酸钙干燥，过滤，蒸馏收集 55～56.5℃的馏分。

（2）于 100mL 丙酮中加入 4mL 10%硝酸银溶液及 35mL 0.1mol·L^{-1}氢氧化钠溶液，振荡 10min，除去还原性杂质。过滤，滤液用无水硫酸钙干燥后，蒸馏收集 55～56.5℃的馏分。

6. 乙酸乙酯（ethylacetate，EtOAc）

沸点 77.06℃，n_D^{20} 1.3723，d_4^{20} 0.9003。

市售的乙酸乙酯中含有少量水、乙醇和乙酸，可用下述方法精制：

（1）于 100mL 乙酸乙酯中加入 10mL 乙酸酐、1 滴浓硫酸，加热回流 4h，除去乙醇及水等杂质，然后进行分馏。馏液用 2～3g 无水碳酸钾振荡干燥后蒸馏，最后产物的沸点为 77℃，纯度达 99.7%。

（2）将乙酸乙酯先用等体积 5%碳酸钠溶液洗涤，再用饱和氯化钙溶液洗涤，然后用无水碳酸钾干燥后蒸馏。

7. 二硫化碳（carbon disulfide）

沸点 45.25℃，n_D^{20} 1.63189，d_4^{20} 1.2661。

二硫化碳为有较高毒性的液体（能使血液和神经中毒），它具有高度的挥发性和易燃性，所以使用时必须十分小心，避免接触其蒸气。一般有机合成实验中对二硫化碳要求不高，可在普通二硫化碳中加入少量研碎的无水氯化钙，干燥后滤去干燥剂，然后在水浴中蒸馏收集。

若要制得较纯的二硫化碳，则需将试剂级的二硫化碳用 0.5%高锰酸钾水溶液洗涤 3 次，除去硫化氢，再用汞不断振荡除去硫，最后用 2.5%硫酸汞溶液洗涤，除去所有恶臭（剩余的硫化氢），再经氯化钙干燥，蒸馏收集。其纯化过程的反应式如下：

$$3H_2S + 2KMnO_4 = 2MnO_2\downarrow + 3S\downarrow + 2H_2O + 2KOH$$

$$Hg + S = HgS\downarrow$$

$$HgSO_4 + H_2S = HgS\downarrow + H_2SO_4$$

8. 氯仿（chloroform）

沸点 61.7℃，n_D^{20} 1.4459，d_4^{20} 1.4832。

普通用的氯仿含有 1%的乙醇，这是为了防止氯仿分解为有毒的光气，作为稳定剂而加入的。为了除去乙醇，可以将氯仿用一半体积的水振荡数次，然后分出下层氯仿，用无水氯化钙干燥数小时后蒸馏。

另一种精制方法是将氯仿与少量浓硫酸一起振荡两三次。每 1000mL 氯仿，用浓硫酸 50mL。分去酸层以后的氯仿用水洗涤，干燥，然后蒸馏。除去乙醇的无水氯仿应避光保存于棕色瓶中，以免分解。

9. 石油醚（petroleum ）

石油醚为轻质石油产品，是低相对分子质量烃类（主要是戊烷和乙烷）的混合物。其沸程为 30～150℃，如有 30～60℃、60～90℃、90～120℃等沸程规格的石油醚，收集的温度区间一般为 30℃左右。石油醚中含有少量不饱和烃，沸点与烷烃相近，用蒸馏法无法分离，必要时可用浓硫酸和高锰酸钾把它除去。通常将石油醚用其体积 1/10 的浓硫酸洗涤两三次，再用 10%的硫酸加入高锰酸钾配成的饱和溶液洗涤，直至水层中的紫色不再消失为止。然后再用水洗，经无水氯化钙干燥后蒸馏。如要绝对干燥的石油醚，则加入钠丝（见“无水乙醚”）。

10. 吡啶（pyridine，Py）

沸点 115.5℃，n_D^{20} 1.5095，d_4^{20} 0.9819。

分析纯的吡啶含有少量水分，但已可供一般应用。如要制得无水吡啶，可与粒状氢氧化钾或氢氧化钠一同回流，然后隔绝潮气蒸出备用。干燥的吡啶吸水性很强，保存时应将容器口用石蜡封好。

11. *N*,*N*-二甲基甲酰胺（*N*,*N*-dimethylform amide，DMF）

沸点 153℃，n_D^{20} 1.4305，d_4^{20} 0.9487。

N,*N*-二甲基甲酰胺含有少量水分。在常压蒸馏时有些分解，产生二甲胺与一氧化碳。若有酸或碱存在时，分解加快，所以加入固体氢氧化钾或氢氧化钠在室温放置数小时后，即有部分分解。因此，最好用硫酸钙、硫酸镁、氧化钡、硅胶或分子筛干燥，然后减压蒸馏，收集 76℃（4.79kPa，36mmHg）的馏分。如其中含水较多时，可加入 1/10 体积的苯，在常压及 80℃以下蒸去水和苯，然后用硫酸镁或氧化钡干燥，再进行减压蒸馏。

N,*N*-二甲基甲酰胺中如有游离胺存在，可用 2,4-二硝基氟苯与其反应产生颜色来检查。

12. 四氢呋喃（tetrahydrofuran，THF）

沸点 66℃，n_D^{20} 1.4050，d_4^{20} 0.8892。

四氢呋喃系具乙醚气味的无色透明液体，市售的四氢呋喃常含有少量水分及过氧化物。如要制得无水四氢呋喃，可与氢化铝锂在隔绝潮气下回流（通常 1000mL 约需 2～4g 氢化铝锂）除去其中的水和过氧化物，然后在常压下蒸馏，收集 66℃的馏分。精制后的液体应在氮气氛中保存，如需较久放置，应加 0.025% 2,6-二叔丁基-4-甲基苯酚作抗氧剂。处理四氢呋喃时，应先用小量进行试验，以确定只有少量水和过氧化物，作用不至过于猛烈时，方可进行。

四氢呋喃中的过氧化物可用酸化的碘化钾溶液来试验。如过氧化物很多，应另行处理。

13. 二甲亚砜（dimethylsulfone，DMSO）

沸点 189℃，熔点 18.5℃，n_D^{20} 1.4783，d_4^{20} 1.1014。

二甲亚砜为无色、无臭、微带苦味的吸湿性液体。常压下加热至沸腾可部分分解。市售试剂级二甲亚砜含水量约为 1%，通常先减压蒸馏，然后用 4A 型分子筛干燥；或用氢化钙粉末搅拌 4～8h，再减压蒸馏收集 533Pa（4mmHg）下 64～65℃馏分。蒸馏时，温度不宜高于 90℃，否则会发生歧化反应生成二甲砜和二甲硫醚。二甲亚砜与某些物质混合时可能发生爆炸，例如，氢化钠、高碘酸或高氯酸镁等，应予注意。

14. 二氧六环（dioxane）

沸点 101.5℃，熔点 12℃，n_D^{20} 1.4224，d_4^{20} 1.0336。

二氧六环作用与醚相似，可与水任意混合。普通二氧六环中含有少量二乙醇缩醛与水，久储的二氧六环还可能含有过氧化物。

二氧六环的纯化，一般加入 10%（质量分数）的浓盐酸与之回流 3h，同时慢慢通入氮气，以除去生成的乙醛，冷至室温，加入粒状氢氧化钾直至不再溶解。然后分去水层，用粒状氢氧化钾干燥 12h 后，过滤，再加金属钠加热回流数小时，蒸馏后压入钠丝保存。

15. 1,2-二氯乙烷（1,2-dichloroethane）

沸点 83.4℃，n_D^{20} 1.4448，d_4^{20} 1.2531。

1，2-二氯乙烷为无色油状液体，有芳香味，溶于 120 份水中；可与水形成恒沸混合物，沸点72℃，其中含81.5%的1，2-二氯乙烷。可与乙醇、乙醚、氯仿等相混溶。在结晶和萃取时是极有用的溶剂，比常用的含氯有机溶剂更为活泼。

一般的纯化可依次用浓硫酸、水、稀碱溶液和水洗涤，用无水氯化钙干燥或加入五氧化二磷分馏即可。

16. 乙腈（acetonitrile）

沸点81.5℃，n_D^{20} 1.3441，d_4^{20} 0.7822。

乙腈是惰性溶剂。乙腈与水、醇、醚可任意混溶，与水生成共沸物（含乙腈84.2%，沸点76.7℃）。市售乙腈常含有水、不饱和腈、醛和胺等杂质，三级以上的乙腈含量应高于95%。

纯化方法：可将试剂乙腈用无水碳酸钾干燥，过滤，再与五氧化二磷加热回流（20g·L^{-1}），直至无色，用分馏柱分馏。乙腈可储存于放有分子筛（2A，0.2 mm）的棕色瓶中。乙腈有毒，常含有游离氢氰酸。

17. 苯胺（aniline）

沸点 77～78℃（2.00kPa，15mmHg），184.4℃（101.0kPa，760mmHg），n_D^{20} 1.5850，d_4^{20} 1.022。

市售苯胺经氢氧化钾（钠）干燥。要除去含硫的杂质，可在少量氯化锌存在下，在氮气保护下，水泵减压蒸馏。

在空气中或光照下苯胺颜色变深，应密封储存于避光处。苯胺稍溶于水，能与乙醇、氯仿和大多数有机溶剂相混溶，可与酸成盐。苯胺盐酸盐熔点198℃。

吸入苯胺蒸气或经皮肤吸收会引起中毒症状。

18. 苯甲醛（benzaldehyde）

沸点64～65℃（1.60kPa，12mmHg），179℃（101.0kPa，760mmHg），n_D^{20} 1.5448，d_4^{20} 1.050。

苯甲醛是带有苦杏仁味的无色液体，能与乙醇、乙醚、氯仿相混溶，微溶于水，由于在空气中易氧化成苯甲酸，使用前需蒸馏。

低毒，但对皮肤有刺激，触及皮肤可用水洗。

19. 冰乙酸（acetic acid，glacialacetic acid）

沸点117～118℃（101.0kPa，760mmHg），熔点16～17℃，n_D^{20} 1.3718，d_4^{20} 1.049。

纯化：将市售乙酸在4℃下慢慢结晶，并在冷却下迅速过滤，压干。少量的水可用五氧化二磷回流干燥几小时除去。

冰乙酸对皮肤有腐蚀作用，触及皮肤或溅到眼睛时，要用大量水冲洗。

20. 乙酸酐（acetic anhydride）

沸点139～140℃（101.0kPa，760mmHg），n_D^{20} 1.3904，d_4^{20} 1.0820。

纯化：加入无水乙酸钠回流并蒸馏（20g·L^{-1}）。

对皮肤有严重腐蚀作用，使用时需使用防护眼镜及手套。

21. 溴（bromine）

沸点58℃（101.0kPa，760mmHg），熔点−7.3℃，d_4^{20} 3.12。

红棕色发烟液体，稍溶于水，溶于醇和醚。用浓硫酸与溴一起摇振使其脱水干燥，将酸分去。

溴对呼吸器官、皮肤、眼等均有强腐蚀性，操作时应注意防护。若触及皮肤时应迅速用大量水洗，再用酒精洗涤，再依次用水、碳酸氢钠水溶液洗涤。

22. 水合肼（hydrazine hydrate）

水合肼是肼与一分子水的缩合物，在合成中常用85%浓度的肼的水溶液。

制备85%的水合肼：取100g 40%～45%市售水合肼和200g二甲苯的混合物，进行分馏，可在99℃时蒸出水-二甲苯共沸物，在118～119℃蒸出85%的水合肼。

制备90%～95%的水合肼：取114mL 40%～45%的水合肼和230mL二甲苯，使用高效分馏柱，油浴加热分馏；约带出85mL水后，再进行蒸馏，收集113～125℃馏分。肼浓度愈高，愈易爆炸，蒸馏时，不宜蒸得过干，应在防爆通风橱内进行。

将85%的水合肼和等量粒状氢氧化钠在油浴中加热至113℃，并在此温度下保温2h，再逐渐升温至150℃，即可蒸出肼，浓度为95% 左右。

肼严重腐蚀皮肤、眼、鼻喉，特别是黏膜。如触及皮肤，可用稀乙酸洗涤，必要时要用葡萄糖以解除毒性。

23. 碘甲烷（iodomethane）

沸点42～42.5℃，n_D^{20} 1.5293，d_4^{20} 2.280。

无色液体，见光变褐色，游离出碘。纯化可用硫代硫酸钠或亚硫酸钠的稀溶液反复洗至无色，然后用水洗，用无水氯化钙干燥，蒸馏。

碘甲烷应盛于棕色瓶中，避光保存。

注意：与某些物质混合可能发生爆炸，例如氢化钠、高碘酸、高氯酸镁等，应注意安全。

24. 亚硫酰氯（thionylchloride）

沸点78～79℃，n_D^{20} 1.5170，d_4^{20} 1.638。

又称氯化亚砜，为无色或微黄色液体，有刺激性，遇水强烈分解。工业品常含有氯化砜、一氯化硫、二氯化硫，一般经蒸馏纯化，但仍有黄色。需要更高纯度的试剂时，可用喹啉和亚麻油依次重蒸纯化，但处理手续麻烦，收率低，剩余残渣难以洗净。使用硫黄处理，操作较为方便，效果较好。搅拌下将硫黄（20g·L^{-1}）加入亚硫酰氯中，加热，回流4.5h，用分馏柱分馏，得无色纯品。

25. 乙二醇二甲醚（二甲氧基乙烷，dimethoxyethane）

沸点82～83℃，n_D^{20} 1.3721，d_4^{20} 0.8683。

俗称二甲基溶纤剂，无色液体，有乙醚气味，能溶于水和碳氢化合物，对某些不溶于水的有机化合物是很好的惰性溶剂，其化学性质稳定，溶于水、乙醇、乙醚和氯仿。

纯化时，先用钠丝干燥，在氮气保护下加氢化铝锂蒸馏；或者先用无水氯化钙干燥数天，过滤，加金属钠蒸馏，可加入氢化铝锂保存，使用前蒸馏。

26. 吗啉（morpholine）

沸点127～128℃，n_D^{20} 1.4540，d_4^{20} 1.007。

纯化：市售吗啉与氢氧化钾（10g·L^{-1}）一起加热回流3h，在常压下装一个20cm的Vigreaux柱蒸馏。

吗啉和其他胺类相似，需加入粒状氢氧化钾储存。

附录4　试剂的配制

1. 饱和亚硫酸氢钠溶液

在100mL 40%的亚硫酸氢钠溶液中，加入不含醛的无水乙醇25mL。混合后如有少量的亚硫酸氢钠析出，必须滤去或倾泻上层清液。此溶液不稳定，易氧化和分解，因此不能保存很久，实验前现配制为宜。

2. 氯化亚铜氨溶液

(1) 取氯化亚铜 0.5g，溶于 100mL 浓氨水，再加水稀释至 250mL，过滤，除去不溶性杂质。温热滤液，慢慢加入羟胺盐酸盐，直至蓝色消失为止。

$$Cu_2Cl_2 + 4NH_3 \cdot H_2O \xlongequal{\quad} 2Cu(NH_3)_2Cl + 4H_2O$$

无色溶液

亚铜盐在空气中很容易被氧化成二价铜盐，使溶液变蓝，将掩蔽乙炔铜的红色沉淀。羟胺盐酸盐是一种强还原剂，可使 Cu^{2+} 还原为 Cu^{+}。

$$4Cu^{2+} + 2NH_2OH \xlongequal{\quad} 4Cu^{+} + N_2O + H_2O + 4H^{+}$$

(2) 取 1g 氯化亚铜放入一大试管中，往试管里加 1～2mL 浓氨水和 10mL 水，用力摇动试管后放置一会儿，再倾出溶液并投入一块铜片（或铜丝）储存备用。

3. 饱和溴水

溶解 15g 溴化钾于 100mL 水中，加入 10g 溴，振荡即成。（配制需在通风橱中进行，将凡士林涂在手上或戴橡皮手套操作，以防 Br_2 蒸气灼伤。）

4. 碘-碘化钾试剂

取 2g 碘和 5g 碘化钾溶于 100mL 水中。

5. 0.1%碘溶液

取 0.1g 碘和 0.2g 碘化钾溶于 100mL 水中。

6. 品红试剂（又叫希夫试剂）

(1) 在 200mL 热水里，溶解 0.1g 品红盐酸盐（也叫碱性品红或盐基品红），冷却后，加入 1g 亚硫酸氢钠和 1mL 浓盐酸，再用水稀释至 100mL。

(2) 溶解 0.5g 品红盐酸盐于 100mL 热水中，冷却后，通入二氧化硫达饱和，加入 0.5g 活性炭，振荡、过滤，再用蒸馏水稀释至 500mL。

7. 2,4-二硝基苯肼试剂

(1) 取 2,4-二硝基苯肼 3g，溶于 15mL 浓硫酸中，将此酸性溶液慢慢加入到 70mL 95%乙醇中，再用水稀释至 100mL，过滤，保存在棕色瓶中。

(2) 将 2,4-二硝基苯肼溶于 $2mol \cdot L^{-1}$ 盐酸中配成饱和溶液。

(3) 将 2,4-二硝基苯肼 1.2g 溶于 50mL 30%高氯酸中，储于棕色瓶中。不易变质，可长期储存。

8. 苯酚溶液

将苯酚溶于 50mL 5%氢氧化钠溶液中至饱和。

9. β-萘酚溶液

将 β-萘酚 5g 溶于 50mL 5%的氢氧化钠溶液中。

10. 费林试剂

费林试剂 A：溶解 3.5g 硫酸铜（$CuSO_4 \cdot 5H_2O$）于 100mL 水中，浑浊时过滤。

费林试剂 B：溶解酒石酸钾钠晶体 17g 于 15～20mL 热水中，加入含 5g 氢氧化钠的水溶液 20mL，稀释至 100mL。

费林试剂是由费林试剂 A 和 B 组成的，使用时，将 A、B 两者等体积混合。

11. 本尼地溶液

溶解 20g 柠檬酸钠和 11.5g 无水碳酸钠于 100mL 热水中，在不断搅拌下，把含有 2g $CuSO_4 \cdot 5H_2O$ 的 20mL 水溶液慢慢加到此溶液中，此混合溶液十分清澈，否则应过滤。本尼地溶液在放置时不易变质，所以使用较方便。

12. 吐伦试剂

加 20mL 5%硝酸银溶液于一个干净的试管中，加入 1 滴 10%的氢氧化钠溶液，然后滴加 10%的氨水，振摇，直至沉淀刚好溶解。

配制该试剂涉及的化学反应如下：

$$AgNO_3 + NaOH = AgOH + NaNO_3$$

$$2AgOH = Ag_2O + H_2O$$

$$Ag_2O + 4NH_3 + H_2O = 2[Ag(NH_3)_2]^+ + 2OH^-$$

配制吐伦试剂时，应防止加入过量的氨水，否则将生成雷酸银，加热后将引起爆炸，试剂本身也将失去灵敏性。

吐伦试剂久置后将析出黑色氮化银（Ag_3N）沉淀，它受振荡时分解，发生猛烈爆炸，有时潮湿的氧化银也能引起爆炸。因此，吐伦试剂只能现用现配。

13. 苯肼试剂

(1) 称取 2 份质量的苯肼盐酸盐和 3 份质量的无水乙酸钠混合均匀，于研钵中研磨成粉末，即得盐酸苯肼-乙酸钠混合物，储存于棕色瓶中。苯肼在空气中不稳定，因此通常用较稳定的苯肼盐酸盐。因为成脎反应必须在弱酸性溶液中进行，使用时必须加入适量的乙酸钠以缓冲盐酸的酸性，使用乙酸钠不能过多。

(2) 取苯肼盐酸盐 5g，加入 160mL 水，微热助溶，再加入活性炭 0.5g，脱色、过滤，在滤液中加入乙酸钠结晶 9g，搅拌，溶解后储于棕色瓶中。

(3) 将 5mL 苯肼溶于 50mL 10%的乙酸溶液中，加 0.5g 活性炭。搅拌后过滤，把滤液保存于棕色瓶中。

14. 间苯二酚盐酸试剂

将 0.05g 间苯二酚溶于 50mL 浓盐酸中，用蒸馏水稀释至 100mL。

15. 间苯三酚盐酸试剂

将 0.3g 间苯三酚溶于 60mL 浓盐酸中，再用蒸馏水稀释至 100mL。

16. 卢卡斯试剂

将 34g 无水氯化锌在蒸发皿中强烈熔融，不断用玻璃棒搅拌，直至凝固成小块，稍冷后，放在干燥器中冷至室温，取出溶于 23mL 浓盐酸（相对密度 1.187）中搅拌，同时把容器放在冰水浴中冷却，以防氯化氢逸出，此试剂一般临用时配制。

17. 蛋白质溶液

取蛋清 25mL，加入蒸馏水 100～150mL，搅拌，混匀后，用 3～4 层纱布或丝绸过滤，滤去析出的球蛋白即得到清亮的蛋白质溶液。

18. 碘化汞钾溶液

把 5%碘化汞钾水溶液逐滴加到 2%氯化汞或硝酸汞溶液中，加至起初生成的红色沉淀完全溶解为止。

19. α-萘酚乙醇溶液

将 α-萘酚 2g 溶于 20mL 95%乙醇中，用 95%乙醇稀释至 100mL，储于棕色瓶中，一般是用前才配。

20. 0.1%茚三酮乙醇溶液

将 0.1g 茚三酮溶于 124.9mL 95%乙醇中，用时新配。

21. 0.2%蒽酮硫酸溶液

0.2%蒽酮溶于 100mL 浓硫酸中，用时新配。

22. 乙酸铜-联苯胺试剂

A 液：取 150mg 联苯胺溶于 100mL 水及 1mL 乙酸中。

B 液：取 286mg 乙酸铜溶于 100mL 水中。

A 液与 B 液分别储藏在棕色瓶中，使用前将两者以等体积的比例混合。

23. 硝酸汞试剂：将 1g 金属汞溶于 2mL 浓硝酸中，用两倍水稀释，放置过夜，过滤即得。它主要含有汞或亚汞的硝酸盐和亚硝酸盐，此外还含有过量的硝酸和少量的亚硝酸。

附录 5　质谱中常见的中性碎片

离子	中性碎片	可能的推断
M－1	H	醛(某些酯和胺)
M－2	H_2	—
M－14	—	同系物
M－15	CH_3	高度分支的碳链，在分支处甲基裂解，醛，酮，酯
M－16	CH_3＋H	高度分支的碳链，在分支处裂解
M－16	O	硝基物、亚砜、吡啶 *N*-氧化物、环氧、醌等
M－16	NH_2	$ArSO_2NH_2$、—$CONH_2$
M－17	OH	醇 R—OH、羧酸 RCO—OH
M－17	NH_3	—
M－18	H_2O，NH_4	醇、醛、酮、胺等
M－19	F	氟化物
M－20	HF	氟化物
M－26	C_2H_2	芳烃
M－26	C≡N	腈
M－27	CH_2═CH	酯、R_2CHOH
M－27	HCN	氮杂环
M－28	CO，N_2	醌、甲酸酯等
M－28	C_2H_4	芳香乙酸乙酯、正丙基酮、环烷烃、烯烃
M－29	C_2H_5	高度分支的碳链、在分支处裂解；烷烃
M－29	CHO	醛
M－30	C_2H_6	高度分支的碳链、在分支处裂解
M－30	CH_2O	芳香甲醚
M－30	NO	Ar—NO_2
M－30	NH_2CH_2	伯胺类
M－31	OCH_3	甲酯、甲醚
M－31	CH_2OH	醇
M－31	CH_3NH_2	胺
M－32	CH_3OH	甲酯
M－32	S	—
M－33	H_2O＋CH_3	—
M－33	CH_2F	氟化物
M－33	HS	硫醇
M－34	H_2S	硫醇

续表

离子	中性碎片	可能的推断
M－35	Cl	氯化物(注意^{37}Cl同位素)
M－36	HCl	氯化物
M－37	H_2Cl	氯化物
M－39	C_3H_3	丙烯酯
M－40	C_3H_4	芳香化合物
M－41	C_3H_5	烯烃(烯丙基裂解)、丙基酯、醇
M－42	C_3H_6	丁基酮、芳香醚、正丁基芳烃、烯、丁基环烷
M－42	CH_2CO	甲基酮、芳香乙酸酯、$ArNHCOCH_3$
M－43	C_3H_7	高度分支的碳链，分支处有丙基、丙基酮、醛、酯、正丁基芳烃
M－43	NHCO	环酰胺
M－43	CH_3CO	甲基酮
M－44	CO_2	酯(碳架重排)、酐
M－44	C_3H_8	高度分支的碳链
M－44	$CONH_2$	酰胺
M－44	CH_2CHOH	醛
M－45	CO_2H	羧酸
M－45	C_2H_5O	乙基醚、乙基酯
M－46	C_2H_5OH	乙酯
M－46	NO_2	$Ar—NO_2$
M－47	C_2H_4F	氟化物
M－48	SO	芳香亚砜
M－49	CH_2Cl	氯化物(注意^{37}Cl同位素)
M－53	C_4H_5	丁烯酯
M－55	C_4H_7	丁酯、烯
M－56	C_4H_8	$Ar\text{-}n\text{-}C_5H_{11}$、$ArO\text{-}n\text{-}C_4H_9$、$Ar\text{-}i\text{-}C_5H_{11}$、$Ar\text{-}O\text{-}i\text{-}C_4H_9$、戊基酮、戊酯
M－57	C_4H_9	丁基酮、高度分支的碳链
M－57	C_2H_5CO	乙基酮
M－58	C_4H_{10}	高度分支的碳链
M－59	C_3H_7O	丙基醚、丙基酯
M－59	$COOCH_3$	$RCOOCH_3$
M－60	CH_3COOH	乙酸酯
M－63	C_2H_4Cl	氯化物
M－67	C_5H_7	戊烯酯
M－69	C_5H_9	酯、烯
M－71	C_5H_{11}	高度分支的碳链，醛、酮、酯
M－72	C_5H_{12}	高度分支的碳链
M－73	$COOC_2H_5$	酯
M－74	$C_3H_6O_2$	一元羧酸甲酯
M－77	C_6H_5	芳香化合物
M－79	Br	溴化物(注意^{81}Br同位素)
M－105	C_6H_5CO	
M－127	I	碘化物

附录6 常见碎片离子及其可能来源

m/z	元素组成或结构	可能来源	m/z	元素组成或结构	可能来源
29	CHO^+	醛,酚,呋喃	47	$CH_2=SH^+$	甲硫醚,硫醇
	$C_2H_5^+$	含烷基化合物	50	$C_4H_2^{+\cdot}$	芳基,吡啶基化合物
30	$CH_2=\overset{+}{N}H_2$	脂肪胺	51	$C_4H_3^+$	芳基,吡啶基化合物
31	$CH_2=\overset{+}{O}H$	醇,醚,缩醛	52	$C_4H_4^{+\cdot}$	芳基,吡啶基化合物
	CH_3O^+	甲酯类	55	$C_4H_7^+$	烷,烯,丁酯,伯醇,硫醚
33	$CH_3OH_2^+$	醇,多元醇,酯		$C_3H_3O^+$	环酮
34	$H_2S^{+\cdot}$	硫醇,硫醚	56	$C_3H_6N^+$	环胺
35	H_3S^+	硫醇,硫醚		$C_4H_8^{+\cdot}$	环烷,戊基酮等
	Cl^+	氯化物	57	$C_4H_9^+$	丁基化物,环醇,醚
36	$HCl^{+\cdot}$	氯化物	58	$CH_3C\overset{+}{O}CH_3$	甲基酮
39	$C_3H_3^+$	炔,烯,芳香化合物		$(CH_3)_2\overset{+}{N}=CH_2$	脂肪叔胺
41	$C_3H_5^+$	烷,烯,醇		$EtCH=\overset{+}{N}H_2$	α-乙基伯胺
42	$C_3H_6^{+\cdot}$	环烷烃,环烯,戊酰基	59	$C_3H_7O^+$	α-取代醇,醚
	$C_2H_4N^+$	环氮丙烷类	59	$COOCH_3^+$	甲酯
43	CH_3CO^+	含 CH_3CO-化合物	59	$CH_2=C(OH)\overset{+\cdot}{N}H_2$	伯酰胺
43	$CONH^{+\cdot}$	伯酰胺类	60	$[CH_2=C(OH_2)]^+$	羧酸
43	$C_3H_7^+$	烃基,丁酰基	60	$C_2H_4S^{+\cdot}$	饱和含硫杂环
44	$C_2H_6N^+$	脂肪胺	61	$CH_3COOH_2^+$	乙酸酯的双氢重排
	$CONH_2^+$	伯酰胺	61	$C_2H_5S^+$	硫醚
	$CH_2=CH-OH^{+\cdot}$	脂肪醛	63	$C_5H_3^+$	芳香化合物

附录7 部分元素的天然同位素的精确质量和丰度

（以 ^{12}C 12.000000 为标准）

符号	原子量	天然丰度	符号	原子量	天然丰度
^{1}H	1.007825	99.985	^{28}Si	27.976925	92.18
^{2}H	2.014102	0.015	^{29}Si	28.976496	4.71
^{10}B	10.012938	18.98	^{30}Si	29.973772	3.12
^{11}B	11.009305	81.02	^{31}P	30.973764	100.00
^{12}C	12.000000	98.89	^{32}S	31.972072	95.018
^{13}C	13.003355	1.108	^{33}S	32.971459	0.756
^{14}N	14.003074	99.635	^{34}S	33.967868	4.215
^{15}N	15.000109	0.365	^{35}Cl	34.968853	75.4
^{16}O	15.994915	99.759	^{37}Cl	36.965903	24.6
^{17}O	16.999131	0.037	^{79}Br	78.918336	50.57
^{18}O	17.999159	0.204	^{81}Br	80.916290	49.43
^{19}F	18.998403	100.00	^{127}I	126.904477	100.00

参考文献

[1] 郗英欣，白艳红．有机化学实验．西安：西安交通大学出版社，2014.

[2] 庞金兴，袁泉，刘军等．有机化学实验．武汉：武汉理工大学出版社，2014.

[3] 姜慧君，何广武．有机化学实验．第 2 版．南京：东南大学出版社，2012.

[4] 严新，徐茂蓉．无机及分析化学．北京：北京大学出版社，2011.

[5] 郭艳玲．大学化学实验　有机及物理化学实验分册．天津：天津大学出版社，2011.

[6] 杨高文．基础化学实验　有机化学部分．南京：南京大学出版社，2010.

[7] 田铁牛．有机合成单元过程．北京：化学工业出版社，2010.

[8] Rober M. Silverstein（美），Francis X. Webster（美），David J. Kiemle（美）原著．有机化合物的波谱解析．上海：华东理工大学出版社，2009.

[9] 朱继平，闫勇．无机材料合成与制备．合肥：合肥工业大学出版社，2009.

[10] 唐林生．绿色精细化工概论．北京：化学工业出版社，2008.

[11] 刘洪来，任玉杰主编．实验化学原理与方法．北京：化学工业出版社，2007.

[12] 吴元欣，朱圣东，陈启明主编．新型反应器与反应器工程中的新技术．北京：化学工业出版社，2007.

[13] 徐家宁等．基础化学实验（上册）．北京：高等教育出版社，2006.

[14] 郭伟强．大学化学基础实验．北京：科学育出版社，2005.

[15] 刘宝殿．合成化学实验．北京：高等教育出版社，2005.

[16] 国家药典委员会．中华人民共和国药典．第一部．北京：化学工业出版社，2005：213.

[17] 张欣，易华．有机化学实验．哈尔滨：哈尔滨地图出版社，2005.

[18] 曾昭琼．有机化学实验．第 3 版．北京：高等教育出版社，2005.

[19] 李吉海．基础化学实验Ⅱ有机化学实验．北京：化学工业出版社，2004.

[20] 高占先．有机化学实验．北京：高等教育出版社，2004.

[21] 刘永春．陇东地区玉米秆制取糠醛研究．宝鸡文理学院学报（自然科学版），2004，24（3）：201-204.

[22] 杨毅，李明慧．有机化学实验教程．大连：大连理工大学出版社，2003.

[23] 庄伟强，刘爱军．利用玉米芯制取糠醛的最佳工艺研究．泰山学院学报，2003，25（3）：68-70.

[24] 晁若冰，张浩，庄燕黎，李小芳．高效液相色谱法测定黄连药材中小檗碱型生物碱的含量．药物分析杂志，2003，23（5）：354.

[25] 李楠，张曙生．有机化学实验．北京：中国农业大学出版社，2002.

[26] 包玉华．糠醛的开发前景．四川化工与腐蚀控制，2002，5（1）：58-59.

[27] 杨善中．有机化学实验．合肥：合肥工业大学出版社，2002.

[28] 关烨第．有机化学实验．北京：北京大学出版社，2002.

[29] 周建峰．有机化学实验．上海：华东理工大学出版社，2002.

[30] 方惠群，于俊生，史坚．仪器分析．北京：科学出版社，2002。.

[31] 华中师范大学等．分析化学实验．第 3 版．北京：高等教育出版社，2001.

[32] 周嘉玲．有机化学实验．广州：广东高等教育出版社，1999.

[33] 张矢．植物原料水解工艺学．北京：中国林业出版社，1994.

[34] 许东．实用医学检验技术．郑州：河南科学技术出版社，1993.09.

[35] 徐如人．无机合成化学．北京：高等教育出版社，1991.10.

[36] 刘世海．卫生理化检验技术．南京：江苏科学技术出版社，1986.